DK

TASCHENLEXIKON

# WELTRAUM

W0394513

Saturn

Ausgetrocknete Flussbetten auf dem Mars

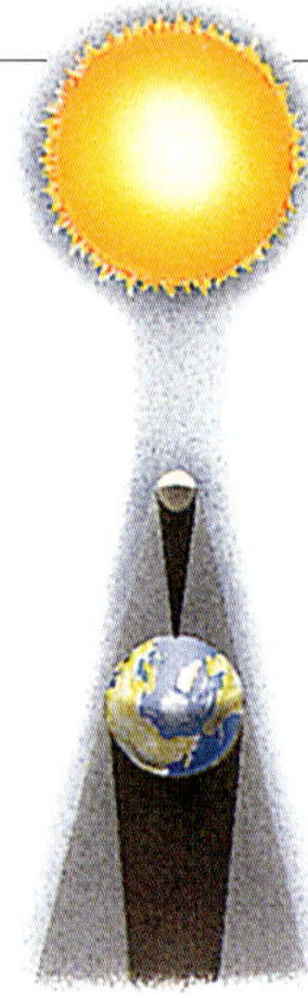

Totale Sonnenfinsternis

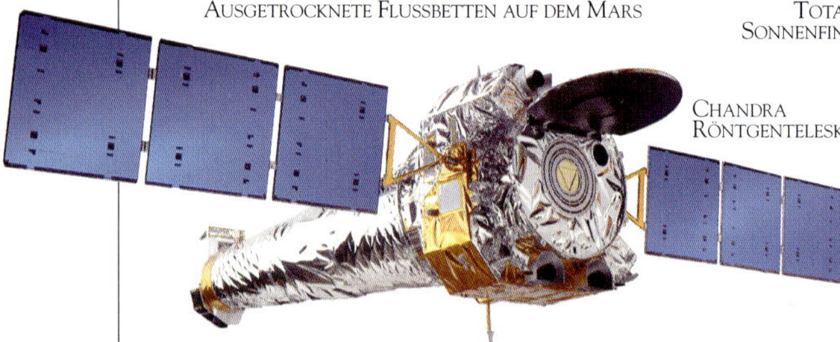

Chandra Röntgenteleskop

Lagunen-Nebel

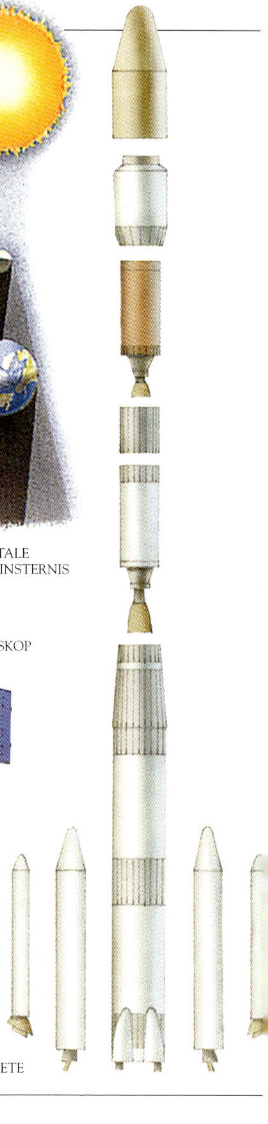

Ariane Trägerrakete

TASCHENLEXIKON

# WELTRAUM

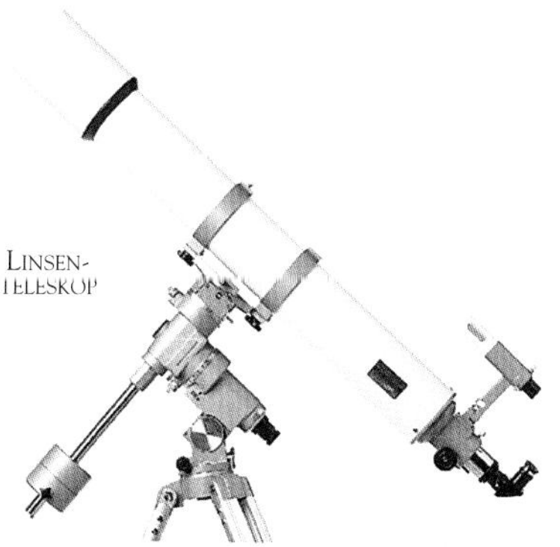

LINSEN-TELESKOP

BERATUNG

DAVID HUGHES UND

ROBIN KERROD

LONDON, NEW YORK, MELBOURNE,
MÜNCHEN UND DELHI

**Redaktion** Niki Foreman
**Leitung Gestaltung** Spencer Holbrook
**Bildbetreuung** Philip Letsu
**Cheflektorat** Linda Esposito
**Chefbildlektorat** Diane Thistlethwaite
**DTP-Design** Siu Chan
**Herstellung** Luca Bazzoli
**Bildrecherche** Myriam Megharbi

**Beratung** Prof. David W Hughes
und Robin Kerrod

Für die deutsche Ausgabe:
**Programmleitung** Monika Schlitzer
**Projektbetreuung** Kathrin Schmidt
**Herstellungsleitung** Dorothee Whittaker
**Herstellung** Gerd Wiechcinski

Bibliografische Information Der Deutschen Bibliothek
Die Deutsche Bibliothek verzeichnet diese Publikation
in der Deutschen Nationalbibliografie;
detaillierte bibliografische Daten sind im Internet über
http://dnb.ddb.de abrufbar.

Titel der englischen Originalausgabe:
Visual Encyclopedia of Space

© Dorling Kindersley Limited, London, 2006
Ein Unternehmen der Penguin-Gruppe

© der deutschsprachigen Ausgabe by
Dorling Kindersley Verlag GmbH, Starnberg, 2006
Alle deutschsprachigen Rechte vorbehalten

**Producing** akapit Verlagsservice, Berlin

ISBN-10: 3-8310-0887-6
ISBN-13: 978-3-8310-0887-2

Colour reproduction by Colourscan, Singapore
Printed and bound in Singapore by Star Standard

Besuchen Sie uns im Internet
**www.dk.com**

Hinweis
Die Informationen und Ratschläge in diesem Buch sind von den Autoren und vom Verlag sorgfältig erwogen und geprüft, dennoch kann eine Garantie nicht übernommen werden.
Eine Haftung der Autoren bzw. des Verlags und seiner Beauftragten für Personen-, Sach- und Vermögensschäden ist ausgeschlossen.

# INHALT

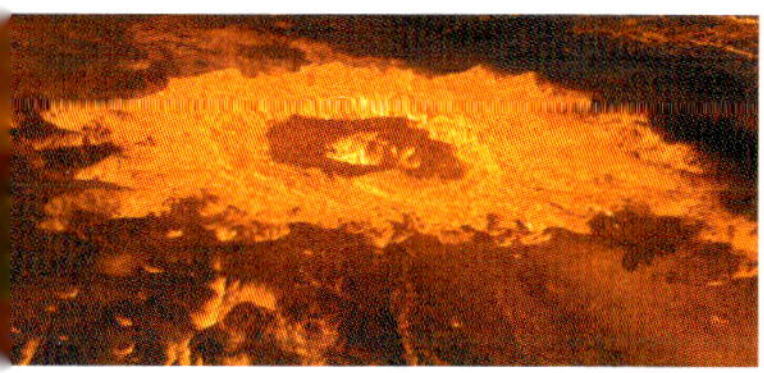

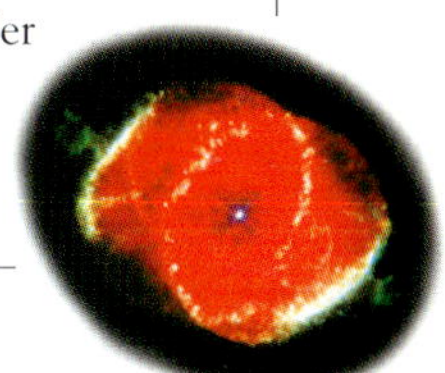

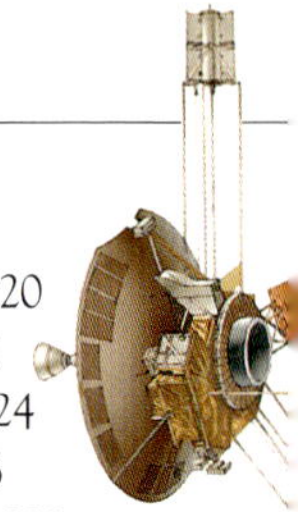



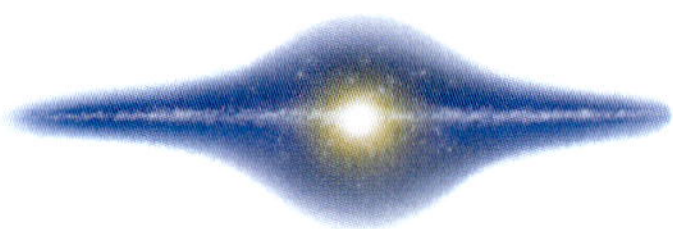

# So benutzt du dieses Buch

Hier erfährst du, wie du das *Taschenlexikon Weltraum* verwendest. Das Buch besteht aus zehn Kapiteln, die sich mit jedem Aspekt des Weltraums von der Entstehung des Universums bis hin zur Raumfahrt befassen. Außerdem gibt es einen ausführlichen Anhang mit Informationsmaterial.

Überschrift und Einführung
Jede Doppelseite hat eine Überschrift. Darauf folgt die Einführung in das Thema, das auf den folgenden Seiten behandelt wird.

Planeten auf einen Blick
In diesen Kästen erfährst du alles über die einzelnen Planeten. Dadurch kannst du sie leicht miteinander vergleichen.

*Auf einen Blick*

*Beschriftung*

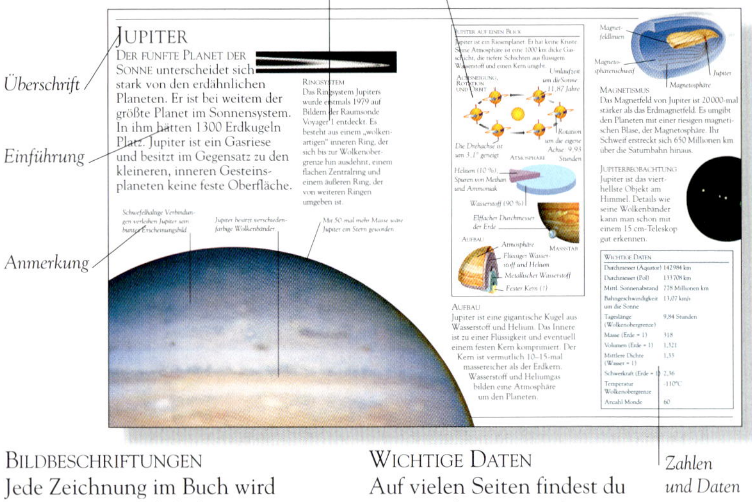


Bildbeschriftungen
Jede Zeichnung im Buch wird von einem ausführlichen Beschreibungstext begleitet.

Wichtige Daten
Auf vielen Seiten findest du ein Kästchen mit wichtigen Zahlen und Daten zum Thema.

*Zahlen und Daten*

## Biografien
In den Biografien erfährst du mehr über berühmte Astronomen und Wissenschaftler.

## Sternbilder
Im ausführlichen Abschnitt über Sternbilder findest du Sternkarten und Himmelsführer.

*Fantastische Fotos auf einer Doppelseite*

*Ausführliche Karten von Sternbildern, Sternen und anderen Objekten*

## Fotos
Jedes einzelne Kapitel beginnt mit beeindruckenden doppelseitigen Fotos aus dem Weltraum.

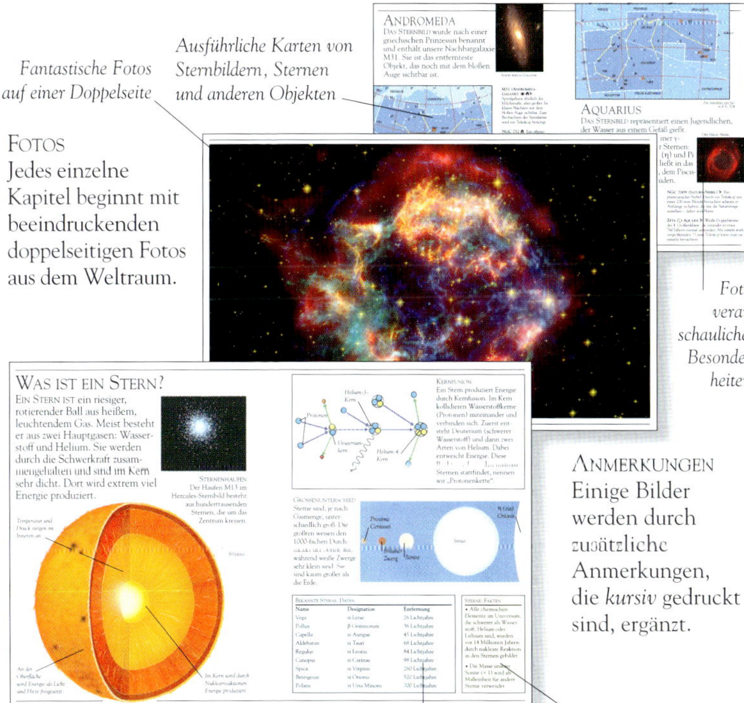


*Fotos veranschaulichen Besonderheiten.*

## Anmerkungen
Einige Bilder werden durch zusätzliche Anmerkungen, die *kursiv* gedruckt sind, ergänzt.

*Fakten*

*Daten*

## Datenkästen
Farbige Datenkästchen liefern Daten, Zahlen und allgemeine Informationen.

## Faktenkästen
In den Faktenkästchen findest du ausführlichere Informationen zum Thema.

## Register
Am Ende des Buches gibt es ein alphabetisch sortiertes Register, in dem jeder wichtige Begriff noch einmal zum Nachschlagen aufgelistet ist.

# UNIVERSUM

# WAS IST DAS UNIVERSUM?

DAS UNIVERSUM UMFASST alles, was existiert. Von unserer Erde bis zu weit entfernten Sternen ist alles Teil des Universums. Es beinhaltet unzählige Milliarden von Sternen. Der allergrößte Teil besteht jedoch aus leerem Raum.

## IN DEN HIMMEL SCHAUEN

Von der Erde aus können wir in den Weltraum schauen und das Universum studieren. Wohin wir auch blicken, sehen wir Sterne. Im Universum gibt es mehr Sterne als jede andere Art von Objekten – Sterne in riesigen Galaxien und Sterne in verschiedenen Phasen ihres Lebens. Trotz dieser gewaltigen Dimensionen kennen wir nur einen Ort, an dem es Leben gibt: den Planeten Erde.

### UNIVERSUM: FAKTEN

- Es gibt mindestens 100 Milliarden Galaxien im Universum. Die größeren umfassen mehr als 100 Milliarden Sterne.
- Die am weitesten entfernten Galaxien, die man entdeckt hat, sind 123 000 Millionen Millionen Millionen km weit von uns entfernt.

### Ein Pferdekopf im Weltall

Der Pferdekopf-Nebel, der wie ein Springer beim Schachspiel aussieht, ist eine riesige Wolke aus dunklem Staub. Er ist nur sichtbar, weil er das Licht hinter dem Nebel abschirmt und man daher seine Umrisse erkennen kann. In der Milchstraße gibt es viele ähnliche Wolken, die uns die Sicht auf diverse Regionen verbauen.

### Vorstellung des Universums

Am einfachsten stellt man sich das Universum als Sphäre vor, die sich ständig weiter ausdehnt, sodass sich alles immer weiter voneinander entfernt. Außerhalb des Universums gibt es nichts mehr, denn es beinhaltet den gesamten Raum und die Zeit.

# Massstab des Universums

Die Entfernungen im Weltall sind so groß, dass wir sie mit der Hilfe von Licht messen. Licht reist mit etwa 300 000 km/s. Ein Lichtjahr ist also die Strecke, die Licht in einem Jahr zurücklegt. Eine Galaxie kann tausende von Lichtjahren groß und Millionen Lichtjahre von uns entfernt sein.

Galaxie NGC 4603

Ferne Sterne erforschen
Mit dem Weltraumteleskop Hubble können wir die Sterne in fernen Galaxien erforschen und auch fotografieren. Die Galaxie darf jedoch höchstens 100 Lichtjahre entfernt sein. So lernen wir mehr über das Alter, die Größe und die Zukunft unseres Universums.

Grössenvergleich
Unsere Erde ist im Vergleich zum Universum winzig klein und einer von neun Planeten, die in Umlaufbahnen um die Sonne kreisen. Die Sonne wiederum ist einer von 500 000 Millionen Sternen in unserer Galaxie – der Milchstraße.

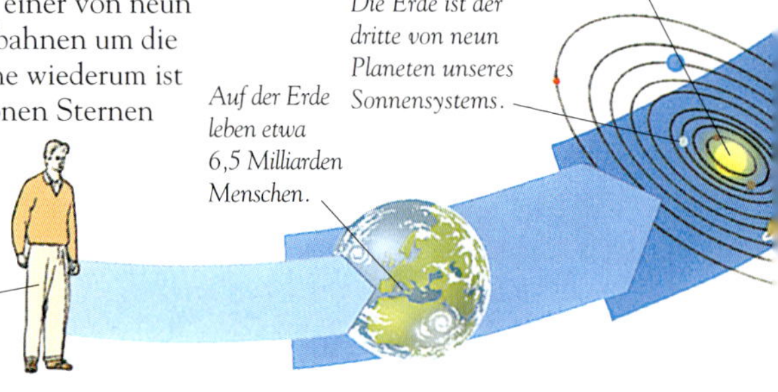

*Die Sonne ist einer von über zehn Millionen Sternen in der Milchstraße.*

*Die Erde ist der dritte von neun Planeten unseres Sonnensystems.*

*Auf der Erde leben etwa 6,5 Milliarden Menschen.*

*Der menschliche Maßstab ist uns am vertrautesten.*

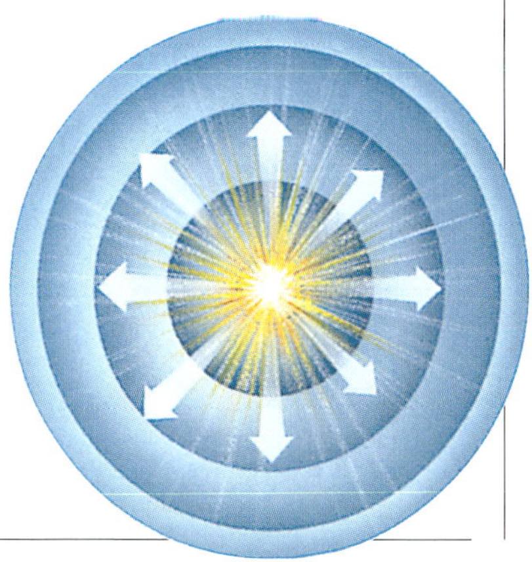

DER ANFANG
Das Universum wurde in einer gewaltigen Explosion, dem Urknall, geboren. Es dehnt sich immer noch mit dieser Urkraft aus.

# GRÖSSE DES UNIVERSUMS

DAS UNIVERSUM IST UNVORSTELLBAR GROSS. Das Licht der entferntesten Galaxien braucht zehn Milliarden Jahre, um uns zu erreichen, obwohl ein Lichtstrahl in einer Sekunde siebenmal die Erde umrunden kann! Es gibt verschiedene Methoden der Entfernungsmessung. Manche eignen sich für Planeten, andere für Sterne oder Galaxien.

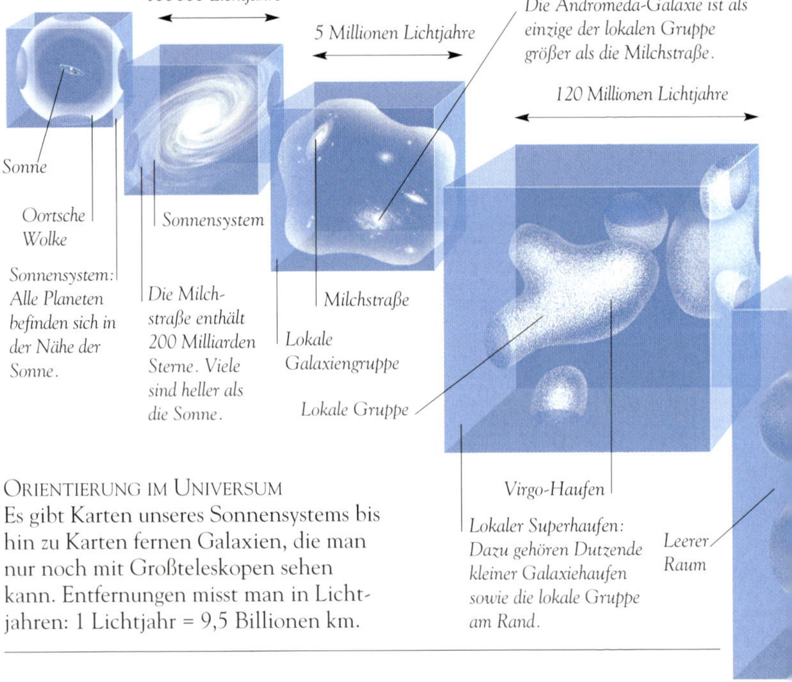


GRÖSSE DES UNIVERSUMS

## ORIENTIERUNG IM UNIVERSUM

Es gibt Karten unseres Sonnensystems bis hin zu Karten fernen Galaxien, die man nur noch mit Großteleskopen sehen kann. Entfernungen misst man in Lichtjahren: 1 Lichtjahr = 9,5 Billionen km.

### Cepheidenmethode

Wenn zwei Sterne die gleiche Leuchtkraft besitzen, aber einer schwächer erscheint, muss er weiter weg sein. Auf diese Weise kann man mit den Cepheidenveränderlichen Entfernungen bestimmen, da die Periode ihrer Helligkeitsschwankungen von ihrer absoluten Helligkeit abhängt – je heller der Stern, desto länger der Zyklus. Durch Vergleich der absoluten Helligkeit eines Cepheiden mit seiner scheinbaren Helligkeit können wir die Entfernung der Galaxie bestimmen, in der er sich befindet.

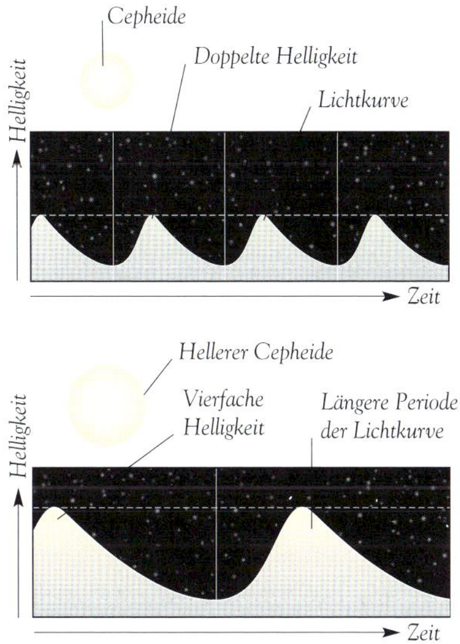


*Im näheren Universum sind Superhaufen von Galaxien über riesige Filamente miteinander verbunden, die sich über hunderte Millionen Lichtjahre hinweg erstrecken können. Dazwischen liegen immense Leerräume.*

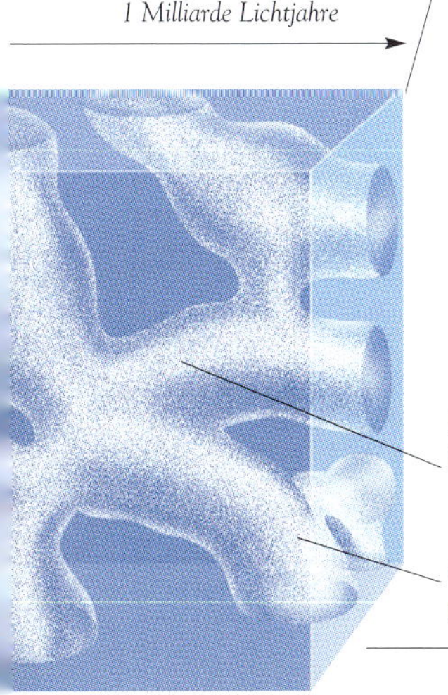

### Entfernungen durch Supernovae

Supernovae sind so hell, dass man sie noch in Galaxien erkennen kann, die einige Milliarden Lichtjahre weit weg sind. Man identifiziert anhand ihres Helligkeitsanstiegs verschiedene Arten von Supernovae. Typ Ia erreicht immer die gleiche maximale, absolute Helligkeit. Daher bildet er einen idealen Maßstab, auch wenn er nur selten in einer normalen Galaxie vorkommt.

# Expandierendes Universum

Blickt man weit ins Universum hinaus, wird man Seltsames feststellen: Ferne Galaxienhaufen bewegen sich in allen Richtungen von uns weg und je weiter entfernt der Haufen ist, desto schneller bewegt er sich. Das macht man sich in der Astronomie zu Nutze. Kennt man die Fluchtgeschwindigkeit einer nahegelegenen Galaxie, kann man die Entfernung von Galaxien messen.

Expansion des Weltraums

Das Universum expandiert – jedoch nicht in etwas hinein. Stattdessen dehnt sich der Raum selbst aus und mit ihm die Galaxien.

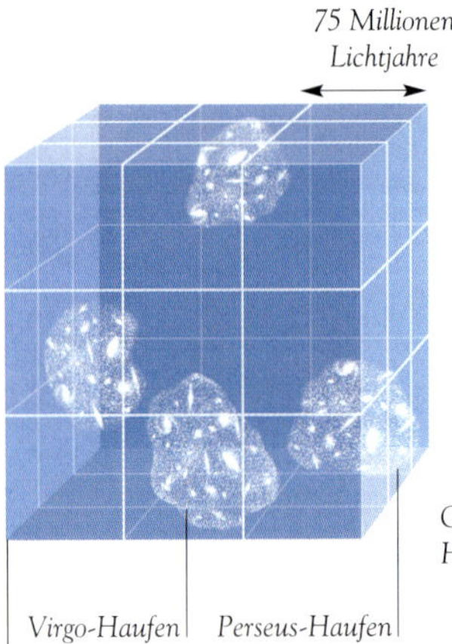


*Vor 3 Milliarden Jahren: Der Abstand zwischen den Galaxien war um 25 % geringer.*

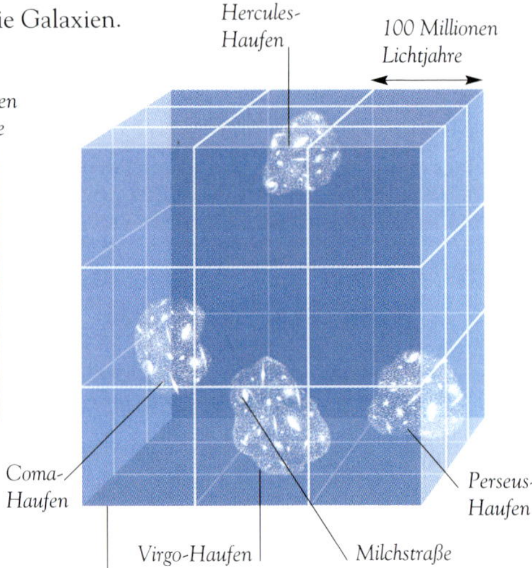


*Heute: Jedes Quadrat in diesem virtuellen Raum ist 100 Millionen Lichtjahre groß.*

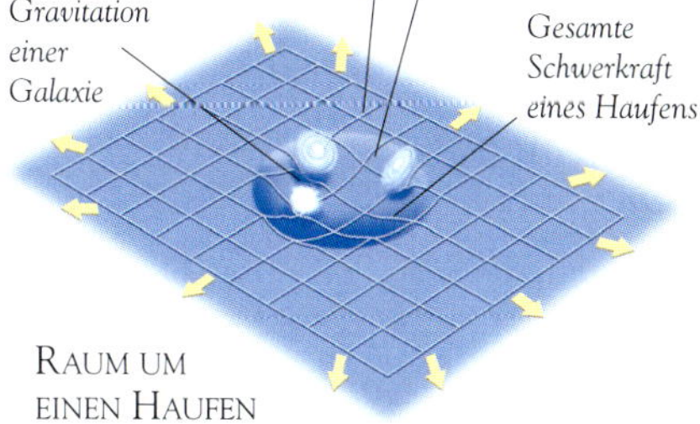


RAUM UM EINEN HAUFEN
In der zweidimensionalen Ansicht des Raums erzeugen massereiche Objekte Vertiefungen (Gravitationspotenziale).

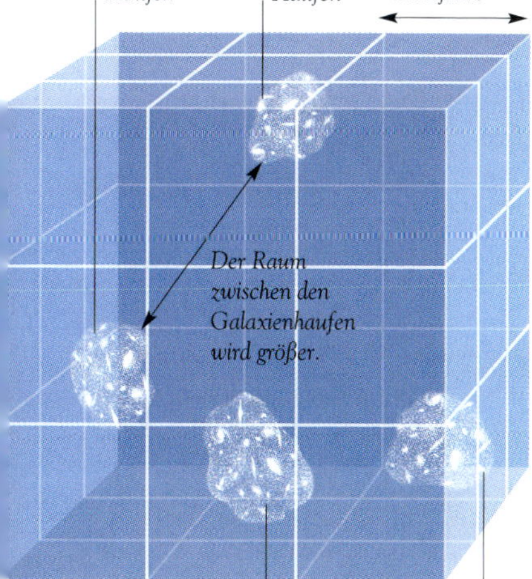


*In 2 Milliarden Jahren: Die Galaxienhaufen sind 15 % weiter voneinander entfernt.*

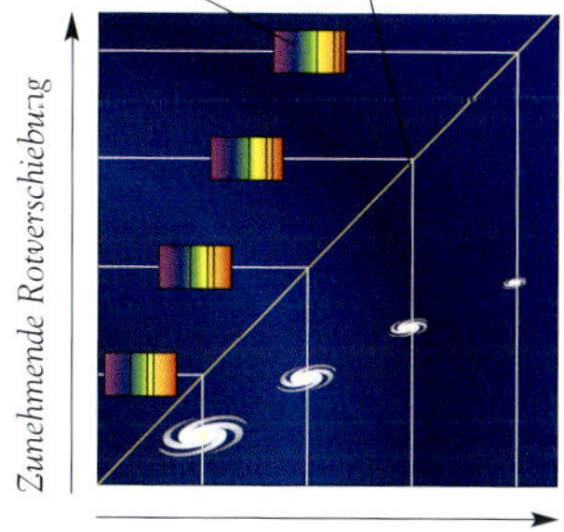


ROTVERSCHIEBUNG DER GALAXIEN
Die Fluchtgeschwindigkeit einer Galaxie wird über die Absorptionslinien bestimmt. Die Lage der Linien hängt von der Bewegung der Galaxie ab.

*Mit dem 2dF-Spektrometer des AAT (Anglo-Australischen Teleskops) können gleichzeitig die Spektren von 400 Galaxien aufgenommen werden.*

MESSUNG DER ROTVERSCHIEBUNG
Riesenteleskope sammeln Licht aus entfernten Galaxien. Damit können ihre Rotverschiebungen und Entfernungen ermittelt werden. Zusätzlich wurden hochsensible Spektrometer entwickelt, mit denen man die Rotverschiebung der Galaxien ebenfalls messen kann.

FERNE GALAXIEN
Ferne Galaxien am Anfang des Universums, aufgenommen vom Hubble-Weltraumteleskop der NASA.

# Geschichte des Universums

Beim Urknall vor etwa 14 Milliarden Jahren entstanden Materie, Raum und Zeit. Anfangs war das Universum winzig klein und unvorstellbar heiß. Als es abkühlte und sich ausdehnte, bildeten sich Wasserstoff und Helium. Über Milliarden von Jahren entstanden aus diesen Gasen Galaxien, Sterne, Planeten – und wir.

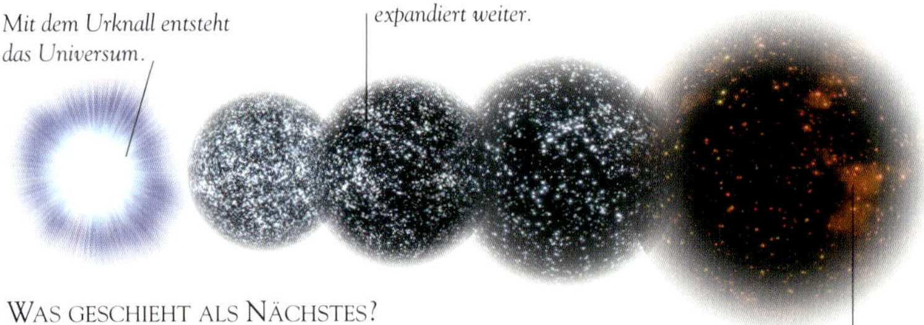

*Mit dem Urknall entsteht das Universum.*

*Das Universum expandiert weiter.*

*Das Universum kühlt langsam ab, als es größer und weniger dicht wird.*

Was geschieht als Nächstes?
Seit dem Urknall dehnt sich das Universum ständig weiter aus. Neueste Beobachtungen haben ergeben, dass die Ausdehnung immer schneller voranschreitet, je älter und größer das Universum wird.

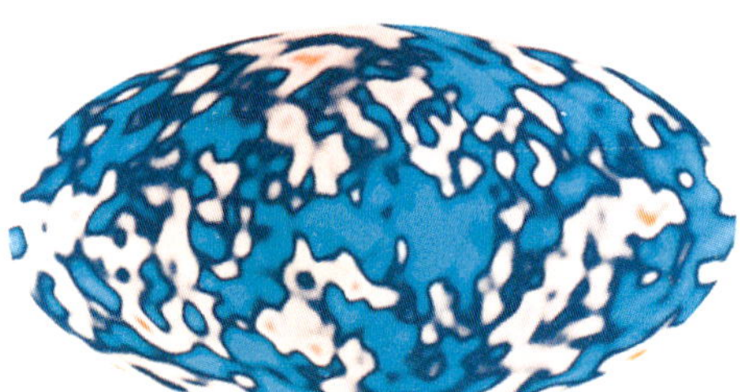

Die Nachwirkungen
Diese Himmelskarte basiert auf winzigen Temperaturunterschieden im All. Rot ist wärmer als der Durchschnitt, Blau kälter. Das sind die winzig kleinen Überreste des Urknalls. Diese Informationen stammen vom Cosmic Background Explorer Satellite (COBE).

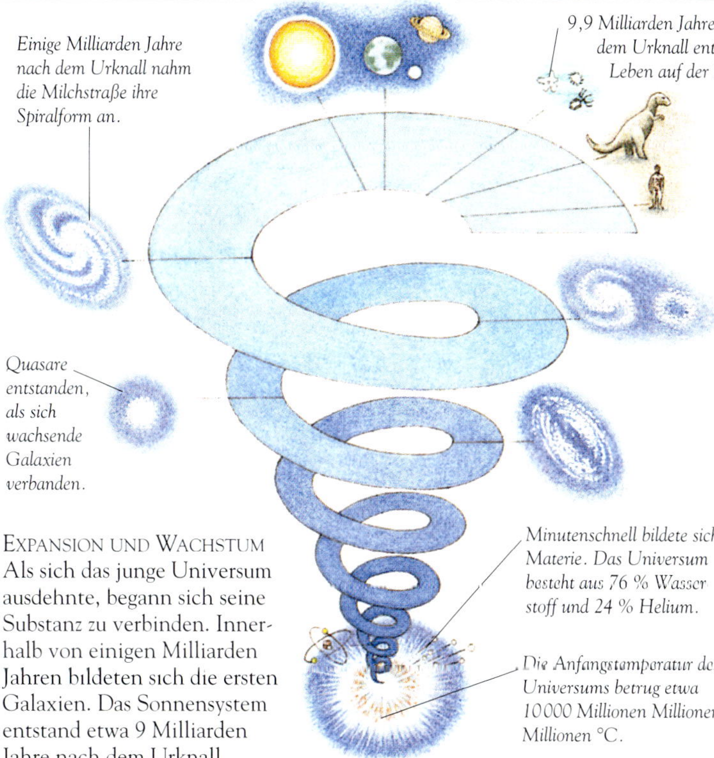


## Expansion und Wachstum

Als sich das junge Universum ausdehnte, begann sich seine Substanz zu verbinden. Innerhalb von einigen Milliarden Jahren bildeten sich die ersten Galaxien. Das Sonnensystem entstand etwa 9 Milliarden Jahre nach dem Urknall.

### Universum: Daten der Abkühlung

| Zeit nach dem Urknall | Temperatur |
|---|---|
| $10^{-6}$ Sekunden | $10^{13}$°C (1,8 x $10^{13}$°F) |
| 3 Minuten | $10^{8}$°C (1,8 x $10^{8}$°F) |
| 300 000 Jahre | 10 000°C (18 000°F) |
| 1 Million Jahre | 3000°C (5400°F) |
| 1000 Millionen Jahre | -170°C (-275°F) |
| 14 000 Millionen Jahre | -270°C (-454°F) |

### Universum: Fakten

- Wissenschaftler können die Entstehung des Universums bis zur Planck-Zeit, $10^{-43}$ Sekunden nach dem Urknall, zurückverfolgen.
- $10^{-43}$ ist ein Dezimalpunkt gefolgt von 42 Nullen und einer Eins.

# Der Urknall

Mit dem Urknall fing alles an: die Zeit, der Raum und die Bausteine der Materie des Universums. Vor 13 Milliarden Jahren entstanden in einem extrem dichten Feuerball explosionsartig Materie und Antimaterie aus Energie.

Umkehr der Expansion
Aus ihr schließt man, dass in der Vergangenheit alles näher beisammen gewesen sein muss. Kehrt man die heute sichtbare Bewegung um, kommt man zu einem Punkt vor ca. 13 Milliarden Jahren.

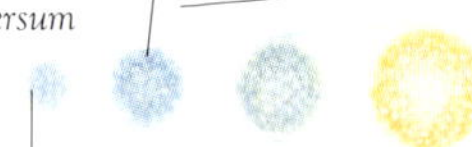


Vier Grundkräfte

Das heutige Universum wird von vier Grundkräften beherrscht: Die elektromagnetische Kraft steuert Elektrizität und Magnetismus. Die „schwache Kraft" ist für die Strahlung eines Sterns verantwortlich. Die „starke Kraft" hält die Atomkerne zusammen und die Gravitationskraft hält die Planeten und Sterne auf ihren Bahnen. Früher gab es nur eine Superkraft.

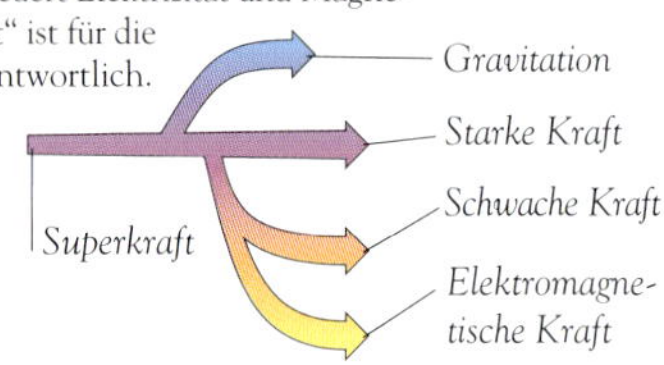

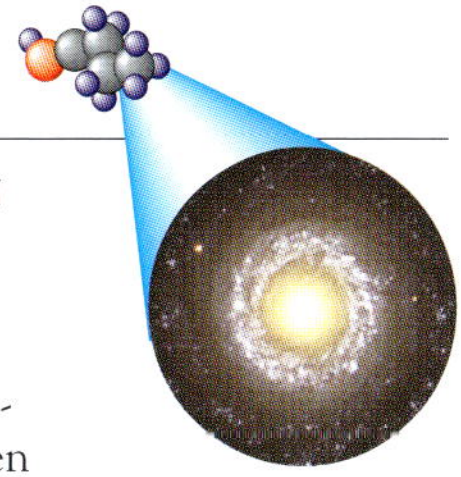

DIE INFLATION
Der Urknall war vermutlich nur ein ziemlich „kleiner Knall“. Im früheren Universum wurde Energie zu gleichen Teilen in Materie und Antimaterie umgewandelt – in etwa ein Kilogramm Masse. Dann passierte etwas sehr Dramatisches: die kosmische Inflation. Das Universum blähte sich sekundenschnell auf das $10^{29}$-fache auf.

VIRTUELLE TEILCHEN
Durch den Urknall entstanden virtuelle Teilchenpaare aus Materie und Antimaterie. Sie vernichteten sich danach gegenseitig.

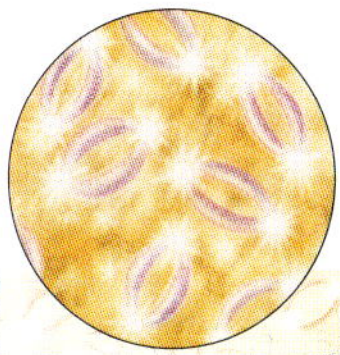

INFLATIONSUMFANG
In Sekundenbruchteilen wuchs das Universum von der Größe eines Atoms zu der einer Galaxie an.

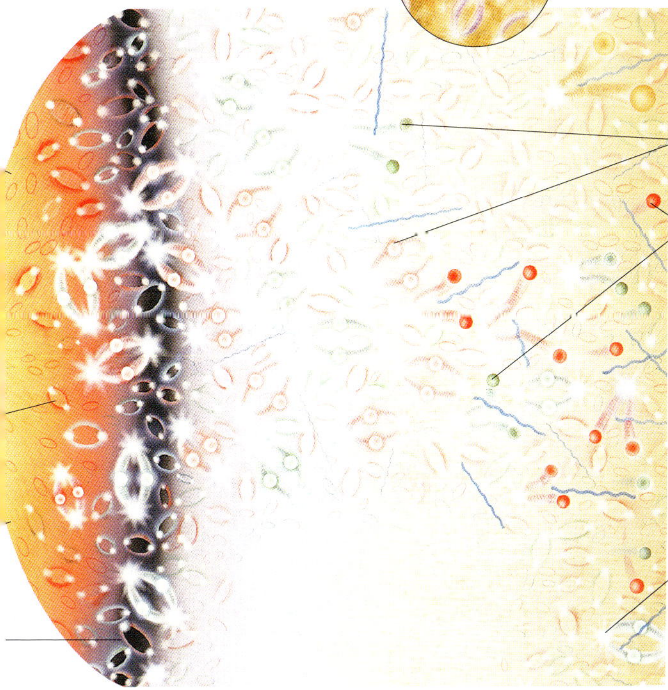

*Die zwei Arten virtueller Teilchen: schwere Quarks (rot) und leichte Leptonen (grün)*

*Durch die Spaltung der schwachen und der elektromagnetischen Kraft konnten Teilchen und Antiteilchen selbständig existieren.*

*Photonen befördern Licht und die elektromagnetische Kraft.*

# Die ersten Minuten

Im heissen, frühen Universum gab es riesige Mengen subatomarer Teilchen aus Materie und Antimaterie. Viele Teilchen vernichteten sich gegenseitig, bis die Materie übrig blieb. Bald fügten sich die Teilchen zu stabileren Verbindungen zusammen. Nach drei Minuten waren die Bausteine aller heute vorhandenen Materie entstanden: Wasserstoff-, Helium- und Lithiumkerne.

Dunkle Materie
Es gibt viel mehr unsichtbare, dunkle Materie als sichtbare Materie. Sie besteht aus WIMPs und Neutrinos.

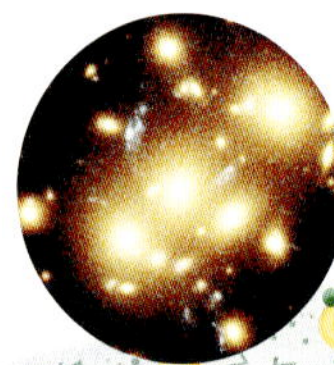

*Teilchen und Antiteilchen zerstören sich gegenseitig.*

*Exotische Teilchen: X-Bosonen, Bosonen, Higgs-Bosonen und WIMPS*

*Quarks (rot) und Leptonen (grün) entstanden bei der Inflation.*

*Die Kräfteübertragung erfolgt über W- und Z-Bosonen, Gluonen, Photonen und Gravitronen.*

Wachsendes Universum
Das frühe Universum war voll von exotischen Teilchen und Antiteilchen. Manche davon waren extrem kurzlebig. Quarks, Leptonen, WIMPs und andere existierten bei $10^{28}$°C. Innerhalb von drei Minuten fiel die Temperatur auf unter -1 Milliarde °C. Das Universum wurde ruhiger, es bildeten sich weniger Teilchen.

Die Suche nach Antimaterie
Eine Galaxie aus Antimaterie würde bis auf die Ränder genau gleich aussehen. Dort würde sie auf die Materie des Universums treffen und es gäbe verräterische Energieblitze. Bisher hat man keine Antimaterie entdeckt.

## Protonen und Neutronen

Beim Abkühlen des Universums vereinigten sich mithilfe der Gluonen je drei Quarks zu Protonen und Neutronen. Einige Neutronen zerfielen zu Protonen. Die übrigen reagierten mit Protonen zu Atomkernen. Nach den ersten drei Minuten gab es keine freien Neutronen mehr.

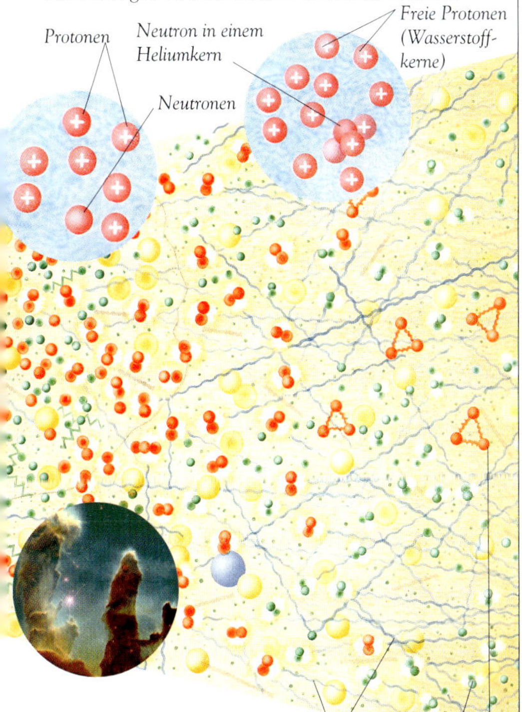


## Zusammensetzung

Die ersten Elemente waren Wasserstoff (77 %), Helium (23 %) und Lithium (0,0000001 %).

### Elementarteilchen

Viele subatomare Teilchen aus dem frühen Universum existieren nicht mehr oder wurden umgewandelt. Die wichtigen Teilchen sind hier aufgeführt.

- X-Boson: schweres, rein hypothetisches Teilchen. Konnte bisher nicht nachgewiesen werden.
- Higgs-Boson: vom Engländer Peter Higgs postuliertes, sehr schweres Teilchen.
- WIMP: „Weakly Interacting Massive Particle", eventuell Hauptbestandteil der dunklen Materie im Universum.
- W- und Z-Bosonen: fast wie Photonen, haben jedoch eine Masse. Träger der schwachen Kraft.
- Quark: Baustein von Protonen und Neutronen. Es gibt bisher sechs Varianten.
- Lepton: auf die schwache Kraft reagierendes Teilchen, z. B. das Elektron.
- Neutrino: häufiges Teilchen mit geringer Masse, drei bekannte Typen.
- Gluon: Überträger der starken Kraft. Hält Quarks zusammen.
- Photon: masseloses, am weitesten verbreitetes Teilchen. Träger der elektromagnetischen Strahlung.
- Graviton: hypothetischer Träger der Gravitationskraft.

# Das Echo des Urknalls

250 000 Jahre lang änderte sich die Zusammensetzung des Kosmos kaum, danach dehnte sich das Universum aus und wurde erheblich flacher. Die Energie lag größtenteils als Strahlung vor, jedoch war der frühe Kosmos undurchsichtig. Doch plötzlich lichtete sich der Nebel.

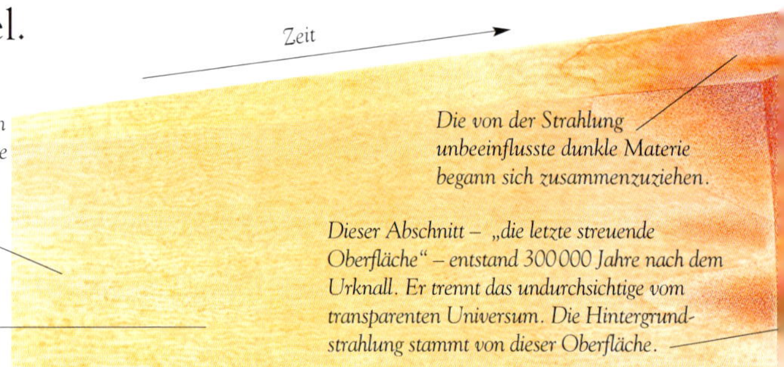


### Das Abkühlen des Universums

Nach drei Minuten war das Universum von hochenergetischer Gammastrahlung erfüllt. Bei der Expansion und Abkühlung ging diese durch Energieverlust erst in Röntgenstrahlung, dann in Licht und danach in Wärmestrahlung über. Durch den Temperaturrückgang wurden die Elektronen abgebremst und vereinigten sich mit den Atomen zu den ersten Atomkernen.

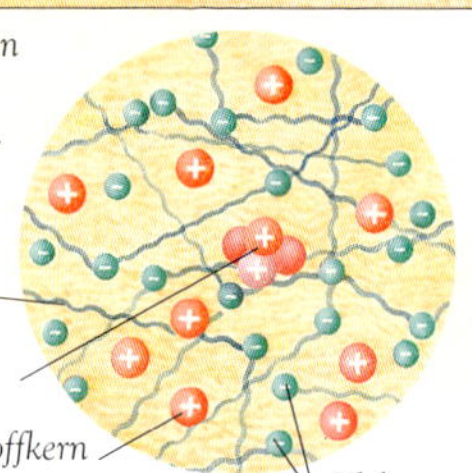


### Photonenstreuung

Anfangs traten Lichtphotonen ständig in Wechselwirkung mit Atomkernen und Elektronen. Sie prallten an einem Teilchen ab und kollidierten mit einem anderen. Das Licht breitete sich daher nicht geradlinig aus und das Universum war undurchsichtig.

NACHLEUCHTEN

1965 entdeckten die Physiker Arno Penzias und Robert Wilson ein schwaches Radiosignal aus allen Himmelsrichtungen. Es hatte die gleiche Strahlung wie ein -270°C (3 Grad über dem absoluten Nullpunkt) kalter Körper. Diese Strahlung konnte nur ein Überbleibsel des Urknalls sein.

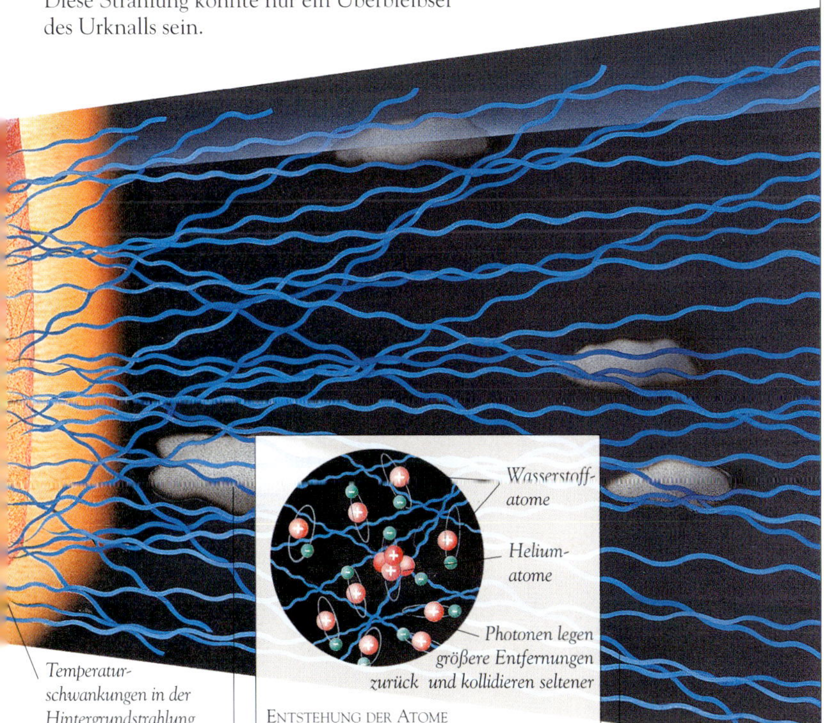


*Temperaturschwankungen in der Hintergrundstrahlung*

*Um Klumpen aus dunkler Materie lagerten sich Wasserstoff- und Heliumwolken an, woraus sich später Galaxien entwickelten.*

ENTSTEHUNG DER ATOME

300000 Jahre nach dem Urknall war es „nur" noch 3000°C heiß. Negativ geladene Atome waren abgebremst worden und umkreisten positiv geladene Helium- und Wasserstoffkerne

*Strahlung von der „letzten streuenden Oberfläche" kühlt ab und wird durch Licht und Hitze zu Radiowellen.*

# SONNENSYSTEM

# Was ist das Sonnensystem?

Das Sonnensystem besteht aus der Sonne und den vielen Objekten, die sie umkreisen – neun Planeten, 150 Monde sowie zahllose Asteroiden und Kometen. Es besetzt einen scheibenförmigen Raum, der mehr als 12 000 Millionen km breit ist. Im Zentrum sitzt die Sonne, die mehr als 99 % der Masse des gesamten Sonnensystems ausmacht.

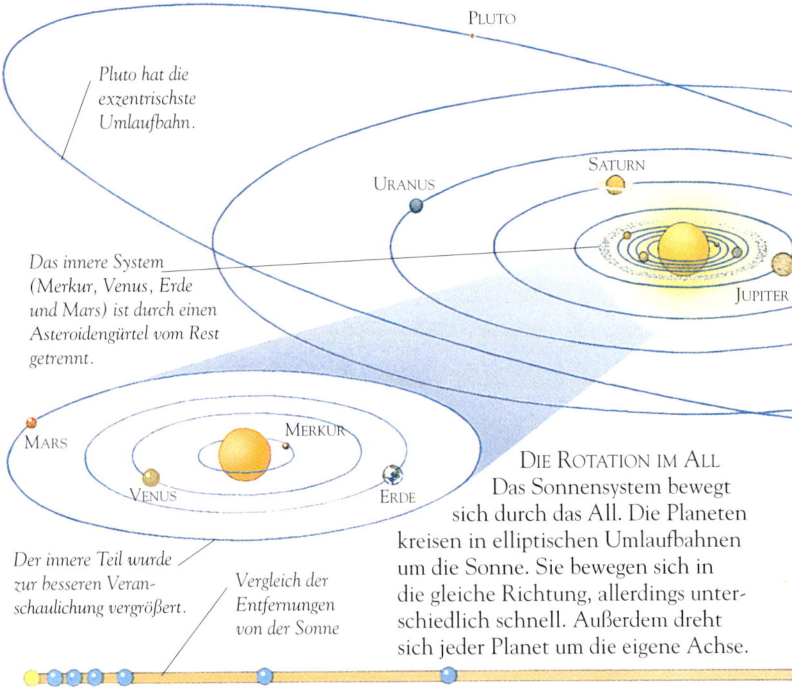


## Die Rotation im All

Das Sonnensystem bewegt sich durch das All. Die Planeten kreisen in elliptischen Umlaufbahnen um die Sonne. Sie bewegen sich in die gleiche Richtung, allerdings unterschiedlich schnell. Außerdem dreht sich jeder Planet um die eigene Achse.

**SONNENSYSTEM: FAKTEN**

- Neueste Aufnahmen geben uns Anlass zur Annahme, dass einige Sterne (z.B. ß Pictoris) ebenfalls Planetensysteme bilden.
- Im Sonnensystem kennen wir zurzeit etwa 150 Monde. In der Zukunft werden Raumsonden vermutlich noch weitere Monde entdecken.

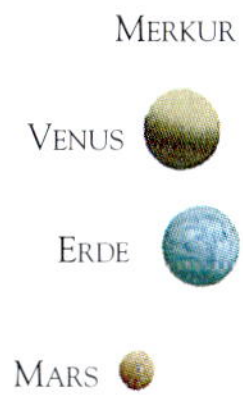


### RINGSYSTEME

Die vier gasförmigen Planeten – Jupiter, Saturn, Uranus und Neptun – werden von Ringsystemen umgeben.

*Pluto ist der kleinste und unbekannteste Planet.*

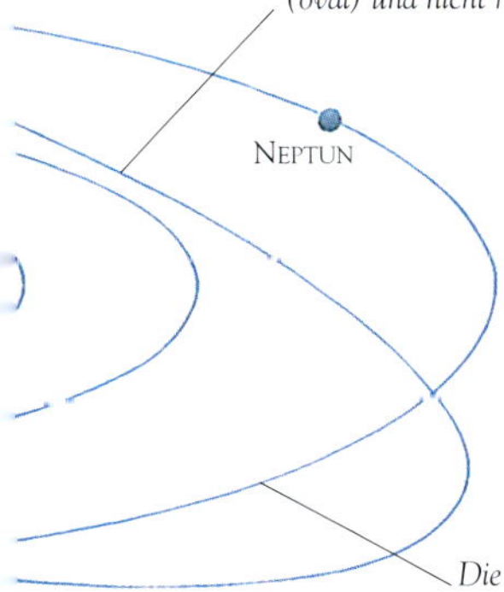


*Die Orbits sind elliptisch (oval) und nicht rund.*

*Die Zeit, die ein Planet für einen Umlauf um die Sonne benötigt, heißt Orbitalperiode.*

### NEUN PLANETEN

Die Planeten bilden zwei Gruppen. Die inneren Planeten bestehen aus Fels, die äußeren, größeren aus verflüssigtem Gas. Der äußerste Planet Pluto besteht überwiegend aus Gestein.

# GEBURT DES SONNENSYSTEMS

Die meisten Astronomen glauben, dass das gesamte Sonnensystem aus einer gewaltigen, rotierenden Gas- und Staubwolke entstanden ist– dem Sonnennebel. Im Zentrum entstand vor 5 Milliarden Jahren die Sonne. Die Planeten und anderen Objekte bildeten sich aus dem Material der Scheibe. Als das Sonnensystem nach 500 Millionen Jahren fast vollendet war, wurde die restliche Materie in den Weltraum abgegeben.

SUPERNOVASCHOCKWELLE

Ein massereicher Stern kann am Ende seines Lebens als Supernova explodieren. Dabei fällt das Sterninnere in sich zusammen. Eine Schockwelle entsteht. Die Kontraktion des Sonnennebels könnte dadurch ausgelöst worden sein.

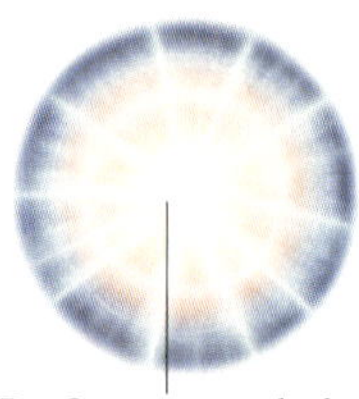


SONNENNEBEL

Im Zentrum dieser riesigen Wolke verdichtete sich die Materie und wurde heißer: die Geburtsstunde der Sonne. Aus sonnennahem Gestein und Metall entstanden die inneren Planeten. Die äußeren Planeten bildeten sich aus Eis, Gas, Metall und Gestein.

## Die Entstehung der Planeten

Die Planetenbildung begann vor etwa 4,6 Milliarden Jahren. Mit Ausnahme von Pluto entstand jeder Planet aus einem Materiering, der die Sonne umgab (Pluto bildete sich aus den Überresten). Im Zuge dessen ballten sich winzige Teilchen zu Konglomeraten zusammen – zunächst von Sandkorn- und Kieselsteingröße – und später zu größeren, planetenähnlichen Objekten. Als ihr Durchmesser dann einige Kilometer betrug, reichte die Schwerkraft aus, um immer mehr Materie anzuziehen.

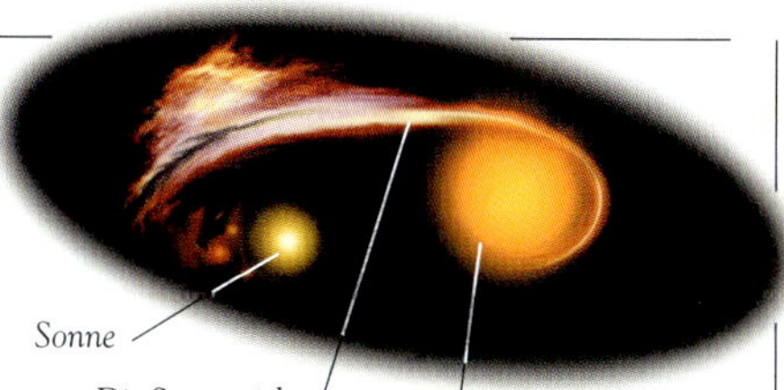


## Die Einfangtheorie

Nach dieser Alternativtheorie wurde durch die Gravitation ein Teil einer riesigen Gas- und Staubwolke angezogen. Diese zerbrach und aus den Teilen bildeten sich die Planeten.

DIE GEBURT EINES PLANETEN
Dieser Nebel aus kühlem Gas und Staub verdichtet sich zu einem Planetensystem.

# DIE SONNE

WIE ANDERE STERNE ist auch die Sonne ein riesiger Ball aus rotierendem Gas. In ihrem Kern wird durch Nuklearreaktionen Energie erzeugt. Sie ist als einziger Stern nah genug an der Erde, um ausgiebig studiert zu werden. Ihre Oberflächenmerkmale, wie Sonnenflecken und Protuberanzen, können wir von der Erde aus sehen.

SONNENFINSTERNIS
Dabei wird die äußere Schicht der Sonne – die Korona – sichtbar, die sonst wegen der Blendung nicht zu sehen ist.

JAHR 1 | JAHR 4 | JAHR 7 | JAHR 10 | JAHR 12

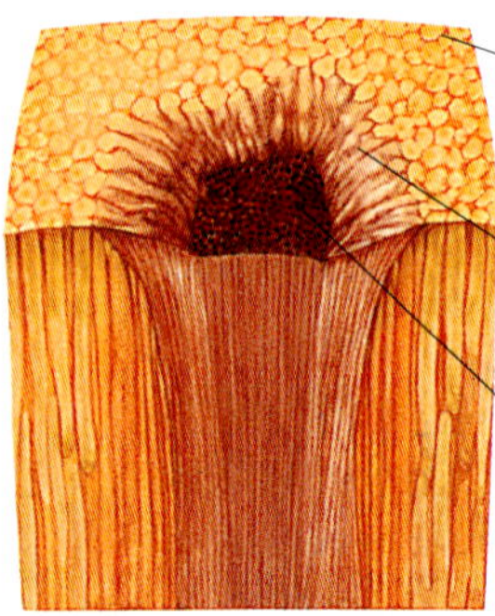


KÜHL UND DUNKEL
Sonnenflecken – dunkle Flecken auf der Oberfläche – sind Regionen aus kühlem Gas, die durch Störungen im Magnetfeld der Sonne entstehen. Sie folgen einem elfjährigen Zyklus. Anfangs ist die Sonne noch relativ frei von Flecken. Diese entstehen zuerst an den Rändern und bewegen sich dann in Richtung des Sonnenäquators.

| SONNE: DATEN | |
|---|---|
| Mittlere Entfernung von der Erde | 149.597.870 km |
| Entfernung vom Zentrum der Galaxie | 25000 Lichtjahre |
| Durchmesser (am Äquator) | 1391980 km |
| Rotationsdauer (am Äquator) | 25,04 (Erd-)Tage |
| Masse (Erde = 1) | 330000 |
| Schwerkraft (Erde = 1) | 27,9 |
| Mittlere Dichte (Wasser = 1) | 1,41 |
| Absolute Helligkeit | 4,83 |

SONNE: FAKTEN

- Sieh niemals direkt in die Sonne. Selbst durch Sonnenbrillen, Kameralinsen und dunkles Glas hindurch riskierst du Augenschäden.
- Am besten projizierst du das Abbild der Sonne mit einer in der Hand gehaltenen Linse auf Papier.

DIE SONNE: ÄUSSERE UND INNERE MERKMALE

*(Details siehe S. 40–41)*

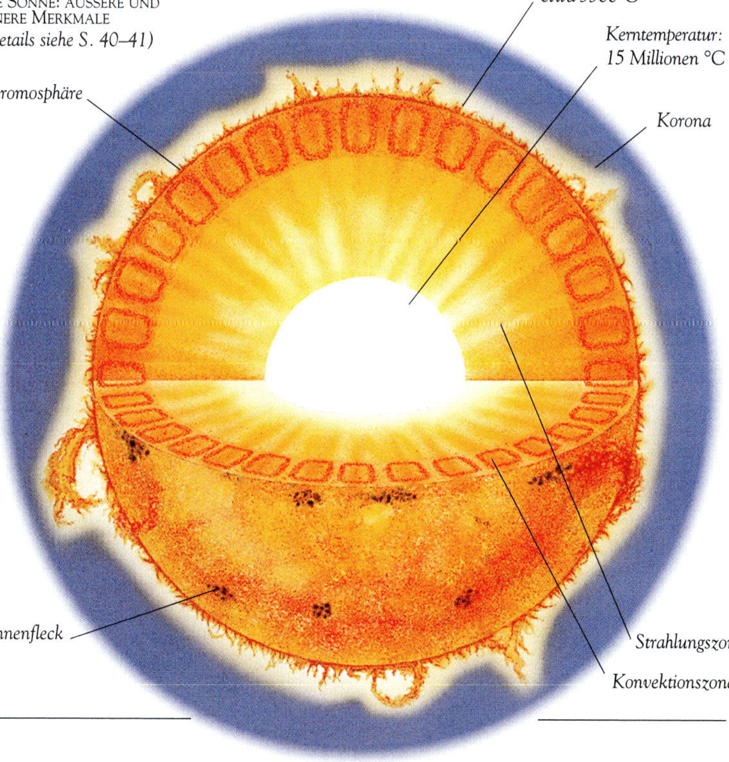

# IM INNEREN DER SONNE

UNSER NÄCHSTER STERN, die Sonne, ist ein riesiger Ball aus heißem Gas mit dem 109-fachen Durchmesser der Erde. Ihre Masse ist 745-mal größer als diejenige aller anderen Objekte des Sonnensystems zusammen. Die Sonne scheint seit 4,6 Milliarden Jahren und wird ungefähr noch einmal so lang weiterscheinen.

## DIE STRUKTUR DER SONNE

Der Kern ist so heiß – 15 Millionen °C –, dass Gasatome darin zerrissen werden und nur ihre Nuklei (Kerne) übrig bleiben. Diese Energie reist durch die Strahlungs- und Konvektionszonen zur Fotosphäre, wo sie die Sonne verlässt.

KERNFUSION VON WASSERSTOFF

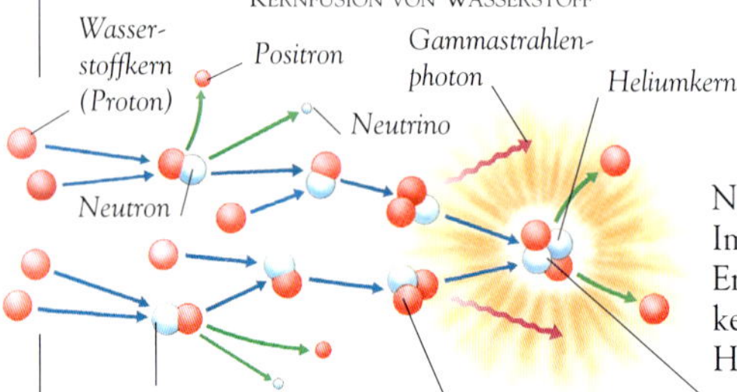


*Kollidieren zwei Protonen, wird eines zum Neutron und setzt ein Positron und ein Neutrino frei.*

*Ein weiteres Proton verschmilzt mit dem Proton-Neutron-Paar und setzt ein Gammastrahlenphoton frei.*

*Die zwei Gruppen kollidieren, bilden einen Heliumkern und setzen zwei Photonen frei.*

## NUKLEARREAKTIONEN

Im Kern der Sonne entsteht Energie, wenn vier Wasserstoffkerne (Protonen) zu einem Heliumkern verschmelzen.

SONNENNEUTRINOS

Neutrinos, die bei Kernreaktionen entstehen, fliegen ins All. Meistens durchqueren sie die Erde. Einige werden durch Neutrinoteleskope entdeckt. Das Sudbury-Observatorium liegt als Schutz vor kosmischer Strahlung 2 km unter der Erdoberfläche.

SUDBURY-NEUTRINO-OBSERVATORIUM, ONTARIO, KANADA

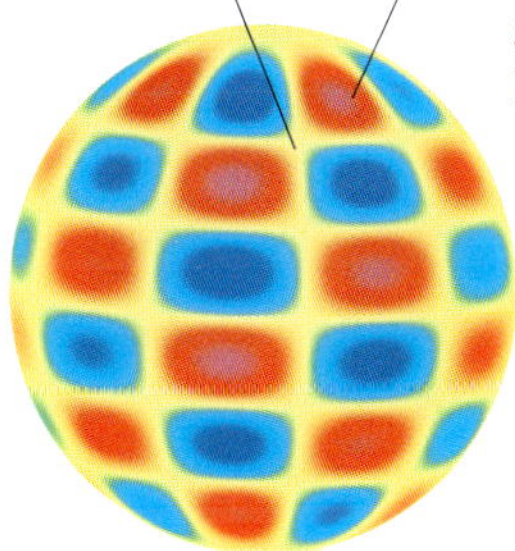


COMPUTERBILD DER SONNENPULSATION

SONNENPULSATION

Die Oberfläche der Sonne bewegt sich in komplizierten Mustern auf und ab. Diese entstehen durch Schallwellen in der Konvektionszone. Durch das Studium dieser Schwingungen lernen wir mehr über den Aufbau der Sonne.

WICHTIGE DATEN

| | |
|---|---|
| Fluchtgeschwindigkeit | 618 km/s |
| Umwandlungsrate (Wasserstoff zu Helium) | 615 Millionen t/s |
| Zeit, die das Licht braucht um die Erde zu erreichen | 8 Minuten 19 Sekunden |
| Leuchtkraft | 390 Quintillionen Megawatt |
| Oberflächentemperatur | 5500°C |
| Kerntemperatur | 16 Millionen °C |
| Alter | 4,6 Milliarden Jahre |
| Verbleibende Lebenszeit | 5 x $10^9$ Jahre |

# SONNENOBERFLÄCHE

DIE SICHTBARE SONNENSCHEIBE bezeichnet man als Fotosphäre. Die Energie aus den Kernreaktionen im Sonneninneren wird nach ihrer mehrere Jahrtausende dauernden Reise an die Oberfläche von der Fotosphäre als Licht abgestrahlt. Galileo Galilei entdeckte vor 400 Jahren als Erster die Sonnenflecken.

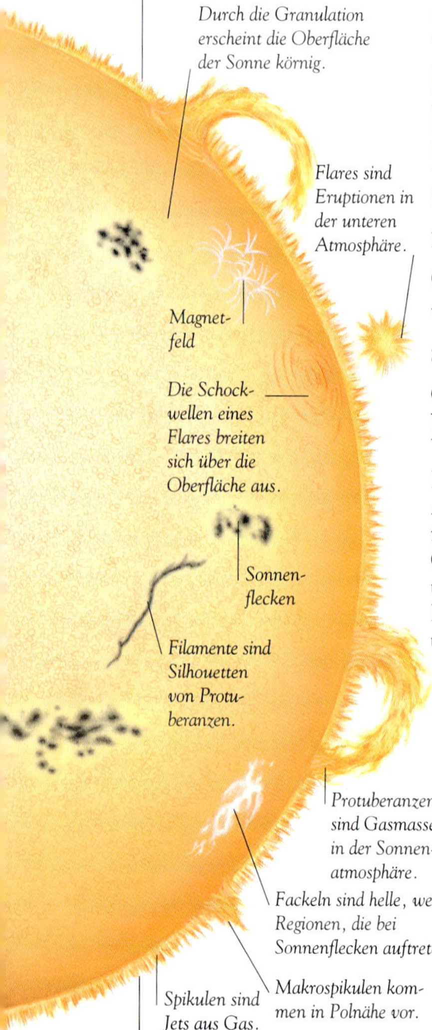


## FOTOSPHÄRE

Anders als die Erdoberfläche ist die Fotosphäre nicht fest, sondern ein brodelndes Meer aus leuchtendem Gas und etwa 500 km dick. Durch sie strömt das heiße, undurchsichtige Gas nach oben und wird transparent. Die Temperatur liegt zwischen 8.500° C am unteren und 4.200° C am oberen Rand.

## SONNENFLECKEN

Sonnenflecken sind flache Senken in der Fotosphäre, in denen starke Magnetfelder verhindern, dass das heiße Gas an die Oberfläche gelangt. Die Temperatur der Sonnenflecken liegt etwa 1500°C niedriger als in der restlichen Fotosphäre, deshalb erscheinen sie dunkler.

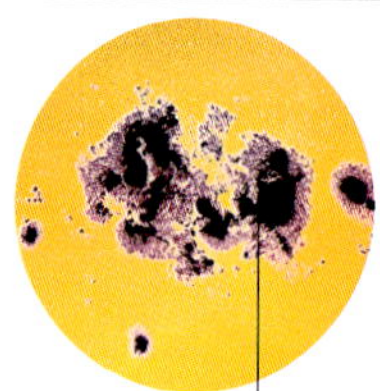

MAGNETISCHE SONNENFLECKEN
Die Gesamtzahl der Sonnenflecken folgt einem elfjährigen Zyklus. Die ersten Flecken erscheinen in der Nähe der Pole. Dann häufen sie sich und rücken bis zum Erreichen des Maximums immer näher an den Äquator heran. Dieser Zyklus wird vermutlich durch die ungleichmäßige Sonnenrotation hervorgerufen, wobei Magnetfelder zum Äquator hin verschoben werden.

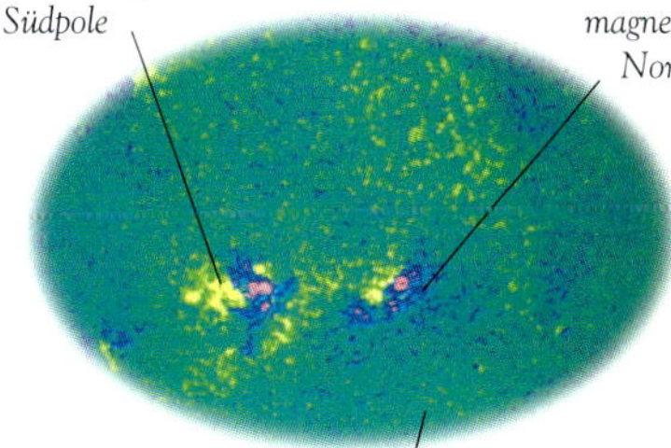

MAGNETOGRAMM EINER SONNENFLECKGRUPPE

TEIDE-OBSERVATORIUM, TENERIFFA, KANARISCHE INSELN

SONNENTELESKOPE
Ein Turmteleskop ist ein optisches Teleskop, das mittels eines beweglichen Spiegels auf seinem Turm der Sonne nachgeführt wird. Der Spiegel lenkt das Licht über einen senkrechten Schacht zu den Messinstrumenten im Erdgeschoss.

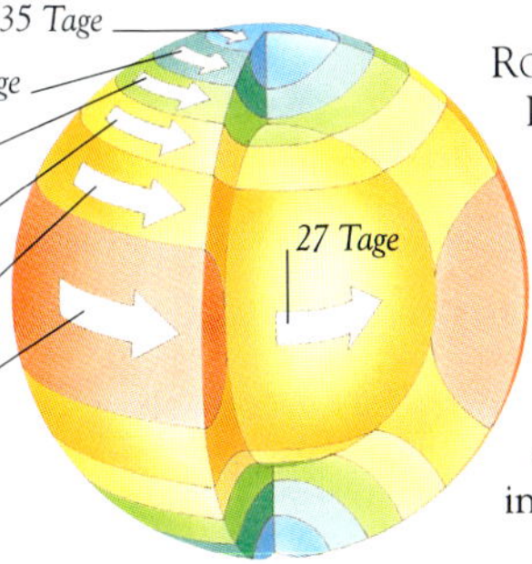


ROTATIONSGESCHWINDIGKEIT
Da die Sonne ein Gasball ist, dreht sie sich nicht wie ein fester Körper überall mit der gleichen Geschwindigkeit. Am Äquator dauert eine Umdrehung etwa 25 Tage, in Polnähe 35 Tage. Aus den Oszillationen an der Oberfläche kann man schließen, dass sich das Sonneninnere wie eine feste Kugel in 27 Tagen einmal um sich selbst dreht.

# Sonnenatmosphäre

DIE DÜNNE SONNENATMOSPHÄRE besteht aus zwei Regionen – der Chromosphäre und der Korona. Dort kommt es häufig zu heftigen Gasausbrüchen (Protuberanzen) und Explosionen (Flares). Aus noch unbekannten Gründen ist die Korona einige hundertmal heißer als die Fotosphäre.

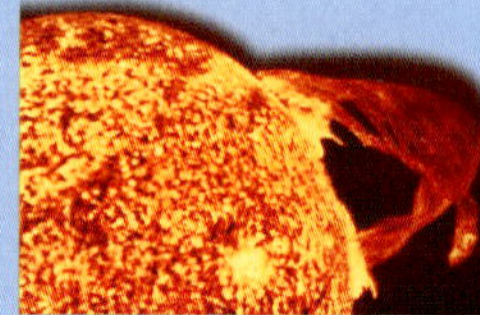

PROTUBERANZEN
Riesige Gaswolken können sich von der Chromosphäre aus einige 100 000 km hoch bis in die Korona erstrecken. Das Gas kann später in die Fotosphäre zurückfallen oder ins All schießen.

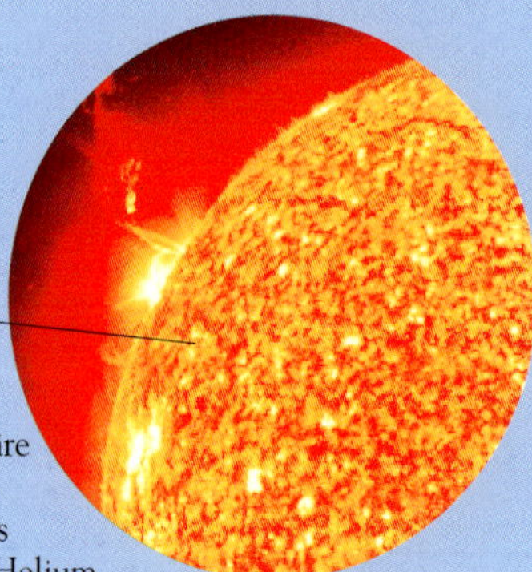

*Diese Ultraviolett-aufnahme der Chromosphäre stammt von der Raumsonde SOHO.*

CHROMOSPHÄRE
Die Chromosphäre ist eine 5000 km dicke Schicht aus Wasserstoff und Helium. Nahe der Fotosphäre ist sie etwa 4000°C, am oberen Rand, wo sie in die Korona übergeht, fast 500 000°C heiß. Gasausbrüche und Spikulen werden von den Rändern riesiger Konvektionszellen aus in die Korona geschleudert, wo heißes Gas aus dem Sonneninneren hochsteigt.

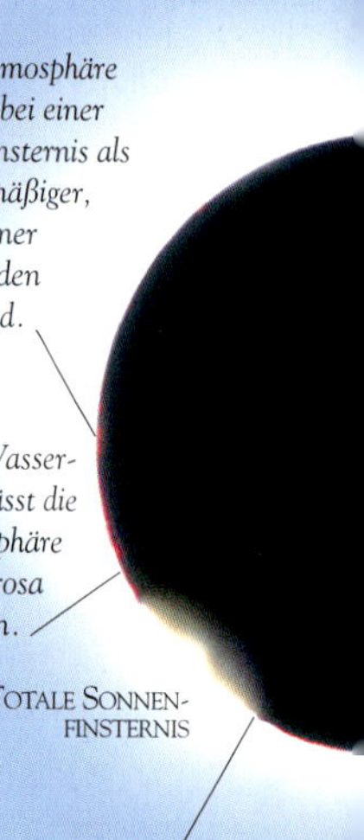

*Die Chromosphäre erscheint bei einer Sonnenfinsternis als ungleichmäßiger, rosafarbener Ring um den Mondrand.*

*Heißes Wasserstoffgas lässt die Chromosphäre im Licht rosa erscheinen.*

TOTALE SONNENFINSTERNIS

*Während einer totalen Sonnenfinsternis deckt die Mondscheibe die Sonne ab.*

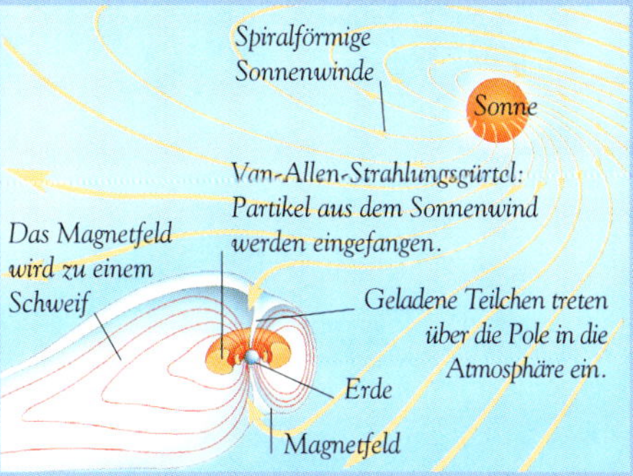

SONNENWIND
Von der Korona strömt der Sonnenwind in den Weltraum ab. Er besteht aus Teilchen wie Elektronen und Protonen und der von ihnen erzeugten magnetischen Strahlung. Die Stärke des Sonnenwindes hängt von der Sonnenaktivität ab.

POLARLICHT AUS DEM ALL
Polarlichter sind bunte, bewegte Erscheinungen, die manchmal über den Magnetpolen zu sehen sind. Sie entstehen, wenn Sonnenteilchen in der Atmosphäre mit Luftmolekülen kollidieren.

*Die Korona ist weniger als ein Milliardstel so dicht wie die Erdatmosphäre.*

*Bei einer Finsternis wird die Korona als milchig weißer Halo sichtbar; man erkennt Schleifen und Streifen.*

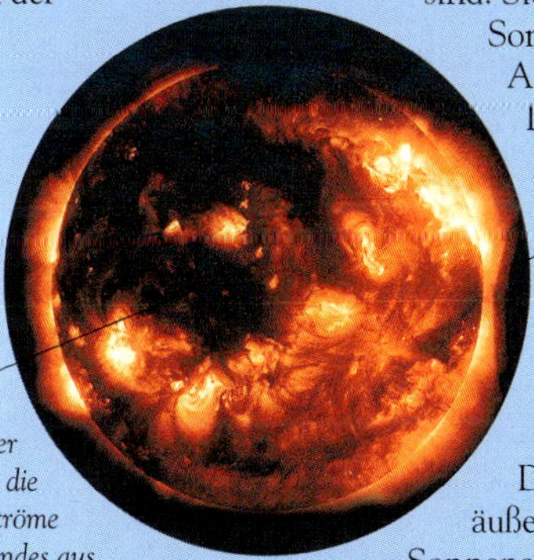

*Koronalöcher: Von den dunklen Gebieten niederer Dichte gehen die schnellen Teilchenströme des Sonnenwindes aus.*

*Die Fotosphäre produziert keine Röntgenstrahlung, daher erscheint sie als dunkle Scheibe.*

KORONA
Die Korona ist die äußerste Schicht der Sonnenatmosphäre und erstreckt sich einige hundert Millionen Kilometer in den Weltraum hinein. Sie ist bis zu 3 Millionen °C heiß, aber sehr lichtschwach, da das Gas sehr dünn ist. Manchmal gibt es riesige Gasausbrüche, wodurch Schockwellen in den Sonnenwind ausgesandt werden.

# SONNENFINSTERNISSE

BEI SEINEM UMLAUF UM DIE ERDE wandert der Mond manchmal direkt vor die Sonne und wir sehen eine Sonnenfinsternis. Jedes Jahr finden irgendwo auf der Erde zwischen zwei und fünf Sonnenfinsternisse statt. Partielle Finsternisse, bei denen der Mond nur einen Teil der Sonne abdeckt, sind in einem großen Gebiet sichtbar. Totale Sonnenfinsternisse sehen wir nur in einem schmalen Streifen auf der Erde.

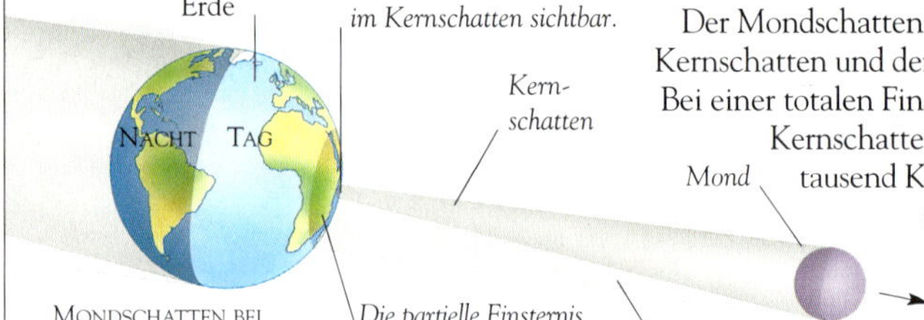


MONDSCHATTEN BEI EINER TOTALEN SONNENFINSTERNIS

MONDSCHATTEN
Der Mondschatten besteht aus dem Kernschatten und dem Halbschatten. Bei einer totalen Finsternis bildet der Kernschatten einen mehrere tausend Kilometer langen, aber nur 270 km breiten Pfad.

DIE TOTALE SONNENFINSTERNIS
Der Mond erscheint am Himmel fast so groß wie die Sonne. Er kann sie vollständig bedecken, wenn beide in einer Linie stehen. Die Sonne verschwindet, der Himmel verdunkelt sich und die Sterne treten hervor. Die Dauer der Totalität hängt von der Entfernung des Mondes ab. Je näher er der Erde ist, desto länger dauert sie. Totale Finsternisse treten an einem bestimmten Ort nur etwa alle 360 Jahre auf.

DIE KECK-TELESKOPE, MAUNA-KEA-OBSERVATORIUM, HAWAII

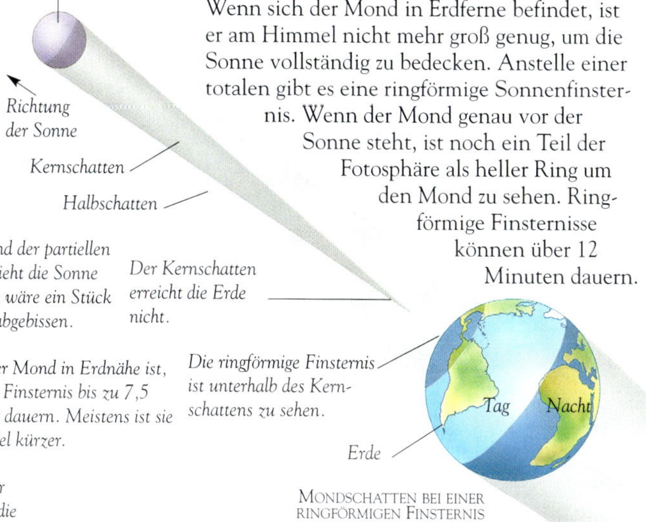


MONDSCHATTEN BEI EINER RINGFÖRMIGEN FINSTERNIS

## RINGFÖRMIGE SONNENFINSTERNIS

Wenn sich der Mond in Erdferne befindet, ist er am Himmel nicht mehr groß genug, um die Sonne vollständig zu bedecken. Anstelle einer totalen gibt es eine ringförmige Sonnenfinsternis. Wenn der Mond genau vor der Sonne steht, ist noch ein Teil der Fotosphäre als heller Ring um den Mond zu sehen. Ringförmige Finsternisse können über 12 Minuten dauern.

**Warnung:** *Sieh bei einer Finsternis nicht direkt in die Sonne! Du solltest sie nur durch spezielle Filter ansehen.*

SERIENAUFNAHME EINER TOTALEN SONNENFINSTERNIS

## FINSTERNISPHÄNOMENE

Einige Sekunden vor und nach der Totalität verschwinden oder erscheinen Sonnenstrahlen zwischen den Mondbergen am Mondrand. Manchmal sehen wir dieses Phänomen als leuchtenden Diamantring. Ab und zu kann man auch eine helle Kette aus Lichtpunkten, den Perlschnureffekt, erkennen.

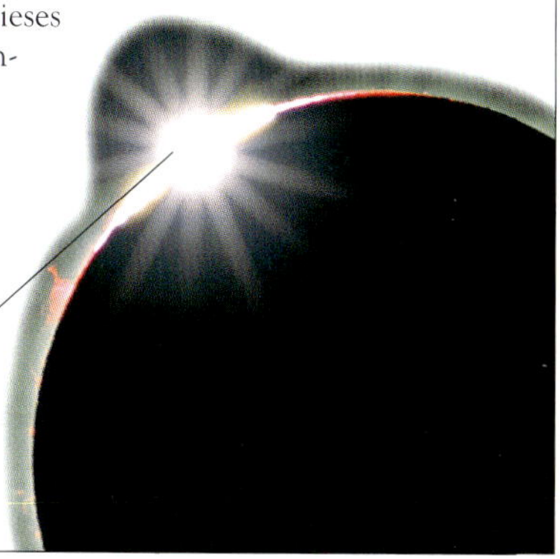

*Der letzte Lichtstrahl leuchtet wie ein Diamant in einem von der Chromosphäre gebildeten Ring.*

# Sonnenenergie und -einfluss

Die Sonne wandelt in ihrem Kern 600 Millionen Tonnen Wasserstoff pro Sekunde in Helium um. Diese Energie gelangt schließlich an die Sonnenoberfläche und reist durch das Weltall.

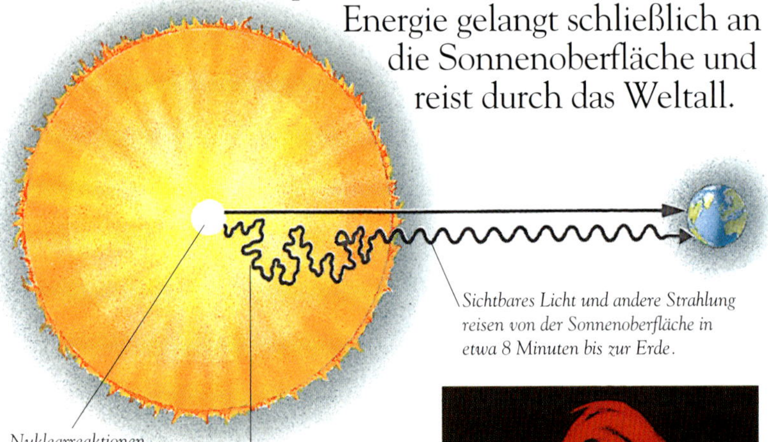


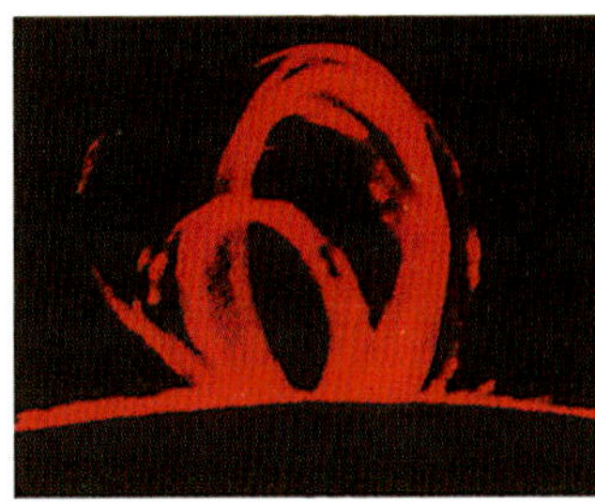

Atmosphärische Gasströme
Gewaltige Jets aus heißem Gas schießen aus der Sonnenoberfläche heraus und erstrecken sich über mehrere tausend Kilometer ins All hinein. Die größten von ihnen nennt man Protuberanzen. Sie können mehrere Monate lang andauern.

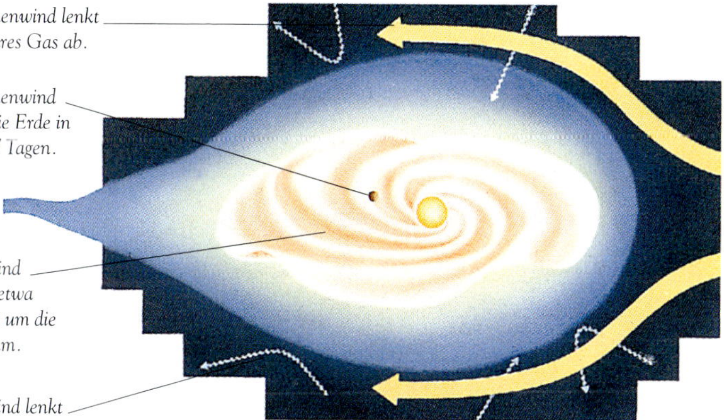


### Der Einfluss der Sonne

Die Sonne beeinflusst einen großen Bereich des sie umgebenden Weltalls. Gase strömen aus der Korona und werden zum extrem schnellen Sonnenwind. Dieser transportiert ein Magnetfeld von der Sonne weg. Durch die Rotation der Sonne wird das Magnetfeld spiralförmig. Der Abschnitt des Weltalls, der vom Sonnenwind betroffen ist, heißt Heliosphäre.

Ulysses-Solarsonde

### Zu den Sonnenpolen

Die Umlaufbahn der Erde um den Sonnenäquator bedeutet, dass man die Pole der Sonne von der Erde aus nicht erforschen kann. 1990 wurde deshalb die Ulysses-Sonde gestartet.

> **Sonnenenergie: Fakten**
>
> - Die Sonne wandelt Wasserstoff zu Helium um. Sie verliert dabei 4900 Tonnen an Masse pro Sekunde.
> - Die Menge an Sonnenenergie, welche die Erdoberfläche erreicht (die so genannte Solarkonstante), entspricht 1,37 kW pro Quadratkilometer pro Sekunde.

# DIE ERDE

DER DRITTE PLANET des Sonnensystems ist die Erde. Sie vereinigt Erscheinungen, die es auch auf anderen Planeten gibt, mit Einzigartigem: Vulkane wie auf Venus und Mars, Krater wie auf Merkur und umherziehende Wolkengebilde wie auf Jupiter und Neptun. Nur hier gibt es flüssiges Wasser und auch Eis, eine sauerstoffreiche Atmosphäre und, soweit wir wissen, Leben.

| WICHTIGE DATEN | |
|---|---|
| Durchmesser | 12 756 km |
| Mittlere Entfernung von der Sonne | 149 597 870 km |
| Orbitalgeschwindigkeit um die Sonne | 27,8 km/s |
| Länge eines Tages | 24 Stunden |
| Masse | 5,9742 x 1024 kg |
| Volumen | 1,087 x 1021 $m^3$ |
| Mittl. Dichte (Wasser = 1) | 5,52 |
| Schwerkraft | 9,78 $m/s^2$ |
| Mittlere Temperatur | 15°C |
| Mondanzahl | 1 |

## DER BLAUE PLANET

Vom Weltraum aus gesehen erscheint die Erde als blaue Perle. Diese Farbe stammt von den riesigen Wassermengen auf ihr. Nur die Erde hat eine Oberflächentemperatur, bei der Wasser in flüssiger Form vorkommen kann.

*71 % der Erdoberfläche sind von Wasser bedeckt.*

*Wolken entstehen durch Kondensation von Wasserdampf.*

### DIE ERDE AUF EINEN BLICK

Die Erde ist der größte der Gesteinsplaneten. Sie besitzt als einziger Planet eine Kruste mit Plattentektonik, eine sauerstoffreiche Atmosphäre, flüssiges Wasser und Leben.

ACHSNEIGUNG, ROTATION UND ORBIT

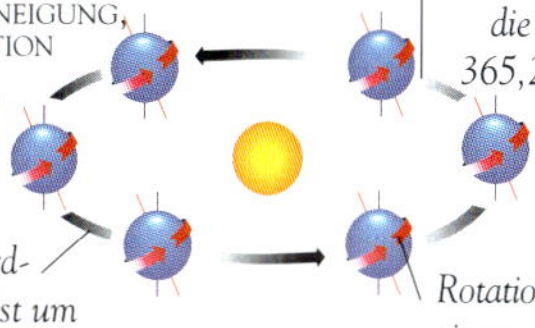


ATMOSPHÄRE

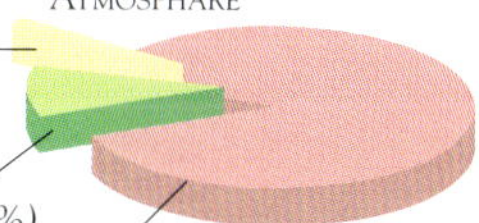


MASSSTAB

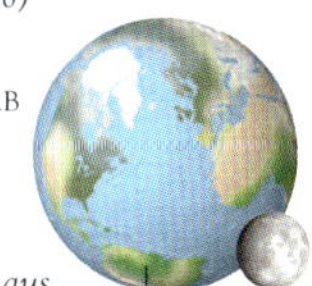


AUFBAU

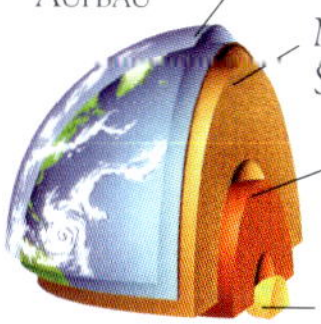

*In Form von Regen aus den Wolken gelangt das Wasser in die Ozeane zurück und schließt damit den Wasserkreislauf.*

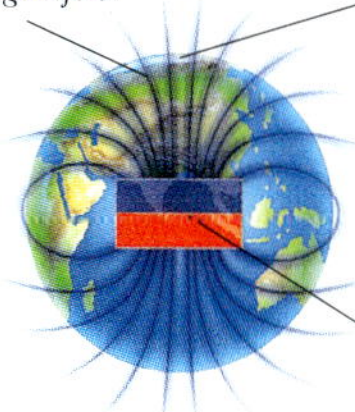


### DIE ERDE ALS MAGNET

Relativ zu ihrer Größe hat die Erde das stärkste Magnetfeld aller Planeten. Dessen Ursprung liegt im Erdkern, wo Ströme von flüssigem Eisen elektrische und magnetische Felder erzeugen.

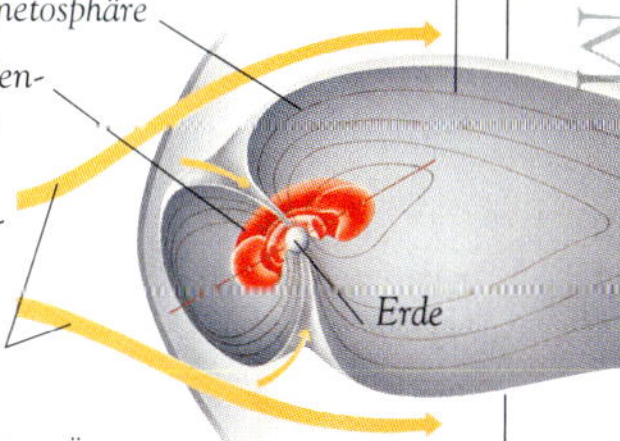


### MAGNETOSPHÄRE

Die Erde wird von einer „magnetischen Blase" umgeben, die sie vor dem Sonnenwind schützt. Einige der Sonnenwindpartikel werden im Van-Allen-Gürtel nahe der Erde aufgefangen. Andere gelangen bei den magnetischen Polen in die Erdatmosphäre und leuchten als Polarlichter auf.

# Die Erdoberfläche

Die Erdoberfläche wird durch einzigartige geologische Kräfte geformt. Die Kruste besteht aus riesigen Platten, die auf einer halbflüssigen Gesteinsschicht schwimmen. Sie sind ständig in Bewegung, sodass die heutigen Landkarten nur Momentaufnahmen einer veränderlichen Welt sind.

*Vor 250 Millionen Jahren gab es nur eine Landfläche (Pangaea).*

*Vor 200 Millionen Jahren zerbrach Pangaea in Laurasien und Gondwana.*

*Vor 135 Millionen Jahren zerbrach Gondwana in Afrika und Südamerika.*

*Vor 60 Millionen Jahren trennte der Nordatlantik Europa von Nordamerika.*

KONTINENTALDRIFT

Die Kontinente auf den Platten driften etwa mit der Wachstumsgeschwindigkeit eines Fingernagels auseinander. Indien, Afrika, Australien und die Antarktis waren früher Teile eines einzigen Kontinents. Indien kollidierte mittlerweile mit Asien und faltete dabei das mächtige Himalaya-Gebirge auf.

PLATTENTEKTONIK

Ohne die Ozeane sähe die Erde sehr seltsam aus. Die Oberflächengestalt wird von der Bewegung der Erdplatten bestimmt. Es gibt acht große und viele kleinere Platten. Manche bestehen nur aus Meeresgrund, zu einigen gehören Kontinente. An ihren Rändern gibt es lange Gräben, Spalten und Vulkane.

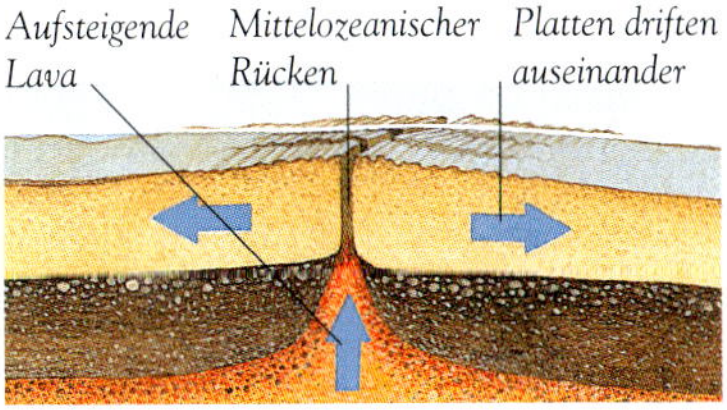


WO PLATTEN AUSEINANDER DRIFTEN
Wo zwei Erdplatten auseinander driften, tritt neue Lava aus dem Erdinneren hervor und bildet einen ozeanischen Rücken, da die Plattengrenzen am Meeresgrund verlaufen. Der mittelatlantische Rücken ist der längste Gebirgszug auf der Erde.

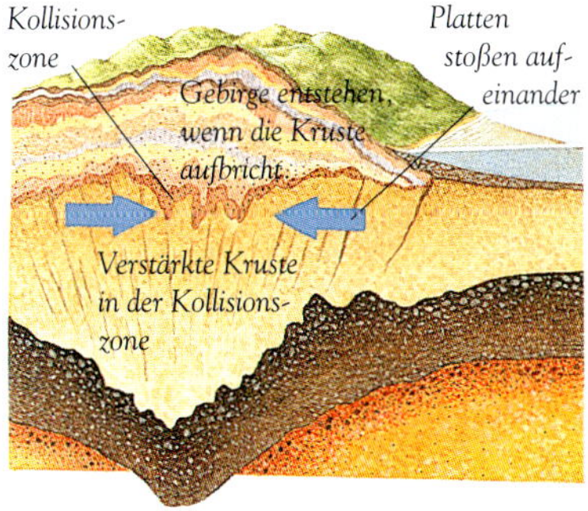


KOLLIDIERENDE KONTINENTE
Als die afrikanische Platte nach Norden driftete, stieß sie auf die eurasische Platte und es bildete sich die Gebirgskette der Alpen.

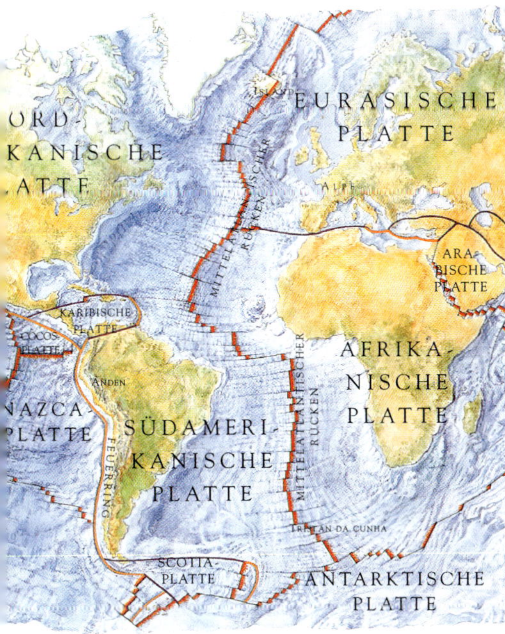

WO SICH PLATTEN TREFFEN
Die Anden gehören zu den Vulkanen des Feuerrings rund um den Pazifik. Südamerika driftete nach Westen. Es faltete sich über der Nazcaplatte auf, wobei Gestein vom Meeresgrund unter den Kontinent geschoben wurde.

# DIE ERDATMOSPHÄRE

Die Erde ist von einer dünnen Gasschicht umgeben, der Atmosphäre, die ihre Oberfläche vor Weltraumeinflüssen schützt. Im Vergleich zur Größe der Erde ist die Atmosphäre nicht dicker als die Schale eines Apfels, aber sie ist sehr turbulent. Die Erdatmosphäre stellt außerdem eine Schutzschicht für das Leben dar.

DER AUFBAU DER ATMOSPHÄRE
Die Atmosphäre ist ein Gemisch aus Gasen, Wasser und Staub. Sie hat eine Dicke von 500 km und nach außen hin geht sie ohne feste Grenzen in den Weltraum über. Am Erdboden erzeugen zirkulierende Atmosphärenschichten starke Winde, verursacht durch die Sonnenwärme und die Erdrotation.

ATMOSPHÄRENSCHICHTUNG
Ein Querschnitt durch die Atmosphäre zeigt verschiedene Schichten: Troposphäre, Stratosphäre, Mesosphäre, Thermosphäre und Exosphäre.

### DER TREIBHAUSEFFEKT

Ohne die Atmosphäre wäre die Erde um 30°C kälter. Wie in einem Treibhaus hält die Luft die Wärme fest.

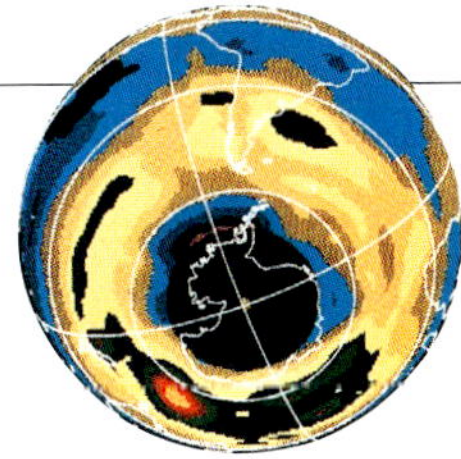

### DAS OZONLOCH

Die Ozonschicht schützt die Erde vor der gefährlichen UV-Strahlung der Sonne. Über den Polen ist die Schicht dünner geworden.

DIE TEMPERATUR DER ERDE IN DER TROPOSPHÄRE (ROT = HEISSER)

### KLIMAVERÄNDERUNGEN

Die Erde erwärmt sich um etwa 0,02°C pro Jahr, weil der Treibhauseffekt vermutlich durch zusätzliches Kohlendioxid aus der Verbrennung von Kohle und Öl verstärkt wird.

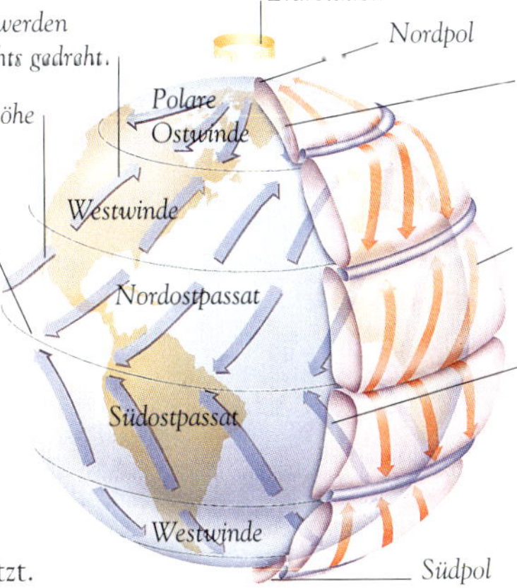


### WINDZIRKULATION

Am Äquator steigt warme Luft auf, bewegt sich nach Norden und Süden, sinkt ab und strömt auf Meereshöhe zurück. An den Polen sinkt kalte Luft ab, breitet sich aus, erwärmt sich, steigt auf und strömt in großen Höhen zurück. In mittleren Breiten zirkuliert die Luft entgegengesetzt.

# LEBENDIGER PLANET

DIE RAUMSONDE GALILEO flog 1990 an einem ungewöhnlichen Planeten vorbei. Ihre Instrumente registrierten grünen Bewuchs, korrodierendes Gas in der Atmosphäre und einige Radiosignale – sie flog an der Erde vorbei. Dieser Planet besitzt eine ganz besondere Eigenschaft: Er ist der einzige Ort, von dem man weiß, dass dort Leben existiert.

## DIE EVOLUTION DES LEBENS

Auf der Erde gibt es über eine Million Arten von Lebewesen: von Bakterien bis zu Riesenbäumen und Säugetieren. Alle entwickelten sich im Laufe der Evolution durch Veränderungen, die zur Anpassung an die Umgebung und die Konkurrenten führten.

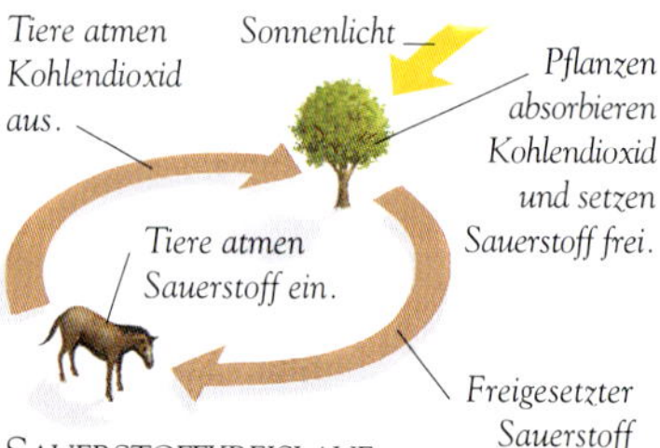


## SAUERSTOFFKREISLAUF

Alles Leben auf der Erde ist miteinander verbunden. Tiere brauchen Sauerstoff, um aus Nahrung Energie zu gewinnen, und atmen dabei Kohlendioxid aus. Davon leben die Pflanzen, die es in Sauerstoff zurückverwandeln.

### Lebende Zellen

Alle Lebewesen bestehen aus mikroskopisch kleinen Zellen. Manche Organismen sind Einzeller, der Mensch hingegen besteht aus rund 100 Milliarden Zellen. Alle Zellen haben gleiche Grundbausteine.

### Einzeller

Viele Arten wie Algen und Bakterien sind Einzeller. Manche leben in heißen Quellen oder tief im Boden. Einige lagern sich zu Kolonien zusammen, so wie diese Stromatoliten.

### Einfache Lebensformen

Einfache Lebensformen gibt es schon seit vielen hundert Millionen Jahren. Farne waren die ersten Landpflanzen und Mollusken und Insekten existieren bereits seit 350 Millionen Jahren.

### Höhere Lebensformen

Viele Arten entwickelten sich zu komplexeren Lebensformen. Vögel und Säugetiere sind Warmblüter. Delfine und Menschen brauchen ein großes Gehirn zum Leben.

# DER MOND

## DER MOND IST DER ERDNÄCHSTE HIMMELSKÖRPER.

Er kreist um die Erde, während sie sich wiederum um die Sonne bewegt. Der Mond ist das größte und hellste Objekt am Nachthimmel, aber er reflektiert nur das Sonnenlicht. Während eines Erdumlaufs sehen wir unterschiedlich große Teile des Mondes, die Mondphasen.

### DER MOND AUF EINEN BLICK

Der Mond ist eine staubige, öde Felskugel ohne Atmosphäre und flüssiges Wasser. Seine Rotationszeit ist genauso lang wie seine Erdumlaufzeit.

ACHSNEIGUNG, ROTATION UND ORBIT

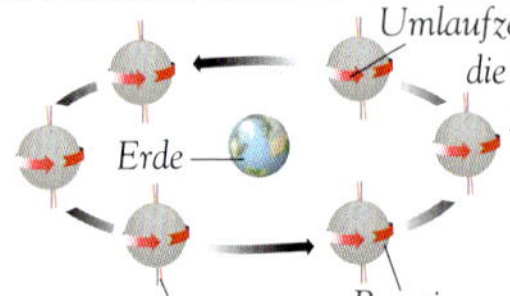


AUFBAU

MASSSTAB

### WICHTIGE DATEN

| | |
|---|---|
| Durchmesser | 3476 km |
| Mittlerer Erdabstand | 384 400 km |
| Bahngeschwindigkeit um die Erde | 1,02 km/s |
| Zeitraum zwischen zwei Neumondphasen | 29,53 Tage |
| Masse (Erde = 1) | 0,0123 |
| Volumen (Erde = 1) | 0,0202 |
| Mittlere Dichte (Wasser = 1) | 3,34 |
| Schwerkraft (Erde = 1) | 0,17 |
| Mittlere Oberflächentemperatur | -20°C |

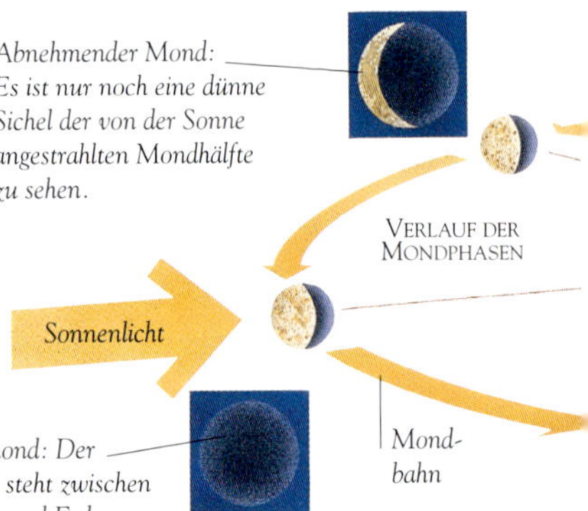

## Mondfinsternisse

Wenn der Vollmond durch den Erdschatten wandert, kommt es zu einer Mondfinsternis. Der Mond verdunkelt sich zu einer schwach leuchtenden, rötlichen Scheibe. Während einer totalen Finsternis liegt der gesamte Mond im zentralen, dunklen Kernschatten der Erde.

Zustandekommen einer Mondfinsternis

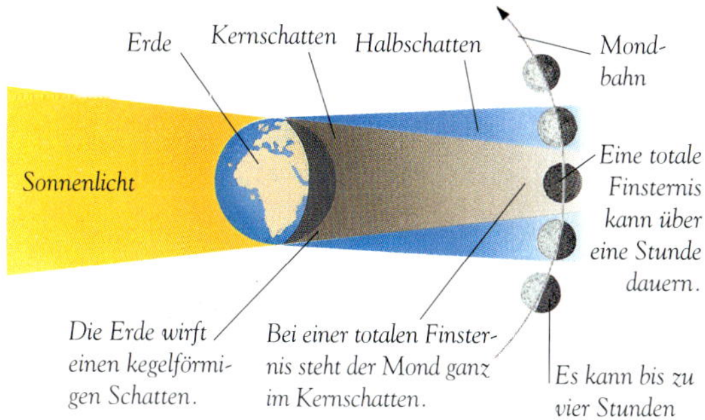


## Die Mondphasen

Wie die Erde, so wird auch der Mond stets nur zur Hälfte von der Sonne angestrahlt. Die Phasen reichen vom Neumond über den Vollmond bis zurück zum Neumond.

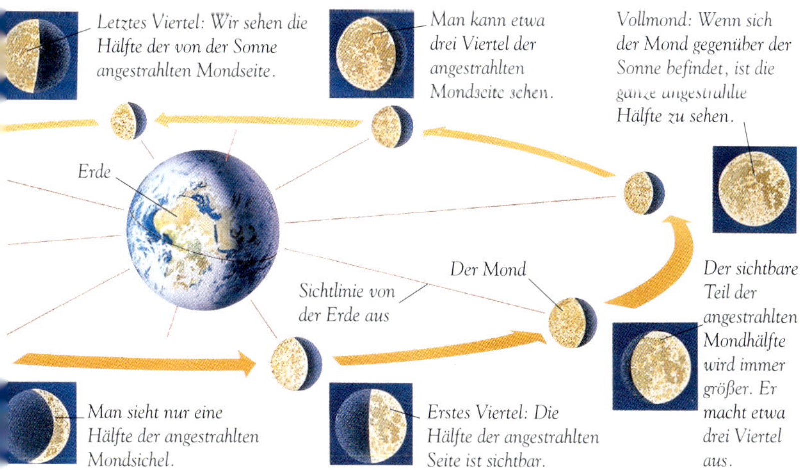

# Die Mondoberfläche

Von der Erde aus gesehen erscheint der Mond grau in unterschiedlichen Schattierungen. Die helleren Regionen sind ältere Hochländer und machen 85 % der Oberfläche aus. Die dunkleren Gebiete sind jüngere Tiefebenen. Mit der Hilfe von Teleskopen und Gesteinsproben konnte seine Geschichte erforscht werden. Der Mond entstand vor etwa 4,6 Milliarden Jahren.

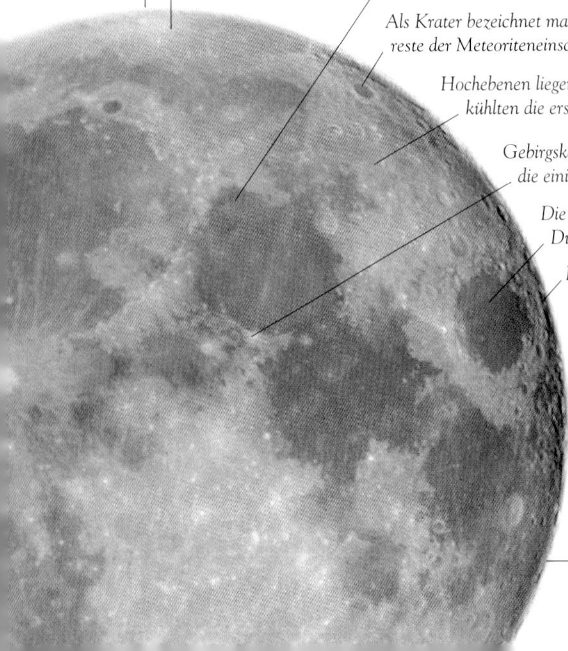

*Regolith ist die Oberflächenschicht aus Staub und Gestein.*

*Mare, lateinisch für „Meer", sind die dunklen Ebenen auf dem Mond.*

*Als Krater bezeichnet man die kreisrunden Überreste der Meteoriteneinschläge.*

*Hochebenen liegen höher als die Mare. Dort kühlten die ersten Teile der Kruste ab.*

*Gebirgsketten sind erhabene Regionen der Kruste, die einige der Mare und Krater umsäumen.*

*Die größten Krater von mehreren Kilometern Durchmesser nennt man „Becken".*

*Die Felskruste ist 60–100 km dick.*

Die Mondlandschaft
Auf dem Mond gibt es graue, dunkle Ebenen (Mare) und hellere Hochebenen. Die von Kratern übersäten Hochebenen sind die ältesten existierenden Teile der Mondkruste. Die tiefen Ebenen – oft von Gebirgsketten umgeben – sind große, einst mit Lava gefüllte Krater, in denen oft kleinere, jüngere Krater liegen.

## Die Geschichte des Mondes

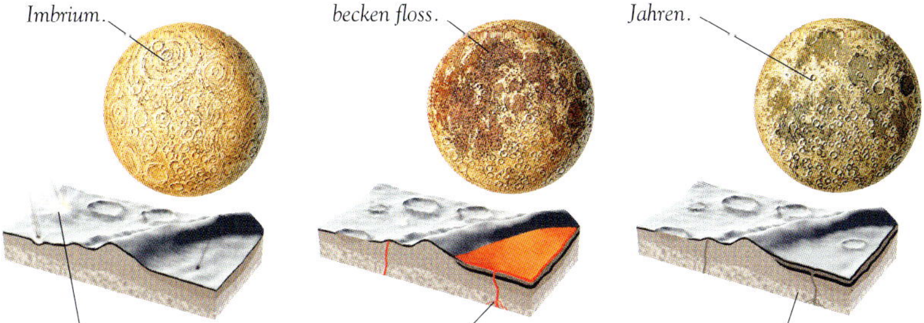


### Vor vier Milliarden Jahren

In den ersten 750 Millionen Jahren erlebte der Mond einen gewaltigen Meteoritenbeschuss. Die Einschläge durchbrachen die Kruste und es bildeten sich Krater.

### Vor drei Milliarden Jahren

Das Bombardement ließ nach. Es folgte eine Phase starker vulkanischer Aktivität, in der sich große, tiefe Krater mit Lava füllten, die aus 100 km Tiefe nach oben stieg.

### Der heutige Mond

Die Oberfläche hat sich in den letzten 1,6 Milliarden Jahren kaum geändert, nur einige helle, junge Krater wie Kopernikus fallen auf. Die alte Kruste wurde weitgehend zerstört.

### Oberflächentemperatur

Auf dem Mond herrschen extreme Temperaturen von -180°C bis 110°C, da der Mond keine Atmosphäre zur Regulierung der Oberflächentemperatur besitzt. Ein Ort in der Sonne ist der vollen Hitze ausgesetzt, im Schatten geht diese Hitze jedoch sehr rasch wieder verloren.

# Die Vorderseite des Mondes

Die markantesten Strukturen auf der Mondvorderseite sind die dunklen Mare, welche die Astronomen der Antike für tatsächliche Meere hielten. Selbst das größte Mare – Oceanus Procellarum – ist kleiner als das Mittelmeer. Die ganze Oberfläche ist mit Kratern übersät, sogar das Innere der Mare. Alle Landeplätze unserer Raumsonden liegen auf der Vorderseite des Mondes.

Montes Apenninus
Dies ist eine der eindrucksvollsten Gebirgsketten auf dem Mond. Zusammen mit den Montes Carpatus, Jura, Caucasus und Alpes bilden sie den durchbrochenen Ring von Gebirgen um den Rand des Mare Imbrium herum.

*Aristarchus, ein Krater von 37 km Durchmesser, ist der hellste Ort auf dem Mond.*

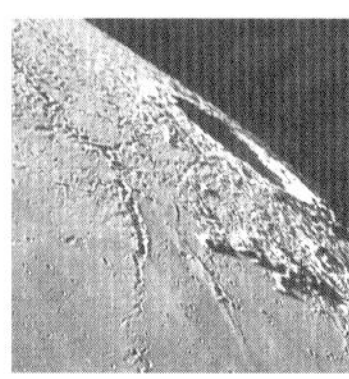

Kopernikus
Kopernikus ist einer der schönsten Strahlenkrater. Er hat 107 km Durchmesser, ist fast 4 km tief und besitzt Strahlen aus hellen Felsbruchstücken. Die Analyse von Proben der Strahlenmaterie ergab ein Alter von 850 Millionen Jahren.

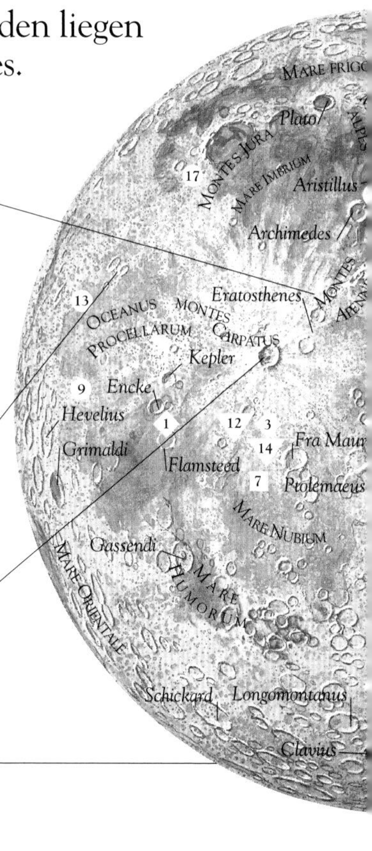

STRUKTUREN AUF DER VORDERSEITE

Die ausgedehnten Mare liegen 2–5 km unter dem normalen Oberflächenniveau. Die jüngsten Strukturen sind die hellen Strahlenkrater. Im Süden findet man eine sehr dichte Kraterlandschaft mit einigen großen, von Felswänden umrandeten Ebenen. An den Polen liegen die Hochebenen.

MARE CRISIUM

Das Mare Crisium, ein ovales Becken von 450 x 563 km, liegt abseits der Gruppe der miteinander verbundenen Mare. Auf seinem Lavaboden befinden sich u.a. zwei markante Krater, Picard und Peirce. 1976 entnahm die Sonde Luna 24 170 g Bodenproben von hier.

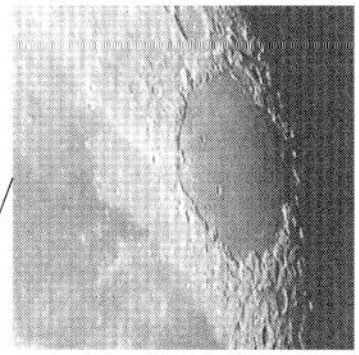

*Mare tragen meist lateinische Namen. Mare Crisium z.B. bedeutet „Meer der Krise".*

HUMBOLDT-KRATER

Dieser Einschlagkrater ist nach dem deutschen Bildungsreformer Wilhelm von Humboldt (1767–1835) benannt und von hohen Bergen umgeben. Außerhalb des Kraters liegt eine Schicht von Auswurfmaterial. Im Inneren befindet sich ein Zentralberg und der Kraterboden weist zahlreiche Risse auf.

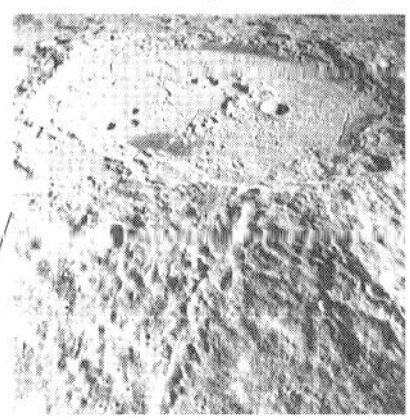

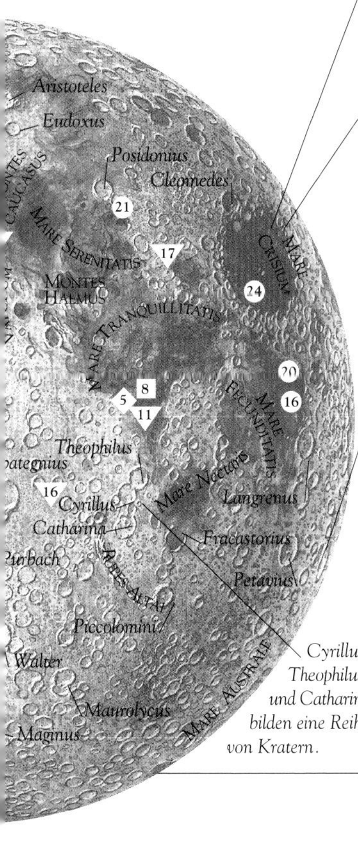


*Cyrillus, Theophilus, und Catharina bilden eine Reihe von Kratern.*

LANDEPLÄTZE

Auf der Karte sind die Plätze eingezeichnet, an denen die 16 unbemannten und sechs bemannten Raumsonden 1959–1976 landeten.

| | | | |
|---|---|---|---|
| 7 (Quadrat) | Ranger 7, 8 & 9 | 7 (Raute) | Surveyor 1, 3, 5, 6 & 7 |
| 13 (Kreis) | Luna 2, 9, 13, 16, 17, 20, 21 & 24 | 11 (Dreieck) | Apollo 11, 12, 14, 15, 16 & 17 |

# Die Rückseite des Mondes

Die Rückseite des Mondes ist immer von der Erde abgewandt. Bevor 1959 die russische Sonde Luna 3 erstmals Bilder davon zur Erde funkte, war sie völlig unentdeckt. Es gibt einige Unterschiede zur Vorderseite des Mondes, z.B. dass es nur wenige Mare gibt. Die Mondkruste ist hier dicker, deshalb konnten sich die Einschlagbecken nicht so leicht mit Lava füllen.

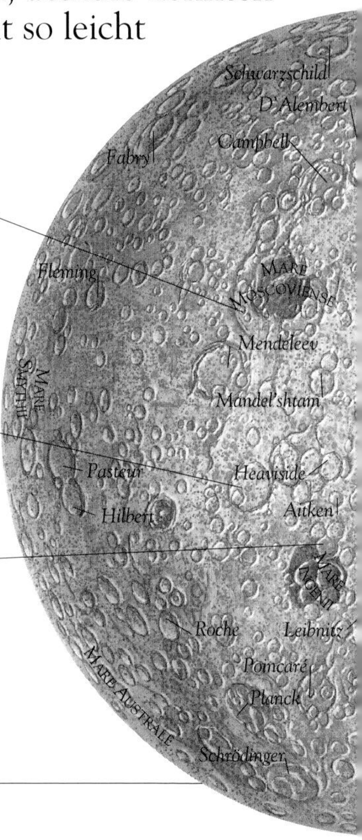


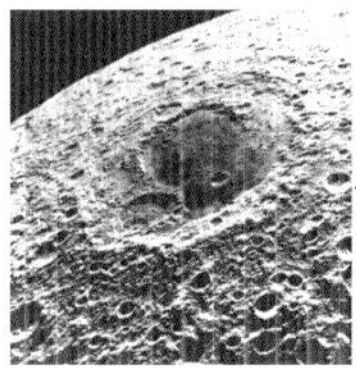

Mare Moscoviense
Dieses Mare gehört zu den wenigen auf der Rückseite. Es ist mit 277 km Durchmesser kleiner als die großen Becken. Wegen seines dunklen Bodens hebt es sich von seiner Umgebung ab.

*Der Krater Gagarin ist nach Juri Gagarin benannt, dem ersten Menschen im All.*

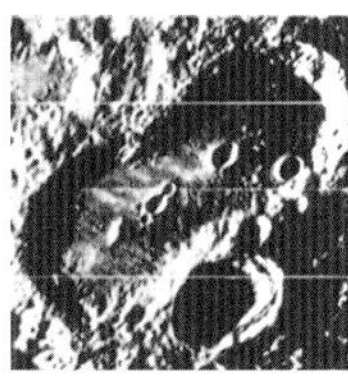

Van de Graaff
Dieser unregelmäßig geformte Krater mit 233 km Durchmesser hat im Inneren einige kleinere Krater. Für seine Größe ist er mit 4 km Tiefe ungewöhnlich flach. Im Becken herrschen ein stärkeres Magnetfeld und höhere Radioaktivität als in der Umgebung.

### Strukturen auf der Rückseite

Es gibt zwei bekannte Mare auf der Rückseite: Mare Orientale und Mare Moscoviense. Die vielen Krater sind meist kleiner und heller als auf der Vorderseite. Die auffälligsten Krater sind die kreisrunden Hertzsprung, Apollo und Koroljow. Der äußere Ring bei Hertzsprung ist von kleinen Kratern durchbrochen.

*Viele der Krater sind nach Wissenschaftlern und Philosophen benannt, wie z.B. der Krater Joule nach dem englischen Physiker James Joule.*

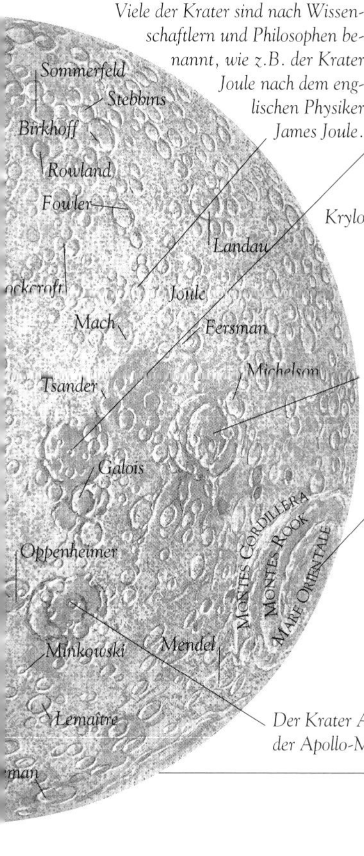


*Hertzsprung, ein 591 km großes Kraterbecken, ist eine der berühmtesten Formationen.*

*Der Krater Apollo ist zu Ehren der Apollo-Missionen benannt.*

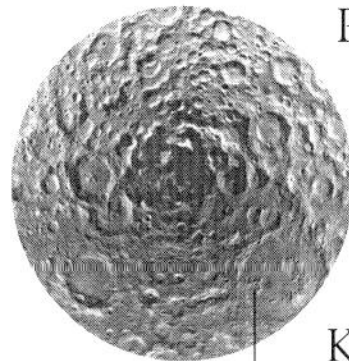

Südpol des Mondes

*Krater Schrödinger*

### Polgebiete

Der Nord- und der Südpol des Mondes wurden 1994 mit der Raumsonde Clementine als Letzte kartografiert. Die Karten lassen darauf schließen, dass manche Krater in den Polgebieten niemals von Sonnenstrahlen erreicht werden.

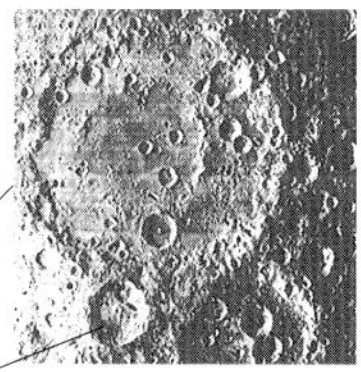

*Krylow*

### Koroljow

Mit 437 km Durchmesser gehört Koroljow zu den größten ringförmigen Strukturen auf der Rückseite. Er ist einer von zehn Kratern mit über 200 km Durchmesser. In seinem Inneren liegen viele kleinere Krater, z.B. Krylow.

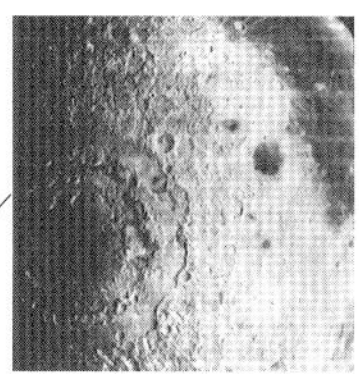

### Mare Orientale

Dieses riesige, sehr junge Meer liegt an der Grenze zwischen Vorder- und Rückseite. Es hat 327 km Durchmesser und ist von konzentrischen Gebirgsringen mit 900 km Durchmesser umgeben. Außerdem bedeckt Auswurfmaterial darunterliegende Krater. Nur sein Zentrum ist mit Lava gefüllt.

# EINFLÜSSE DES MONDES

OBWOHL DER MOND VIEL kleiner ist als die Erde, beeinflusst er seinen größeren Partner. So wie die Schwerkraft der Erde auf den Mond wirkt, bewirkt die Anziehungskraft des Mondes eine Streckung der Erde in eine leicht ovale Form. Das bewirkt, dass sich die Ozeane aufwölben und Gezeiten an den Küsten hervorrufen. Diese wiederum beeinflussen die Erdrotation und den Abstand von Erde und Mond.

GEZEITEN
Wegen der Schwerkraft des Mondes kommt es zweimal am Tag zu Ebbe und Flut in den Ozeanen der Erde. Der Gezeitenzyklus dauert 24 Stunden 50 Minuten. Der Gezeitenunterschied hängt nicht nur von der jeweiligen Mondposition, sondern auch von der geografischen Lage ab.

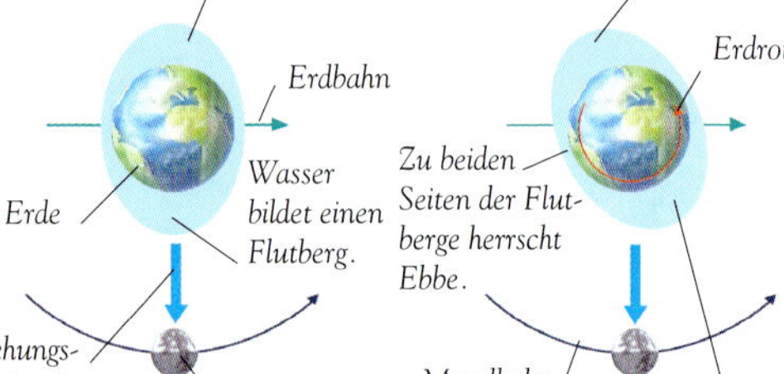

FLUT IN SEVERN ESTUARY, ENGLAND

EBBE IN SEVERN ESTUARY, ENGLAND

URSACHEN FÜR DIE GEZEITEN
Die Gewässer auf der Seite der Erde, die dem Mond am nächsten ist, unterliegen seiner Gravitation am stärksten. Es entstehen zwei Flutberge, die dem Mondumlauf folgen. Durch die Erdrotation liegen sie etwas vor der direkten Verbindungslinie Erde–Mond.

## Spring- und Nippfluten

Bei Voll- und Neumond stehen Sonne, Erde und Mond in einer Linie. Die Gravitationskräfte von Sonne und Mond wirken zusammen und ergeben die stärkste Gezeitenwirkung. Das nennt man Springflut. Bei Halbmond steht die Sonne im rechten Winkel zum Mond. Eine Nippflut entsteht, weil ihre Schwerkraft der Gezeitenwirkung des Mondes teilweise entgegen wirkt.

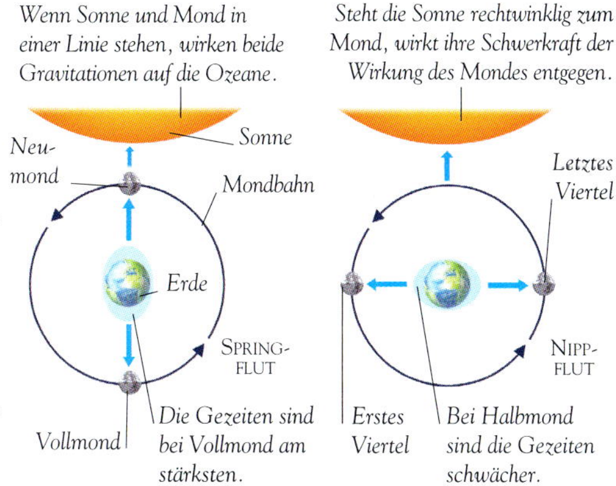


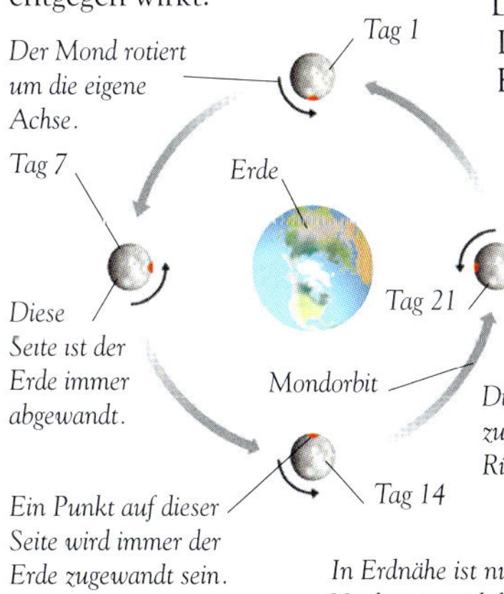


## Die sichtbare Seite des Mondes

Der Mond benötigt für einen Umlauf um die Erde genauso lang wie für eine Drehung um die eigene Achse. Darum ist der Erde stets die gleiche Seite zugewandt. Die Verlangsamung der Erdrotation führt dazu, dass sich der Mond von der Erde entfernt und selbst langsamer dreht. Daher werden ein Tag und ein Monat in ferner Zukunft einmal gleich lang sein.

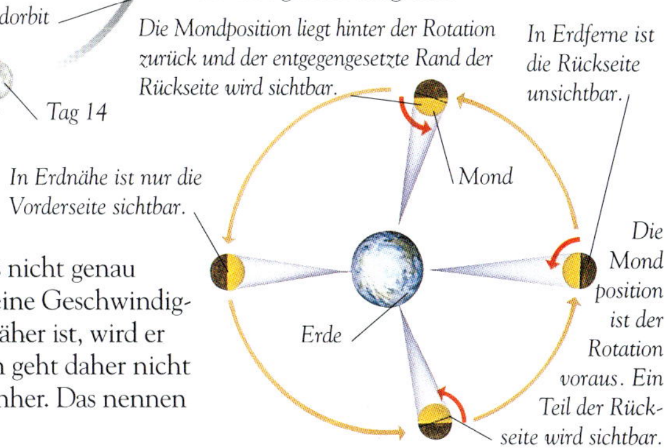


## Libration

Da die Bahn des Mondes nicht genau kreisförmig ist, variiert seine Geschwindigkeit. Wenn er der Erde näher ist, wird er schneller. Seine Rotation geht daher nicht mit dem Mondumlauf einher. Das nennen wir Libration.

# Erforschung des Mondes

Das erste Raumschiff, das die Schwerkraft der Erde verließ (Luna 1), flog 1959 zum Mond. Es folgte ein Jahrzehnt intensiver Raumfahrt, in dem Raumsonden, Roboter und Astronauten auf den Mond geschickt wurden. Heute sind Mondstationen in Planung, in denen Astronauten längerfristig leben können.

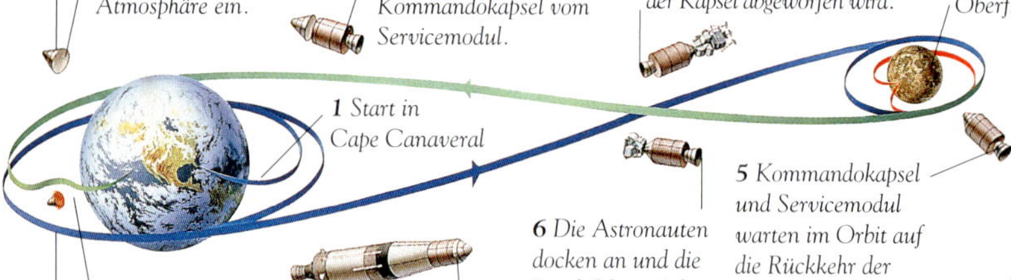

*__1__ Start in Cape Canaveral*

*__2__ Mit der Rakete Saturn 5 wird Apollo zum Mond befördert.*

*__3__ Die Module fliegen weiter zum Mond, während der Rest der Kapsel abgeworfen wird.*

*__4__ Die Landefähre sinkt zur Oberfläche ab.*

*__5__ Kommandokapsel und Servicemodul warten im Orbit auf die Rückkehr der Landefähre.*

*__6__ Die Astronauten docken an und die Landefähre wird abgetrennt.*

*__7__ Beim Anflug auf die Erde trennt sich die Kommandokapsel vom Servicemodul.*

*__8__ Die Kapsel tritt 120 km über der Erde in die Atmosphäre ein.*

*__9__ Die Sonde landet am Fallschirm im Ozean.*

## Das Apollo-Programm

1961 begannen die USA mit dem Apollo-Programm, das zum Ende des Jahrzehnts Astronauten auf den Mond bringen sollte. Dazu entwickelte man die Rakete Saturn 5. Die frühen Missionen waren Testflüge. Mit dem Start von Apollo 11 landeten 1969 insgesamt sechs Missionen auf dem Mond. Zwölf Astronauten erforschten ihn und brachten 388 kg Gestein zur Erde.

*Jim Irwin, Apollo 15*

EXPERIMENTE BEI APOLLO
Auf dem Mond blieben Experimente und Geräte zurück, die Daten zur Erde funkten. Sie registrierten Mondbeben, Bodentemperaturen, den Staubgehalt und ankommende Sonnenteilchen.

| Bemannte Apollo-Mondlandungen | | | | |
|---|---|---|---|---|
| **Mission** | **Tag der Landung** | **Landestelle** | **Programm** | **Aufenthaltsdauer** |
| Apollo 11 | 20. Juli 1969 | Mare Tranquillitatis | Erster Astronaut auf dem Mond | 22 Stunden |
| Apollo 12 | 19. Nov. 1969 | Oceanus Procellarum | Erste wissenschaftliche Experimente | 32 Stunden |
| Apollo 14 | 5. Feb. 1971 | Fra Mauro | Erste Landung in den Hochebenen | 34 Stunden |
| Apollo 15 | 30. Juli 1971 | Hadley-Apenninen | Erste Fahrten mit dem Mondauto | 67 Stunden |
| Apollo 16 | 21. April 1972 | Descartes-Region | Hochebenen | 71 Stunden |
| Apollo 17 | 11. Dez. 1972 | Taurus-Littrow | Längster und letzter Mondaufenthalt | 75 Stunden |

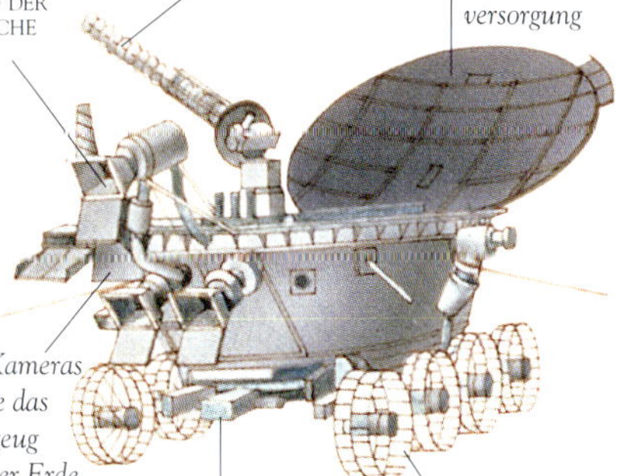


LUNOCHOD 1 – EIN FERNGESTEUERTES FAHRZEUG, DAS 1970–1971 ZEHN KILOMETER AUF DER MONDOBERFLÄCHE ZURÜCKLEGTE.

MONDSONDEN
Neben den berühmten Apollo-Missionen gab es viele ferngesteuerte Raumsonden, wie die amerikanischen Ranger- und Surveyor-Sonden. Die sowjetischen Luna-Sonden umkreisten als Erste den Mond.

# ANDERE SONNENSYSTEME

IST UNSER SONNENSYSTEM EINZIGARTIG? Bis vor kurzem konnten wir nur spekulieren, ob andere Sterne ebenfalls von Planetensystemen umgeben sind. Diese Planeten sind schwer zu finden, da sie nur sehr schwach leuchten. Seit 1995 hat man jedoch mit hoch empfindlichen Instrumenten einige solcher Planeten gefunden.

EXTRASOLARE UMLAUFBAHNEN

Wenn man die Umlaufbahnen der Erde und der ersten zehn entdeckten, extrasolaren Planeten miteinander vergleicht, liegen sie meist näher an ihrem Stern als die Erde an der Sonne.

PLANETENBAHNEN UM ANDERE STERNE IM VERGLEICH ZUR ERDBAHN

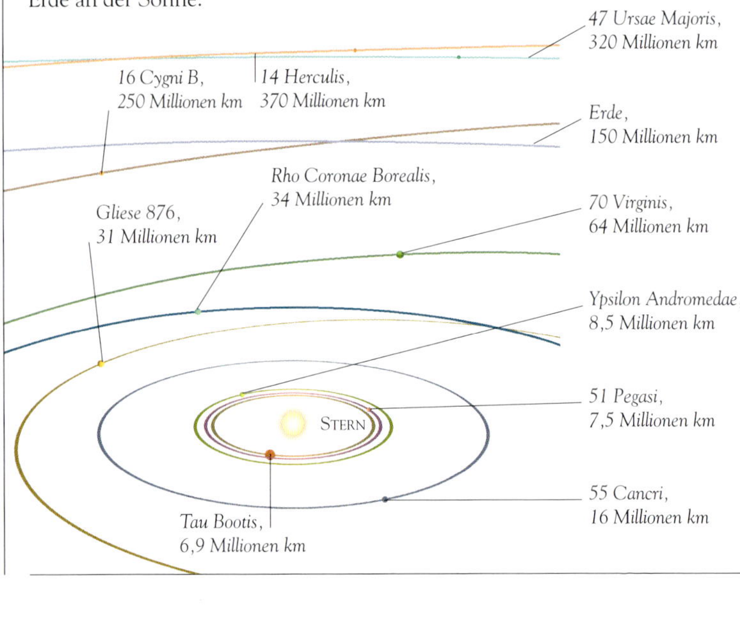

DIE ERSTEN ZEHN EXTRASOLAREN PLANETEN

| Name des Planeten | Entfernung des Sterns in Lichtjahren | Jahr der Entdeckung | Minimale Masse (Erde = 1) | Umlauf um den Stern (Tage) |
|---|---|---|---|---|
| 51 Pegasi | 50 | 1995 | 150 | 4,2 |
| 55 Cancri | 44 | 1996 | 770 | 14,6 |
| 47 Ursae Majoris | 46 | 1996 | 890 | 1090 |
| Tau Bootis | 49 | 1996 | 1,230 | 3,3 |
| Ypsilon Andromedae | 54 | 1996 | 220 | 4,6 |
| 70 Virginis | 59 | 1996 | 2,100 | 117 |
| 16 Cygni B | 72 | 1996 | 480 | 804 |
| Rho Coronae Borealis | 55 | 1997 | 350 | 39,6 |
| Gliese 876 | 15 | 1998 | 670 | 60,8 |
| 14 Herculis | 55 | 1998 | 1,050 | 1620 |

DIE NATUR ANDERER PLANETEN
Die meisten der entdeckten Planeten haben mindestens die Masse des Jupiter. Sie sind wahrscheinlich Gasriesen wie Jupiter oder Saturn. Da sie meist nahe bei ihrem Zentralstern stehen, sind sie sehr heiß. Die größten Planeten könnten sogar braune Zwerge sein – massereich genug, um selbst ein Stern zu werden.

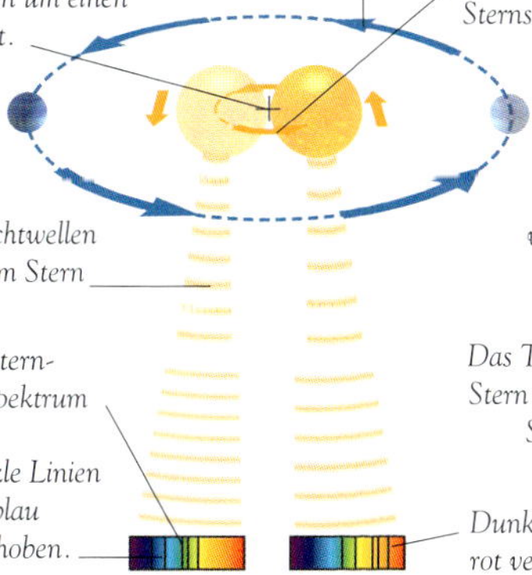


WACKELNDE STERNE
Die Planeten um andere Sterne kann man durch ihre gravitativen Einflüsse auf ihren Zentralstern finden: Wenn sich ein Planet um einen Stern bewegt, zerrt seine Schwerkraft am Stern, sodass er „wackelt“. Dies kann man am Sternspektrum sehen.

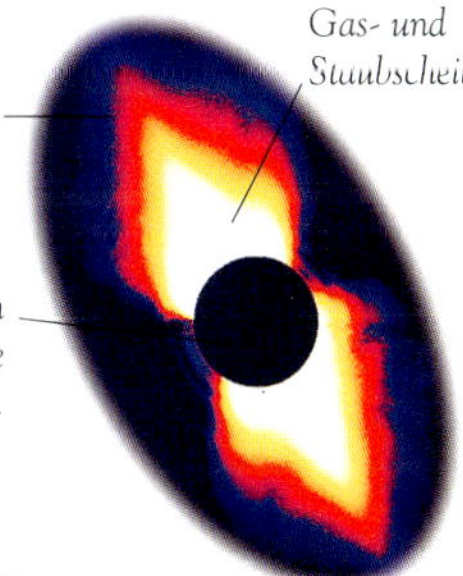


BETA PICTORIS
Die Astronomen entdeckten gerade entstehende Planeten um neugeborene Sterne. Um den jungen Stern Beta Pictoris kreist eine Gas- und Staubscheibe. In deren Innerem bilden sich vermutlich Planeten.

NAHAUFNAHME VON SATURN
Rote, grüne und blaue Aufnahmen der Cassini-Sonde zeigen kombiniert die Südhalbkugel des Saturns.

# MERKUR

MERKUR IST ALS SONNENNÄCHSTER Planet der Sonnenstrahlung am stärksten ausgesetzt. Er besitzt nur eine hauchdünne Atmosphäre und wandert von allen Planeten am schnellsten um die Sonne. Seine eigene Rotation ist jedoch sehr langsam. Von der Erde aus sieht man kaum Details der Oberfläche. Die einzigen Nahaufnahmen der Raumsonde Mariner 10 zeigen eine dichte Kraterlandschaft.

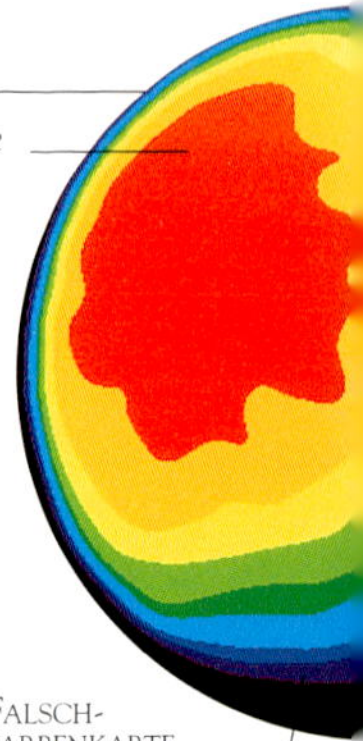

*Die roten Gebiete sind sehr heiß.*

FALSCHFARBENKARTE VON MERKUR

*Die Mauve-Regionen sind am kühlsten.*

*Die Krater haben Durchmesser zwischen wenigen Metern und mehreren hundert Kilometern.*

*Jüngere Krater sind von hellen Streifen aus Auswurfmaterial umgeben.*

*Brontë-Krater*

*Die Krater sind allgemein flacher als auf dem Mond.*

*Wegen der UV-Strahlung der Sonne erscheint die Oberfläche auf dieser Mariner-10-Aufnahme hell.*

## ZERNARBTE OBERFLÄCHE

In den Anfangszeiten des Sonnensystems vor etwa 4 Milliarden Jahren wurde die Oberfläche des Merkurs von Meteoriten bombardiert. Lava quoll hervor und bildete riesige Ebenen, die dem Planeten ein mondähnliches Aussehen verleihen. Da es weder Wind noch Wasser gibt, wodurch die Kraterlandschaft umgewandelt werden könnte, erscheint Merkur seitdem unverändert.

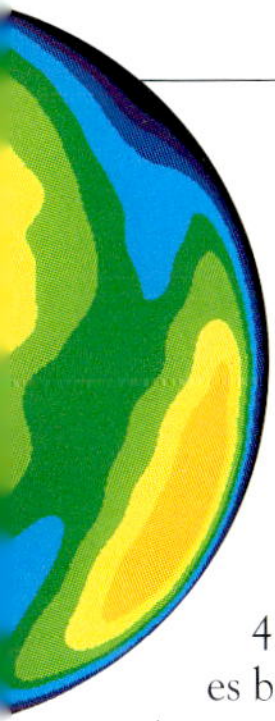

## Temperatur

Der von der benachbarten Sonne aufgeheizte Merkur weist die größten Temperaturunterschiede zwischen Tag und Nacht auf. Die mittlere Oberflächentemperatur beträgt 167°C. In Sonnennähe kann sie bis auf 450°C ansteigen. Nachts kühlt es bis auf -180°C ab, da die Atmosphäre zu dünn ist, um Wärme zu speichern.

### Wichtige Daten

| | |
|---|---|
| Durchmesser | 4880 km |
| Mittlerer Sonnenabstand | 57,9 Millionen km |
| Umlaufgeschwindigkeit um die Sonne | 47,87 km/s |
| Tageslänge | 176 (Erd-)Tage |
| Masse (Erde = 1) | 0,06 |
| Volumen (Erde = 1) | 0,06 |
| Mittlere Dichte (Wasser = 1) | 5,43 |
| Schwerkraft (Erde = 1) | 0,38 |
| Mittlere Temperatur | 167°C |
| Anzahl Monde | 0 |

### Merkur auf einen Blick

Merkur ist ein Gesteinsplanet von hoher Dichte mit großem Metallkern, geringer Schwerkraft und einer dünnen Atmosphäre. Er ist der zweitkleinste Planet nach Pluto.

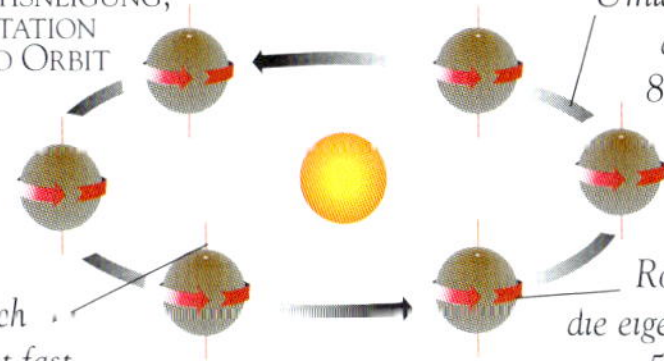


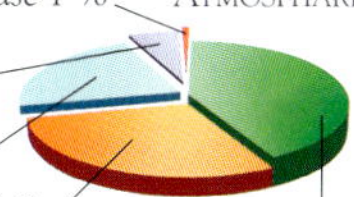


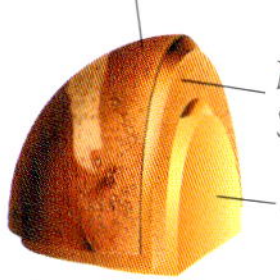


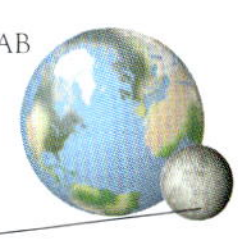


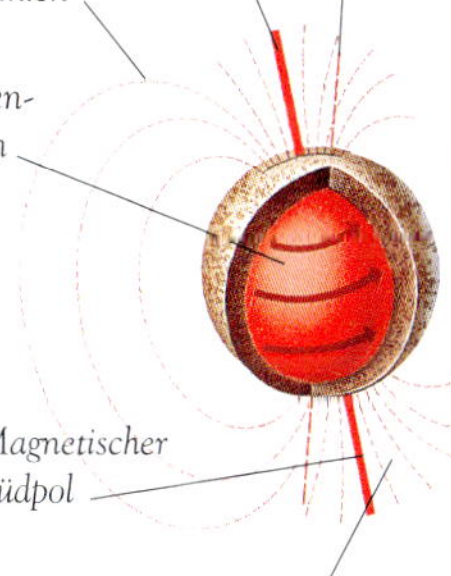


## Magnetischer Kern

Auch Merkur besitzt ein Magnetfeld, aber es hat nur etwa 1 % der Stärke des Magnetfeldes der Erde. Es wird durch den großen Eisenkern erzeugt, der drei Viertel des Planetendurchmessers ausmacht.

# MERKUROBERFLÄCHE

DA DER MERKUR IN SONNENNÄHE steht, ist er schwierig zu beobachten. Auch das Hubble-Weltraumteleskop kann ihn nicht aufnehmen, da die Sonnenstrahlen die Instrumente beschädigen könnten. Mithilfe von Sonnenschutzschildern gelang es der Sonde Mariner 10, Nahaufnahmen vom Merkur zu machen.

*Sobkou Planitia ist eine große, mit Lava gefüllte Ebene.*

CALORIS-BECKEN Dieser Riesenkrater ist etwa 1300 km groß. Er entstand vor ca. 3,6 Milliarden Jahren, als ein Felsbrocken von 100 km Durchmesser auf den Merkur stürzte. Vom Zentrum des Caloris-Beckens gibt es bislang noch keine Fotos.

*Ein Felsbrocken trifft Merkur.*

*Die Kette der Caloris Montes entstand beim Caloris-Einschlag.*

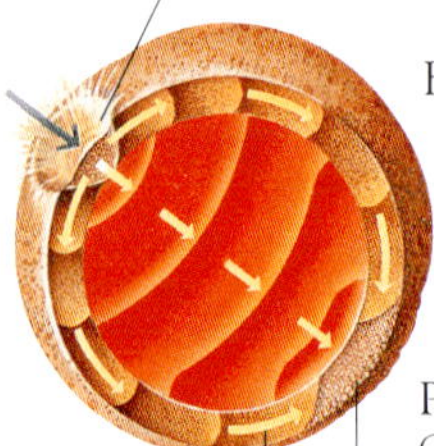

BEBENWELLEN Der Felsbrocken, der das Caloris-Becken schuf, schlug ein, als der Merkur noch jung war. Die Wellen des Bebens durchdrangen den Planeten und warfen die Oberfläche zu Bergketten auf.

*Bebenwellen breiten sich aus.*

*Bebenwellen werfen die Oberfläche gegenüber der Einschlagstelle auf.*

*Tolstoi ist ein riesiger, überfluteter Krater im Südwesten Merkurs.*

Kraterwelt
Die Oberfläche wurde durch unzählige Meteoriteneinschläge zu einer Kraterlandschaft geformt.

Merkurdurchgang
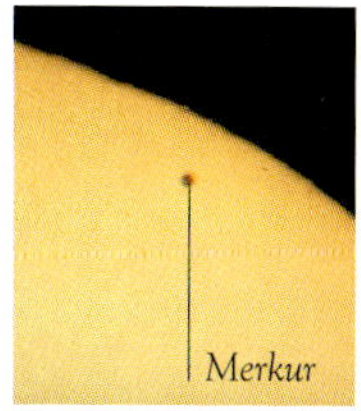


Die Bahn des Merkurs am Himmel verläuft normalerweise ober- oder unterhalb der Sonne. Alle paar Jahre stehen Sonne, Erde und Merkur jedoch in einer Linie, sodass Merkur als schwarzer Punkt vor der Sonne vorbeizieht. Dieser Durchgang vor der Sonnenscheibe kann einige Stunden dauern.

*Dieser Teil und die gegenüber liegende Seite des Merkur sind nicht von Mariner 10 kartografiert worden.*

*Petrarch ist einer der jüngeren Merkurkrater. Auf seinem Boden befinden sich einige noch jüngere Krater.*

*Etwa 60 % der uns bekannten Merkuroberfläche sind von Kratern bedeckt.*

Discovery Rupes
Die bis zu 2 km in die Höhe ragenden Discovery Rupes sind ein riesiger Bergrücken, der sich etwa 500 km über die Oberfläche erstreckt. Bislang fand man 16 solcher Erscheinungen, acht davon im Südosten.

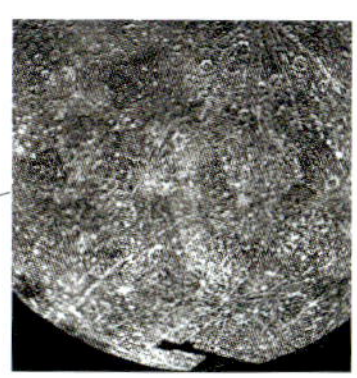

Südpolregionen
An den Polen des Merkurs gibt es einige nie von der Sonne bestrahlte Regionen. Auf Grund von Radarmessungen vermutet man das Vorkommen von Wassereis. Dies muss noch auf andere Weise bestätigt werden, da z.B. Schwefel zu ähnlichen Messergebnissen führen kann.

BLICK AUF DIE WOLKENDECKE

# VENUS

DIE VENUS GEHÖRT ZU DEN INNEREN PLANETEN, da sie näher an der Sonne steht als die Erde. Venus ist eine Felskugel von erdähnlicher Größe, aber hier enden die Gemeinsamkeiten. Venus ist eine dunkle, unwirtliche Welt aus Vulkanen und besitzt eine wahrhaft höllische Atmosphäre. Sie hat die höchste Durchschnittstemperatur aller Planeten. Wir sehen nur die oberste Wolkendecke.

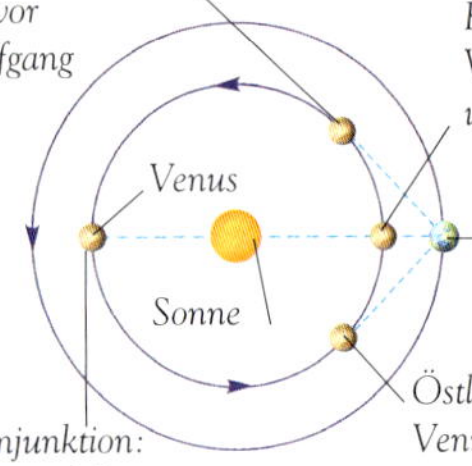


## VENUSBAHN

Die Venusbahn liegt näher an der Sonne als die Erdbahn, daher steht die Venus manchmal zwischen Erde und Sonne und ist unsichtbar. Während der Elongation leuchtet sie am hellsten, da sie dann am weitesten von der Sonne entfernt steht.

## VULKANE

Überall gibt es Vulkane. Die gesamte Oberfläche besteht aus Lavaflüssen, Vulkankratern sowie Kuppel- und Schildvulkanen. Es gibt 156 große Vulkane mit 100 km Durchmesser, fast 300 mit Durchmessern zwischen 20 und 100 km und mindestens 500 kleinere Vulkane.

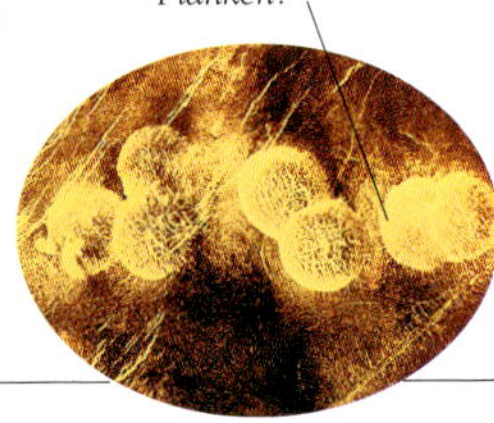

*Pancake Domes sind Vulkane mit flachen Plateaus und steilen Flanken.*

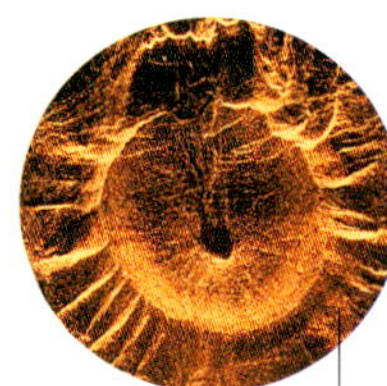

*Eistla Regio ist ein spinnenartiger Arachnoidvulkan.*

| Wichtige Daten | |
|---|---|
| Durchmesser | 12 104 km |
| Mittlerer Sonnenabstand | 108 Millionen km |
| Bahngeschwindigkeit um die Sonne | 35,02 km/s |
| Tageslänge | 117 (Erd-)Tage |
| Masse (Erde = 1) | 0,82 |
| Volumen (Erde = 1) | 0,86 |
| Mittlere Dichte (Wasser = 1) | 5,2 |
| Schwerkraft (Erde = 1) | 0,9 |
| Mittlere Temperatur | 464°C |
| Anzahl Monde | 0 |

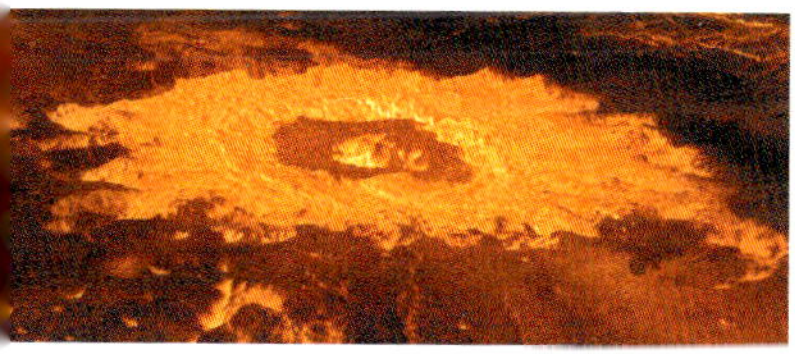

Einschlagkrater

Bislang identifizierte man mehr als 900 Einschlagkrater. Sie sind zwischen 1,5 und 280 km groß. Über 60 % von ihnen sind seit ihrer Entstehung unverändert. Von den restlichen 40 % wurden einige durch Lava beschädigt, andere durch Bewegungen und Risse in der Venuskruste.

Hochebenen auf der Venus

Über drei Viertel der Venus sind von Hochebenen bedeckt, die meist durch Vulkanismus entstanden sind. Auf ihnen gibt es Vulkan- und Einschlagkrater, Lavaströme und vom Wind geformte Strukturen.

Venus auf einen Blick

Die Venus ist ein Gesteinsplanet von ähnlicher Struktur und Größe wie die Erde. Ihre Atmosphäre macht sie zum heißesten aller Planeten. Sie rotiert langsam in retrograder Richtung.

Achsneigung, Rotation und Orbit

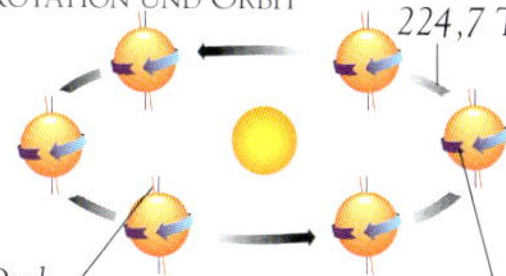

*Sonnenumlauf: 224,7 Tage*

*Die Drehachse ist um 2,7° geneigt.*

*Rotation um die eigene Achse: 243 Tage*

Atmosphäre

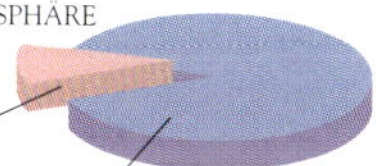

*Stickstoff 3,5 % und andere Gase*

*Kohlendioxid 96,5%*

Massstab

*Die Venus ist etwas kleiner als die Erde.*

Aufbau

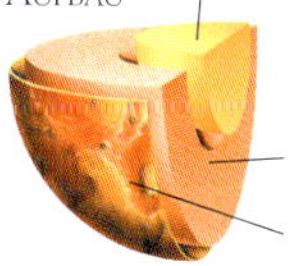

*Eisen- und Nickelkern*

*Fels mantel*

*Silikatkruste*

*Streifen aus schmalen Graten erstrecken sich mehrere hundert Kilometer über die Ebene.*

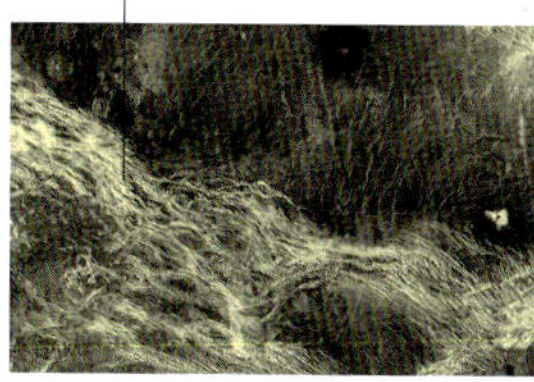

*Lavinia Planitia ist eine der größten Hochebenen.*

# Venusatmosphäre

Vor etwa vier Milliarden Jahren hatten die Venus und die Erde ähnliche Atmosphären. Heute besteht die Venusatmosphäre überwiegend aus Kohlendioxid, aber auch Schwefelstaub und Schwefelsäuretröpfchen sind enthalten. Das macht die Venus zu einer heißen, düsteren Welt.

Aufbau der Atmosphäre

Direkt über der Oberfläche bis zu etwa 40 km Höhe ist die Atmosphäre klar. Darüber liegt eine 20 km breite, geschlossene Wolkenschicht. Diese verhindert, dass Sonnenstrahlen direkt auf die Venus fallen. Daran schließt sich eine wiederum 20 km breite, klare, dünne Atmosphärenschicht an.

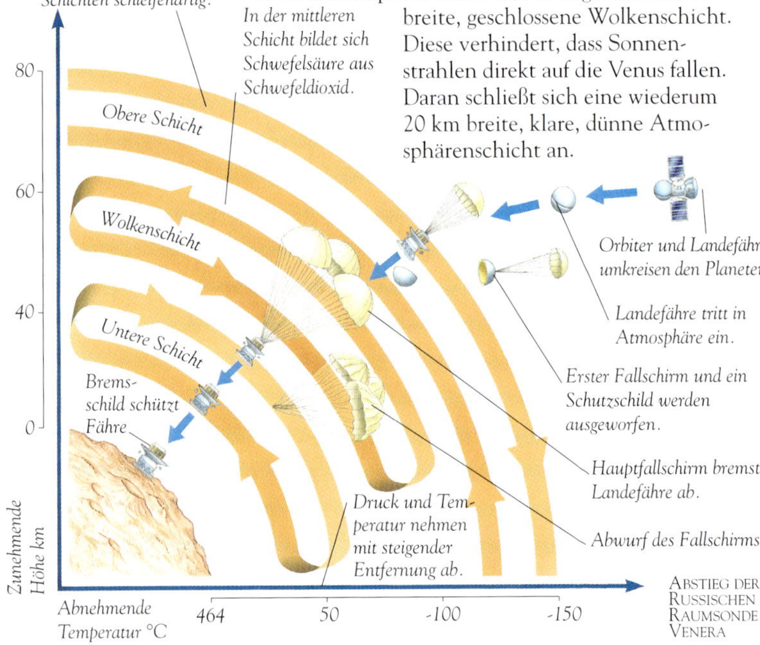


Abstieg der russischen Raumsonde Venera

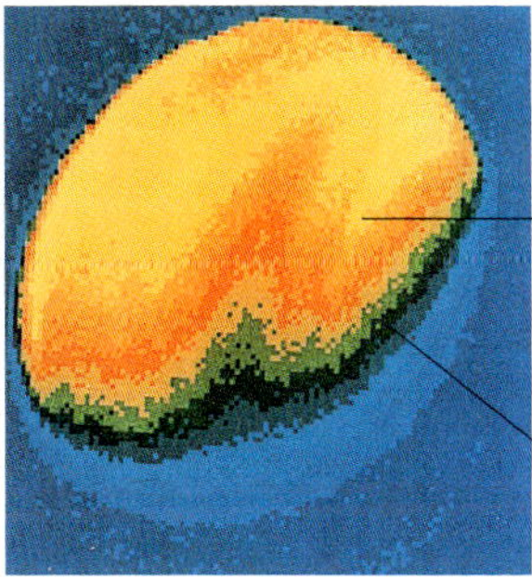


DIE VENUS IM UV-LICHT

Die Raumsonde Pioneer nahm zahlreiche Bilder im UV-Bereich auf. Diese Fotos zeigen die Wolkenstrukturen in der oberen Atmosphäre.

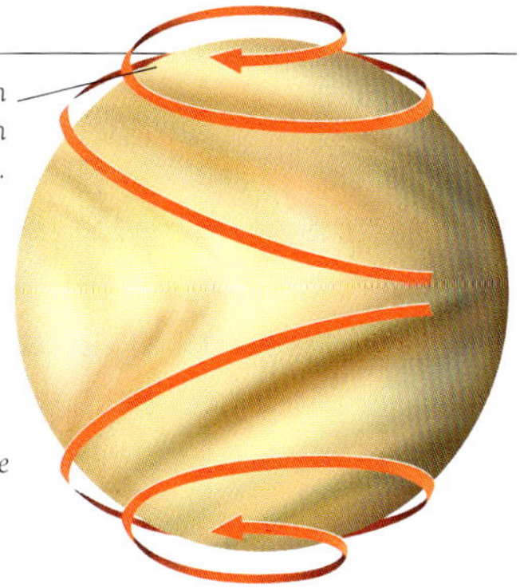


WOLKENBEWEGUNGEN

Die Sonnenwärme ist verantwortlich für die Wolkenbewegungen. Am Äquator steigen erwärmte Gase auf und wandern in die kühlen Polregionen. Dort kühlen sie ab und sinken nach unten.

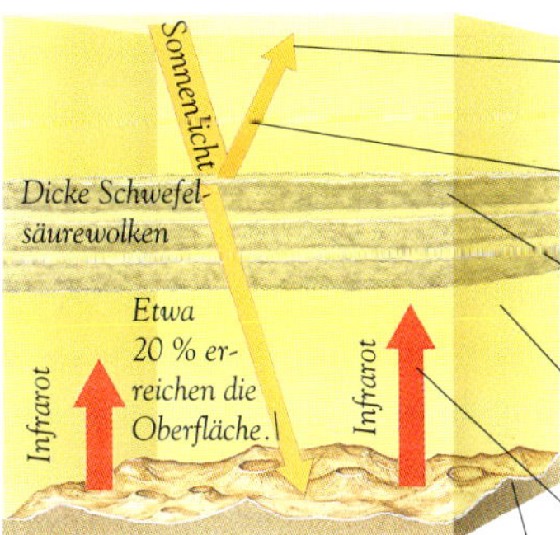


DER TREIBHAUSEFFEKT

Nur sehr wenig Sonnenlicht erreicht die Oberfläche. Dieses erwärmt die Oberfläche, die wiederum Wärme als Infrarotstrahlung abgibt, welche von der Atmosphäre gespeichert wird. So entstehen die hohen Temperaturen.

DIE PHASEN DER VENUS

Die Venus zeigt wie der Mond Phasen, d.h. wir sehen immer unterschiedlich große Anteile der von der Sonne angestrahlten Seite. Wir sehen nie die volle Venusscheibe, da sie bei voller Anstrahlung hinter der Sonne steht.

# VENUSOBERFLÄCHE

DIE VENUS IST ZWAR DER ERDNAHSTE PLANET, aber ihre Oberfläche ist immer hinter Wolken verborgen. Erst in den letzten 30 Jahren gelang es, mittels Radar durch die Wolken „hindurchzuschauen“. Aus Daten von erdgebundenen Instrumenten und Raumsonden erstellte man eine Gesamtkarte des Planeten.

MAXWELL MONTES
Im Zentrum von Ishtar Terra, einem Hochland von der Größe Australiens, liegt die steile Bergkette von Maxwell Montes, die mit 12 000 m am höchsten gelegene Region auf der Venus.

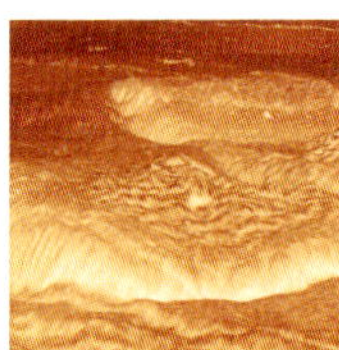

ALPHA REGIO
Dies war die erste Oberflächenformation, die mit erdgebundenem Radar entdeckt wurde. Das vulkanische Hochland liegt auf der Südhalbkugel und hat eine Ausdehnung von etwa 1300 km. Man findet dort niedrige, kugelförmige Hügel, unterbrochen von Graten, Mulden und Tälern.

*Ishtar Terra ist ein Hochplateau, das von Bergketten umgeben ist.*

*Lakshmi Planum ist eine Vulkanebene, die von zwei markanten Schildvulkanen beherrscht wird.*

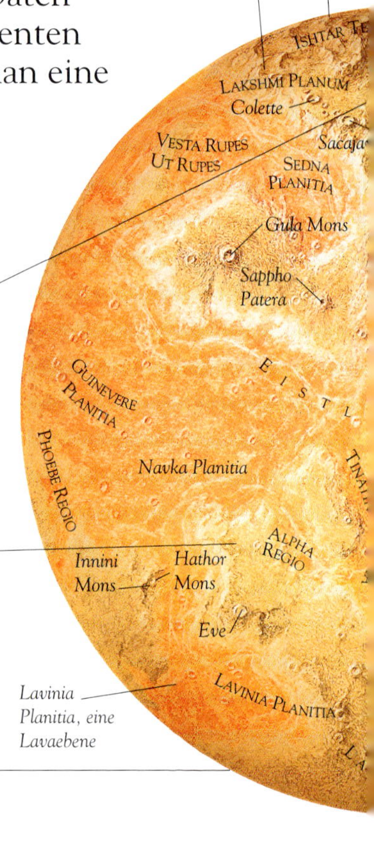


*Lavinia Planitia, eine Lavaebene*

### Oberflächenformationen

Venus ist ein weitgehend ebener Planet. 90 % der Erhebungen sind niedriger als 3 km. Vulkanische Tieflandebenen, „Planitia“ genannt, machen 85 % der Oberfläche aus. Der Rest besteht aus Hochländern, die „Terra“ oder „Regio“ heißen.

### Lakshmi Planum

Dies ist eine ca. 4 km hohe Hochebene, die von den Bergketten Danu, Akna, Freyja und Maxwell Montes umgeben wird. Auf der Ostseite gibt es mehrere Lavaströme.

### Mead-Krater

Der von mehreren Ringen umgebene Mead ist mit 280 km Durchmesser der größte Einschlagkrater auf der Venus. Im Inneren liegt eine hügelige Zentralregion, außen liegt beim Einschlag herausgeschleudertes Material, das zu Bergketten und Tälern wurde.

### Aphrodite Terra

Diese weitläufigste Hochlandregion der Venus erstreckt sich über 6000 km. Im Westen sieht man nur wenige Spuren von Vulkanismus, im Osten liegt die große Vulkanerhebung Alta Regio mit Spalten und Vulkankegeln wie dem Maas Montes.

# MARS

DER MARS IST WEGEN SEINER auffällig roten Farbe nach dem römischen Kriegsgott benannt. Der rote Planet besteht aus dichtem Gestein und gehört zusammen mit Merkur, Venus und Erde zu den vier erdähnlichen Planeten. Mars ist anderthalbmal so weit von der Sonne entfernt wie die Erde. Ende der 1990er-Jahre begannen die Wissenschaftler, den Mars sehr genau zu erforschen. Man hofft, dort Spuren von Leben zu entdecken.

*Die glatten Tiefebenen im Norden bildeten sich nach einer Periode häufiger Meteoriteneinschläge.*

*Die hellen Gebiete um die Einschlagkrater stammen von Staubverwehungen.*

*Die dunklen Gebiete bestehen vermutlich aus feinkörnigem Gestein, das aus erstarrter Lava entstand.*

OBERFLÄCHENFORMATIONEN
Ein Großteil der Oberfläche besteht aus einer gefrorenen Steinwüste, unterbrochen von Dünen und Kratern. Mars besitzt aber auch einige der spektakulärsten und gegensätzlichsten Erscheinungen in unserem Sonnensystem. Die rote Farbe stammt vom hohen Eisenoxidgehalt im Boden.

### Die Marsmonde und ihre Bahnen

Die Marsmonde Phobos und Deimos wurden 1877 entdeckt. Sie gehören zu den dunkelsten Körpern im Sonnensystem, da sie kaum Licht reflektieren. Die kleinen Brocken haben eine geringere Dichte als der Mars und umkreisen ihn in östlicher Richtung. Man glaubt, dass es sich bei ihnen um eingefangene Meteoriten handelt.

*Stickney, der größte Krater auf Phobos, hat einen Durchmesser von 10 km.*

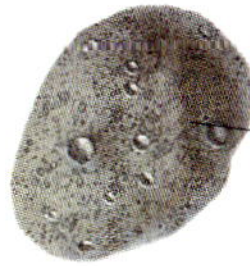

*Deimos umkreist Mars in 30,3 Stunden mit einem Abstand von 20040 km.*

### Atmosphäre

Mars hat eine dünne Atmosphäre, die überwiegend aus Kohlendioxid besteht. Zeitweise kann ein Drittel davon an den Polen ausgefroren sein. Der Sonnenwind bläst ständig einen Teil der Atmosphäre fort.

#### Wichtige Daten

| | |
|---|---|
| Durchmesser | 6794 km |
| Mittlerer Sonnenabstand | 227,9 Millionen km |
| Bahngeschwindigkeit um die Sonne | 24,13 km/s |
| Tageslänge | 24,63 Stunden |
| Masse (Erde = 1) | 0,11 |
| Volumen (Erde = 1) | 0,15 |
| Mittl. Dichte (Wasser = 1) | 3,93 |
| Schwerkraft (Erde = 1) | 0,38 |
| Mittlere Temperatur | -63°C |
| Anzahl der Monde | 2 |

#### Mars auf einen Blick

Mars ist ein Gesteinsplanet mit einem eisenhaltigen Kern. Er ist etwa halb so groß wie die Erde und besitzt eine ähnliche Rotationszeit. Seine Atmosphäre ist etwa hundertmal dünner.

Achsneigung, Rotation und Orbit

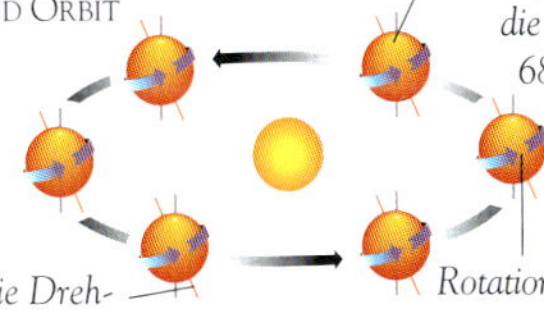


Atmosphäre

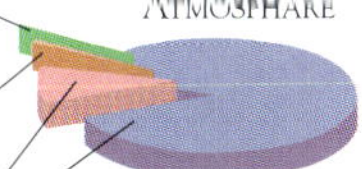


Maßstab

*Mars ist halb so groß wie die Erde.*

Aufbau

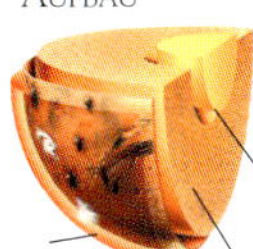

# Marsoberfläche

Die Marsoberfläche zeigt geologische Extreme, geformt durch Vulkanismus, Meteoriteneinschläge, Flüsse und Winde. Es gibt keine Vegetation und kein Wasser. Im Gegensatz zur Erdkruste besteht die Marsoberfläche wahrscheinlich aus einem Stück. Diese unbewegliche Oberfläche erklärt viele der Phänomene.

*Dieses Bild zeigt die nördliche Polkappe, spektakuläre Vulkane sowie Canyons am Äquator.*

*Tharsis Rise hat eine Ausdehnung von 8.000 km.*

*Valles Marineris ist ein ausgedehntes System von Canyons.*

## Geländeformationen

Auf der südlichen Hemisphäre dominieren Hochländer, während es im Norden ausgedehnte Tiefebenen gibt. Dazwischen liegen lange Klippen. Meteoritenkrater finden sich vor allem im Süden. Riesige Vulkane wie Olympus Mons und die Canyons des Valles Marineris gibt es nördlich des Äquators.

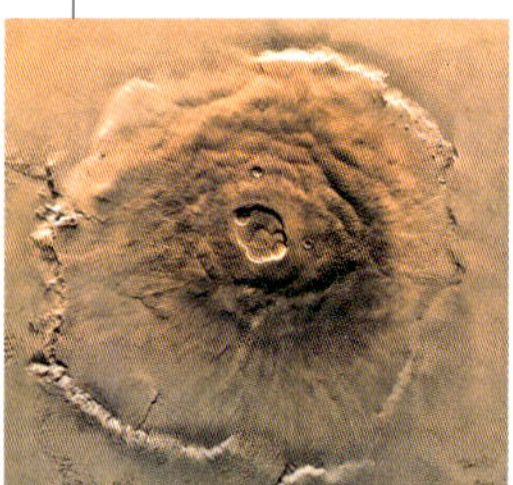

## Olympus Mons

Dies ist der größte Vulkan im gesamten Sonnensystem. Er ist 24,5 km hoch und hat einen Durchmesser von 600 km. Sein Krater ist 90 km breit.

Manchmal bilden sich Wolken aus Wassereis. Meist bestehen sie jedoch aus Staub und Kohlendioxid.

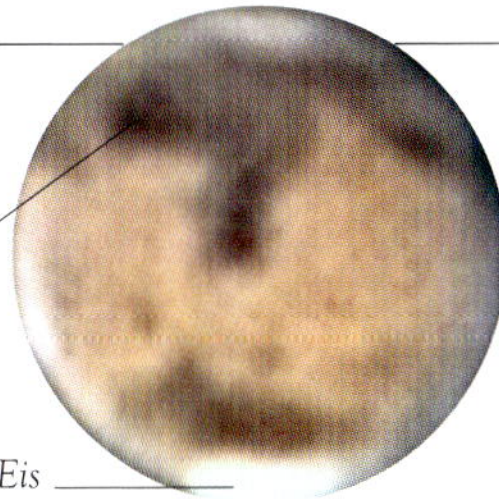

Dunkle, kaum reflektierende Gebiete

Polkappe aus Eis

**DETAILS AUF DER OBERFLÄCHE**
Mars ist der einzige Planet, bei dem mit dem Teleskop Oberflächendetails zu erkennen sind. Mit einem Fernrohr mit einer 15 cm-Öffnung kann man die Polkappen und zeitweise auch Wolken sehen.

Ein Sandsturm mit Windgeschwindigkeiten von 300 km/h wirbelt manchmal so viel Staub auf, dass der ganze Planet eingehüllt wird.

**POLKAPPEN AUS EIS**
Nord- und Südpol sind mit Staub sowie Kohlendioxid- und Wassereis bedeckt. Im Sommer schrumpfen die Polkappen, da gefrorenes Kohlendioxid verdampft und fast nur Wassereis übrig bleibt. Dieses Viking-Foto zeigt die südliche Polkappe im Sommer, wenn sie sich auf 400 km Durchmesser verkleinert.

Lavaströme schufen die glatten Ebenen der südlichen Hochebenen.

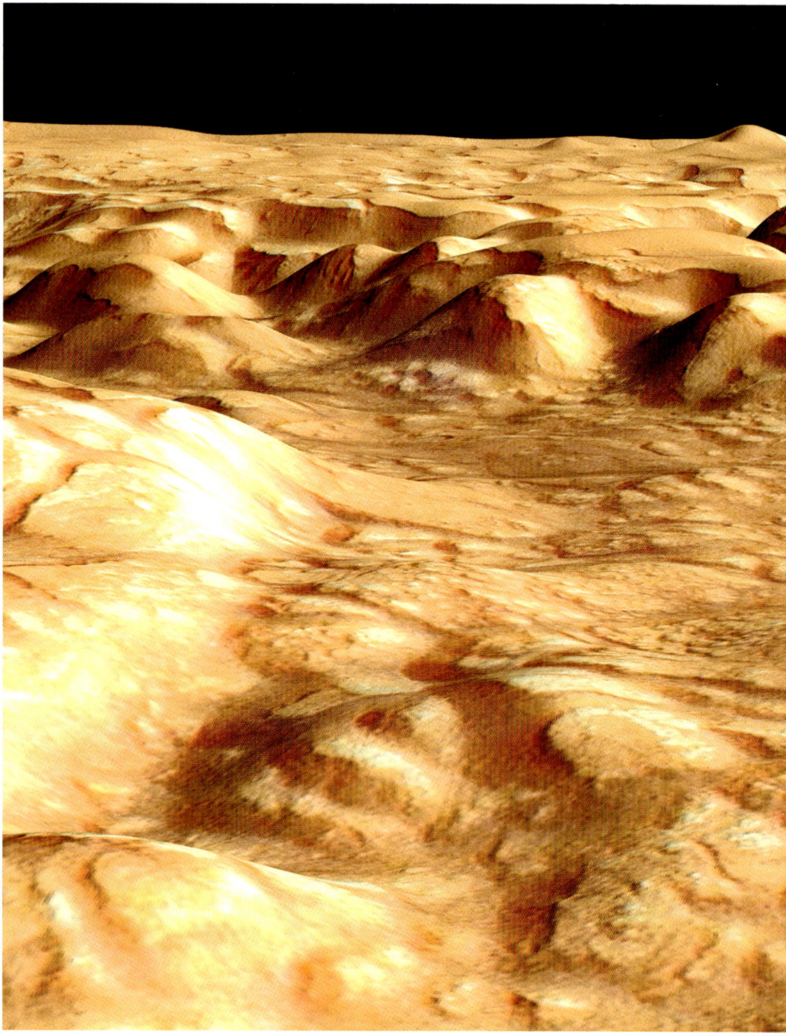

Nordwestliche Ansicht eines 5 km großen Abschnitts des Aureum Chaos, aufgenommen von ESAs Mars Express.

# JUPITER

DER FÜNFTE PLANET DER SONNE unterscheidet sich stark von den erdähnlichen Planeten. Er ist bei weitem der größte Planet im Sonnensystem. In ihm hätten 1300 Erdkugeln Platz. Jupiter ist ein Gasriese und besitzt im Gegensatz zu den kleineren, inneren Gesteinsplaneten keine feste Oberfläche.

RINGSYSTEM
Das Ringsystem Jupiters wurde erstmals 1979 auf Bildern der Raumsonde Voyager 1 entdeckt. Es besteht aus einem „wolkenartigen" inneren Ring, der sich bis zur Wolkenobergrenze hin ausdehnt, einem flachen Zentralring und einem äußeren Ring, der von weiteren Ringen umgeben ist.

*Schwefelhaltige Verbindungen verleihen Jupiter sein buntes Erscheinungsbild.*

*Jupiter besitzt verschiedenfarbige Wolkenbänder.*

*Mit 50-mal mehr Masse wäre Jupiter ein Stern geworden.*

## Jupiter auf einen Blick

Jupiter ist ein Riesenplanet. Er hat keine Kruste. Seine Atmosphäre ist eine 1000 km dicke Gasschicht, die tiefere Schichten aus flüssigem Wasserstoff und einen Kern umgibt.

### Achsneigung, Rotation und Orbit

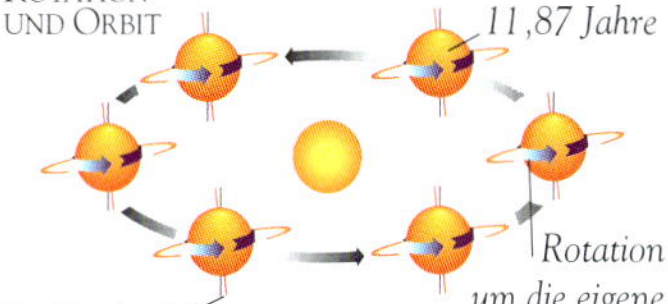


### Atmosphäre

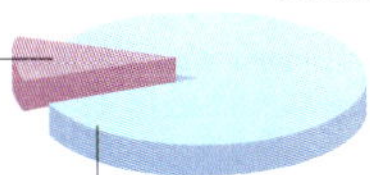


### Massstab

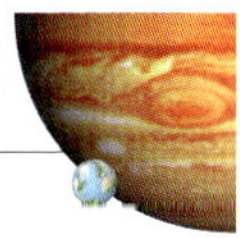


### Aufbau

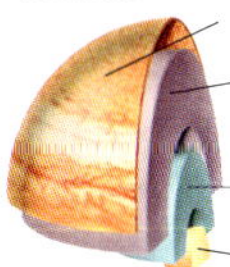


## Aufbau

Jupiter ist eine gigantische Kugel aus Wasserstoff und Helium. Das Innere ist zu einer Flüssigkeit und eventuell einem festen Kern komprimiert. Der Kern ist vermutlich 10–15-mal massereicher als der Erdkern. Wasserstoff und Heliumgas bilden eine Atmosphäre um den Planeten.

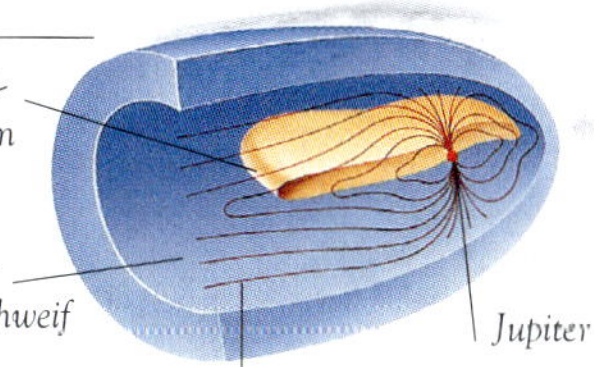


## Magnetismus

Das Magnetfeld von Jupiter ist 20000-mal stärker als das Erdmagnetfeld. Es umgibt den Planeten mit einer riesigen magnetischen Blase, der Magnetosphäre. Ihr Schweif erstreckt sich 650 Millionen km über die Saturnbahn hinaus.

## Jupiterbeobachtung

Jupiter ist das vierthellste Objekt am Himmel. Details wie seine Wolkenbänder kann man schon mit einem 15 cm-Teleskop gut erkennen.

### Wichtige Daten

| | |
|---|---|
| Durchmesser (Äquator) | 142 984 km |
| Durchmesser (Pol) | 133 708 km |
| Mittl. Sonnenabstand | 778 Millionen km |
| Bahngeschwindigkeit um die Sonne | 13,07 km/s |
| Tageslänge (Wolkenobergrenze) | 9,84 Stunden |
| Masse (Erde = 1) | 318 |
| Volumen (Erde = 1) | 1,321 |
| Mittlere Dichte (Wasser = 1) | 1,33 |
| Schwerkraft (Erde = 1) | 2,36 |
| Temperatur Wolkenobergrenze | -110°C |
| Anzahl Monde | 60 |

# JUPITERATMOSPHÄRE

ES GIBT NUR WENIG TURBULENTERE REGIONEN im Sonnensystem als die Jupiteratmosphäre. Die hohe Rotationsgeschwindigkeit des Planeten verstärkt die Windgeschwindigkeiten, die bis zu 650 km/h betragen können. Von der Erde aus kann man riesige Wirbelstürme beobachten. Jupiter entstand aus der gleichen Gaswolke wie die Sonne.

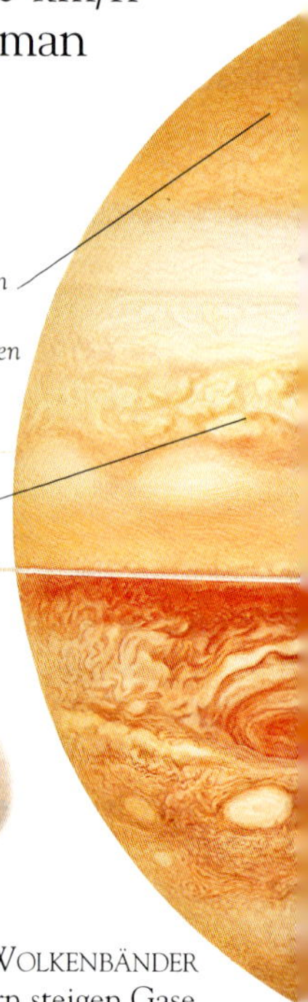

*Rote Ovale begrenzen den Südrand des nördlichen, gemäßigten Bandes.*

*Heftige Winde führen zur Struktur des nördlichen Äquatorialbandes.*

*Feuchte Luft steigt in den GRF. Ein spiralförmiger Strudel entsteht.*

## OBERE WOLKENSCHICHT

Jupiter ist eine gigantische Gaskugel, die nach innen zuerst in den flüssigen und dann in den festen Zustand übergeht. Es gibt keine feste Oberfläche, daher beziehen sich Angaben auf die Atmosphärenschicht, in welcher der Druck gleich dem Atmosphärendruck der Erde auf Meereshöhe ist.

## DER GROSSE ROTE FLECK

Seit 300 Jahren wütet in der Jupiteratmosphäre ein Wirbelsturm von dreifacher Erdgröße, der Große Rote Fleck (GRF). Er dreht sich im Uhrzeigersinn in sechs Tagen einmal um sein Zentrum.

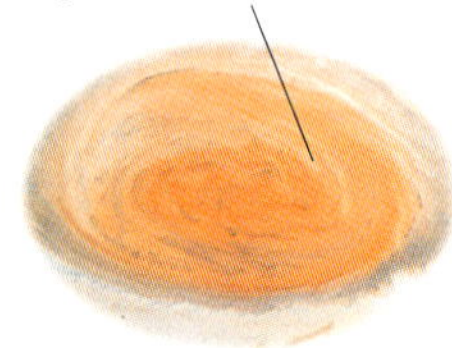

## HELLE UND DUNKLE WOLKENBÄNDER

In den hellen Bändern steigen Gase auf, in den dunklen sinken sie ab. Die Obergrenze der dunklen Bänder liegt ca. 20 km tiefer als die der hellen. Ihre Farbe stammt vermutlich von Schwefel oder organischen Verbindungen.

WOLKENPROFIL

Am Rand der 1000 km dicken Atmosphäre liegen drei Wolkenschichten, die bis in eine Tiefe von 80 km hinabreichen.

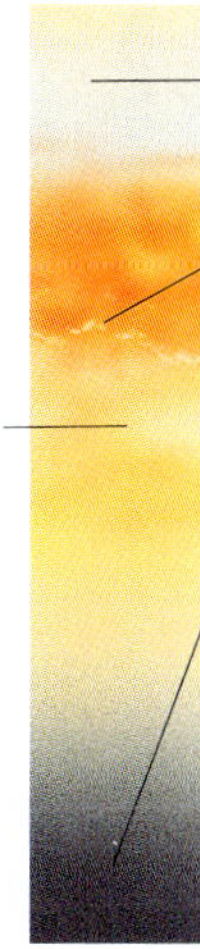

KOMETEN-EINSCHLAG

Im Juli 1994 stürzten 21 Bruchstücke des Kometen Shoemaker-Levy-9 auf den Jupiter. Einige Einschläge mit ca. 210000 km/h verursachten in 2000 km Höhe über der Wolkenobergrenze 4000 km große Feuerbälle.

# JUPITERMONDE

JUPITER UND SEINE 16 MONDE bilden gleichsam ein Mini-Sonnensystem. Sie sind sehr unterschiedlich. Einige bestehen aus Gestein, andere aus Eis. Auf manchen herrschten früher eventuell Lebensbedingungen, unter denen sich primitive Lebensformen hätten entwickeln können. Außer Amalthea sind alle nach Geliebten des Zeus (griechische Version des Gottes Jupiter) benannt.

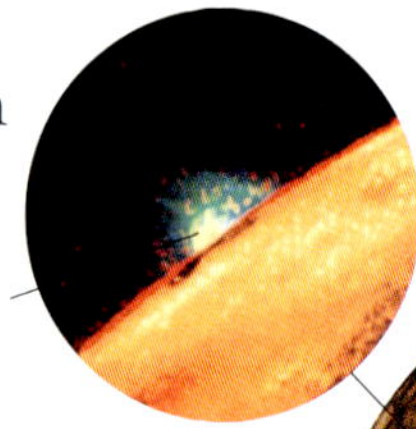

*Die Vulkane auf dem Io können bis zu 250 km hohe Gasfontänen ausstoßen.*

JUPITERMONDE

| Name | Durchmesser in km | Entfernung zum Jupiter in km | Orbit in Tagen | Entdeckung |
|---|---|---|---|---|
| Metis | 40 | 127 960 | 0,29 | 1979 |
| Adrastea | 20 | 128 980 | 0,30 | 1979 |
| Amalthea | 200 | 181 300 | 0,50 | 1892 |
| Thebe | 100 | 221 900 | 0,67 | 1979 |
| Io | 3.643 | 421 600 | 1,77 | 1610 |
| Europa | 3.130 | 670 900 | 3,55 | 1610 |
| Ganymed | 5.268 | 1 070 000 | 7,15 | 1610 |
| Callisto | 4.806 | 1 883 000 | 16,69 | 1610 |
| Leda | 10 | 11 094 000 | 239 | 1974 |
| Himalia | 170 | 11 480 000 | 251 | 1904 |
| Lysithea | 24 | 11 720 000 | 259 | 1938 |
| Elara | 80 | 11 737 000 | 260 | 1905 |
| Ananke | 20 | 21 200 000 | 631 | 1951 |
| Carme | 30 | 22 600 000 | 692 | 1938 |
| Pasiphae | 36 | 23 500 000 | 735 | 1908 |
| Sinope | 28 | 23 700 000 | 758 | 1914 |

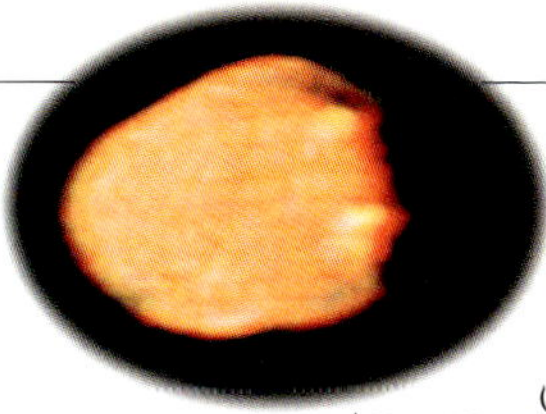

AMALTHEA

DIE INNEREN MONDE
Von den zwölf kleineren Jupitermonden kreisen vier innerhalb der Io-Bahn. Die innersten Monde Metis und Adrastea werden eines Tages auf den Planeten stürzen.

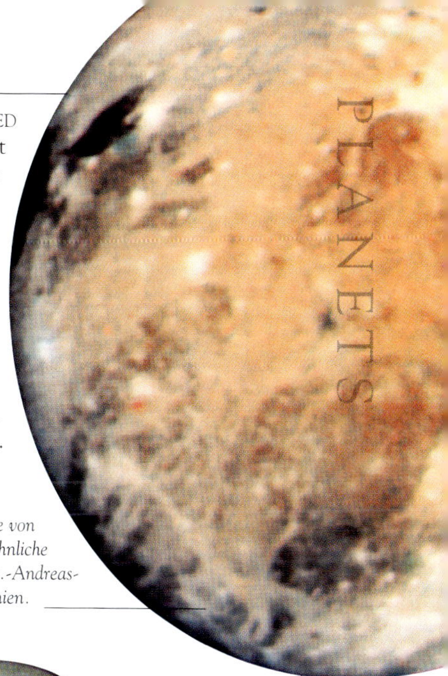

GANYMED
Der größte Mond ist größer als der Planet Merkur. Galileo entdeckte bei Ganymed eine eigene Magnetosphäre, wodurch die bis dahin angenommenen Vermutungen über seinen Aufbau in Zweifel gezogen wurden.

*Auf der Oberfläche von Ganymed gibt es ähnliche Gräben wie den St.-Andreas-Graben in Kalifornien.*

IO
Die Gravitationskräfte von Jupiter, Europa und Ganymed zerren an Io und bewegen seine Kruste hin und her. Dadurch wird Io stark erwärmt und hat deshalb die stärkste Vulkanaktivität aller Körper im Sonnensystem.

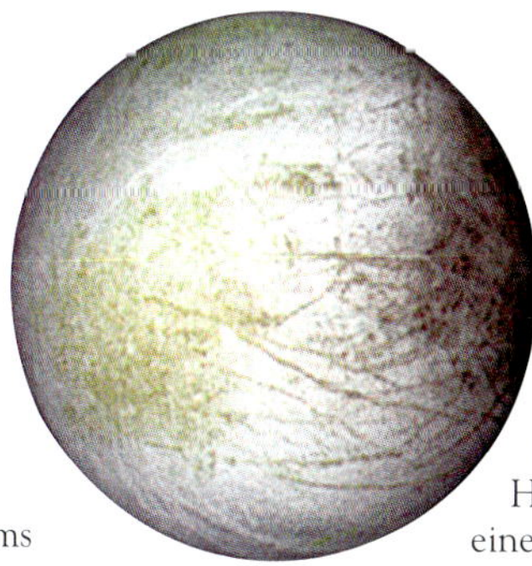

EUROPA
Die Oberfläche von Europa besteht aus glattem Eis. Galileo fand Hinweise auf einen flüssigen Ozean unter der Eisschicht. Manche Wissenschaftler halten die Existenz von einfacheren Lebewesen im wärmeren Teil des Meeres für denkbar. Das Hubble-Teleskop entdeckte eine dünne Sauerstoffatmosphäre.

CALLISTO
Die Oberfläche ist mit Kratern übersät, die aus der Zeit der Entstehung des Jupitersystems stammen. Callisto besteht zu etwa 60 % aus Gestein und Eisen sowie zu etwa 40 % aus Eis und Wasser.

# SATURN

SATURN, DER ZWEITGRÖSSTE PLANET, ist wegen seiner hellen Ringe um den Äquator leicht zu identifizieren. Auch er ist eine große Kugel aus Gas und flüssigen Bestandteilen mit einer Wolkendecke. Saturn ist zehnmal weiter von der Sonne entfernt als die Erde. Mit bloßem Auge sieht man ihn als relativ hellen Stern.

## GOLDENER PLANET

Wie Jupiter besitzt auch Saturn eine Wolkenschicht, die durch die Rotation des Planeten zu Bändern gedehnt ist. Die Saturnwolken sind jedoch homogener und blasser. Sie liegen tiefer in der Atmosphäre und sind kälter (die hohen weißen Wolken sind -140°C kalt). Darüber liegt ein Dunstschleier, durch den Saturn goldgelb wirkt.

## ATMOSPHÄRE

Saturn besitzt drei große Wolkenschichten mit der gleichen Zusammensetzung wie Jupiter, die aber von einer Dunstschicht bedeckt sind. Wegen der geringeren Schwerkraft liegen sie weiter auseinander.

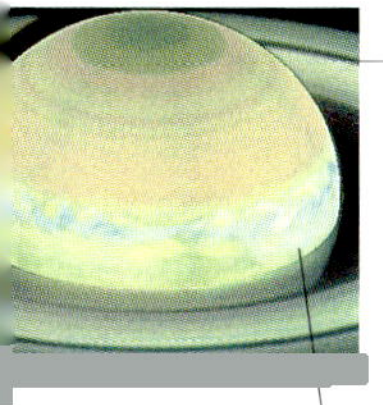

*1990 verbreitete sich ein Sturm um den Planeten.*

### Stürme auf Saturn

Etwa alle 30 Jahre entwickeln sich im Sommer in der nördlichen Hemisphäre Stürme, die große weiße Flecken am Äquator hervorrufen.

### Abgeflachter Planet

Saturn rotiert am Äquator in 10 Stunden, 39 Minuten um die eigene Achse, an den Polen eine halbe Stunde länger. Der Durchmesser am Äquator ist um 11 % größer als an den Polen.

*Am Äquator dauert eine Rotation 10 Stunden, 39 Minuten.*

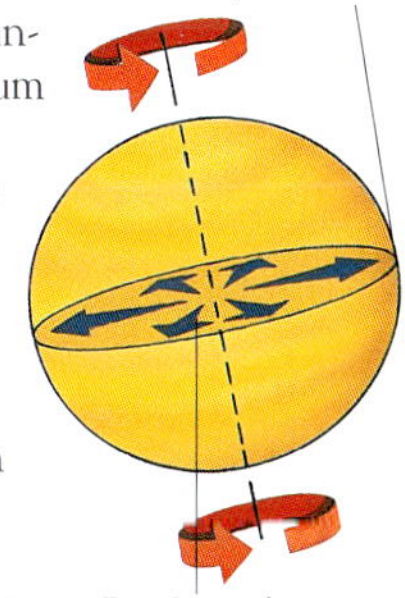

*Der Saturnkern rotiert in 10 Stunden 14 Minuten.*

*In einem riesigen Ozean würde der Saturn schwimmen.*

### Dichte des Planeten

Saturn hat die geringste Dichte aller Planeten, durchschnittlich nur 70 % der Dichte von Wasser. Im Kern ist die Dichte viel größer, nahe der Oberfläche viel geringer.

### Saturn auf einen Blick

Saturn, der neunmal so groß wie die Erde ist, hat einen Gesteinskern mit flüssigen und gasförmigen äußeren Schichten. Um den Äquator kreisen Ringe aus Eispartikeln.

Achsneigung, Rotation und Orbit

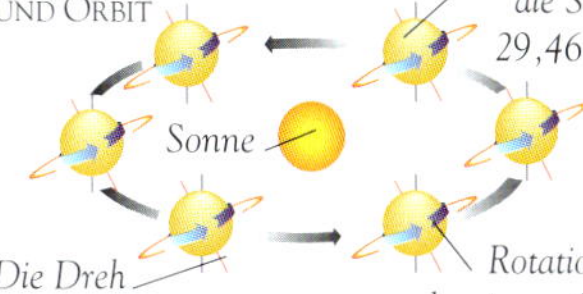


*Umlauf um die Sonne: 29,46 Jahre*

*Die Drehachse ist um 26,7° geneigt.*

*Rotation um die eigene Achse: 10,66 Stunden*

Atmosphäre

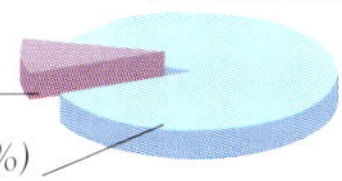

*Helium (15–20 %) und andere Gase*

*Wasserstoff (80–85 %)*

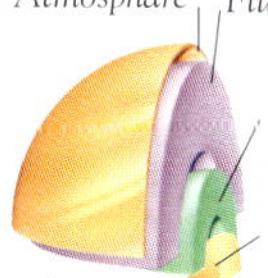

*Atmosphäre*

*Flüssiger Wasserstoff und Helium*

*Flüssiger metallischer Wasserstoff und Helium*

*Kern aus Gestein und Eis*

Aufbau

Maßstab

*Saturn ist neunmal größer als die Erde*

| Wichtige Daten | |
|---|---|
| Mittlerer Durchmesser | 114632 km |
| Mittlerer Sonnenabstand | 1,43 Milliarden km |
| Bahngeschwindigkeit um die Sonne | 9,66 km/h |
| Tageslänge (Wolkenobergrenze) | 10,23 Stunden |
| Masse (Erde = 1) | 95 |
| Volumen (Erde = 1) | 763,59 |
| Mittlere Dichte (Wasser = 1) | 0,69 |
| Schwerkraft (Erde = 1) | 0,92 |
| Mittl. Temperatur (Wolkenob.) | -140°C |
| Anzahl bekannter Monde | 18 |

# Saturnringe

Von den vier Ringplaneten Jupiter, Saturn, Uranus und Neptun besitzt Saturn bei weitem die hellsten Ringe, die sogar mit kleinen Fernrohren schön zu sehen sind. Die Ringe erscheinen starr, aber in Wirklichkeit bestehen sie aus Eis- und Gesteinsbruchstücken. Sie umkreisen den Saturnäquator wie ein Schwarm winziger Monde.

## Struktur der Ringe

Saturn besitzt drei Hauptringe: den äußeren A-Ring, den hellen, mittleren B-Ring und den transparenten, inneren C-Ring. Die Ringpartikel sind in tausenden von dicht zusammenliegenden Teilen angeordnet. Außerdem gibt es noch D-, F-, G- und E-Ringe.

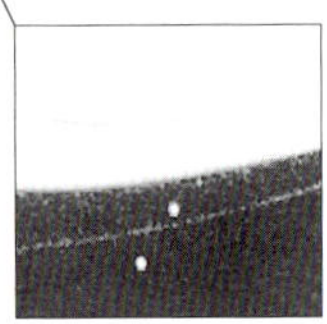

## Schäferhundmonde

Die kleinen Monde Pandora und Prometheus liegen zu beiden Seiten des F-Rings. Sie werden Schäferhundmonde genannt, da sie die Ringteilchen zusammenhalten.

FASZINIERENDE RINGE
So wie auf dieser Aufnahme von 1981 kann man den Saturn nie von der Erde aus sehen. Voyager 2 machte dieses Foto nach dem Vorbeiflug am Saturn auf dem Weiterflug zu Uranus und Neptun. Die Ringe werden von der Sonne von hinten angestrahlt.

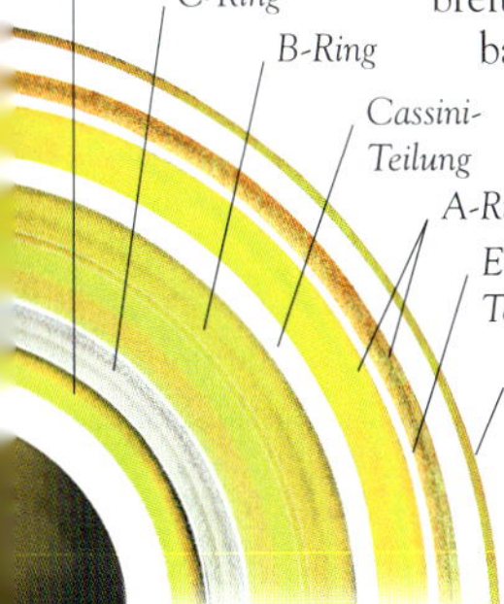


DIE INNEREN RINGE
Der B-Ring ist der hellste und breiteste, von der Erde aus sichtbare Ring. Die fast 5000 km breite Cassini-Teilung liegt zwischen ihm und dem A-Ring. Die engere Encke-Teilung spaltet den A-Ring auf. Die zwei schwächeren, äußeren G- und E-Ringe sind hier nicht dargestellt.

CASSINI-NAHAUFNAHME
Die Sonde Cassini erreichte Saturn im Juli 2004. Sie wird den Planeten 74-mal umrunden und 44-mal am Mond Titan sowie mehrmals an den anderen Eismonden vorbeifliegen.

SATURNRINGE
Eine mit Radiowellen simulierte Aufnahme, um die Größe der Staubpartikel in den Ringen zu bestimmen.

# SATURNMONDE

SATURN HAT SEHR VIELE MONDE. Heute kennen wir 18, vom großen Titan bis zum winzigen Pan. Einige Saturnmonde liegen in der gleichen Umlaufbahn. Sie haben alle eine geringe Dichte und man glaubt, dass sie aus Gestein und Eis bestehen.

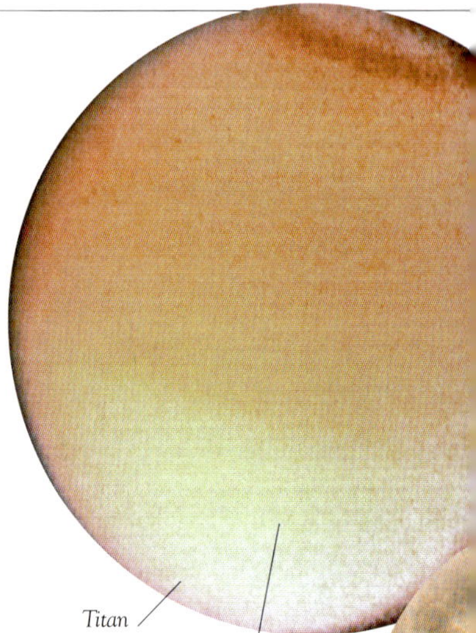

Titan

*Die Dichte von Titan wird durch seine Schwerkraft verstärkt.*

HUYGENS-SONDE
Diese Sonde der Europäischen Raumfahrtbehörde (ESA) fliegt als Teil der Cassini-Mission zum Saturn. Am 14. Januar 2005 landete sie auf dem Titan und funkte erfolgreich Daten vom Titan zurück zur Erde.

DIONE
Der viertgrößte Mond Dione hat eine vielfältige Oberfläche. Einige Teile sind mit über 100 km großen Kratern bedeckt, andere sind fast kraterfrei. Teile der Oberfläche sind mit weißen Streifen aus Eis bedeckt, das aus der Kruste ausgetreten ist.

## TITAN

Titan ist größer als der Planet Merkur und der einzige Mond im Sonnensystem mit einer dichten Atmosphäre. Wie auf der Erde ist der Hauptbestandteil Stickstoff. Hier enden jedoch die Gemeinsamkeiten: Die Temperaturen liegen bei -180°C. Dichte orangefarbene Wolken verdecken den Blick auf die Oberfläche.

| WICHTIGE DATEN | | | | |
|---|---|---|---|---|
| **Mond** | **Durchmesser in km** | **Entfernung zu Saturn in km** | **Orbit (Tage)** | **Entdeckung** |
| Pan | 20 | 133583 | 0,57 | 1990 |
| Atlas | 34 | 137640 | 0,60 | 1980 |
| Prometheus | 100 | 139350 | 0,61 | 1980 |
| Pandora | 88 | 141700 | 0,63 | 1980 |
| Epimetheus | 110 | 151422 | 0,69 | 1966 |
| Janus | 191 | 151472 | 0,69 | 1966 |
| Mimas | 398 | 185520 | 0,94 | 1789 |
| Enceladus | 498 | 238020 | 1,37 | 1789 |
| Tethys | 1.060 | 294660 | 1,89 | 1684 |
| Telesto | 25 | 294660 | 1,89 | 1980 |
| Calypso | 16 | 294660 | 1,89 | 1980 |
| Dione | 1.120 | 377400 | 2,74 | 1684 |
| Helene | 32 | 377400 | 2,74 | 1980 |
| Rhea | 1.528 | 527040 | 4,52 | 1672 |
| Titan | 5.150 | 1221850 | 15,95 | 1655 |
| Hyperion | 280 | 1481100 | 21,28 | 1848 |
| Iapetus | 1.436 | 3561300 | 79,33 | 1671 |
| Phoebe | 220 | 12952000 | 550,48 | 1898 |

*Dione*

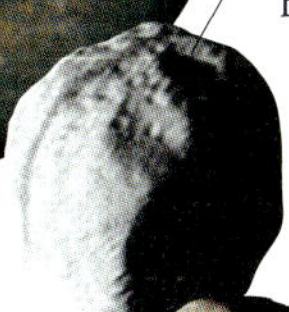

*Epimetheus*

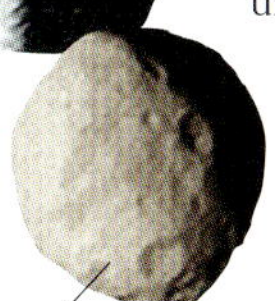

*Janus*

## EPIMETHEUS UND JANUS

Janus und Epimetheus sind zwei kleine Monde am Rande der Ringe, deren Umlaufbahnen sich nur um 50 km unterscheiden. Etwa alle vier Jahre überholt der innere Mond den äußeren, dabei wechseln sie ihre Bahnen. Epimetheus und Janus sind vermutlich die Hälften eines früheren Mondes, der auseinandergebrochen ist.

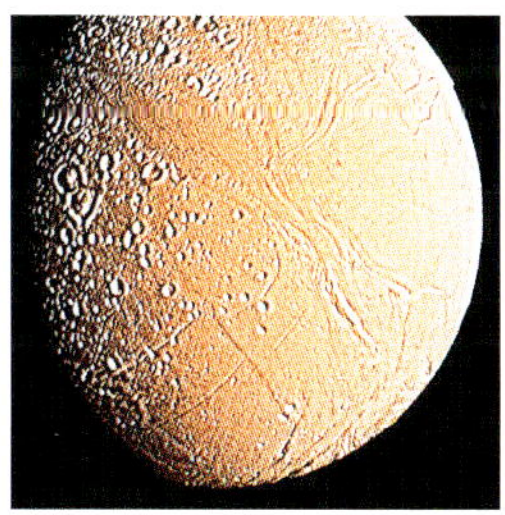

## ENCELADUS

Auf einigen Teilen der hellen Eisoberfläche gibt es Krater, während andere Regionen so glatt sind, als wären sie geschmolzen.

# URANUS

URANUS WAR DER ERSTE PLANET, der mit einem Fernrohr entdeckt wurde. Er ist der drittgrößte Planet des Sonnensystems. Das Besondere an ihm ist seine stark geneigte Achse. Er besitzt 20 Monde und eine Reihe schwacher Ringe.

*Oberon ist der zweitgrößte Mond. Er hat 1523 km Durchmesser und ist am weitesten entfernt.*

*Titania ist mit 1578 km der größte Mond des Uranus*

## AUFBAU UND ZUSAMMENSETZUNG

Uranus ist wie Jupiter und Saturn von Wolken umgeben, jedoch sind diese – abgesehen von einigen hellen Streifen – fast ohne Konturen. Die Wolken bestehen aus Methaneiskristallen und erscheinen Blaugrün.

*Seine engen Ringe bestehen aus 1 m großen Teilchen.*

*Durch die schnelle Rotation ist Uranus leicht abgeflacht.*

## RINGE

Uranus hat elf Ringe, die um den Äquator liegen. Da der Planet gekippt ist, stehen die Ringe und der Äquator fast senkrecht in der Umlaufbahn. Die zwei winzigen Monde Cordelia und Ophelia kreisen auf beiden Seiten des Epsilonrings und halten diesen in seiner Lage.

VOYAGER-2-FOTO DER RINGE

*Puck ist der größte der von Voyager 2 entdeckten Monde. Er hat einen Durchmesser von 150 km.*

| Wichtige Daten | |
|---|---|
| Durchmesser | 51 118 km |
| Mittlerer Sonnenabstand | 2871 Mrd. km |
| Bahngeschwindigkeit um die Sonne | 6,82 km/s |
| Tageslänge | 17,24 Stunden |
| Masse (Erde = 1) | 14,5 |
| Volumen (Erde = 1) | 63,1 |
| Mittlere Dichte (Wasser = 1) | 1,32 |
| Schwerkraft (Erde = 1) | 0,89 |
| Temperatur (Wolkenobergrenze) | -197°C |
| Anzahl bekannter Monde | 20 |

### Miranda

Miranda ist mit 470 km Durchmesser der kleinste der fünf großen Monde und hat eine unregelmäßige Oberfläche mit einer hellen Fläche und Rillen. Man nimmt an, dass Miranda zerbrach und sich dann wieder zusammenfügte.

### Ariel und Umbriel

Diese Monde sind beide etwa 1160 km groß, aber sie sehen sehr verschieden aus. Ariel ist der hellste der großen Monde, Umbriel der dunkelste. An der Oberfläche von Ariel entstanden auf Grund seiner aufbrechenden Kruste bemerkenswerte Täler.

### Uranus auf einen Blick

Die extreme Achsneigung verursacht ungewöhnlich lange Jahreszeiten. Während des 84-jährigen Sonnenumlaufs ist es an den Polen daher jeweils 42 Jahre Tag und 42 Jahre Nacht.

Achsneigung, Rotation und Orbit

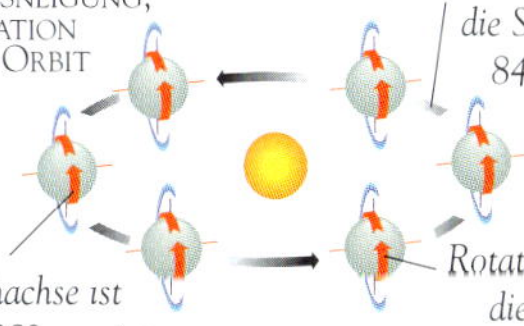


Atmosphäre

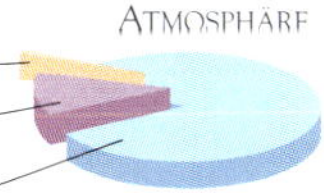


Aufbau

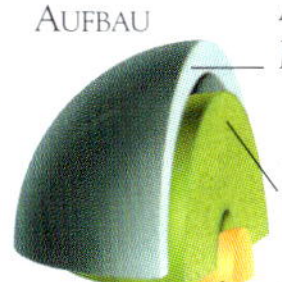


Maßstab

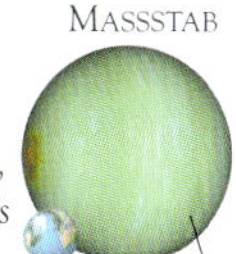

*Uranus ist etwa viermal so groß wie die Erde*

# NEPTUN

DER FERNSTE DER VIER RIESENPLANETEN im Sonnensystem ist 30-mal weiter von der Sonne entfernt als die Erde. Er wurde 1846 von dem deutschen Astronomen Johann Galle entdeckt. Man kennt acht Monde und eine Reihe schwacher Ringe. In kleinen Teleskopen erscheint Neptun als mattes Scheibchen. Neptun ähnelt Uranus sehr.

### NEPTUN AUF EINEN BLICK

Neptun ähnelt Uranus in Größe, Rotationszeit und innerem Aufbau. Jedoch ist in den Neptunwolken mehr Bewegung und die Achse ist nicht so stark geneigt.

ACHSNEIGUNG, ROTATION UND ORBIT

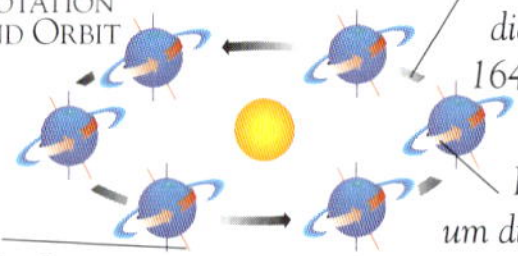


ATMOSPHÄRE

AUFBAU

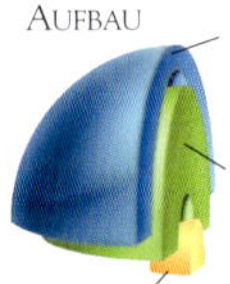


MASSSTAB

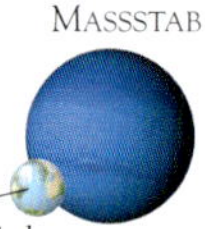


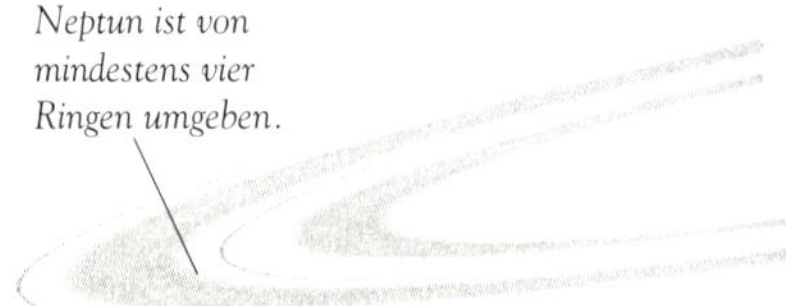

*Neptun ist von mindestens vier Ringen umgeben.*

### ATMOSPHÄRE

In den oberen Atmosphärenschichten gibt es mehr Methangas als bei Uranus, daher erscheinen seine Wolken bläulicher. Die Hauptbestandteile der Atmosphäre sind Wasserstoff und Helium. In den Wolken herrschen stärkere Stürme als bei Uranus, da das Planeteninnere wärmer ist.

WOLKEN
Voyager 2 fotografierte helle Wolkenstreifen aus Methan, die den Cirruswolken auf der Erde ähneln.

*Das Methan in der Atmosphäre ist für die blaue Farbe verantwortlich.*

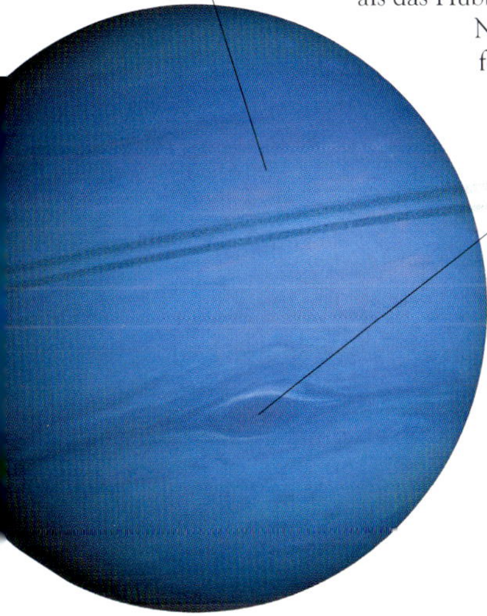

GROSSER DUNKLER FLECK
Eine große ovale Wolke wurde 1989 von Voyager 2 entdeckt, war aber bereits wieder verschwunden, als das Hubble-Teleskop Neptun 1994 fotografierte.

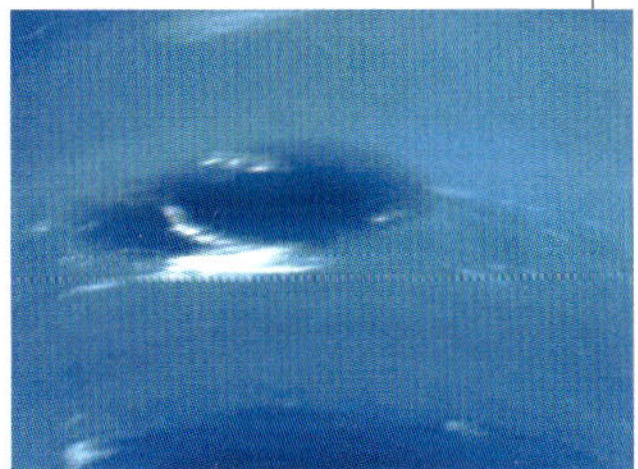

| WICHTIGE DATEN | |
|---|---|
| Durchmesser | 49 532 km |
| Mittlerer Sonnenabstand | 4.498 Mrd. km |
| Bahngeschwindigkeit um die Sonne | 5,48 km/s |
| Tageslänge | 16,11 Stunden |
| Masse (Erde = 1) | 17,2 |
| Volumen (Erde = 1) | 57,74 |
| Mittlere Dichte (Wasser = 1) | 1,64 |
| Schwerkraft (Erde = 1) | 1,13 |
| Temperatur (Wolkenobergrenze) | -200°C |
| Anzahl bekannter Monde | 8 |

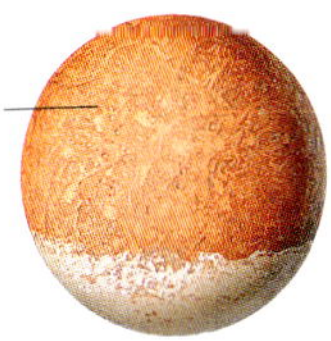

*Triton hat 2706 km Durchmesser*

*Südliche Polkappe von Triton*

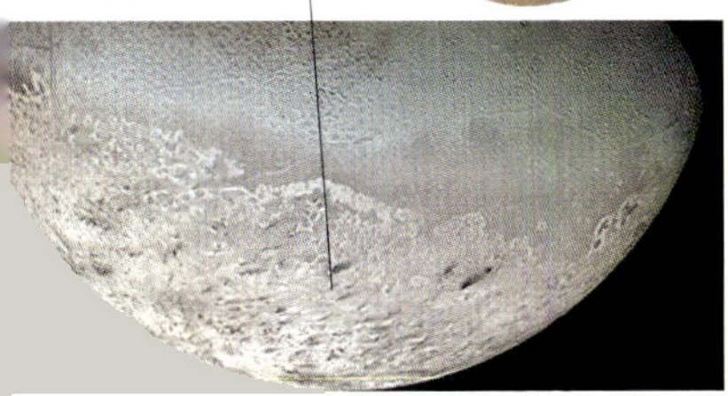

TRITON
Der größte Neptunmond, Triton, ist größer als der Planet Pluto. Er war wahrscheinlich früher ein separater Planet, der von der Schwerkraft des Neptun eingefangen wurde. Er hat mit -235°C die kälteste Oberfläche im Sonnensystem.

# PLUTO

PLUTO IST DER KLEINSTE und am weitesten von der Sonne entfernte Planet mit der exzentrischsten Bahn. Pluto ist so klein und ungewöhnlich, dass ihn manche Astronomen gar nicht als echten Planeten ansehen, sondern ihn nur für den größten Eiskörper des Kuipergürtels halten.

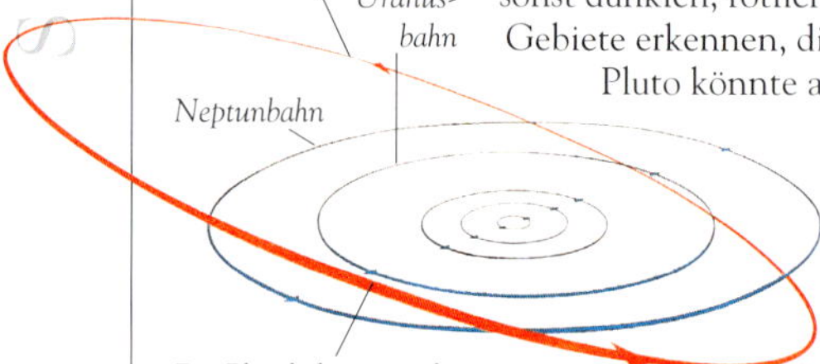


## AUFBAU

Pluto hat 2274 km Durchmesser und ist kleiner als der Erdmond. Das Hubble-Weltraumteleskop kann lediglich auf der sonst dunklen, rötlichen Oberfläche hellere Gebiete erkennen, die man für Eisfelder hält. Pluto könnte auch Einschlagkrater durch kleinere Körper besitzen.

## UNGEWÖHNLICHER ORBIT

Die Plutobahn ist sehr exzentrisch, der Sonnenabstand schwankt zwischen 4,45 und 7,38 Milliarden km. Pluto befindet sich für etwa 20 Jahre in der Bahn von Neptun, jedoch können die beiden Planeten nicht kollidieren.

## DER FERNSTE PLANET

Vom weit entfernten Pluto aus erscheint die Sonne tausendmal schwächer als von der Erde. Die Temperatur beträgt etwa -220°C. Wenn er sich der Sonne nähert, erwärmt sich Pluto so weit, dass ein Teil des Eises verdampft und eine dünne Atmosphäre bildet.

KÜNSTLERISCHE IMPRESSION: DIE SONNE ÜBER PLUTO

## Pluto auf einen Blick

Pluto ist viel kleiner als die Erde und besteht aus Gestein und Eis. Seine Achsneigung ist größer als bei Uranus. Sein Mond Charon bildete sich wahrscheinlich aus Eis, das bei einer Kollision ausgeworfen wurde.

### Achsneigung, Rotation und Orbit

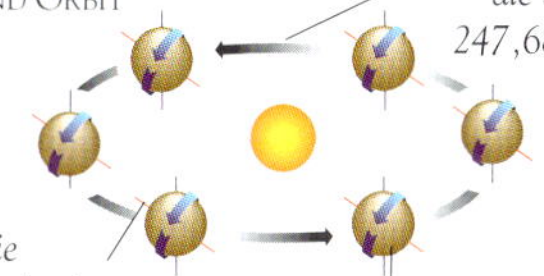


### Aufbau

### Maßstab

## Wichtige Daten

| | |
|---|---|
| Durchmesser | 2274 km |
| Mittlerer Sonnenabstand | 5,9 Milliarden km |
| Bahngeschwindigkeit um die Sonne | 4,75 km/s |
| Tageslänge | 6,39 Tage |
| Masse (Erde = 1) | 0,00251 |
| Volumen (Erde = 1) | 0,00658 |
| Mittl. Dichte (Wasser = 1) | 2,05 |
| Schwerkraft (Erde = 1) | 0,067 |
| Oberflächentemperatur | -223°C |
| Anzahl bekannter Monde | 1 |

## Charon

Der 1978 entdeckte Charon hat einen Durchmesser von 1150 km. Er besteht vermutlich aus mehr Eis und weniger Gestein. Charon könnte aus Plutoeis entstanden sein.

# KOMETEN UND ASTEROIDEN

# KLEINKÖRPER

FAST DIE GESAMTE MASSE DES SONNENSYSTEMS ist auf die Sonne, die Planeten und ihre Monde verteilt. Der winzige Rest verteilt sich auf eine Unzahl kleiner Objekte. Es sind Metall- oder Felsbrocken oder eine Mischung aus Gestein, Metall, Staub und Eis. Die Asteroiden aus Gestein und Metall befinden sich in der Planetenregion des Sonnensystems, die Kometen aus Eis und Staub in der Oortschen Wolke am äußeren Rand.

*Die Oortsche Wolke erstreckt sich bis auf ein Fünftel der Entfernung zum nächsten Stern.*

## ÄUSSERES SONNENSYSTEM

Die Oortsche Wolke bildet den äußeren Rand des Sonnensystems. Die kugelförmige Wolke besteht aus Kometen und umgibt das Planetensystem in einer mittleren Entfernung von 0,8 Lichtjahren. Dazwischen umkreist ein Band aus kometenähnlichen Objekten, der Kuipergürtel, die Sonne.

KÜNSTLERISCHE IMPRESSION DES KUIPERGÜRTELS

## KUIPERGÜRTEL

Man schätzt, dass es mindestens 70000 Objekte von über 100 km Durchmesser im Kuipergürtel gibt. Dieser reicht von der Neptunbahn bis hinaus in das äußerste Sonnensystem. Von der Erde aus kann man nur die nahe am inneren Rand liegenden Objekte sehen. Davon gibt es etwa 80.

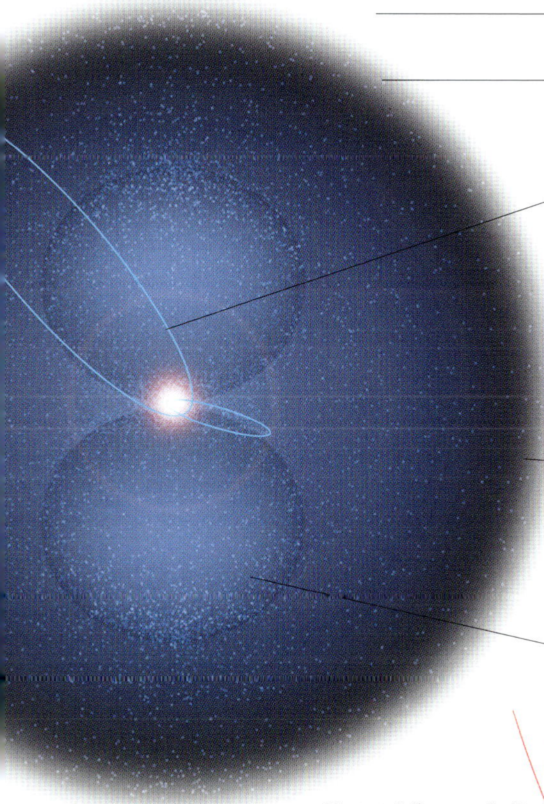


## Periodische Kometen

Kometen werden nur sichtbar, wenn sie die Oortsche Wolke verlassen und sich zur Sonne bewegen. Es gibt 135 kurzperiodische Kometen, die regelmäßig in die Nähe der Sonne kommen. Langperiodische Kometen können Umlaufzeiten von mehreren tausend Jahren haben.

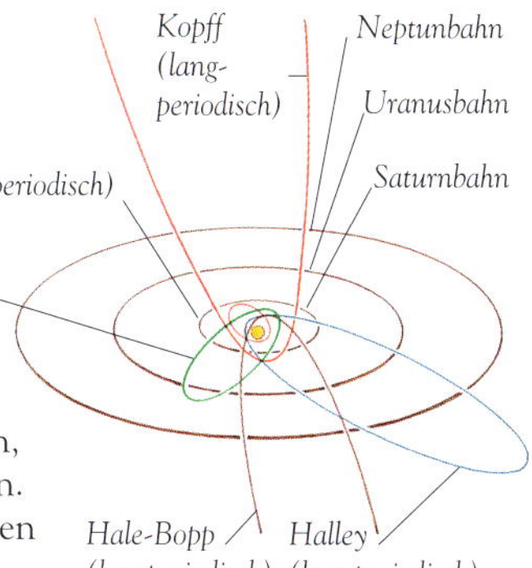

# KOMETEN

EIN KOMET ist eine Art „schmutziger Schneeball", der aus Schnee und Staub besteht. In einer Entfernung von etwa einem Lichtjahr umkreisen Milliarden von Kometen die Sonne. Wenn sie sich der Sonne nähern, wird der Schnee zu Gas und bildet einen langen, hellen Schweif.

HALLEYSCHER KOMET
Die meisten Kometen nähern sich der Sonne nur einmal, aber einige kommen in regelmäßigen Abständen zurück. Der Halleysche Komet fliegt bis zum Neptun und etwa alle 76 Jahre wieder zur Sonne.

IM ORBIT DER SONNE
Ein periodischer Komet hat eine elliptische Umlaufbahn, die ihn nah an die Sonne bringt. Die meiste Zeit über hat er keinen Schweif. Dieser bildet sich erst, wenn sich seine Oberfläche in der Nähe der Sonne erhitzt. Der Schweif wird immer länger und verschwindet, sobald der Komet wieder weiter wegfliegt.

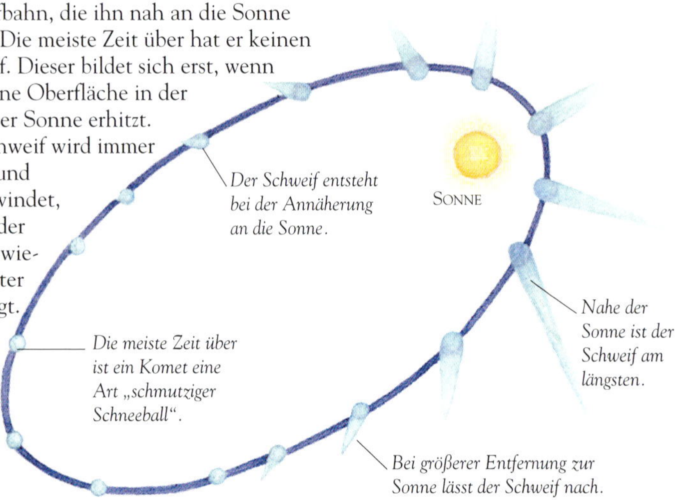

### LEUCHTENDES GAS

Der Kern eines typischen Kometen ist etwa 1 km breit. Wenn er von der Sonne erhitzt wird, schießen Ströme aus Gas und Staub aus der Oberfläche des Kerns und bilden eine leuchtende Wolke, Koma genannt. Diese umgibt den Kern. Die Koma kann zehnmal größer sein als die Erde. Der Kometenschweif kann Millionen Kilometer lang sein.

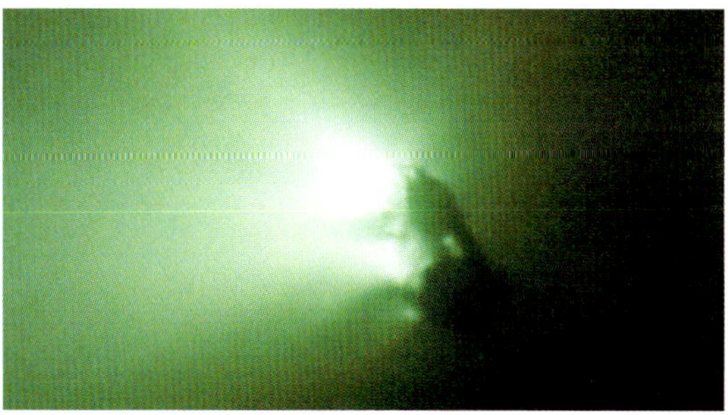

### HERZ DES KOMETEN

Dieses Foto vom Kern des Halleyschen Kometen wurde von der Sonde Giotto aus einer Entfernung von 1700 km aufgenommen. Auf der Oberfläche kann man helle Gasströme erkennen. Die Instrumente an Bord von Giotto zeigten auf, dass der Kern überwiegend aus Wassereis besteht.

#### KOMETEN: FAKTEN

- Der Planet Jupiter hat eine so große Masse, dass seine Schwerkraft die Umlaufbahn von Kometen beeinflusst. 1992 wurde der Komet Shoemaker-Levy beim Vorbeiflug am Jupiter von den Gravitationskräften in mehrere Teile zerrissen. Im Juli 1994 stürzten diese Teile auf den Jupiter und sorgten für eine Reihe von riesigen Explosionen.

# KOMETEN ERFORSCHEN

AM RANDE DES SONNENSYSTEMS, in der riesigen Oortschen Wolke, gibt es Milliarden von Kometen. Manchmal verlässt einer die Wolke und fliegt ins innere Sonnensystem. Wenn er der Sonne näherkommt, entwickeln sich aus seinem Inneren heraus ein riesiger Kopf und zwei lange Schweife.

KOMET HALE-BOPP
Etwa alle 20 Jahre kann man einen so spektakulären Kometen wie Hale-Bopp sehen. 1997 war er lange mit dem bloßen Auge sichtbar.

AUFBAU EINES KOMETEN
Ein Komet hat immer einen Kern – eine lockeren Ansammlung von Eis und Staub. Im Inneren des Sonnensystems werden die Kometen durch die Wärme verändert: Das Eis wird zu Gas und bildet eine leuchtende Koma um den Kern. Gas und Staub aus dem Kern bilden die Schweife.

KOMETENBEOBACHTUNG MIT TELESKOPEN

BEOBACHTUNG VON KOMETEN
Einige Kometen sind so hell, dass wir sie mit bloßem Auge sehen können. Bei anderen braucht man ein Teleskop. Alle Kometen erscheinen als diffuse, sich bewegende Lichtflecken am Himmel.

*Die Raumsonde Giotto verwendete zehn Instrumente, um den Halleyschen Kometen zu untersuchen und zu fotografieren.*

RAUMSONDEN ZU KOMETEN
Kometen sind interessant für die Astronomie, da ihre Materie aus der Entstehung des Sonnensystems stammt. Im Januar 2004 flog die Sonde Stardust am Kometen Wild 2 vorbei, fotografierte ihn und sammelte Koma-Material ein.

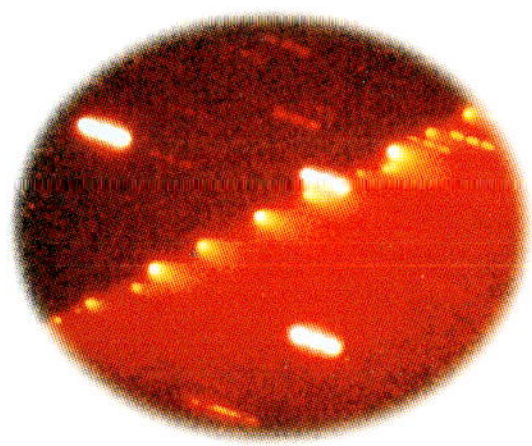

KOMETENAUFLÖSUNG
Nach etwa 100 Umläufen durch das innere Sonnensystem hat ein Komet seine ganze Staub- und Gasmaterie verloren. Wird er von seiner Umlaufbahn abgelenkt, nimmt er oftmals ein spektakuläres Ende.

NAHAUFNAHME EINES KOMETEN
Ansicht des Kometen NEAT, aufgenommen mit dem 0,9 m großen Kitt-Peak-Teleskop.

# METEORE

JEDE NACHT KANN MAN HELLE LEUCHTSPUREN am Himmel sehen: die Meteore oder Sternschnuppen. Sie entstehen durch Gesteinsbruchstücke oder Staubpartikel, die von Kometen oder zusammengestoßenen Asteroiden stammen und beim Eintritt in die Erdatmosphäre verglühen. Diese so genannten Meteoroide gibt es überall im Sonnensystem. Die Erde fängt jährlich 200 000 Tonnen davon ein.

HERKUNFT DER METEORE
Kometen verlieren bei der Annäherung an die Sonne Materie und von Asteroiden brechen bei Zusammenstößen Stücke ab. Beim Eintritt in die Atmosphäre wird der Meteoroid durch Reibung aufgeheizt und verdampft. Dabei entsteht entlang seiner Bahn eine Leuchtspur.

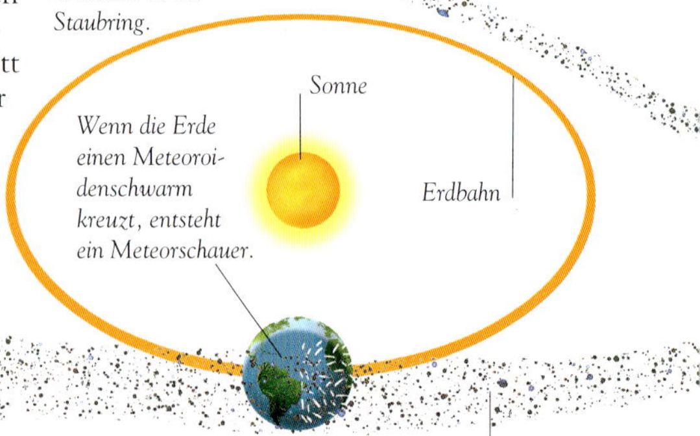

DER LEONIDENSTROM
Diese lang belichtete Aufnahme zeigt die Sterne als kurze Strichspuren. Die längeren Spuren stammen von Meteoren während des Leonidenschauers im November 1966.

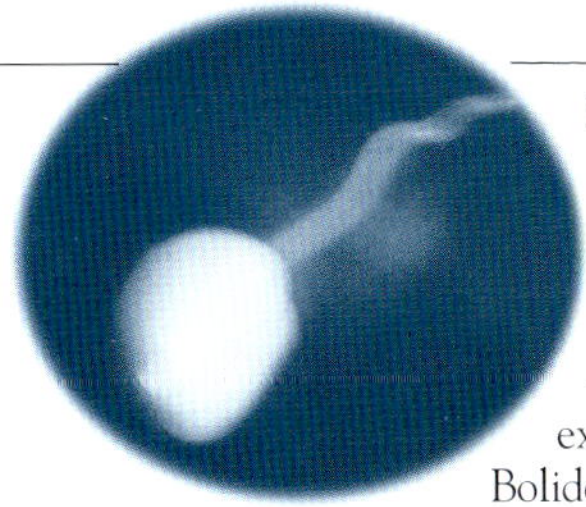

**FEUERKUGELN (BOLIDEN)** Die hellsten Meteore heißen Feuerkugeln. Sie haben eine Helligkeit von mindestens -5. Pro Jahr bersten und explodieren ca. 5000 Boliden in der Erdatmosphäre.

**SPORADISCHER METEOR** Pro Stunde kann man bis zu zehn sporadische Meteore, die nicht zu einem Meteorstrom gehören, sehen. Sie leuchten weniger als eine Sekunde lang.

**VOM METEOROIDEN ZUM METEOR** Kleine Meteoroiden verglühen in der oberen Atmosphäre. Große oder schnelle dringen tiefer in die Atmosphäre ein. Wenn ein großer Meteoroid die Erde erreicht, wird er als Meteorit bezeichnet.

METEORSTRÖME

| Name | Datum | Sternbild |
|---|---|---|
| Quadrantiden | 1.–6. Jan. | Bootes |
| April-Lyriden | 19.–24. April | Lyra |
| Eta-Aquariden | 1.– 8. Mai | Aquarius |
| Delta-Aquariden | 15. Juli–15. Aug. | Aquarius |
| Perseiden | 25. Juli–18. Aug. | Perseus |
| Orioniden | 16.–27. Okt. | Orion |
| Tauriden | 20. Okt.–30. Nov. | Taurus |
| Leoniden | 15.–20. Nov. | Leo |
| Geminiden | 7.–15. Dez. | Gemini |

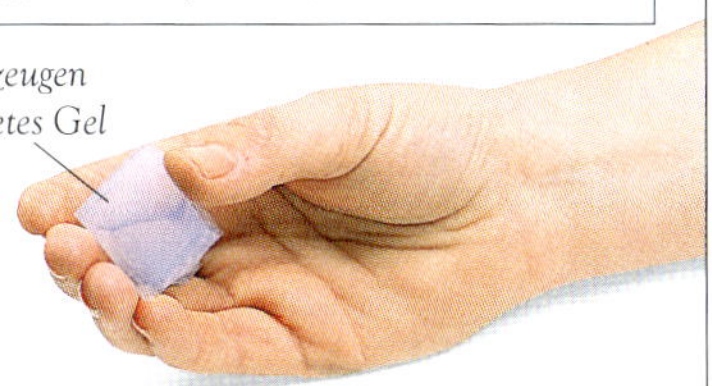

*Bei Flugzeugen verwendetes Gel*

**DAS SAMMELN VON METEORSTAUB** Flugzeuge mit gelbeschichteten Tragflächen fliegen in etwa 20 km Höhe und sammeln Meteorstaub ein. Die schnellen Teilchen bleiben in der Gelschicht hängen.

# METEORITE

JEDES JAHR LANDEN ETWA 3000 Brocken von über einem Kilogramm Gewicht aus dem Weltraum auf der Erde. Sie sind zu groß, um in der Atmosphäre zu verglühen. Diese Stücke nennt man Meteorite. Die meisten fallen ins Meer und werden nie gefunden. Einige sieht man direkt herabfallen und kann sie gleich bergen.

METEORITENARTEN
Meteorite bestehen meist aus Stoffen, die auch auf der Erde vorkommen, aber in anderen Mengenverhältnissen. Man glaubt, dass die Materie aus der Entstehungszeit des Sonnensystems stammt. Wir unterscheiden drei Arten.

*Der Canyon-Diablo-Meteorit fiel vor 50 000 Jahren auf die Erde.*

*Meteorit aus Eisen-Nickel-Legierung*

EISENMETEORITE
Die zweithäufigste Meteoritenart besteht aus Eisen und Nickel mit geringen Anteilen anderer Mineralien.

ASTRONAUT JACK SCHMITT UNTERSUCHT EINE METEORITENEINSCHLAGSTELLE AUF DEM MOND.

HERKUNFT DER METEORITE
Die meisten der gefundenen Meteorite stammen von Asteroiden, 17 sind vom Mond und 13 vom Mars. Einige könnten auch von Kometen stammen. Auch auf dem Mond fand man Meteorite, meist von Asteroiden.

Die dunkle Schmelzkruste bildet sich beim Fall durch die Erdatmosphäre.

## Steinmeteorite

Auf der Erde werden vor allem Steinmeteorite gefunden, bislang etwa 3000 Stück. Man kann sie entsprechend ihrer Struktur weiter in Chondrite (mit „Gesteinstropfen") und Achondrite unterteilen.

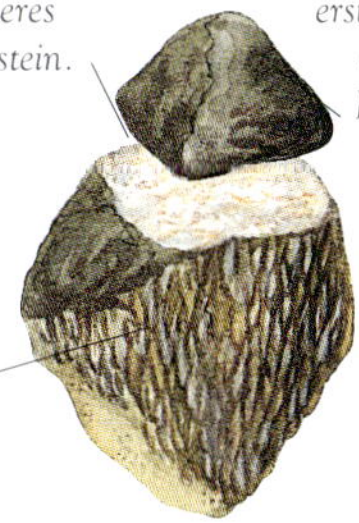

*Die Bruchstelle enthüllt innen helleres Gestein.*

*Die geschmolzene Oberfläche erstarrt zu dünner Kruste.*

*Geschmolzenes Gestein fließt in Fallrichtung ab.*

## Aufbau eines Meteoriten

Durch die Reibung an der Erdatmosphäre wird die äußere Hülle eines auftreffenden Gesteinsbrockens aufgeheizt und geschmolzen. Einige Meteorite haben eine gleichmäßige Oberfläche.

*Dieser 6 cm große Eisen-Stein-Meteorit stammt aus der Antarktis.*

*Blassgrüne, olivenförmige Kristalle in Eisen-Nickel*

## Eisen-Stein-Meteorite

Sehr selten bilden sich Meteorite aus geschmolzenem Eisen, Nickel und dem Mineral Olivin oder entstanden beim Einschlag von Metallbruchstücken.

## Meteoritensuche

Man findet jährlich etwa zehn Meteorite in unberührten Gegenden der Erde wie der Sahara, den australischen Wüsten und der Antarktis. Dort ist der dunkle Meteorit auf Eis und Schnee leicht zu erkennen.

### Berühmte Meteorite

| Name und Fundort | Tonnen | Jahr des Fundes |
|---|---|---|
| Eisenmeteorite: | | |
| Hoba West, Namibia | 60 | 1920 |
| Ahnighito, Grönland | 30,4 | 1895 |
| Bacuberito, Mexiko | 27 | 1871 |
| Mbosi, Tansania | 26 | 1930 |
| Steinmeteorite: | | |
| Jilin, China | 1,77 | 1976 |
| Norton County, USA | 1 | 1948 |
| Long Island, USA | 0,56 | 1891 |
| Paragould, USA | 0,4 | 1930 |
| Bjurbole, Finnland | 0,3 | 1899 |
| Neueste Funde: | | |
| Algerien NwA 3171 (Mars) | 0,5 kg | 2004 |
| Dhofar 1180 Oman (Mond) | 0,115 kg | 2005 |

# ASTEROIDEN

MILLIARDEN VON FELSBROCKEN, DIE ASTEROIDEN, umkreisen die Sonne im inneren Sonnensystem. Neunzig Prozent von ihnen befinden sich im Asteroidengürtel zwischen Mars- und Jupiterbahn. Die Asteroiden unterscheiden sich in Größe, Gestalt und Farbe. Nur Vesta ist groß und hell genug, um für das bloße Auge sichtbar zu sein.

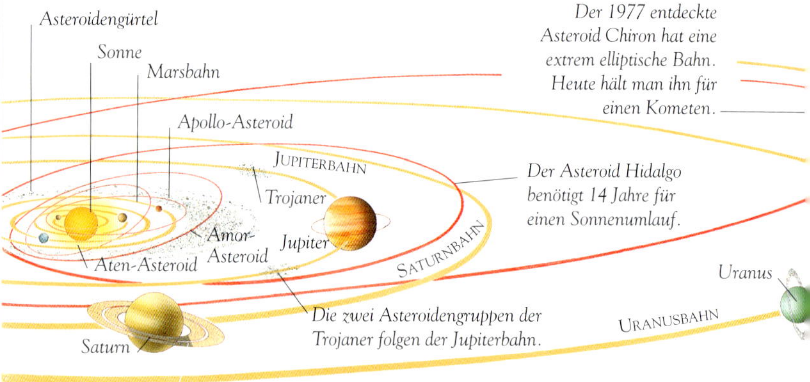


ASTEROIDENGÜRTEL
Der Asteroidengürtel liegt ca. 254–598 Millionen km von der Sonne entfernt und enthält Milliarden von Asteroiden. Viele sind nur einige Meter groß, etwa eine Milliarde Asteroiden haben 1 km Durchmesser.

ERDNAHE ASTEROIDEN
Einige Asteroiden haben erdnahe Umlaufbahnen. Sie gehören zu den Apollo-, Amor- und Atengruppen. Die Mitglieder der Gruppen liegen auf einem bestimmten Orbit.

*Ceres hat etwa ein Drittel der Gesamtmasse aller Asteroiden.*

*Vesta ist der drittgrößte Asteroid.*

*Psyche hat eine unregelmäßige Form.*

*Breite: 185 km*

## Die Grösse

Der erste entdeckte Asteroid, Ceres, ist mit 932 km Durchmesser auch der größte. Jedoch ist seine Form nicht typisch für einen Asteroiden. Nur zehn bisher entdeckte Asteroiden haben einen Durchmesser von mehr als 250 km.

## Asteroidenarten

Es gibt drei Haupttypen von Asteroiden: solche aus Gestein, Metall und einer Mischung aus beiden. Gaspra ist ein Asteroid aus Gestein, der als Erster im Oktober 1991 von der Raumsonde Galileo aus der Nähe fotografiert wurde. Er ist etwa 19 km lang und umkreist die Sonne in 3,3 Jahren.

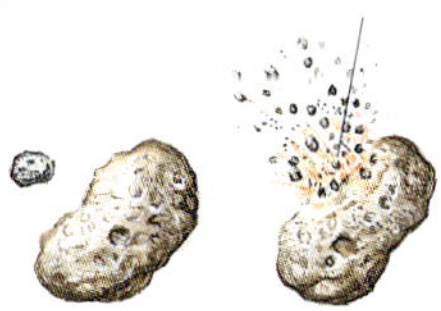

*Wenn die Masse des auftreffenden Asteroiden unter 1/50000 der Masse des größeren Körpers liegt, bildet sich ein Krater.*

## Zusammenstösse von Asteroiden

Der Asteroidengürtel sah nicht immer so aus wie heute. Bei der Entstehung des Sonnensystems gab es etwa 640 Gesteinskörper, die größer als Ceres waren. Diese Protoplaneten stießen zusammen, zerbrachen und eine große Menge Materie ging verloren. Die verbliebenen Bruchstücke kollidierten und bildeten den Asteroidengürtel.

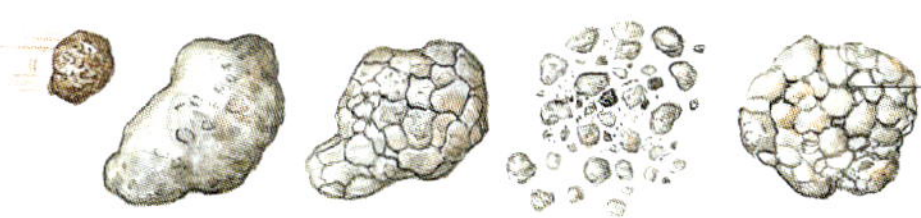

*Wenn der auftreffende Körper 1/50000 der Masse des anderen Körpers hat, zerbricht der Asteroid zu einer Kugel aus Schutt.*

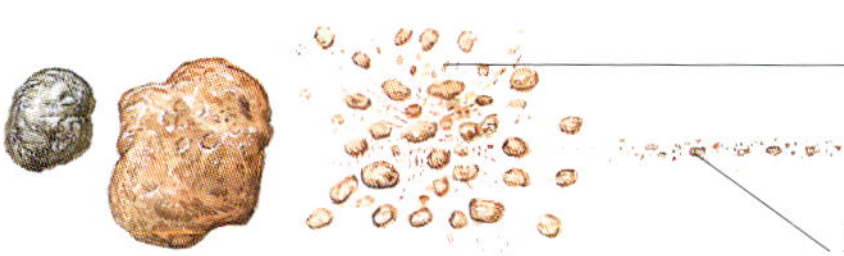

*Ein Asteroid, den ein Körper mit mehr als 1/50000 seiner Masse trifft, zerbricht und bildet eine Gruppe.*

*Bildung eines Staubstroms*

# EINSCHLÄGE

WENN EIN METEORIT AUF DIE ERDE FÄLLT, kann sich ein kreisförmiger Einschlagkrater bilden. Auf den Monden und Planeten im Sonnensystem gibt es unzählige Krater zwischen einem Meter und mehreren tausend Kilometern Durchmesser. Auf der Erde fand man etwa 150 Krater.

EINSCHLAG AUF MIMAS
Die Eisoberfläche des Saturnmondes Mimas weist u.a. den Krater Herschel auf, der ein Drittel so groß ist wie der Mond selbst.

KRATER AUF DER ERDE
Einschlagkrater gibt es auf allen Kontinenten, die bekanntesten sind jedoch in Australien, Europa und Nordamerika. Dort sind nicht etwa mehr Meteorite niedergegangen, sondern diese Krater blieben wegen geringer Umwelteinflüsse besser erhalten. Der größte Krater ist 140 km groß. Viele entstanden vor mehr als 50 Millionen Jahren.

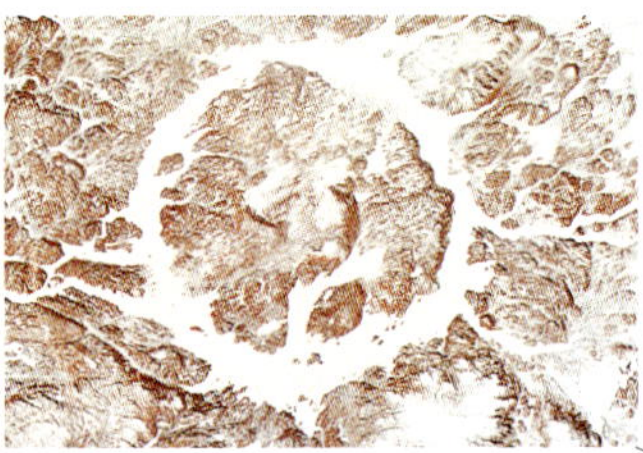

MANICOUAGAN-KRATER
Von der Umlaufbahn aus können Astronauten einen der größten Krater sehen, den Manicouagan-Krater (100 km) in Kanada.

ARIZONA-KRATER
Diesen riesigen, gut erhaltenen Krater in Arizona kennt man seit 1871. Er wurde vor etwa 50 000 Jahren durch einen etwa 30 m großen Eisenmeteoriten erzeugt und misst 1,2 km.

## KRATERBILDUNG

Alle Krater im Sonnensystem werden in etwa gleich gebildet: Der auftreffende Meteorit wirft an der Einschlagstelle Oberflächenmaterial aus und erzeugt einen Krater, dessen Größe von der Meteoritengröße abhängt.

*1 Der Meteorit zerbricht und heizt sich durch Reibung in der Erdatmosphäre auf.*

*2 Die äußere Gesteinsschicht wird zertrümmert.*

*3 Die Erdoberfläche wird von Schockwellen erschüttert.*

*4 Eine durch Hitze und Druck hervorgerufenen Explosion reißt einen Krater.*

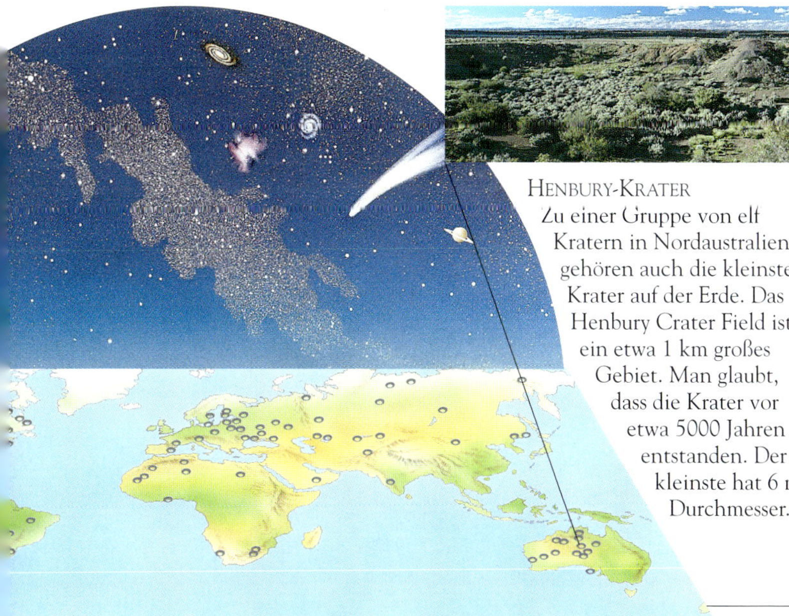

## HENBURY-KRATER

Zu einer Gruppe von elf Kratern in Nordaustralien gehören auch die kleinsten Krater auf der Erde. Das Henbury Crater Field ist ein etwa 1 km großes Gebiet. Man glaubt, dass die Krater vor etwa 5000 Jahren entstanden. Der kleinste hat 6 m Durchmesser.

STERNE

# WAS IST EIN STERN?

EIN STERN IST ein riesiger, rotierender Ball aus heißem, leuchtendem Gas. Meist besteht er aus zwei Hauptgasen: Wasserstoff und Helium. Sie werden durch die Schwerkraft zusammengehalten und sind im Kern sehr dicht. Dort wird extrem viel Energie produziert.

STERNENHAUFEN
Der Haufen M13 im Hercules-Sternbild besteht aus hunderttausenden Sternen, die um das Zentrum kreisen.

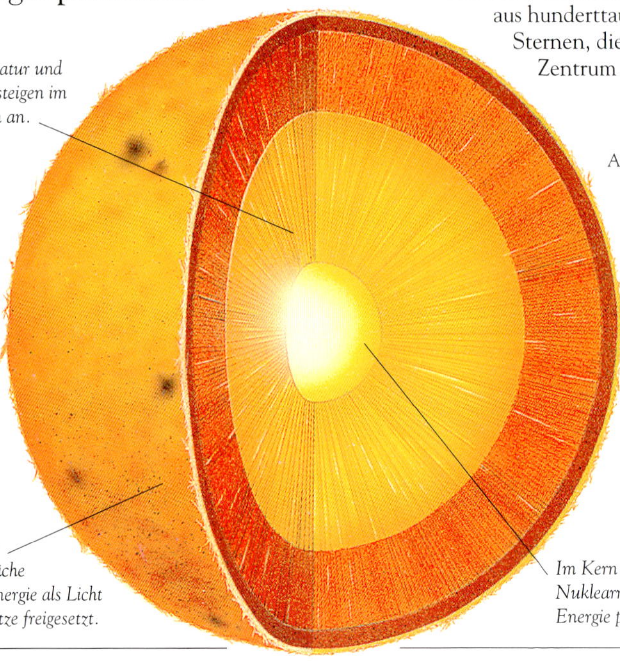


AUFBAU EINES STERNS

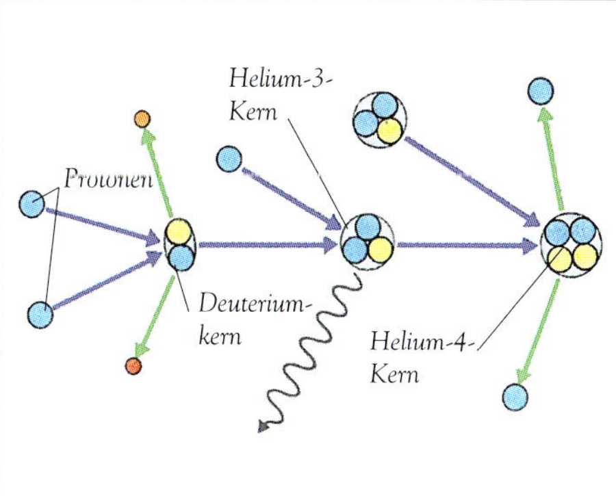


### KERNFUSION

Ein Stern produziert Energie durch Kernfusion. Im Kern kollidieren Wasserstoffkerne (Protonen) miteinander und verbinden sich. Zuerst entsteht Deuterium (schwerer Wasserstoff) und dann zwei Arten von Helium. Dabei entweicht Energie. Diese Reaktion, die in den meisten Sternen stattfindet, nennen wir „Protonenkette“.

### GRÖSSENUNTERSCHIED

Sterne sind, je nach Gasmenge, unterschiedlich groß. Die größten weisen den 1000-fachen Durchmesser der Sonne auf, während weiße Zwerge sehr klein sind. Sie sind kaum größer als die Erde.

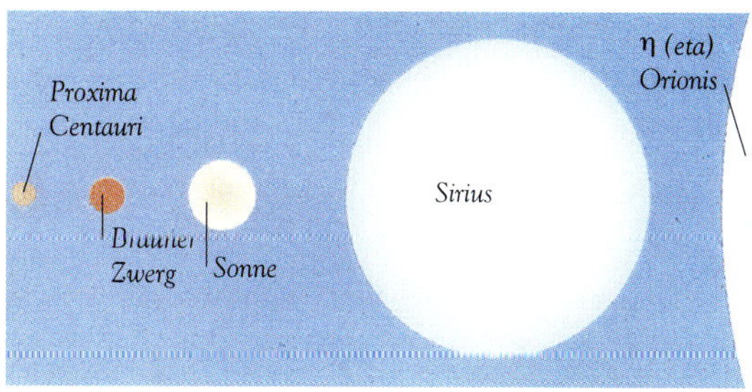


### BEKANNTE STERNE: DATEN

| Name | Designation | Entfernung |
|---|---|---|
| Vega | α Lyrae | 26 Lichtjahre |
| Pollux | β Geminorum | 36 Lichtjahre |
| Capella | α Aurigae | 45 Lichtjahre |
| Aldebaran | α Tauri | 68 Lichtjahre |
| Regulus | α Leonis | 84 Lichtjahre |
| Canopus | α Carinae | 98 Lichtjahre |
| Spica | α Virginis | 260 Lichtjahre |
| Beteigeuze | α Orionis | 520 Lichtjahre |
| Polaris | α Ursa Minoris | 700 Lichtjahre |

### STERNE: FAKTEN

- Alle chemischen Elemente im Universum, die schwerer als Wasserstoff, Helium oder Lithium sind, wurden vor 14 Millionen Jahren durch nukleare Reaktion in den Sternen gebildet.
- Die Masse unserer Sonne (= 1) wird als Maßeinheit für andere Sterne verwendet.

# Lebenszyklus eines Sterns

Die Lebensdauer eines Sterns ist von seiner Masse abhängig. Sterne mit der gleichen Masse wie die Sonne strahlen etwa 10 Milliarden Jahre lang. Größere Sterne wandeln ihren Wasserstoff schneller um und haben eine kürzere Lebensdauer. Die Sonne hat die Hälfte ihrer Lebensdauer erreicht. In etwa 5 Milliarden Jahren wird sie zu einem Roten Riesen werden.

Aufbau eines Roten Riesen

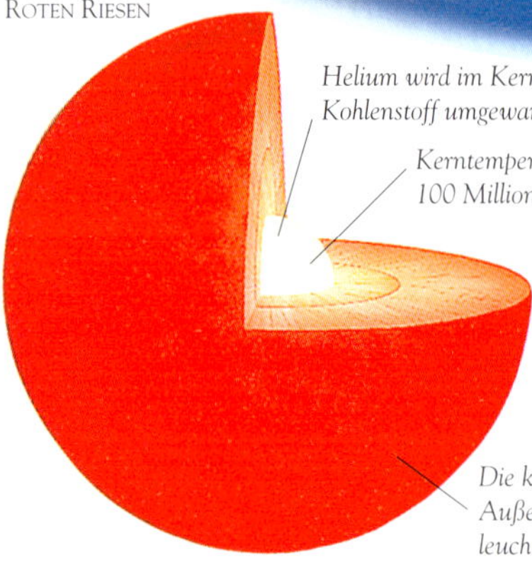


### Rote Riesen

Wenn der meiste Wasserstoff zu Helium umgewandelt ist, wird ein Stern zu einem Roten Riesen. Das Helium wird dann zu Kohlenstoff umgewandelt. Der Kern heizt sich weiter auf und der Rote Riese dehnt sich aus. Er kann bis zu 100-mal größer werden als vorher.

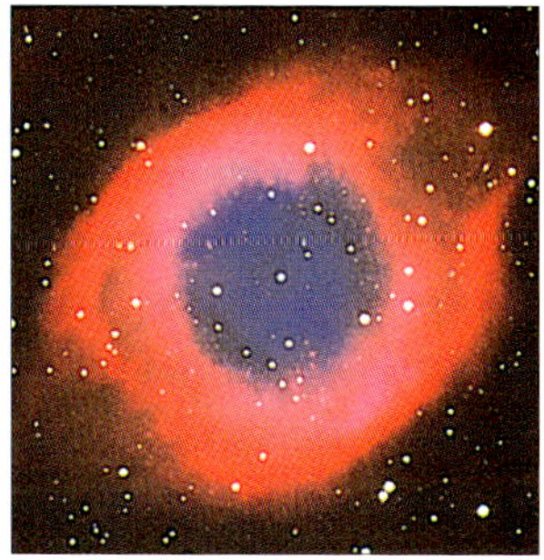

DAS LETZTE AUFBÄUMEN
Der Helix-Nebel ist ein Stern am Ende seines Lebens. Die ausgestoßenen Gashüllen bilden einen deutlich sichtbaren Ring. Im Zentrum ist nur noch ein winziger Weißer Zwerg übrig, der langsam abkühlt und dann orange, rot, braun und schließlich schwarz wird.

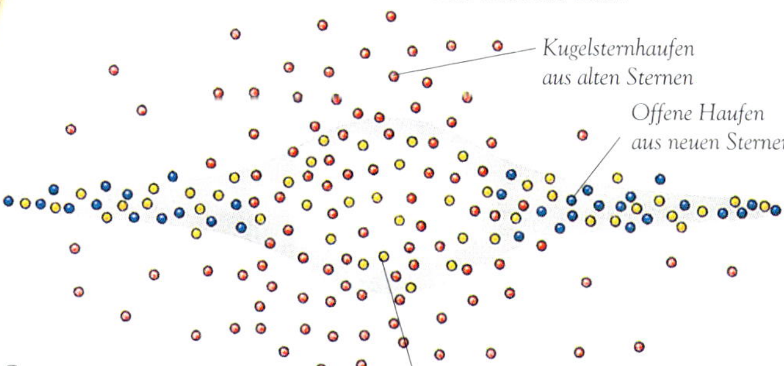


VERTEILUNG DER STERNHAUFEN NACH ALTER IN DER MILCHSTRASSE

## ALTER DER STERNHAUFEN

In der Milchstraße findet man die offenen Haufen (mit jungen Sternen) hauptsächlich in der flachen Scheibe. Größere Kugelsternhaufen (mit älteren Sternen) befinden sich im Halo – einer Atmosphäre, die das Zentrum umgibt.

# GEBURTSORTE DER STERNE

AUCH DIE HELLSTEN STERNE sind anfangs hinter riesigen, dunklen Gas- und Staubwolken verborgen. Wenn neu gebildete Protosterne zu leuchten beginnen, bringen sie die Wolke ebenfalls zum Leuchten. Die hellen Sterne drücken die restliche Dunkelwolke zusammen und lassen sie kollabieren.

*Die Strahlung von nahen Sternen spaltet dünnere Wolkenregionen auf.*

*Dichte Kugeln mit Protosternen werden sichtbar, wenn sich die Wolke lichtet.*

IM ZENTRUM EINES NEBELS
Der Orion-Nebel in 1500 Lichtjahren Entfernung ist das uns nächstgelegene Gebiet, in dem Sterne entstehen. Er wird durch die Ultraviolettstrahlung des Trapezes (Gruppe von jungen Sternen) aufgeheizt. In der Staubwolke, die das Zentrum umgibt, liegen viele weitere Sterne und Protosterne verborgen.

*In dieser Falschfarbenaufnahme von Hubble ist Wasserstoff grün, Sauerstoff blau und Stickstoff rot dargestellt.*

*Die Trapez-Sterr lassen den Nebel leuchter*

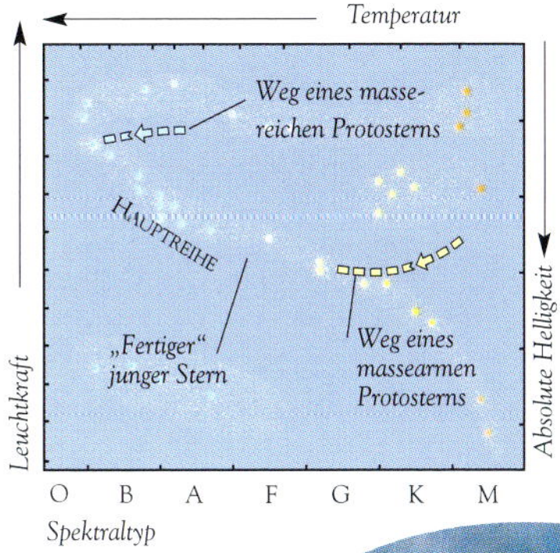


## Entwicklung junger Sterne

Neugeborene Sterne erscheinen als leuchtende, rote Objekte im Hertzsprung-Russell-Diagramm. Im weiteren Schrumpfungsprozess wandern sie im Diagramm nach links und werden zu Hauptreihensternen, die so heiß sind, dass Kernreaktionen ablaufen können.

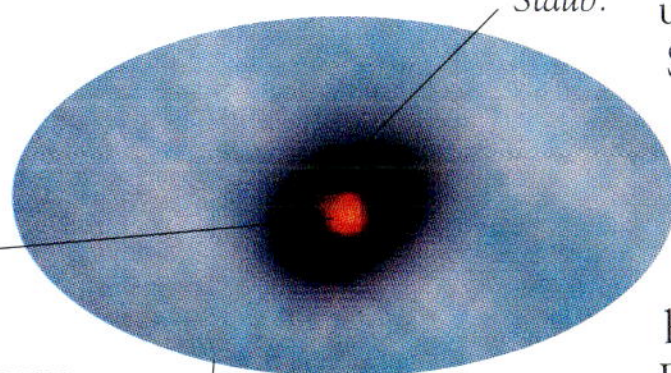


Protoplanetare Scheibe aus der Nähe

## Protoplanetare Scheibe

Im Inneren dieser kleinen, dunklen Scheibe aus Staub und Gas entsteht ein neuer Stern. Der erst einige hunderttausend Jahre alte Protostern besitzt etwa ein Fünftel der Sonnenmasse. Die ihn umgebende Scheibe hat etwa den 7,5-fachen Durchmesser der Plutobahn und die 7-fache Erdmasse.

Nahaufnahme der Protosterne im Orion-Nebel

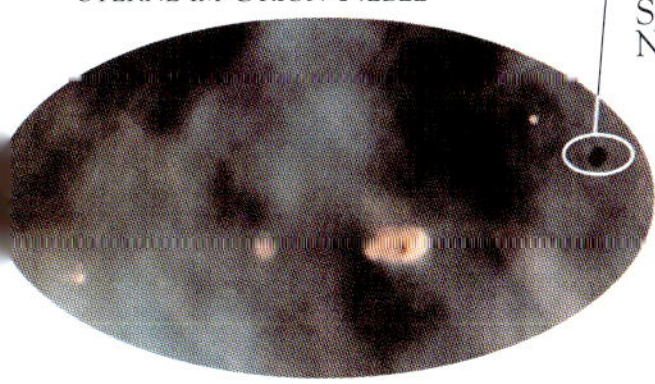

## Protostern-Gruppe

Im Orion-Nebel identifizierte man über 150 Protosterne. Die fünf Protosterne in der hier abgebildeten Gruppe sind von rotierenden Gas- und Staubscheiben umgeben. Man bezeichnet sie auch als protoplanetare Scheiben, da in ihnen Planeten entstehen könnten.

## Beobachtung des Orion-Nebels

Mehrere Sternentstehungsgebiete kann man mit einem Fernglas als nebelige Flecken am Himmel sehen. Am hellsten ist der Orion-Nebel. Er ist schon mit dem bloßen Auge zu erkennen und leicht zu finden, da er ein Teil des „Schwertgehänges" im Orion ist.

ORION-NEBEL
Ein Teil von Orions staubiger „Sternenkinderstube“, etwa 1500 Lichtjahre von der Erde entfernt

# Sterneigenschaften

STERNE UNTERSCHEIDEN SICH in Größe, Alter und Masse voneinander. Es gibt winzige Weiße Zwerge von der Größe der Erde und Überriesen, die weite Teile des Sonnensystems einnehmen würden. Einige sind nur wenige Millionen Jahre alt, andere sind fast so alt wie das Universum selbst. Zur Klassifizierung verwendet man das Hertzsprung-Russell-Diagramm.

## Leuchtkraft und absolute Helligkeit

Die Helligkeit eines Sterns im Vergleich zur Sonne bezeichnet man als seine Leuchtkraft. Diese kann zwischen dem 100.000-fachen und einem 100.000-stel der Sonnenleuchtkraft betragen. Ein weiteres Maß ist die absolute Helligkeit. Dies ist die Größenklasse, in der ein Stern in einer Entfernung von 10 Parsec erscheinen würde.

*Die scheinbare Helligkeit der Sterne hängt von ihrer Leuchtkraft und Entfernung ab.*

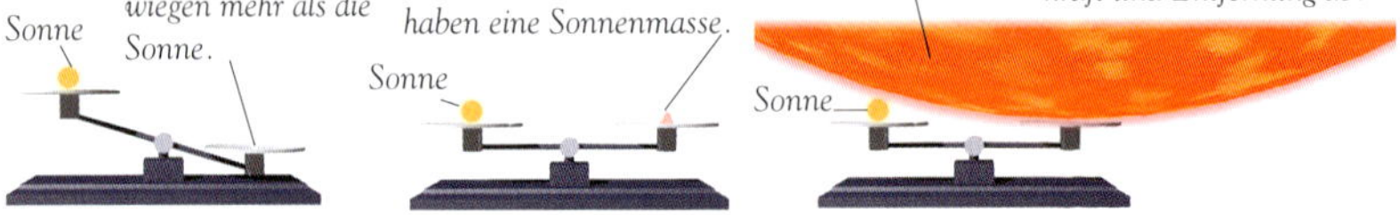


## Vergleich der Massen

Die Masse eines Sterns wird normalerweise nicht in Kilogramm oder Tonnen angegeben, sondern in Sonnenmassen. Die leichtesten Sterne haben etwa ein Zehntel der Sonnenmasse, die schwersten hingegen besitzen 50 Sonnenmassen. Es gibt unzählige kleine, aber nur sehr wenige große Sterne.

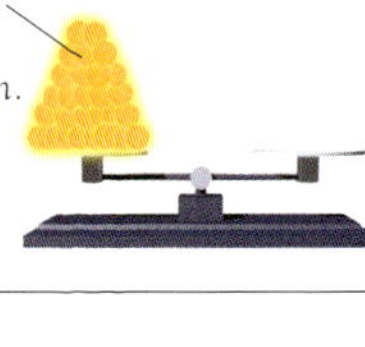

HERTZSPRUNG-RUSSELL-DIAGRAMM
Sterne werden mit einem Diagramm eingeteilt, in dem die Leuchtkraft gegen den Spektraltyp eingetragen wird. Die absolute Helligkeit sowie die Temperatur können ebenfalls angegeben werden. Alle haben ihren Platz im Hertzsprung-Russell-Diagramm. Dieser ist abhängig von ihrer Masse und ihrem Entwicklungsstadium. Die meisten Sterne liegen auf der so genannten Hauptreihe.

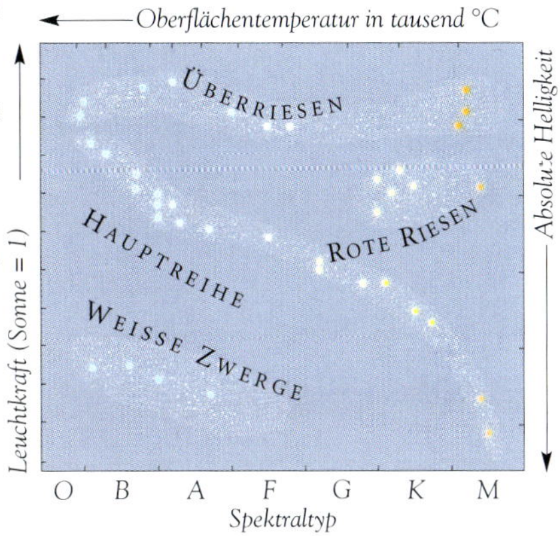


DURCHSCHNITTLICHE STERNGRÖSSE
Die Sterngröße reicht von Überriesen von 300-facher Sonnengröße bis hin zu Neutronensternen und Schwarzen Löchern, die kleiner als die Erde sind.

# STERNKLASSIFIKATION

## DIE MASSE EINES STERNS beeinflusst seine Farbe, Temperatur und Leuchtkraft. Durch das Studium dieser Eigenschaften konnte ein Klassifikationssystem entwickelt werden.

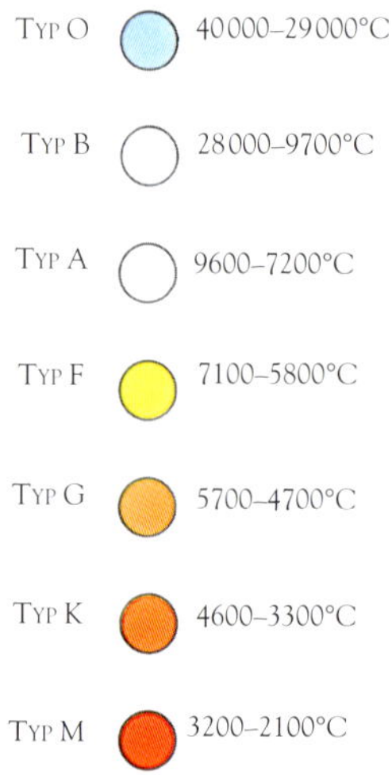


### SPEKTRALTYPEN

Die Farbe eines Sterns hängt von seiner Temperatur ab. Die heißesten Sterne sind blau-weiß und die kühlsten rot-orange. Es gibt sieben Spektraltypen: O, B, A, F, G, K und M. O ist am heißesten, M am kältesten. Jeder Typ hat zehn Untertypen von 0 bis 9 und von heiß nach kalt. Unsere Sonne ist ein Typ G2.

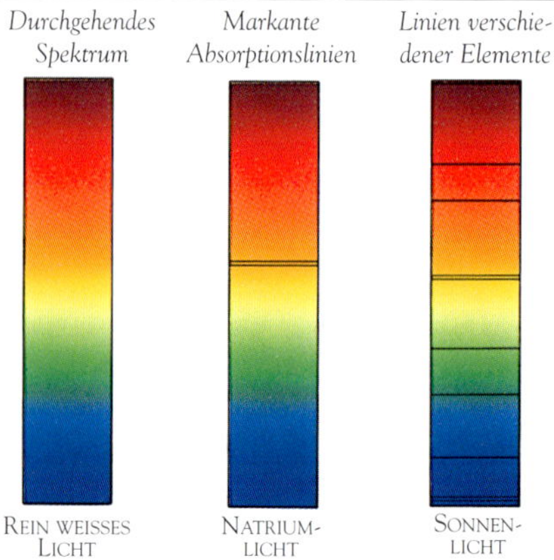


### CHEMISCHE LINIEN

Jeder Stern strahlt ein ganz spezielles Licht ab. Teilt man dieses Licht in ein chemisches Spektrum ein, kann man die Elemente, aus denen der Stern besteht, feststellen. Sie werden durch dunkle Absorptionslinien dargestellt, die durch das Spektrum verlaufen. Natriumatome z.B. absorbieren Licht nur im gelben Spektralbereich. Im Licht der Sonne finden wir viele hundert Absorptionslinien.

HERTZSPRUNG-RUSSELL-DIAGRAMM ZUR STERNKLASSIFIKATION

*Überriese, z.B. Deneb*

*Hauptreihensterne, wie Sirius A, die Wasserstoff in Helium umwandeln*

*Weißer Zwerg, z.B. Sirius B*

*Barnards Pfeilstern ist ein Roter Zwerg der Hauptreihe.*

*Beteigeuze ist ein Roter Überriese.*

*Arcturus ist ein Roter Riese.*

*Die Sonne ist ein Gelber Zwerg der Hauptreihe.*

## FARBKODIERTES DIAGRAMM

Im Hertzsprung-Russell-Diagramm wird die Temperatur eines Sterns gegen seine Leuchtkraft eingetragen. Die hellsten Sterne befinden sich am oberen Ende, die dunkleren weiter unten. Die heißesten Sterne stehen links und die kühlsten rechts. Die meisten Sterne verbringen einen Teil ihres Lebens in der Hauptreihe, die von oben links nach unten rechts verläuft. Braune Zwerge sind die kleinsten Hauptreihensterne. Darüber stehen die Überriesen, darunter die Weißen Zwerge.

### STERNE: FAKTEN

- Heiße, junge Sterne findet man in Gruppen, die man „OB-Assoziationen" nennt.
- Im Verhältnis ist die Sonne recht klein. Die Astronomen bezeichnen sie als Zwergstern vom Typ G.
- Die kleinsten Sterne, kühler und schwächer als Rote Zwerge, sind die Braunen Zwerge.

# HELLIGKEIT

DIE HELLIGKEIT EINES STERNS hängt von seiner Leuchtkraft und seiner Entfernung von der Erde ab. Astronomen wenden zwei Maßstäbe an, um die Helligkeit zu messen: Die absolute Helligkeit vergleicht Sterne über eine festgelegte Entfernung miteinander und die scheinbare Helligkeit beschreibt, wie hell ein Stern von der Erde aus wirkt.

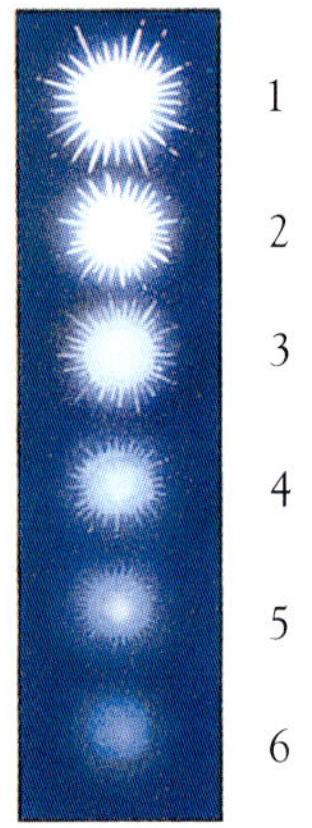


SCHEINBARE HELLIGKEIT
Die Skala der scheinbaren Helligkeit von Sternen, die mit bloßem Auge sichtbar sind, verläuft von oben nach unten. 1 ist am hellsten.

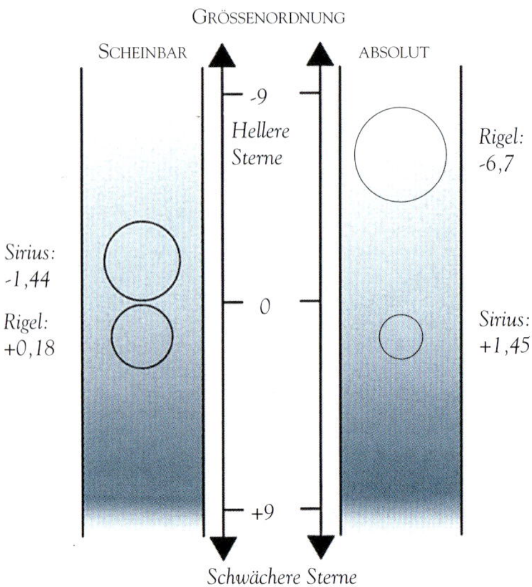


SCHEINBAR UND ABSOLUT
Sirius ist der hellste Stern an unserem Himmel (scheinbare Helligkeit -1,44). Er ist heller als Rigel (scheinbare Helligkeit +0,18). Tatsächlich hat Rigel aber eine wesentlich größere Leuchtkraft mit einer absoluten Helligkeit von -6,7 (Sirius = +1,45).

DAS SPEKTRUM ZEIGT DIE LINIEN VON DREI ELEMENTEN

*Am roten Ende sind die Wellen am längsten.*

SPEKTRALANALYSE

Licht besteht aus elektromagnetischen Wellen unterschiedlicher Länge. Bei der Spektralanalyse zerlegt ein Spektrograf das Licht eines Sterns in die einzelnen Wellenlängen. So entsteht ein Spektrum (Farbband). Elemente in der Atmosphäre des Sterns absorbieren Licht in einigen Wellenlängen und produzieren so dunkle Absorptionslinien in dem Spektrum. Jedes Element erzeugt ein anderes Linienmuster. Daran können Astronomen erkennen, woraus ein Stern besteht.

HELLIGKEIT: FAKTEN

- Bei beiden Methoden bedeutet jeder volle Schritt (z.B. von +3 nach +4), dass der Stern 2,5-mal heller oder schwächer ist.
- Die scheinbare Helligkeit der Sonne beträgt -26,7.
- Der hellste Planet ist Venus: maximale scheinbare Helligkeit -4,7.

DIE HELLSTEN STERNE

| **Name** | **Scheinbare Helligkeit** | **Spektraltyp** | **Distanz in Lj** |
|---|---|---|---|
| Sirius | -1,4 (Doppelstern) | A0, Weißer Zwerg | 8,6 |
| Canopus | -0,6 | F0 | 310 |
| Alpha Centauri | -0,3 (Dreifachstern) | G2, K1, M5 | 4,4 |
| Arcturus | 0,0 | K2 | 36,8 |
| Vega | 0,0 | A0 | 25,3 |
| Capella | 0,1 (Doppelstern) | G2, G6 | 42,2 |
| Rigel | 0,2 | B8 | 800 |
| Prokyon | 0,4 (Doppelstern) | F5, Weißer Zwerg | 11,4 |
| Achernar | 0,5 | B3 | 144 |
| Beteigeuze | 0,5 (Veränderlich) | M2 | 400 |

DIE FARBE VON HITZE

Alles, was heiß ist, glüht – sowohl ein Stern als auch ein Eisenstab. Die Temperatur bestimmt die Farbe. Je höher sie ist, desto mehr verändert sich die Farbe von rot über gelb und weiß, bis sie schließlich einen bläulichen Schimmer annimmt.

# Veränderliche Sterne

DIE STERNE LEUCHTEN nicht so gleichförmig, wie es scheint. Sterne, die in ihrer Helligkeit schwanken, nennt man veränderliche Sterne. Ursachen für die Schwankungen können sein, dass wechselnde Lichtmengen abgestrahlt werden oder Licht hinter Staubwolken oder Begleitsternen verborgen bleibt. Dies zeigt die Helligkeitskurve.

DAS STERNBILD SCHWAN VOR UND NACH DER NOVA VON 1975

### KATAKLYSMISCHE VARIABLE

Dies sind Sterne, die plötzlich starke Helligkeitsausbrüche zeigen. Dazu gehören auch Novae und Supernovae. Eine Nova entsteht, wenn ein Weißer Zwerg in einem Doppelsternsystem so lange Wasserstoff von seinem Begleitstern abzieht, bis es zu einer nuklearen Explosion kommt.

### ETA CARINAE

Die Helligkeit von Eta Carinae schwankt seit seiner ersten Aufzeichnung durch Edmond Halley 1677 erheblich. Mitte des 19. Jahrhunderts wurde er mit -0,8 zum zweithellsten Stern, danach fiel er plötzlich unter die 6. Größe ab. Eta Carinae gehört zu den Eruptivveränderlichen.

*Der Homunculus-Nebel umgibt einen Stern mit Staub.*

*Eta Carinae ist ein leuchtstarker Überriese von 100-facher Sonnenmasse.*

*Eta Carinae strahlt heute vor allem im Infrarotbereich.*

PULSATIONSVERÄNDERLICHE

Am Ende ihres Lebens pulsieren Sterne häufig: Sie ändern ihre Helligkeit, Temperatur und Größe. Die Mira-Sterne z.B. sind Rote Riesen, die über einen Zeitraum von 1000 Tagen pulsieren.

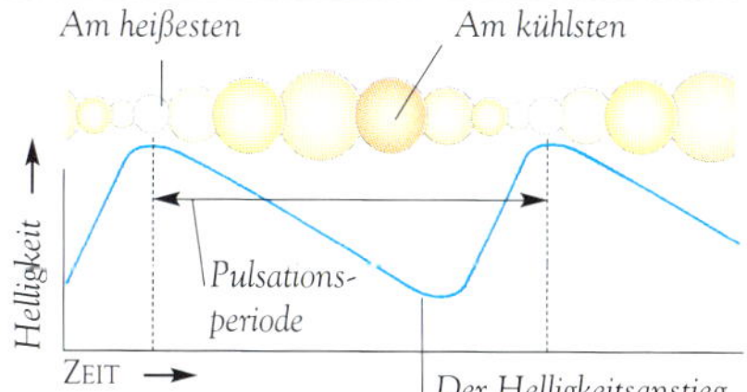


LICHTKURVE EINES CEPHEIDENVERÄNDERLICHEN

BEDECKUNGSVERÄNDERLICHE

Manche Doppelsterne stehen so eng beieinander, dass sie als ein Stern erscheinen. Wenn wir das System von der Seite sehen, bedecken sich die Sterne gegenseitig. Dadurch reduziert sich die ankommende Gesamtlichtmenge und der Stern wirkt dunkler.

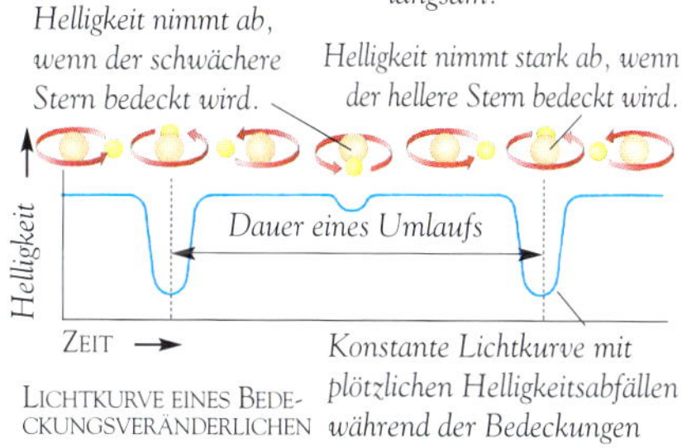


LICHTKURVE EINES BEDECKUNGSVERÄNDERLICHEN

ETA CARINAE UND DER SCHLÜSSELLOCH-NEBEL

ROTATIONSVERÄNDERLICHE

Einige Sterne sind veränderlich, weil es auf ihrer Oberfläche Flecken ähnlich den Sonnenflecken gibt. Durch die Rotation kommen verschiedene Fleckengruppen ins Blickfeld und führen zu Helligkeitsschwankungen.

FLECKEN AUF AB DORADUS

# ENTFERNUNG DER STERNE

VOR 1838 HATTE MAN KEINE genaue Vorstellung von der Größe des Universums. Dann nutzte Friedrich Bessel die Parallaxenmethode zur ersten Entfernungsmessung eines Sterns. Heute kennt man viele verschiedene Methoden zur Bestimmung der Entfernung, aber letztendlich gehen alle auf diese erste Methode zurück.

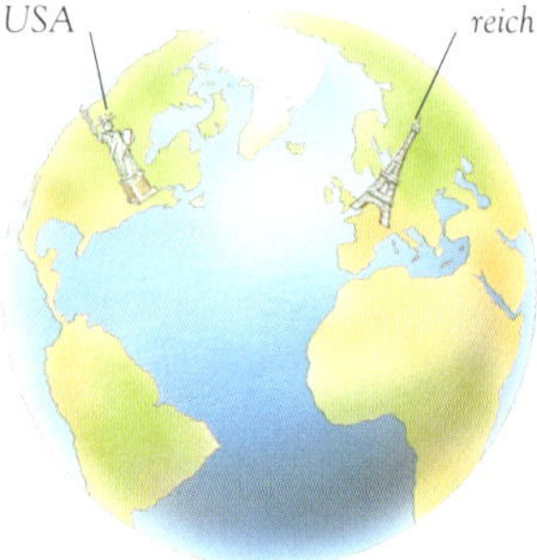


DER NÄCHSTE STERN
Der nächste Nachbarstern der Sonne ist Proxima Centauri, einer der drei Sterne des Alpha-Centauri-Systems in 4,4 Lichtjahren Entfernung. Wenn die Sonne die Größe eines Fußballs hätte, würde ihre Entfernung zu Proxima Centauri der Strecke Paris–New York entsprechen.

ALPHA CENTAURI:
4,4 LICHTJAHRE ENTFERNT

LICHTJAHRE UND PARSEC
In der Astronomie misst man Entfernungen in Lichtjahren und Parsec. Ein Lichtjahr (Lj) entspricht 9,5 Billionen Kilometer – diese Entfernung legt das Licht in einem Jahr zurück. Ein Parsec sind 3,26 Lichtjahre.

DIE NÄCHSTEN STERNE

| **Name des Sterns oder Sternsystems** | **Größenklasse** | **Spektraltyp** | **Distanz in Lj** |
|---|---|---|---|
| Alpha Centauri A, B, C | 0,1, 1,4, 11,0 | G2, K1, M5 | 4,4 |
| Barnards Pfeilstern | 9,5 | M5 | 5,9 |
| Lalande 21185 | 7,5 | M2 | 8,3 |
| Sirius A, B | -1,4, 8,5 | A0, Weißer Zwerg | 8,6 |
| Ross 154 | 10,4 | M4 | 9,7 |
| Epsilon Eridani | 3,7 | K2 | 10,5 |
| HD 217987 | 7,4 | M2 | 10,7 |
| Ross 128 | 11,1 | M4 | 10,9 |
| 61 Cygni A, B | 5,2, 6,1 | K5, K7 | 11,4 |
| Prokyon | 0,4, 10,7 | F5, Weißer Zwerg | 11,4 |

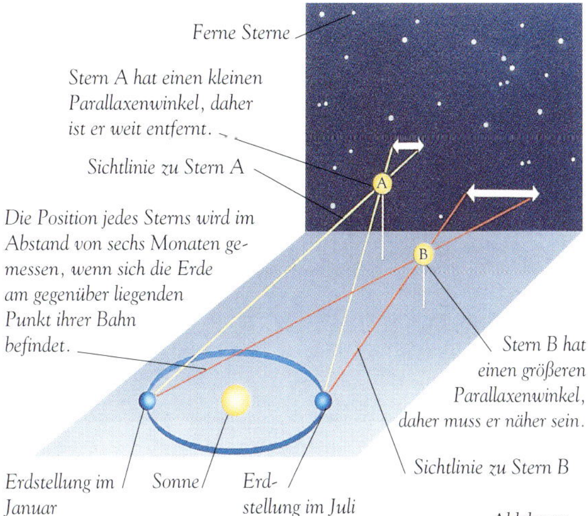


PARALLAXENMETHODE
Beim Umlauf der Erde um die Sonne scheinen sich die näheren Sterne vor dem Hintergrund der fernen Sterne zu verschieben. Der Winkel, um den sich der Stern in sechs Monaten bewegt, wird Parallaxe genannt. Daraus kann man die Entfernung des Sterns errechnen.

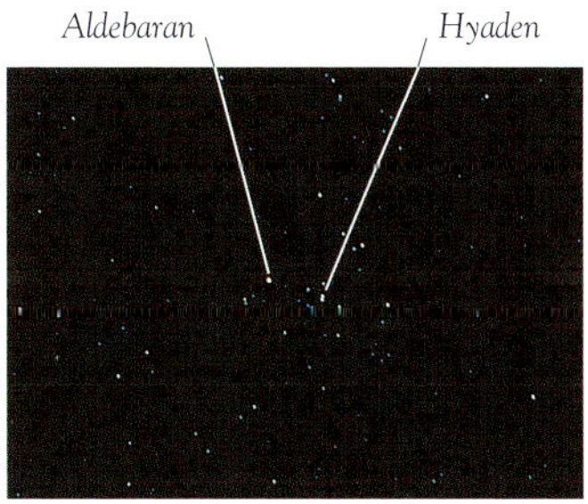


ALDEBARAN UND HYADEN
Am Himmel benachbarte Sterne stehen nicht unbedingt auch im Weltraum nahe beieinander. Der Rote Riese Aldebaran scheint zum Sternhaufen der Hyaden im Stier zu gehören. Er ist aber in Wirklichkeit nur 65,1 Lichtjahre weit weg, im Gegensatz zu dem Hyaden in 150 Lichtjahren Entfernung.

DAS QUADRATISCHE ABSTANDSGESETZ
Bei ähnlicher Leuchtkraft wirkt ein entfernter Stern schwächer als ein naher. Der Grund dafür ist, dass sich das Licht über ein größeres Gebiet ausbreitet, bevor es auf die Erde trifft. Nach dem quadratischen Abstandsgesetz nimmt die Helligkeit eines Stern mit dem Quadrat seiner Entfernung ab.

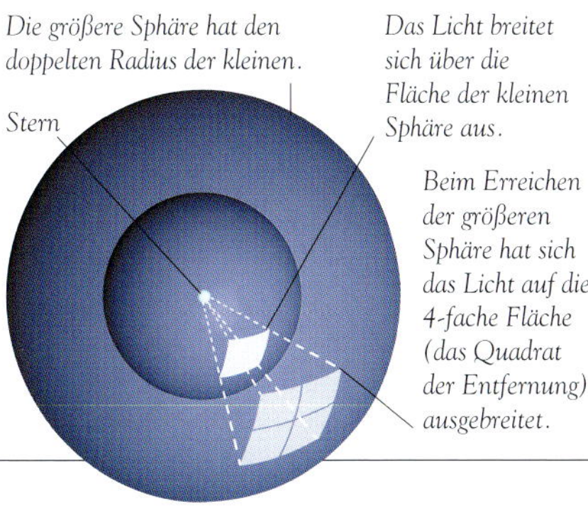

# STERNVERMESSUNG

DA WIR DAS SONNENSYSTEM noch nicht verlassen können, müssen wir so viel wie möglich aus der Ferne über die Sterne lernen. Durch die Analyse ihres Lichts erhalten wir Informationen zur Helligkeit, Farbe und Temperatur. Zerlegt man das Licht in seine Spektralfarben, kann man daraus die Zusammensetzung der Sterne und ihre Geschwindigkeiten erkennen. Durch genaue Positionsmessungen lässt sich die Eigenbewegung der Sterne am Himmel bestimmen.

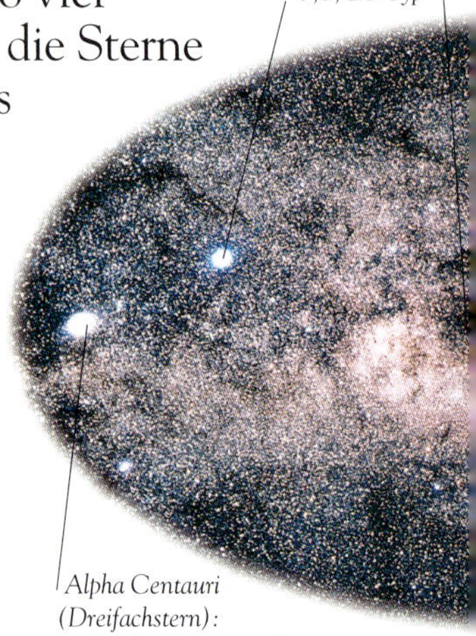


ÜBERBLICK ÜBER DIE SÜDLICHE MILCHSTRASSE

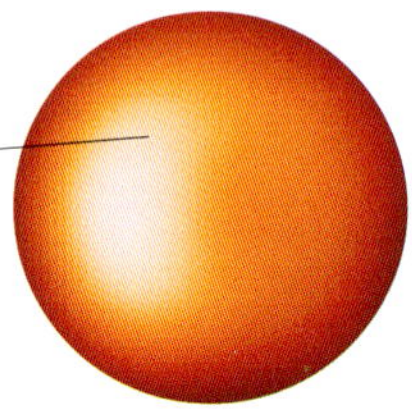


STRUKTUR DER OBERFLÄCHEN
Diese Aufnahme des Überriesen Beteigeuze zeigt ein helleres Gebiet, das von heißem, an die Oberfläche steigenden Gas stammen könnte.

STERNENHIMMEL
In einer dunklen Sternennacht können wir etwa 2500 Sterne sehen, die uns als funkelnde Lichtpunkte erscheinen. Manche sind heller, einige sind in Gruppen angeordnet und gelegentlich leuchtet ein Stern rot oder blau. Man mag es kaum glauben, aber all unser Wissen über die Sterne stammt aus ihrem Licht. Wie unsere Sonne gewinnen sie ihre Energie aus Kernreaktionen. Wir kennen ihre Geburt, ihren Lebenszyklus und ihren Tod.

## Eigenbewegung

Da die Sterne so weit entfernt sind, fällt uns ihre Bewegung im Weltraum nicht auf. Aber im Laufe der Zeit verändert diese Eigenbewegung die Form der Sternbilder ganz erheblich. Durch die genaue Positionsbestimmung der Sterne über mehrere Jahre hinweg kann man die frühere und zukünftige Form eines Sternbildes bestimmen.

## Doppler-Verschiebung

Die Wellenlängen der Absorptionslinien in einem Sternspektrum werden auch von der Bewegung des Sterns beeinflusst. Gemäß dem Doppler-Effekt werden durch Bewegung zur Erde hin die Wellenlängen verkürzt und die Linien zum blauen Ende des Spektrums hin verschoben. Bewegt sich der Stern von der Erde weg, kommt es zur Rotverschiebung. Durch Messung der Verschiebung kann man seine Geschwindigkeit bestimmen.

Blauverschiebung eines näherkommenden Sterns

Rotverschiebung eines wegfliegenden Sterns

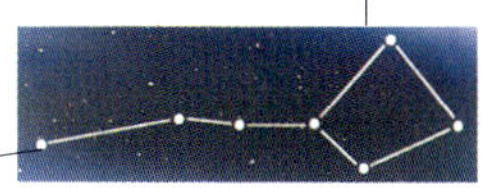

Großer Wagen vor 100 000 Jahren – die „Deichsel“ war viel gerader.

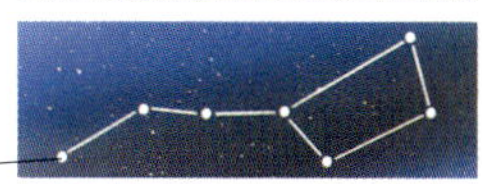

Großer Wagen heute – das Ende der „Deichsel“ senkt sich ab.

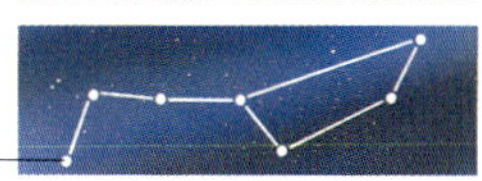

Großer Wagen in 100 000 Jahren

# STERNBILDER

VON DER ERDE AUS GESEHEN scheinen die Sterne bestimmte Muster zu bilden. Diese bezeichnen wir als Sternbilder. Der Himmel über der Erde wurde in 88 verschiedene Sternbilder unterteilt. Jedes davon repräsentiert eine mythologische Person, ein Wesen oder ein Objekt.

STERNBILD DES ORION
In der griechischen Mythologie war Orion ein mächtiger Jäger. Diese drei hellen Sterne bilden Orions Gürtel.

UM DIE SPHÄRE HERUM
Im Laufe des Jahres werden verschiedene Abschnitte der Himmelssphäre sichtbar. Daher sieht man auch die Sternbilder in einer jährlichen Abfolge.

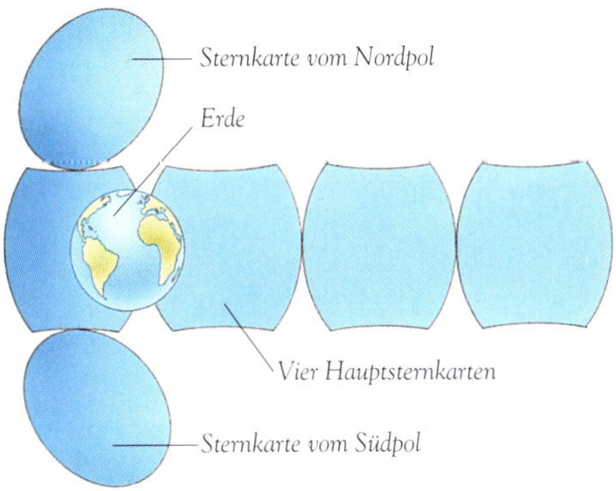


STERNKARTEN

Der Himmel ist eine gewaltige, gewölbte Sphäre, welche die Erde umgibt. Eine Karte ist jedoch flach. Wenn man eine gewölbte Sphäre in eine zweidimensionale Karte zeichnet, werden einige Sternbilder verzerrt. Daher haben Astronomen den Himmel in einzelne Abschnitte unterteilt

STERNBILDER: FAKTEN

- Ein Sternbild ist die zweidimensionale Ansicht eines Objekts im dreidimensionalen Raum.
- Der Große Wagen ist kein eigenes Sternbild. Er ist Teil des Ursa Major (Großer Bär).
- Die australischen Aborigines haben ihre eigene Sichtweise von Sternbildern: Sie erkennen Muster in den dunklen Räumen zwischen den Sternen.

SICHTLINIEN

Die Sternbilder sind reine Erfindungen des Menschen. Wir sehen sie als flache Muster gegen die Schwärze des Himmels. Tatsächlich sind die Sterne aber vielleicht weiter voneinander entfernt als von der Erde. Die Sterne im „Großen Wagen“ scheinen nah beieinander zu stehen. Das stimmt aber nicht.

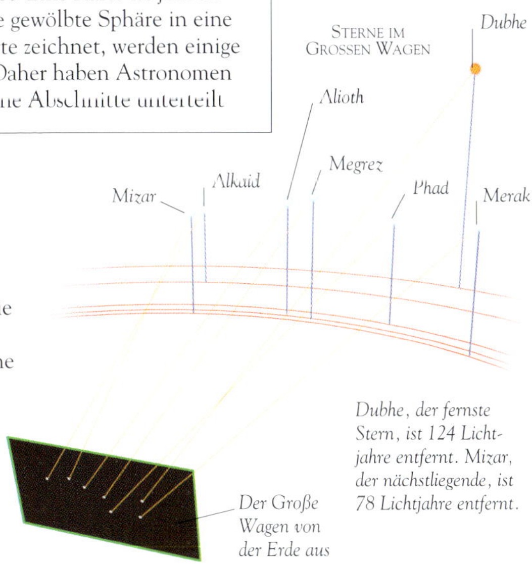


*Dubhe, der fernste Stern, ist 124 Lichtjahre entfernt. Mizar, der nächstliegende, ist 78 Lichtjahre entfernt.*

# STERNE KATALOGISIEREN

STERNE WERDEN GEMÄSS des Sternbilds, in dem sie erscheinen, katalogisiert. In den einzelnen Sternbildern werden die Sterne mit Nummern oder Buchstaben bezeichnet. Andere Objekte werden separat erfasst.

ORION-NEBEL
Von der Erde aus erscheint der Orion-Nebel als verschwommene Wolke kurz unter Orions Gürtel.

ORION

*Die „Figur" des Sternbilds wird um die Sterne herum gezeichnet.*

BESITZANZEIGENDE NAMEN
Die Sternbilder tragen lateinische Namen. Wenn man von bestimmten Sternen spricht, verwendet man den Genitiv des lateinischen Namens. Die Sterne im Sternbild Orion werden also als Orionis bezeichnet.

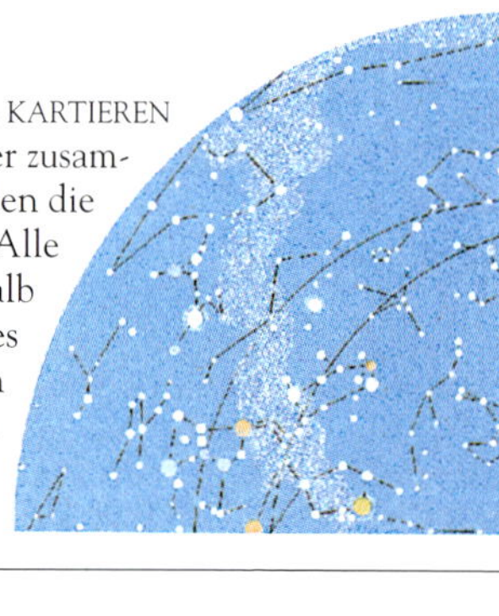

DEN HIMMEL KARTIEREN
Alle Sternbilder zusammen ergeben die Himmelskarte. Alle Sterne innerhalb der Grenzen eines Sternbilds gehören zu diesem, auch wenn sie unabhängig vom „Hauptbild" sind.

GALAXIEN UND NEBEL
Objekte wie Sternhaufen, Nebel und andere Galaxien werden separat katalogisiert und zwar nach dem Messier-Katalog (eine Zahl mit einem „M“ davor) oder dem „New General Catalogue“ (eine Zahl mit „NGC“ davor).

GRIECHISCHE BUCHSTABEN
Die helleren Sterne eines Sternbilds werden durch griechische Buchstaben identifiziert (siehe S. 391). Der hellste Stern heißt Alpha (α), der nächste Beta (β) usw. Dies wird aber nicht immer befolgt.

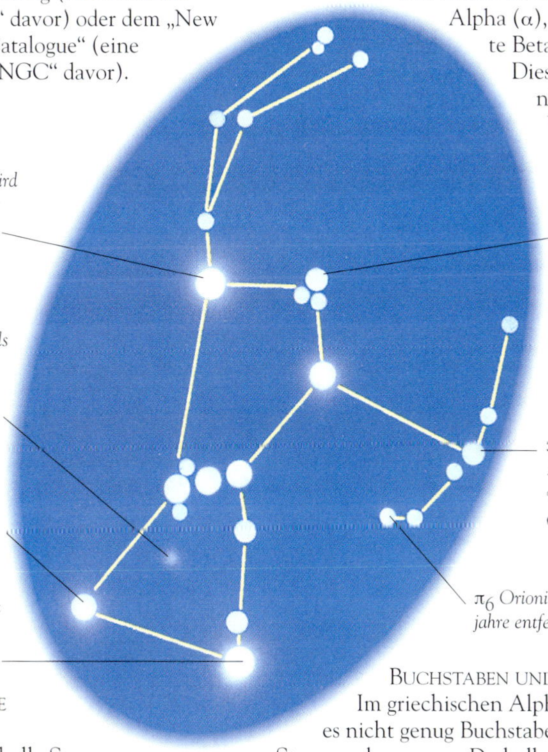

*Beteigeuze wird als α Orionis katalogisiert.*

*Bellatrix wird als γ Orionis katalogisiert.*

*Der Orion-Nebel wird als M42 und NGC 1976 katalogisiert.*

*Saiph wird als κ Orionis katalogisiert.*

*$\pi_3$ Orionis ist 26 Lichtjahre von der Erde entfernt*

*Rigel wird als β Orionis katalogisiert.*

*$\pi_6$ Orionis ist 950 Lichtjahre entfernt.*

ARABISCHE NAMEN
Viele sehr helle Sterne sind noch unter den Namen bekannt, die sie vor mehr als 800 Jahren von arabischen Astronomen erhielten, z.B. Beteigeuze, Saiph und Rigel.

BUCHSTABEN UND ZAHLEN
Im griechischen Alphabet gibt es nicht genug Buchstaben, um alle Sterne zu benennen. Deshalb werden auch römische Großbuchstaben (A, B, C) und arabische Zahlen (1, 2, 3) verwendet. Manchmal werden griechische Buchstaben mit tiefgestellten Zahlen kombiniert, z.B. $\pi_3$ und $\pi_6$ Orionis.

# STERNHAUFEN UND DOPPELSTERNE

STERNE ENTSTEHEN IN GRUPPEN. Überall findet man Sterne, die zu Haufen oder Paaren angeordnet sind. Scheinbare Einzelsterne entpuppen sich oft als Doppel- oder Mehrfachsternsysteme.

*Pleione ist die Mutter der Plejaden.*

*Atlas ist der Vater der Plejaden.*

*Die Sterne der Plejaden sehen wie funkelnde Edelsteine aus.*

*Alkyone*

*Merope*

OFFENER STERNHAUFEN DER PLEJADEN

Die Plejaden sind nach sieben Schwestern aus der griechischen Mythologie benannt. Sie enthalten ca. 100 Sterne, von denen sieben mit dem bloßen Auge sichtbar sind. Der Sternhaufen ist nur ungefähr 78 Millionen Jahre alt.

*Sternhaufen NGC 2264, 20 Millionen Jahre alt*

*Praesepe*

ALTER DER STERNHAUFEN

Junge Sternhaufen wie NGC 2264 bestehen aus kurzlebigen heißen, blauen Sternen. Sie stehen oft nah bei den Nebeln, aus denen sie entstanden. Alte Sternhaufen wie M67 enthalten viele Rote Riesen, deren Wasserstoffvorrat verbraucht ist und deren Leben bald zu Ende sein wird.

*Streifen in den Staubwolken entstehen durch interstellare Magnetfelder.*

*Sterne erleuchten die umliegenden Staubwolken.*

| Offene Sternhaufen | | | | |
|---|---|---|---|---|
| **Name** | **Sternbild** | **Alter in Jahrmillionen** | **Entfernung in Lj** | **Anzahl Sterne** |
| Doppelsternhaufen (h und chi Persei) | Perseus | 3,2 + 5,6 | 7400 | 150 + 200 |
| Jewel Box | Kreuz | 7,1 | 7600 | 100 |
| NGC 2264 | Monoceros | 20 | 2400 | 40 |
| Butterfly-Haufen | Skorpion | 51 | 2000 | 80 |
| M47 | Puppis | 78 | 1600 | 30 |
| Plejaden | Stier | 78 | 375 | 100 |
| M41 | Canis Major | 190 | 2300 | 100 |
| Praesepe | Krebs | 660 | 520 | 50 |
| Hyaden | Stier | 660 | 150 | 200 |
| M67 | Krebs | 3.200 | 2600 | 200 |

## Doppelsterne

Zwei nicht nah beieinanderliegende Sterne können trotzdem wie ein Doppelsternpaar erscheinen, wenn sie auf der gleichen Sichtlinie liegen. Zwei von der Gravitation zusammengehaltene Sterne bilden ein echtes Doppelsternsystem. Sie kreisen um einen gemeinsamen Masseschwerpunkt. Bei einem visuellen Doppelstern sind zwei Sterne sichtbar.

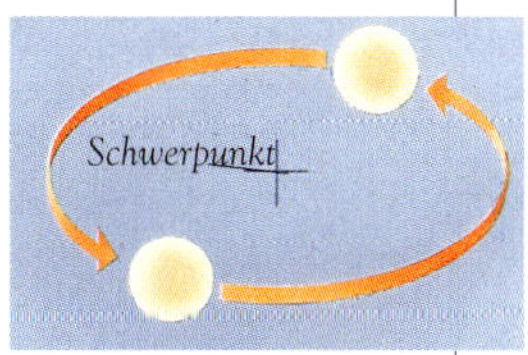


*In einem System aus zwei massegleichen Sternen liegt der Schwerpunkt in der Mitte.*

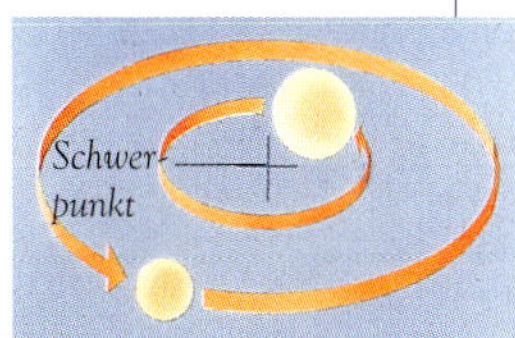


*Ist in einem Doppelsternsystem ein Stern massereicher, liegt der Schwerpunkt näher am massereichen Stern.*

*In einem Doppelsternsystem umkreisen sich zwei Sterne.*

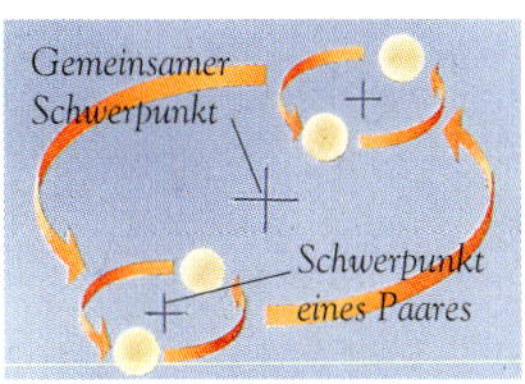


## Mehrfachsternsysteme

Manchmal bilden drei oder mehr Sterne ein Mehrfachsternsystem. Die Sterne sind oft paarweise vereint oder ein Einzelstern umkreist ein Paar.

EINE GEBURTSSTÄTTE DER STERNE

Ein Haufen von jungen, hellen Sternen im Tarantel-Nebel der Großen Magellanschen Wolke

# Kugelsternhaufen

Nur wenige Objekte am Himmel sind so markant wie ein Kugelsternhaufen. Diese dichten Ansammlungen von bis zu einer Million Sternen liegen in den Außenbereichen der Milchstraße. In unserer Galaxie gibt es ungefähr 200, in anderen Galaxien noch mehr.

So sehen Kugelsternhaufen aus
Kugelsternhaufen wie der strahlende 47 Tucanae sind größer und heller als offene Sternhaufen und enthalten etwa 1000-mal mehr Sterne. Sie haben ca. 100 Lichtjahre Durchmesser und werden durch ihre eigene Schwerkraft zusammengehalten.

*47 Tucanae ist der zweithellste Kugelsternhaufen.*

*Im Zentrum findet man pro Kubiklichtjahr etwa 1.000 Sterne.*

*Die Sterne im Zentrum eines Kugelsternhaufens stehen etwa 1000000-mal dichter als in der Umgebung der Sonne.*

Wichtige Kugelsternhaufen

| Name | Sternbild | Entfernung in Lj | Durchmesser in Lj |
|---|---|---|---|
| M4 | Skorpion | 7000 | 50 |
| M22 | Schütze | 10000 | 70 |
| 47 Tucanae | Tucana | 15000 | 140 |
| Omega Centauri | Centaurus | 17000 | 180 |
| M13 | Hercules | 23000 | 110 |
| M92 | Hercules | 25000 | 85 |
| M5 | Serpens | 25000 | 130 |
| M15 | Pegasus | 31000 | 110 |
| M3 | Canes Venatici | 32000 | 150 |
| M2 | Wassermann | 37000 | 140 |

KUGELSTERNHAUFEN
47 TUCANAE

*47 Tucanae hat 140 Lichtjahre Durchmesser und eine Million Sonnenmassen.*

*Kugelsternhaufen enthalten eventuell viele Weiße Zwerge*

*Viele der hellen Sterne sind Riesen.*

*R136 im Tarantel-Nebel in der Großen Magellanschen Wolke könnte in 100 Millionen Jahren zu einem Kugelsternhaufen werden.*

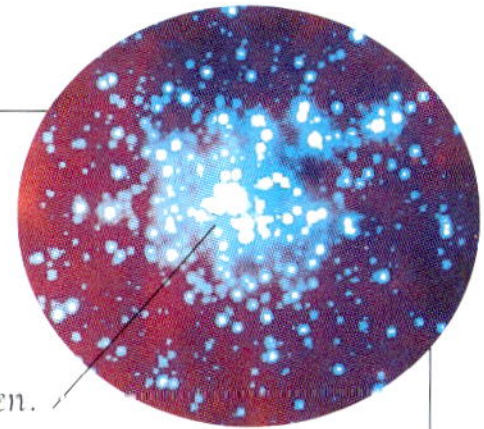

DIE ENTSTEHUNG VON KUGELSTERNHAUFEN
Die meisten Kugelsternhaufen sind 10 Millionen Jahre alt und entstanden vermutlich zur Zeit der Galaxienbildung. Jedoch fand das Hubble-Weltraumteleskop auch wesentlich jüngere, vor allem in kollidierenden Galaxien. Auch einige Haufen in unserer Milchstraße könnten von kleinen Galaxien stammen, die früher unsere Galaxie durchdrungen haben. Der offene Sternhaufen R136 ist so groß, dass er zu einem Kugelsternhaufen werden könnte.

*Die meisten Kugelsternhaufen bewegen sich auf langen, elliptischen Bahnen um das galaktische Zentrum.*

*Einige Haufen befinden sich nah am Zentrum.*

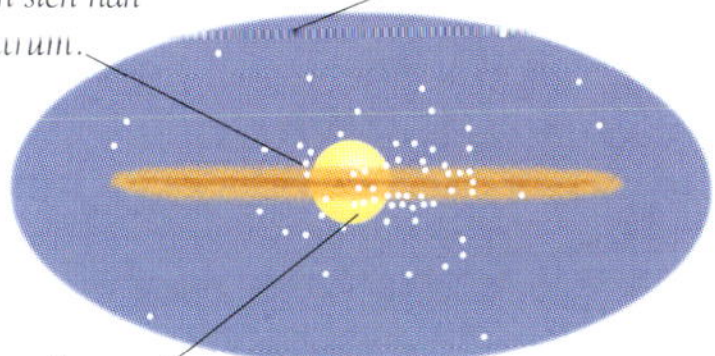

*Sonne*

KARTE DER KUGELSTERNHAUFEN
Anders als die offenen Sternhaufen, die man nur in der Scheibe der Milchstraße findet, liegen die Kugelsternhaufen in einem kugelförmigen Raum um den Zentralbereich der Galaxie .

OMEGA CENTAURI
Drei der ansonsten lichtschwachen Kugelsternhaufen sind mit bloßem Auge sichtbar: M13, 47 Tucanae und Omega Centauri. Dieser ist am hellsten, da er leuchtstark ist und relativ nahe steht. Er enthält etwa eine Million Sterne.

*Omega Centauri sieht wie ein leicht verschwommener Stern aus.*

# Rote Riesen

## Sterne leben nicht ewig. Irgendwann ist ihr Wasserstoffvorrat erschöpft und die Kernreaktionen im Inneren hören auf. Der Stern bläht sich dann zu einem Roten Riesen mit bis zu hundertfachem Sonnendurchmesser auf.

### Inneres eines Roten Riesen

Wenn der Wasserstoffvorrat eines Sterns fast erschöpft ist, schrumpft der Kern auf ein Zehntel seiner Größe. Die extremen Temperaturen und der hohe Druck im winzigen Kern ermöglichen die Fusion von Helium zu Kohlenstoff und Sauerstoff.

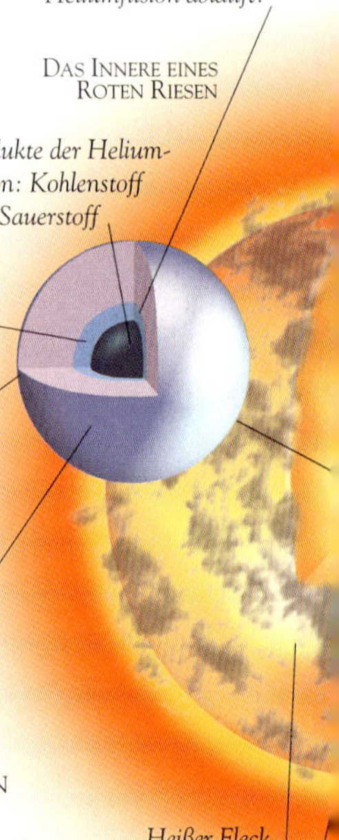


DAS INNERE EINES ROTEN RIESEN

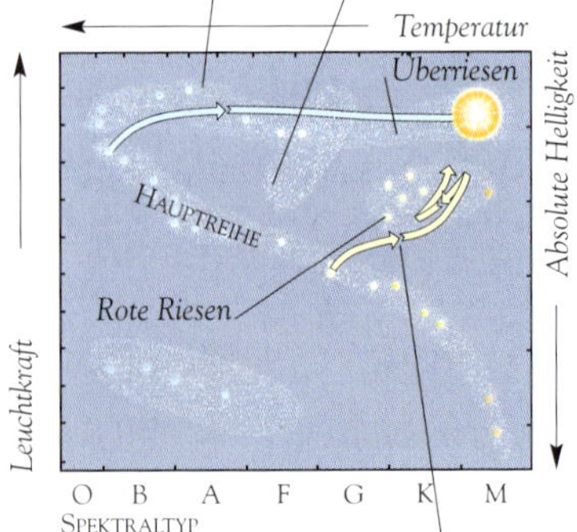


### Entwicklung von Riesensternen

Wenn der Wasserstoffvorrat im Kern zur Neige geht, wird ein Stern zum Riesen. Er bläht sich auf, kühlt ab und verlässt die Hauptreihe. Massearme Sterne nehmen erheblich an Leuchtkraft zu und wandern in die Region der Roten Riesen. Massereiche Sterne behalten ihre Leuchtkraft und wandern in die Überriesenregion.

*In den Konvektionszellen wird in auf- und absteigenden heißen Gasströmen die Wärme an die Oberfläche transportiert. Auch einige der Elemente aus dem Kern gelangen an die Oberfläche.*

*Die Sonne hat nur 10 % der Größe eines Roten Riesen.*

| Daten zu Riesensternen | | | |
|---|---|---|---|
| **Name** | **Helligkeit** | **Spektraltyp** | **Entfernung Lichtjahre** |
| Canopus | –0,6 | F0 Weißer Überriese | 310 |
| Arcturus | 0,0 | K2 Oranger Riese | 37 |
| Capella | 0,1 | G6 & G2 Gelber Riese | 42 |
| Rigel | 0,2 | B8 Blauer Überriese | 800 |
| Beteigeuze | 0,5 | M2 Roter Überriese | 400 |
| Hadar | 0,6 | B1 Blauer Riese | 530 |
| Aldebaran | 0,9 | K5 Roter Riese | 65 |
| Antares | 1,1 | M1 Roter Überriese | 500 |
| Pollux | 1,2 | K0 Oranger Riese | 129 |
| Deneb | 1,2 | A2 Weißer Überriese | 1500 |
| Mimosa | 1,2 | B0 Blauer Riese | 350 |
| Gacrux | 1,6 | M4 Roter Riese | 88 |

## Grösse von Roten Riesen

Riesensterne gibt es in unterschiedlichen Größen. Beim Verlassen der Hauptreihe bläht sich ein Stern meist auf den 200-fachen Sonnendurchmesser auf. Überriesen können einen bis zu 1000-fachen Sonnendurchmesser erreichen.

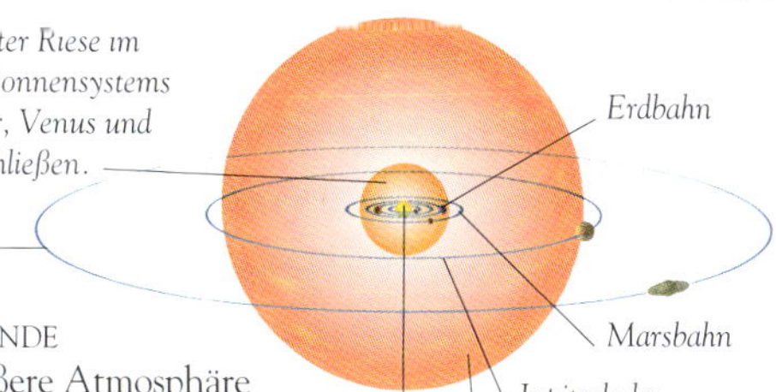


*Ein großer Roter Riese im Zentrum des Sonnensystems würde Merkur, Venus und die Erde einschließen.*

*Ein typischer Überriese würde im Zentrum des Sonnensystems auch Mars und Jupiter noch mit einschließen.*

## Stellare Winde

Die riesige äußere Atmosphäre eines Sterns kann als stellarer Wind viele Lichtjahre weit in den Weltraum hinausdriften. Die Gas- und Staubwolken des Toby-Jug-Nebels stammen vom Riesenstern im Zentrum.

# Planetarische Nebel

Wenn ein aufgeblähter Roter Riese stirbt, stößt er seine äußeren Schichten in einer expandierenden Wolke ab, die noch bis zu 10000 Jahre lang leuchten wird. Der Nebel wird dann allmählich schwächer und verschwindet. Im Zentrum bleibt jedoch der Kern als Weißer Zwerg übrig.

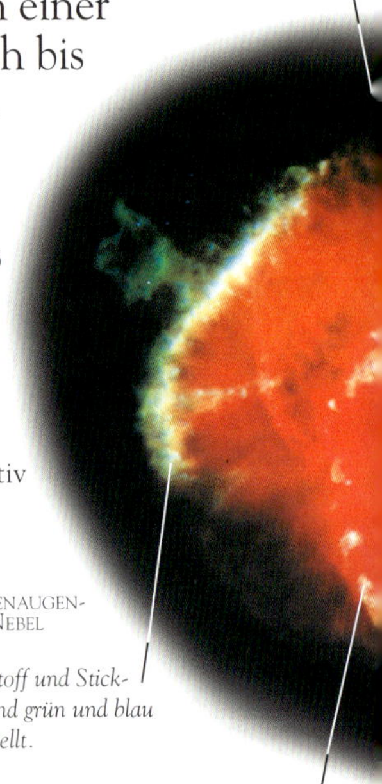

*Äußere Schichten aus älterem Gas*

Katzenaugen-Nebel

*Sauerstoff und Stickstoff sind grün und blau dargestellt.*

*Der leuchtende Nebel besteht aus Gas, das der Stern als Roter Riese abgestoßen hat. Es wird vom Weißen Zwerg im Zentrum aufgeheizt.*

## Katzenaugen-Nebel

Planetarische Nebel (benannt von Wilhelm Herschel, der die scheibenförmigen Wolken für Planeten hielt) existieren nur einige tausend Jahre und sind daher relativ selten. In der Milchstraße kennt man etwa 1500 von ihnen, z.B. den 1000 Jahre alten Katzenaugen-Nebel.

*Planetarische Nebel*

*Nebel bilden sich, wenn die äußere Hülle abgestoßen wird.*

*Überriesen*

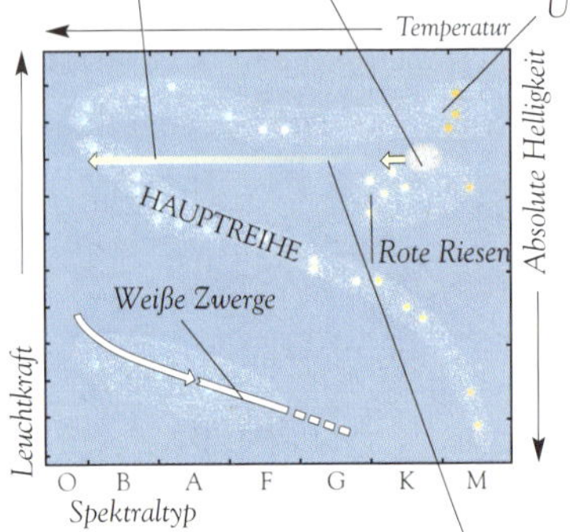


*Der freie Kern wird zu einem Weißen Zwerg.*

## Die Entwicklung Weißer Zwerge

Wenn ein Roter Riese seine äußere Hülle abstößt, erscheint sein Kern als heller Zentralstern eines planetarischen Nebels. Er ist mit Temperaturen von 100000°C extrem heiß. Man sieht ihn als hellen Lichtpunkt. Der weiße Zwerg besitzt keinen Kernbrennstoff mehr und kühlt langsam ab.

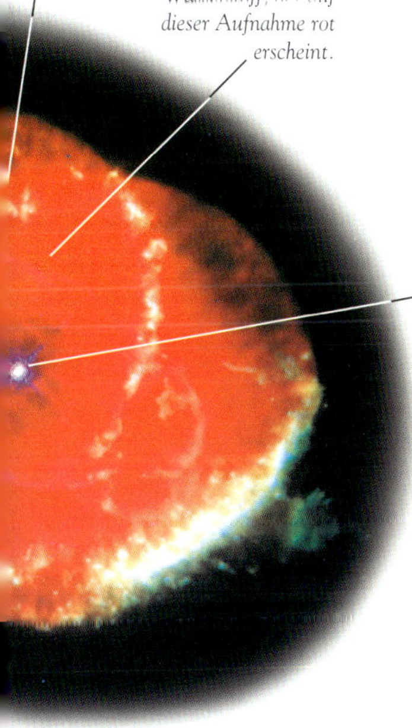

*Innere Schicht aus kürzlich abgestoßenem Gas*

*Der Nebel besteht hauptsächlich aus Wasserstoff, der auf dieser Aufnahme rot erscheint.*

*Der Weiße Zwerg im Zentrum ist der ausgebrannte Kern eines Roten Riesen.*

| Bekannte Planetarische Nebel | | | |
|---|---|---|---|
| **Name** | **Sternbild** | **Entfernung in Lj** | **Größe in Lj** |
| Helix-Nebel | Wassermann | 450 | 1,0 |
| Hantel-Nebel | Vulpecula | 1000 | 1,5 |
| Eulen-Nebel | Ursa Major | 1300 | 1,0 |
| Bug-Nebel | Skorpion | 2000 | 0,5 |
| Ring-Nebel | Lyra | 2000 | 1,5 |
| Saturn-Nebel | Wassermann | 3000 | 1,5 |
| Eskimo-Nebel | Zwilling | 3000 | 0,5 |
| Blinking Planetary | Cygnus | 3500 | 2,5 |
| Kleiner Hantel-Nebel | Perseus | 3500 | 5,0 |
| Katzenaugen-Nebel | Draco | 3500 | 6,0 |

*Ein massearmer Weißer Zwerg ist größer.*

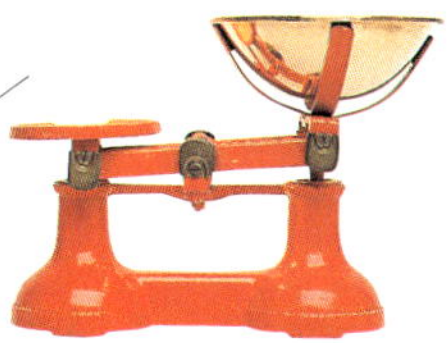

*Ein massereicher Weißer Zwerg ist kleiner und dichter.*

## Chandrasekhar-Grenze

Ein Weißer Zwerg kann max. 1,4 Sonnenmassen haben. Diese Entdeckung machte Subrahmanyan Chandrasekhar 1930. Hat der ausgebrannte Stern mehr als 1,4 Sonnenmassen (Chandrasekhar-Grenze), kollabiert er zu einem Neutronenstern oder einem Schwarzen Loch.

## Die Dichte eines Weissen Zwergs

Die Materie in einem Weißen Zwerg ist 1 000 000-mal dichter als Wasser. Daher besitzt er ein starkes Gravitationsfeld. Ein Mensch würde 600 Tonnen auf seiner Oberfläche wiegen. Eine Streichholzschachtel mit Materie eines Weißen Zwergs wäre so schwer wie ein Elefant.

Ein sterbender Stern
Die äußere Hülle eines Sterns wird abgestoßen, wenn er sich in einen Weißen Zwerg verwandelt.

# SUPERNOVAE

DAS LEBEN DER MASSEREICHSTEN STERNE endet in einer gewaltigen Explosion, einer Supernova. Dabei kann der Stern einige Tage lang die ganze Galaxie überstrahlen. Supernovae kommen nur selten vor. Pro Jahrhundert werden in unserer Galaxie nur zwei bis drei erwartet.

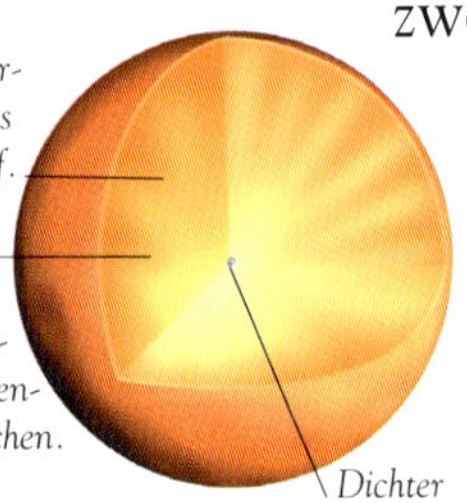


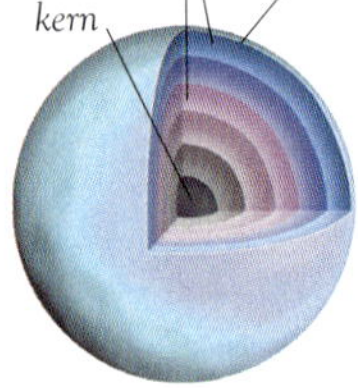


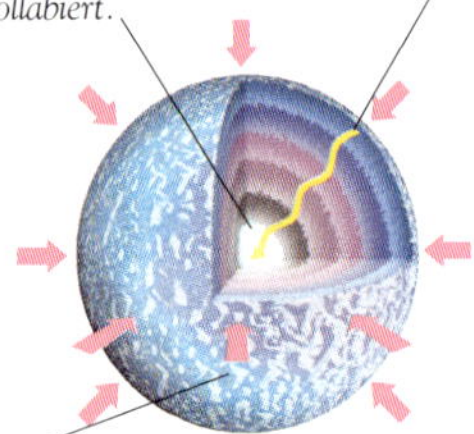


STERNENKOLLAPS
Ein Stern mit mehr als 8-facher Sonnenmasse bläht sich zu einem Überriesen auf. Er ist heiß genug, um Kohlen- und Sauerstoff aus der Heliumverbrennung zu schwereren Elementen weiter zu fusionieren.

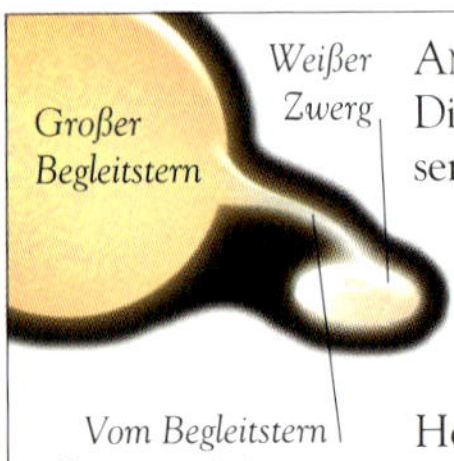


ANDERE SUPERNOVAETYPEN
Die Explosion eines Überriesen führt zu einer Supernova vom Typ II – Typ Ia ist noch stärker. Typ-Ia-Supernovae erreichen immer die gleiche Helligkeit, was man zur Bestimmung der Entfernung nutzen kann.

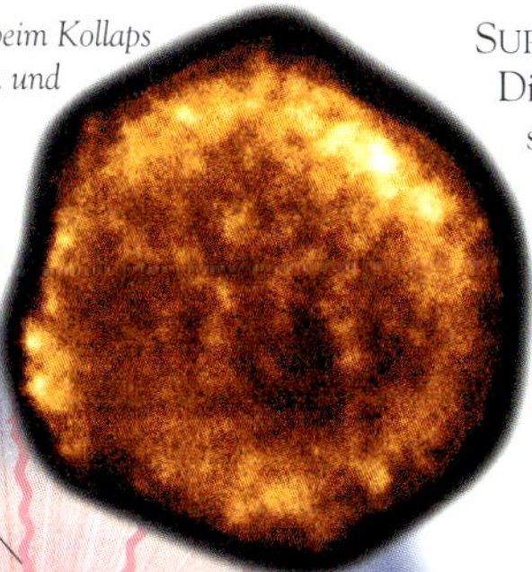

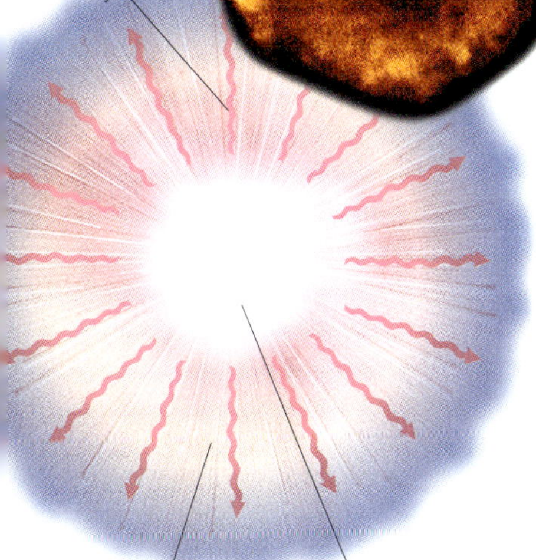


SUPERNOVA-ÜBERRESTE
Die Überreste des explodierten Sterns sind extrem heiß. Sie expandieren und leuchten noch einige tausend Jahre weiter. Wir kennen etwa 150 Supernova-Überreste. Auf dieser Röntgenaufnahme sieht man den Rest einer Supernova, die 1572 in der Cassiopeia aufleuchtete.

ÜBERRESTE EINES STERNS
Der Vela-Nebel ist der Überrest einer Supernova vor etwa 11 000 Jahren. Das Zentrum ist ca. 1500 Lichtjahre von der Sonne entfernt. Das rote Licht stammt von Wasserstoff, das blaue von Sauerstoff. Der Vela-Nebel strahlt auch im Röntgenbereich.

SUPERNOVA 1987A
Am 23. Februar 1987 sah man die hellste Supernova seit fast vier Jahrhunderten am Himmel. Ihre Helligkeit stieg innerhalb von 85 Tagen auf 2,8 Größenklassen an und der Stern war leicht mit dem bloßen Auge zu sehen.

BERÜHMTE SUPERNOVAE

| Jahr | Sternbild | Helligkeit | Entfernung in Lj |
|---|---|---|---|
| 185 | Centaurus | –8 | 9800 |
| 386 | Schütze | 1,5 | 16 000 |
| 393 | Skorpion | 0 | 34 000 |
| 1006 | Lupus | –9,5 | 3500 |
| 1054 | Stier | –5 | 6500 |
| 1181 | Cassiopeia | 0 | 8800 |
| 1572 | Cassiopeia | –4 | 7500 |
| 1604 | Ophiuchus | –3 | 12 500 |
| 1987 | Dorado | 2,8 | 160 000 |

# NEUTRONENSTERNE

EINE SUPERNOVA STELLT sowohl den Tod eines Sterns als auch seinen Neubeginn in anderer Form dar. Nachdem die äußeren Schichten abgestoßen wurden, kollabiert der Kern zu einem Neutronenstern. Wegen ihrer extrem starken Magnet- und Gravitationsfelder sind Neutronensterne oft auch Pulsare.

*Vom Pulsar breiten sich Wellen aus, wenn seine Radiostrahlung das umliegende Gas aufheizt.*

*Gas aus der Explosion entfernt sich mit 1000 km/s.*

KREBS-NEBEL
Der bekannteste Neutronenstern liegt im Zentrum des Krebs-Nebels, dem Überrest einer Supernova vor fast 1000 Jahren. Obwohl ein Großteil der Materie in einem 15 Lichtjahre großen Gebiet des Weltraums verteilt ist, ist der kollabierte Kern noch vorhanden. Der Neutronenstern, der sich 30-mal pro Sekunde um seine Achse dreht, sendet Energie in Form von Licht sowie Radio- und Röntgenstrahlung aus und regt den Nebel zum Leuchten an.

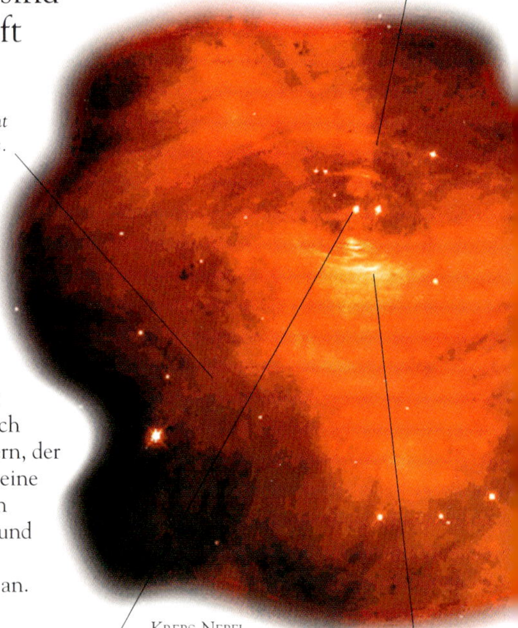

KREBS-NEBEL

*Der Zentralstern ist ein rotierender Pulsar mit einem starken Magnetfeld, dessen Energie den Nebel zum Leuchten bringt.*

*Die Strahlung des Pulsars erhellt das umliegende Gas.*

## PULSARE

Seit 1967, als der erste Pulsar entdeckt wurde, hat man über 1000 Pulsare gefunden. Es sind rotierende Neutronensterne mit starken Magnetfeldern, die regelmäßig Radiopulse aussenden. Der schnellste Pulsar sendet 642-mal pro Sekunde einen Puls, der langsamste alle 5,1 Sekunden. Die meisten Pulsare liegen in unserer Milchstraße, aber auch in Kugelsternhaufen wurden viele gefunden. Kürzlich wurde ein neuer Neutronenstern-Typ entdeckt.

STRUKTUR EINES PULSARS

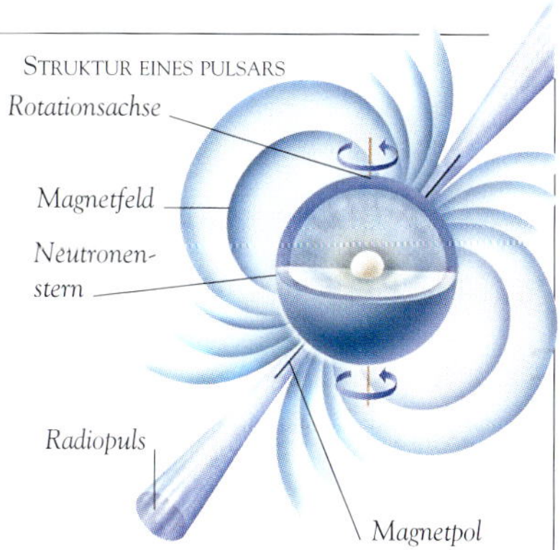


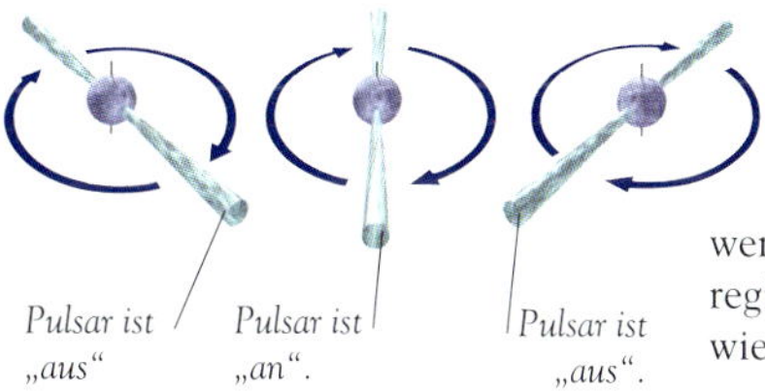


## SO FUNKTIONIERT EIN PULSAR

Bei der Rotation sendet der Neutronenstern an beiden magnetischen Polen Radiostrahlung aus. Jedesmal, wenn der Strahl über die Erde streicht, registrieren wir einen Radiopuls, ähnlich wie das Licht eines Leuchtturms.

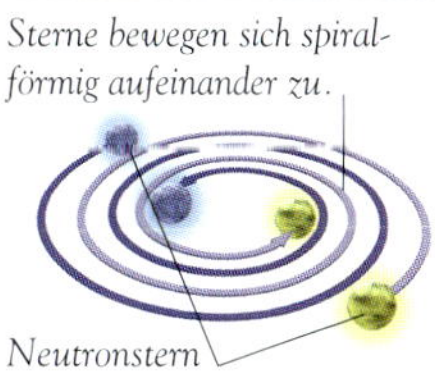


## DOPPELPULSARE

Oft befinden sich Pulsare in einem Doppelsternsystem, wobei der Begleiter ein normaler Stern, ein Weißer Zwerg oder ein zweiter Neutronenstern sein kann. Möglicherweise stoßen die beiden Sterne zusammen und es entsteht ein Schwarzes Loch.

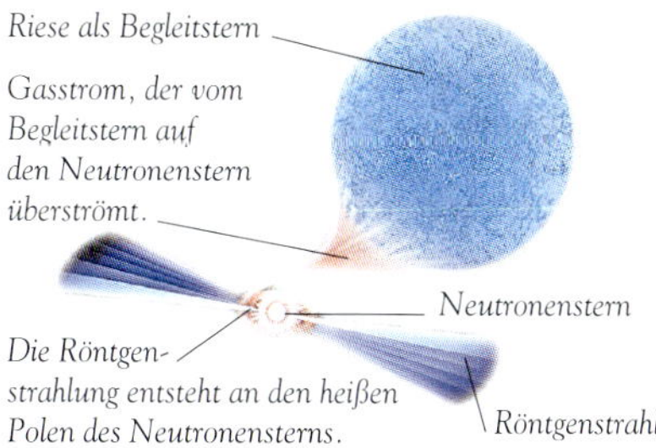


## RÖNTGENDOPPELPULSARE

Ein Neutronenstern in einem Doppelsternsystem zieht Gas von seinem Begleitstern ab. Wo das Gas auf die Oberfläche trifft, bildet sich ein heißer Fleck, der Röntgenstrahlung abgibt.

# Schwarze Löcher

Die exotischsten Objekte im Universum sind die Schwarzen Löcher – sie emittieren kein Licht. Die meisten von ihnen bilden das Endstadium der hellsten Objekte im Kosmos: Riesensterne, die zur Supernova wurden. Der hochkomprimierte Kern, der übrig bleibt, besitzt eine so enorme Schwerkraft, dass nicht einmal Licht entweichen kann.

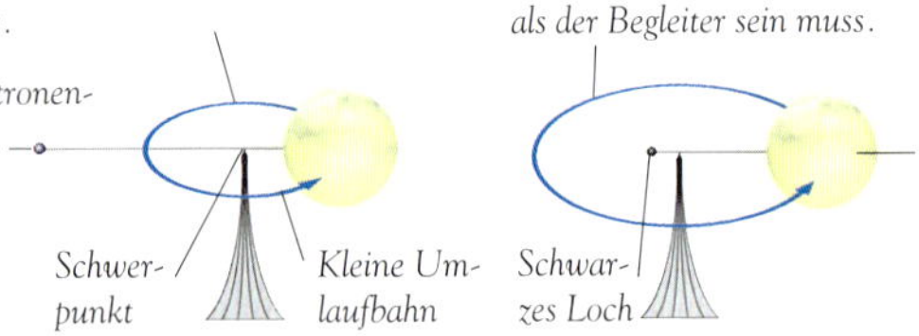


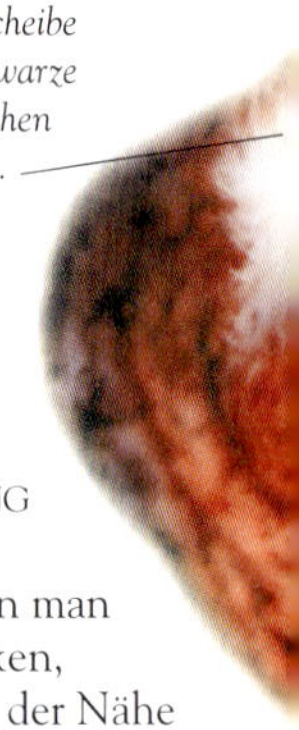


## Masse eines Schwarzen Lochs

Wenn man einen Stern findet, der einen unsichtbaren Begleiter hat, können Wissenschaftler aus seiner Masse bestimmen, worum es sich dabei handelt. Alles, was schwerer als drei Sonnenmassen ist, kann kein Neutronenstern mehr sein, sondern ist ein Schwarzes Loch.

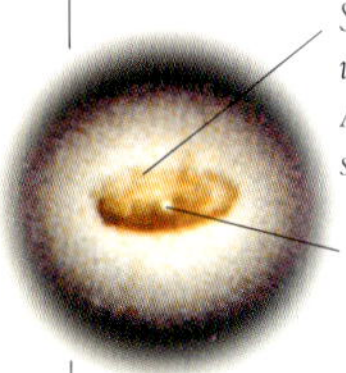


NGC 4261

## Extrem massereiche Schwarze Löcher

Einige Schwarze Löcher haben bis zu einigen Milliarden Sonnenmassen. Sie sind in den Zentren der Galaxien verborgen und entstanden durch den Zusammenbruch riesiger Gaswolken.

## Entdeckung

Schwarze Löcher kann man nur entdecken, wenn sie in der Nähe eines anderen Sterns liegen. Die enorme Schwerkraft des Schwarzen Lochs zieht Gasströme von seinem Begleiter ab. Diese stürzen spiralförmig auf das Loch hinab. Dabei entsteht die so genannte Akkretionsscheibe.

WINZIGE SCHWARZE LÖCHER

Manche Astronomen glauben, dass beim Urknall winzige Schwarze Löcher entstanden. Diese haben die Größe von Atomen, aber eine Masse von mehreren Milliarden Tonnen. Nach Berechnungen von Stephen Hawking kann durch die starke Gravitation langsam „Hawking-Strahlung“ freigesetzt werden, wodurch das Loch an Energie und Masse verliert.

# Im Schwarzen Loch

Schwarze Löcher sind Lichtfallen, weil die Schwerkraft dort so groß ist, dass nichts entweichen kann. Aber es gibt noch andere ungewöhnliche Effekte: Ihre Gravitation verändert Raum und Zeit und im Inneren versagen die Gesetze der Physik. Niemand kann in ein Schwarzes Loch hineinschauen.

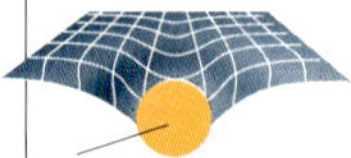

*Die Sonne erzeugt ein schwaches Gravitationspotenzial.*

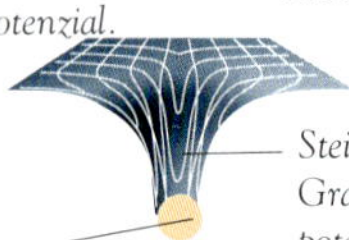

*Steileres Gravitationspotenzial*

*Die dichten Weißen Zwerge erzeugen deutliche Raumkrümmungen.*

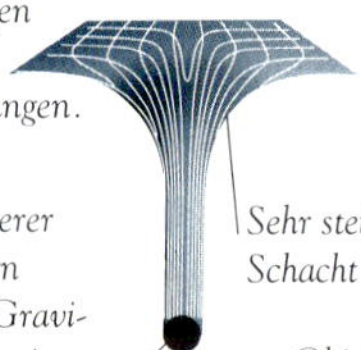

*Sehr steiler Schacht*

*Ein noch dichterer Neutronenstern erzeugt einen Gravitationsschacht mit sehr steilen Wänden.*

## Struktur eines schwarzen Lochs

Der grundlegende Aufbau ist immer gleich. Die Singularität im Zentrum ist von einer unsichtbaren Grenze, dem Ereignishorizont, umgeben, innerhalb dessen nichts mehr entweichen kann. Ein rotierendes schwarzes Loch besitzt eine Ergosphäre (eine Art „kosmischer Whirlpool"), einen zusätzlichen Ereignishorizont und eine ringförmige Singularität.

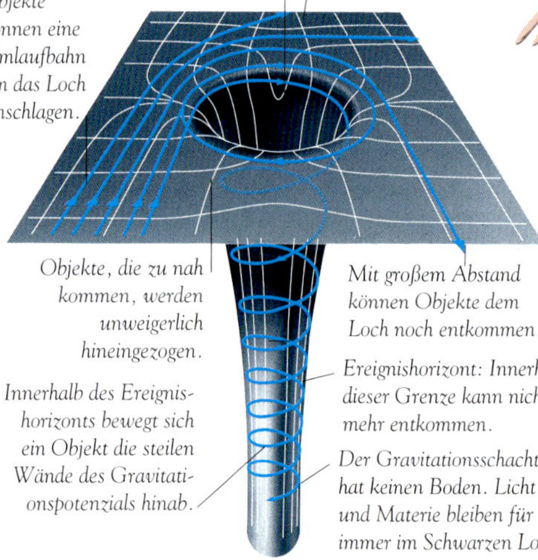

*Objekte fallen mit Lichtgeschwindigkeit hinein.*

*Objekte, die sich nähern, werden durch den stark gekrümmten Raum abgelenkt.*

*Objekte können eine Umlaufbahn um das Loch einschlagen.*

*Objekte, die zu nah kommen, werden unweigerlich hineingezogen.*

*Mit großem Abstand können Objekte dem Loch noch entkommen.*

*Ereignishorizont: Innerhalb dieser Grenze kann nichts mehr entkommen.*

*Innerhalb des Ereignishorizonts bewegt sich ein Objekt die steilen Wände des Gravitationspotenzials hinab.*

*Der Gravitationsschacht hat keinen Boden. Licht und Materie bleiben für immer im Schwarzen Loch.*

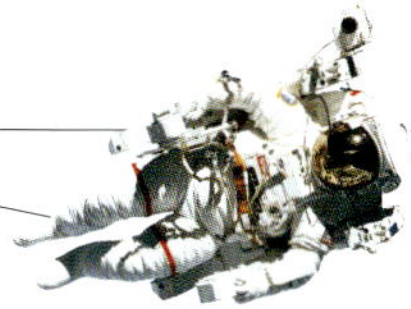

**1** *Zu Beginn sieht der Astronaut normal aus. Von außen betrachtet geht seine Armbanduhr richtig und er ist nicht verzerrt.*

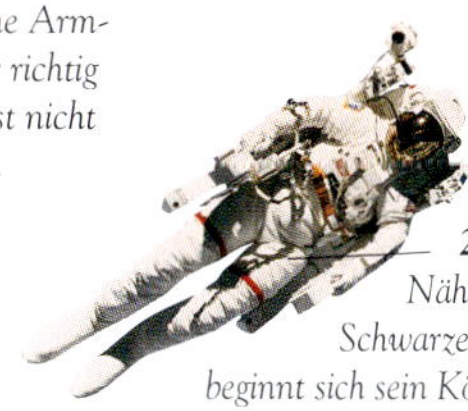

**2** *In der Nähe des Schwarzen Lochs beginnt sich sein Körper auseinander zu ziehen. Da sich das Licht entgegen der Gravitationsrichtung ausbreitet, erscheint er rötlicher und seine Uhr geht nach.*

**3** *Am Ereignishorizont sieht man noch lang, nachdem er hineingefallen ist, ein starres, virtuelles Bild des rötlichen, stark gedehnten Astronauten, dessen Uhr stehen geblieben ist.*

### Verzerrung

Objekte, die in ein Schwarzes Loch fallen, werden „gedehnt". Ein hypothetischer Astronaut, der mit den Füßen voraus in ein Schwarzes Loch stürzt, verspürt an den Füßen eine stärkere Schwerkraft als am Kopf und wird daher auseinander gezogen. In der Nähe des Lochs wird er in eine Röhre gezogen. Dieser Effekt ist bei kleinen Löchern stärker, da sie steilere Gravitationsschächte erzeugen. Durch die Licht- und Zeitablenkung in der Umgebung würde man viele seltsame Phänomene beobachten.

### Krümmung von Raum und Zeit

Die hier abgebildeten Diagramme sind stark vereinfacht: Der Raum ist zweidimensional wie ein Blatt Papier dargestellt. In Wirklichkeit gibt es aber drei Dimensionen. Nach Einsteins Relativitätstheorie krümmt ein massereiches Objekt wie ein Stern den Raum. Dies kann man in zwei Dimensionen anschaulicher darstellen. Die Zeit bildet eine eigene, die vierte Dimension. Sie wird ebenfalls durch starke Gravitationsfelder beeinflusst. Dies ist hier aber nicht dargestellt.

*Das dreidimensionale Modell zeigt, dass die Gravitation des Sterns den Raum auf komplexere Weise krümmt. Objekte, die sich sonst geradlinig bewegen würden, folgen nun den gekrümmten Gradlinien.*

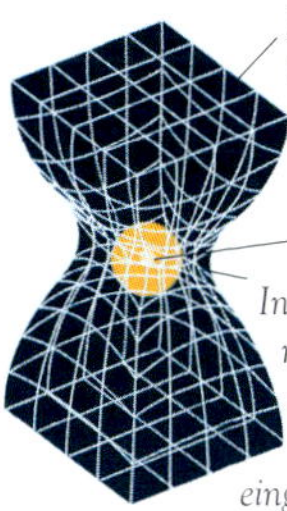

*Zweidimensionales Modell eines massereichen Körpers, der eine Krümmung der Raum-Zeit bewirkt. Dies sieht man an den Gradlinien, die ohne den Stern in einer Ebene liegen würden.*

# GALAXIEN

# WAS SIND GALAXIEN?

EINE GALAXIE IST eine riesige Gruppe von Sternen. Große Galaxien umfassen mehrere Milliarden Sterne, kleine vielleicht nur einige hunderttausend. Aber selbst die kleinsten Galaxien sind so groß, dass Licht tausende von Jahren benötigt, um sie zu durchqueren. Galaxien bilden sich aus riesigen Wolken rotierenden Gases.

FERNE STERNENSTADT
Die Andromeda-Galaxie ist so weit weg, dass ihr Licht 2,5 Millionen Jahre braucht, um die Erde zu erreichen. Das Licht, das wir sehen, ist daher schon sehr „alt“.

GALAXIENARTEN

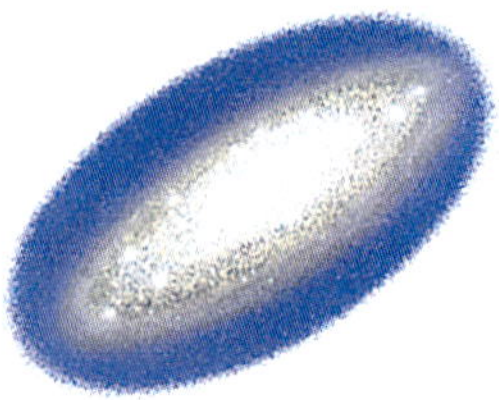

ELLIPTISCHE
Können rund bis oval sein und bestehen überwiegend aus alten Sternen. Es ist die häufigste Form.

SPIRALFÖRMIGE
Diese sind scheibenförmig. Die Materie befindet sich in den Spiralarmen, wo sich neue Sterne bilden. Alte Sterne sitzen im Zentrum.

BALKENSPIRALFÖRMIGE
Weisen im Zentrum einen langen Balken auf, an den sich die Spiralarme anschließen.

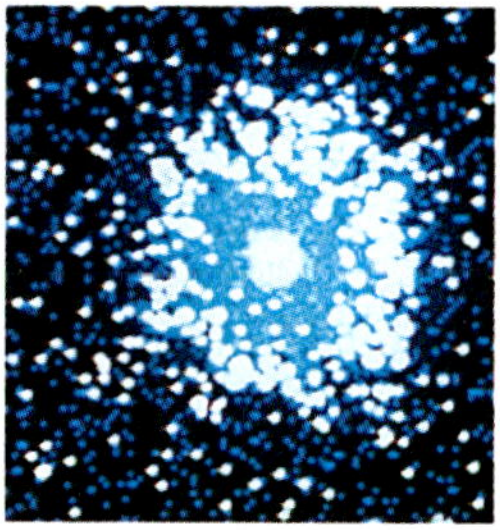

DIE HELLSTEN LICHTER
Dies ist das Röntgenbild eines Quasars, eines der hellsten und am weitesten entfernten Objekte. Die entferntesten Quasare sind etwa 14 Milliarden Lichtjahre weit weg. Vermutlich waren sie die Zentren der ersten Galaxien.

DATEN ZU DEN HELLSTEN GALAXIEN

| Galaxie | Entfernung (in Lj) | Art |
|---|---|---|
| Andromeda (M31) | 2500000 | Sb |
| M33 | 2800000 | Sc |
| NGC 300 | 4200000 | Sc |
| NGC 55 | 5800000 | Sc |
| NGC 253 | 8000000 | Sc |
| M81 | 14000000 | Sb |
| M82 | 14000000 | Irr |
| Centaurus A | 16000000 | E (irr.) |
| M83 | 16000000 | SBc |
| M101 | 17000000 | Sc |
| M64 | 18000000 | Sab |
| Whirlpool (M51) | 27000000 | Sbc |
| M104 | 44000000 | Sa/b |
| M87 | 55000000 | E0 |
| M100 | 55000000 | Sc |
| M77 | 62000000 | Sb |
| NGC 1316 (Fornax A) | 66000000 | Sa (irr.) |

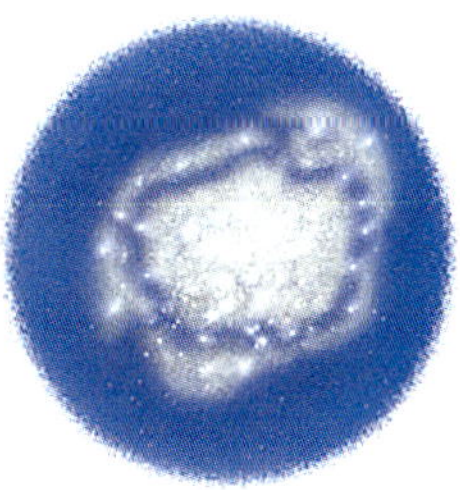

IRREGULÄR
Einige von diesen Galaxien sind vage spiralförmig, andere folgen keinem Muster. Sie sind sehr selten.

„STIMMGABEL"-DIAGRAMM DER GALAXIEN-KLASSIFIKATION, ENTWICKELT VON E. HUBBLE

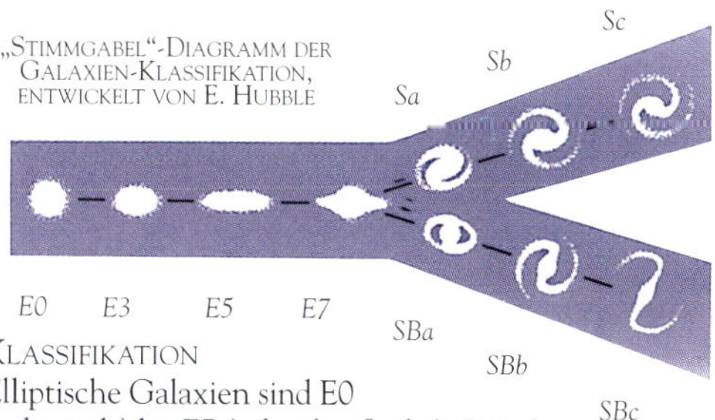


KLASSIFIKATION
Elliptische Galaxien sind E0 (sphärisch) bis E7 (sehr abgeflacht). Spiral- (S) und Balkenspiralgalaxien (SB) werden von a nach c eingeteilt, abhängig von der Ausprägung ihres Zentrums und der Dichte ihrer Arme. Irreguläre Galaxien (Irr) werden hier nicht aufgeführt, aber man kann sie in die Typen I (völlig irregulär) und II (normale Galaxien, die durch Kollisionen u.Ä. verzerrt wurden) aufteilen.

# GALAXIENKOLLISIONEN

DAS GRÖSSTE UND SPEKTAKULÄRSTE EREIGNIS ist der Zusammenstoß zweier Galaxien. Riesige Gaswolken in den Galaxien stoßen in einem leuchtenden Feuerwerk zusammen. Dabei entstehen tausende heißer, neuer Sterne. Die Sternentstehung ist ein Hinweis auf eine Kollision von Galaxien, die früher stattgefunden hat. Zusammenstoßende Galaxien verschmelzen oft miteinander.

## WAGENRAD-GALAXIE

Ein eindrucksvolles Beispiel für einen direkten Zusammenstoß zweier Galaxien ist die Wagenrad-Galaxie. Sie war früher eine normale Spiralgalaxie, bis vor ca. 300 Millionen Jahren eine kleinere Galaxie ihr Zentrum traf. Durch Sternentstehung bildet sich ein Ring aus heißen, blauen Sternen.

*Der Ring ist größer als die Milchstraße.*

*Die Zentralregion ist mit Staub erfüllt, wodurch riesige junge Sternhaufen verdeckt werden.*

*Gas und Staub breiten sich wellenförmig von der Einschlagregion aus.*

*Die Nahaufnahme der Zentralregion zeigt die Kollision riesiger Gaswolken.*

*Staub und Gas aus den Spiralarmen stürzen in die Zentren der beiden Galaxien. Dadurch erscheinen die Sterne rötlicher.*

## ZUSAMMENSTOSSENDE GALAXIEN

Die Kollision von Galaxien ist wesentlich komplexer als der Zusammenstoß z.B. zweier Billardkugeln, da Galaxien nur durch die Schwerkraft zusammengehalten werden. Im Zentrum kollidieren Gaswolken miteinander, während die Sterne an den Rändern in den Weltraum hinausgeschleudert werden.

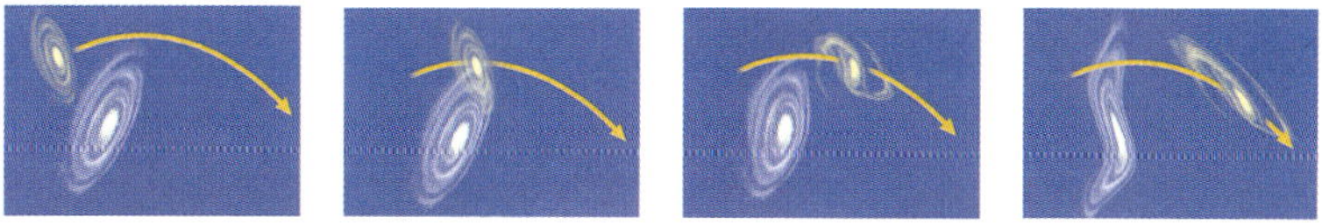


LEUCHTENDES FEUERWERK

Vor 300 Millionen Jahren streifte eine kleine Galaxie den Scheibenrand der Whirlpool-Galaxie, was die Whirlpool-Galaxie relativ unbeschadet überstand, nicht jedoch die kleine Galaxie. Die Schwerkraft der Whirlpool-Galaxie entreißt ihr die Sterne.

*In den blauen Gebieten bilden sich neue Sterne.*

*Durch die Kollision entstanden über 1000 neue Sternhaufen.*

HUBBLE-BILD DER ANTENNA-GALAXIE

*Die heißen, jungen Sterne zeigen, dass die Kollision „kürzlich" stattfand.*

*In fünf Milliarden Jahren wird unsere Galaxie auf den Andromeda-Nebel treffen. Es könnte sich ein System ähnlich dem Antenna-Komplex bilden.*

*Kombination von optischen und Radarbeobachtungen in dieser Falschfarbenaufnahme.*

*Blaue Gebiete: Gas*

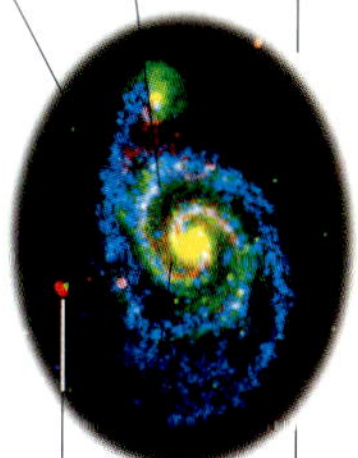

*Grüne Gebiete: Sterne*

*Starke Magnetfelder sind rot.*

WHIRLPOOL-GALAXIE

Mit einem Teleskop sieht man, dass an einem Spiralarm der Galaxie noch eine kleinere Galaxie hängt. Die Schwerkraft der vorbeiziehenden Galaxie erzeugt die außergewöhnlichen Spiralstrukturen, welche der Whirpool-Galaxie ihren Namen gaben.

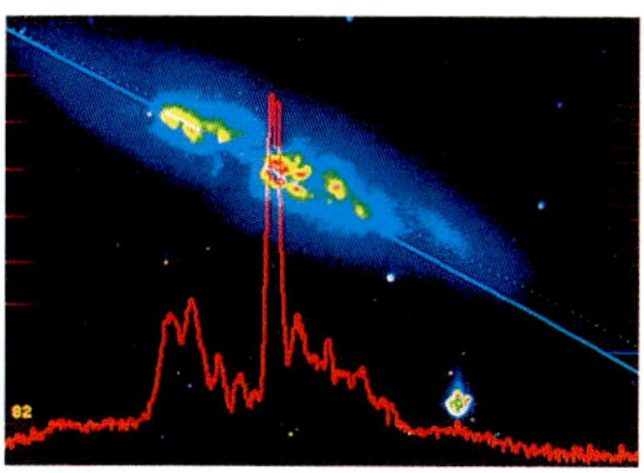


STARBURST-GALAXIE

Eine Starburst-Galaxie ist zumeist das Ergebnis einer Galaxienkollision, wobei die Gaswolken komprimiert wurden und eine Sternentstehung auslösten. 1983 entdeckte man viele heiße, junge Sterne (rote Gebiete in dieser Infrarotaufnahme der Galaxie M82 im Sternbild Großer Bär) in Starburst-Galaxien.

GALAKTISCHER KOLLISIONSKURS
Die Galaxien NGC 2207 und IC 2163 werden bald zusammenstoßen.

# Aktive Galaxien

## Eine kleine Gruppe von Galaxien unterscheidet sich grundlegend von den übrigen: Aus ihren Zentren, die kaum größer sind als das Sonnensystem, wird ungeheure Energie freigesetzt. Zu diesen aktiven Galaxien gehören z.B. Quasare, Blazare und Radiogalaxien.

### Zentraler Staubring

Im Zentrum einer aktiven Galaxie befindet sich eine starke Energiequelle, die hinter einem flachen Ring aus Staub und Gas verborgen ist. Von der Mitte des Rings aus strömen nach beiden Seiten Jets ab.

### Im Inneren einer aktiven Galaxie

Aktive Galaxien haben viele Gemeinsamkeiten. Am auffälligsten sind die Radiojets, die auf beiden Seiten ausströmen. Innen liegt ein flacher Ring aus Gas und Staub, im Zentrum befindet sich ein massereiches Schwarzes Loch.

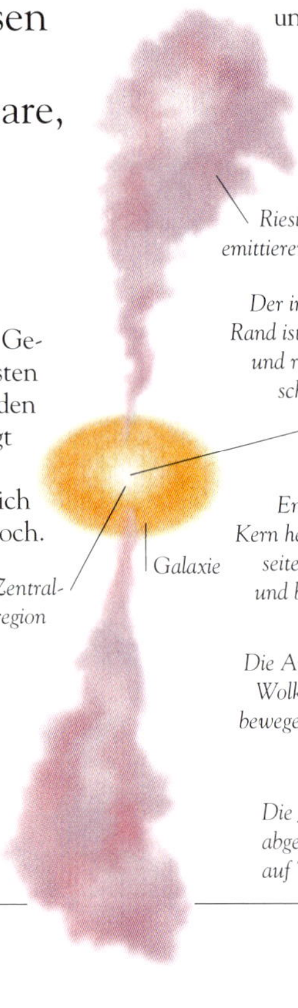


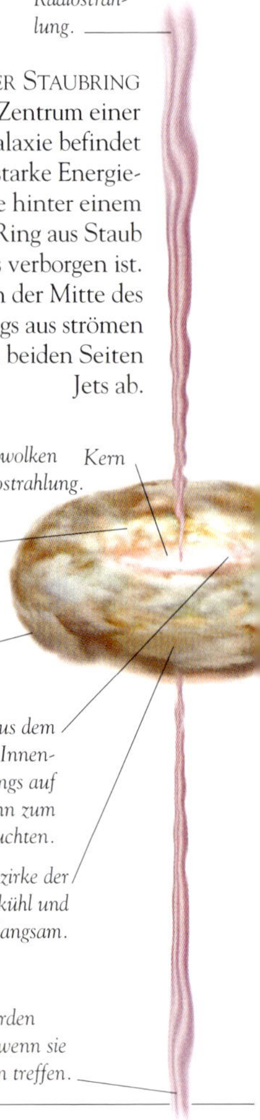


### Radiowolken

Heiße Gasjets werden aus dem Zentrum mehrere hunderttausend Lichtjahre weit hinausgeschleuert. Wo sie auf intergalaktische Gaswolken treffen, türmen sich riesige Wolken auf und emittieren Radiostrahlung.

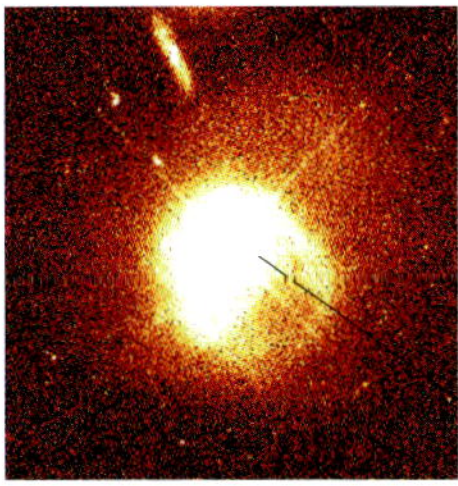

## Quasare

Quasare gehören zu den energiereichsten Objekten des Universums, sehen aber wegen ihrer großen Entfernung wie schwache Sterne aus. Sie emittieren Radio-, Röntgen- und Infrarotstrahlung sowie Licht. Quasare sind die hellen Zentren ferner Galaxien.

*Quasar PKS 2349-01: Das Foto zeigt eine schwache Galaxie um einen hellen Kern.*

## Seyfert-galaxien

Etwa ein Zehntel aller großen Spiralgalaxien haben einen sehr hellen Kern. Sie heißen Seyfert-Galaxien und sind vermutlich energieärmere Varianten der Quasare mit einem kleinen Schwarzen Loch in der Mitte. Eventuell werden irgendwann alle größeren Spiralgalaxien zu Seyfert-Galaxien.

*Die Seyfert-Galaxie NGC 1566 liegt 50 Millionen Lichtjahre entfernt.*

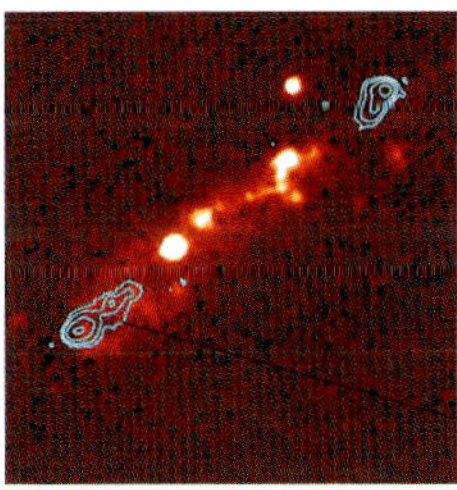

## Radiogalaxien

Radiogalaxien gehören zu den größten Objekten am Himmel. Aus dem Zentrum schießen ein oder zwei Jets tausende Lichtjahre weit hinaus und bilden riesige Wolken auf jeder Seite der Galaxie. Man sieht ihren zentralen Staubring von der Seite, sodass der Kern verdeckt ist.

*Radiogalaxie 3C 368: Die blauen Linien zeigen die Intensität der Radiostrahlung.*

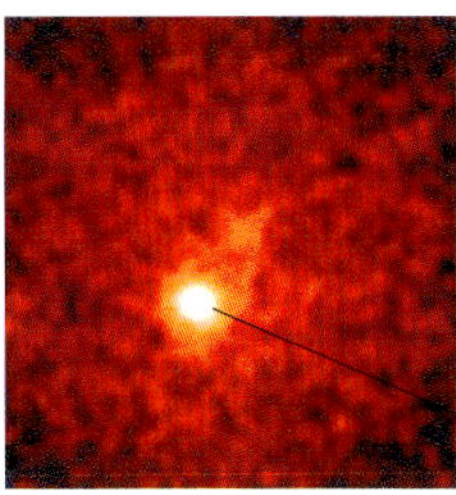

## Blazare

Blazare sehen ähnlich aus wie Quasare, ändern aber innerhalb von Tagen ihre Helligkeit um das Hundertfache. Sie sind vermutlich aktive Galaxien, deren Jets direkt auf uns gerichtet sind. Wir blicken entlang des Jets in den Kern und sehen Licht aus der Akkretionsscheibe um das Schwarze Loch.

*Blazar 3C 279: Diese Aufnahme zeigt energiereiche Strahlung aus dem Kern.*

# MILCHSTRASSE

DIE MILCHTRASSE ist unsere Heimat im Universum – eine Spiralgalaxie mit einem Zentrum aus alten Sternen. Alle jungen Sterne befinden sich in den Spiralarmen. Unsere Sonne ist einer von 200 Milliarden Sternen in der Milchstraße, die so groß ist, dass Licht 100 000 Jahre benötigt, um sie zu durchqueren. Alle Sterne, die wir nachts sehen, befinden sich in der Milchstraße.

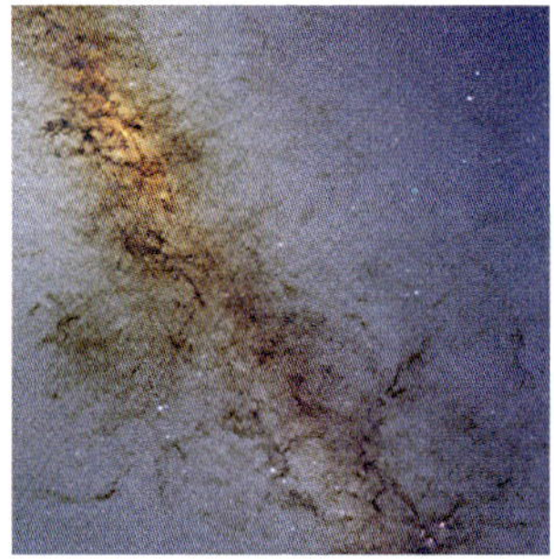

SAGITTARIUS-STERNWOLKE
Auf diesem Infrarotbild sieht man die jungen Sterne in Sagittarius (Schütze). Auf Infrarotbildern kann man Millionen Sterne erkennen, die normalerweise von Staubwolken verdeckt sind.

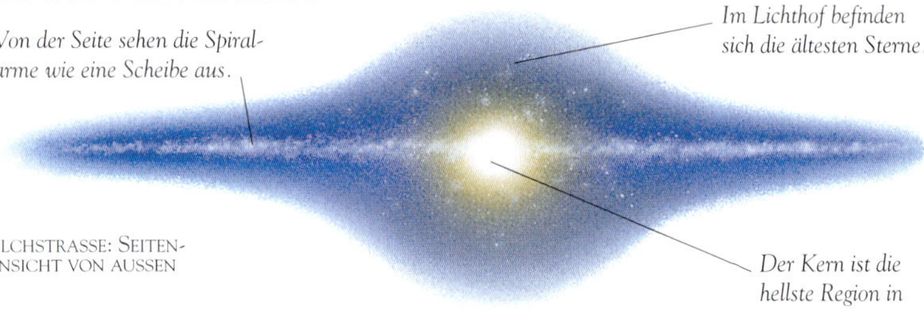


MILCHSTRASSE: SEITENANSICHT VON AUSSEN

SEITENANSICHT
Von der Seite und aus einer Distanz von einer Million Lichtjahren würde die Milchstraße wie eine riesige Linse mit flachen Rändern und einem hellen Zentrum aussehen. Um dieses Zentrum herum liegt ein sphärischer Lichthof, in dem sich die ältesten Sterne befinden.

DIE MILCHSTRASSE VON DER ERDE AUS GESEHEN

**MILCHSTRASSE: FAKTEN**

- Die Milchstraße gilt als Balkenspiralgalaxie.
- Unsere Galaxie dreht sich wie ein Strudel um sich selbst. Die Sonne braucht ungefähr 220 Millionen Jahre für eine Umrundung. Dies wird manchmal auch als „kosmisches Jahr" bezeichnet.

## ÜBER DER SPIRALE

Von oben oder unten sind die Spiralarme der Galaxie deutlich zu sehen. Sie enthalten am meisten Gas und Staub. Hier entstehen neue Sterne.

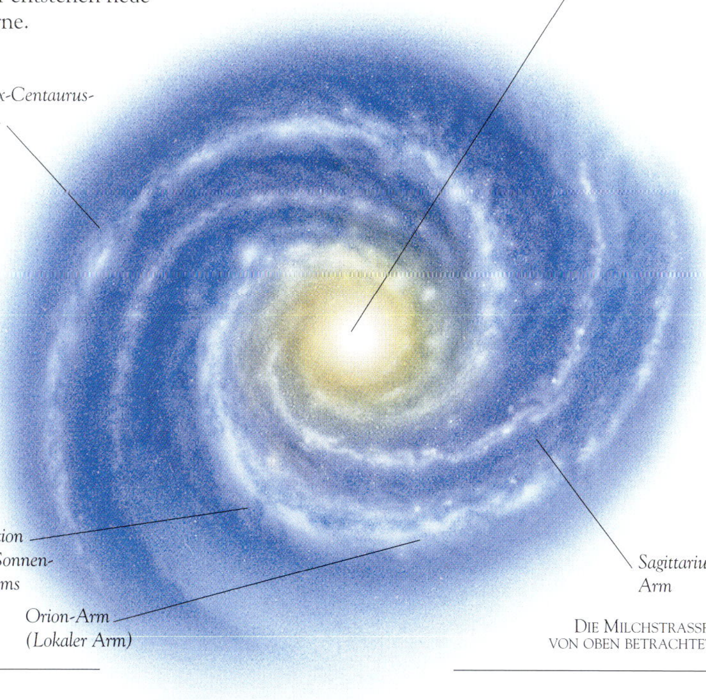


DIE MILCHSTRASSE: VON OBEN BETRACHTET

# AUFBAU DER MILCHSTRASSE

DAS LEBEN DER MILCHSTRASSE begann vor Milliarden Jahren als gewaltige, runde Gaswolke, die in sich zusammenfiel und durch ihre Rotation abgeflacht wurde. Sie umfasst 200 Milliarden Sterne und riesige Gas- und Staubwolken – die Materie für zukünftige Sterngenerationen. Manchmal werden die Wolken von leuchtenden Nebeln durchbrochen.

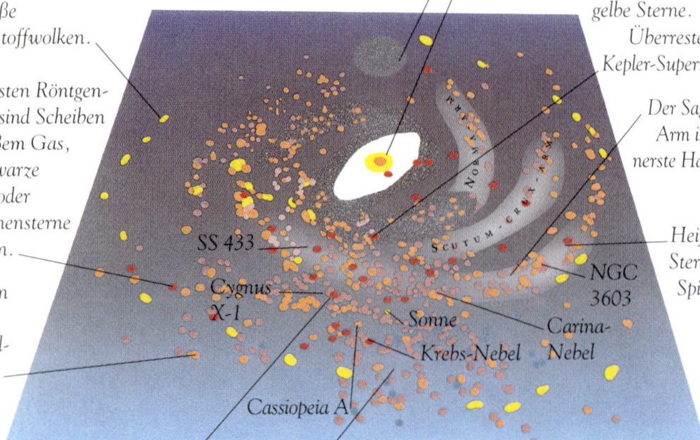


AUFBAU DER MILCHSTRASSE
Um eine längliche, zentrale Wölbung winden sich zwei Hauptspiralarme und Teile weiterer Arme. Die Arme werden von hellen, jungen Sternen, leuchtenden Gas- und Staubnebeln und dichten, dunklen Molekülwolken geprägt. Die zentrale Wölbung besteht aus älteren Sternen.

### Kartografierung

Zur Kartografierung der Milchstraße setzt man Radioteleskope ein, die durch die Staubwolken hindurchschauen können. Man bestimmt die Rotationsgeschwindigkeit eines Objekts, indem man kleine Änderungen in der Wellenlänge eines sich bewegenden Körpers misst. Aus der bekannten Rotationsgeschwindigkeit der einzelnen Regionen der Galaxie kann man anhand der Bewegung des Objekts seinen Abstand zur Sonne bestimmen.

*Dieses winzige Radioteleskop mit nur 1,2 m Durchmesser dient zur Vermessung von Gaswolken in der Galaxie.*

### Beobachtung

Von Juni bis September ist die Milchstraße besonders hell, weil dann die Nachtseite der Erde den dichteren Regionen um das galaktische Zentrum zugewandt ist. Da die Galaxie relativ flach ist und wir uns in ihr befinden, erscheinen die Sterne der Milchstraße als Band am Himmel. Riesige Dunkelwolken in diesem Band verdecken die dahinterliegenden Sterne.

| Daten zur Milchstrasse | |
|---|---|
| Galaxientyp | Balkenspirale (Sb bis SBc) |
| Leuchtkraft (Sonne = 1) | 14 Milliarden |
| Gesamtmasse (inkl. Dunkelmaterie) | 1 Billion Sonnenmassen |
| Masse der Sterne | 200 Milliarden Sonnenmassen |
| Masse an Gas | 20 Milliarden Sonnenmassen |
| Masse an Staub | 200 Millionen Sonnenmassen |
| Durchmesser | 100000 Lichtjahre |
| Dicke der Scheibe | 2000 Lichtjahre |
| Dicke im Zentrum | 6000 Lichtjahre |
| Abstand d. Sonne v. Zentrum | 25000 Lichtjahre |
| Umlaufzeit der Sonne | 220 Millionen Jahre |
| Geschwindigkeit der Sonne | 240 km/s |
| Alter der ältesten Sternhaufen | 12 Milliarden Jahre |
| Anzahl der Kugelsternhaufen | 140 bekannte; insgesamt 200 (geschätzt) |

# INTERSTELLARE MATERIE

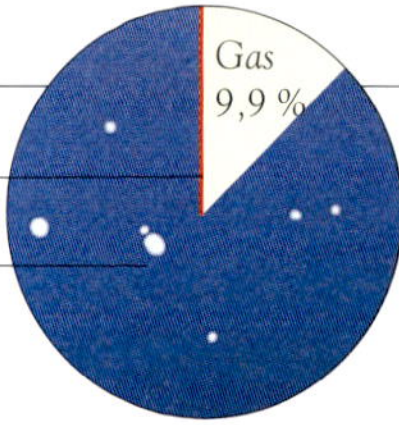


AUFBAU DER GALAXIE
Sterne bilden 90 % der sichtbaren Masse der Milchstraße. Der Rest ist Staub und Gas, verteilt auf Molekülwolken und heißes Gas.

DAS ALL ist nicht leer. Ein Volumen von Streichholzschachtelgröße enthält ca. sechs Wasserstoffatome und ein Staubkorn. Bezogen auf die riesigen Entfernungen macht die Summe dieser winzigen Menge 10 % der Gesamtmasse aus.

*Die heiße Materie zwischen den Wolken enthält überwiegend rötlich leuchtenden Wasserstoff.*

*Unsichtbare kosmische Strahlung durchdringt die interstellare Materie.*

*Alnitak ist einer der Gürtelsterne.*

PFERDEKOPF-NEBEL IM ORION

*Die Staubwolken leuchten bläulich, da Licht an den Staubteilchen gestreut wird.*

*Der Pferdekopf-Nebel misst von „Nase“ bis „Mähne“ 4 Lichtjahre.*

## ZWISCHEN DEN STERNEN

Die interstellare Materie ist recht uneinheitlich. Das meiste Gas ist im 8000°C heißen Medium zwischen den Wolken verteilt. Überall gibt es Gasblasen von geringer Dichte mit Temperaturen über 1 Million °C. Es existieren auch kalte Wasserstoffwolken mit filamentartiger Struktur. Schließlich gibt es noch sehr dichte, dunkle Molekülwolken.

### STAUBEFFEKTE

Kosmischer Staub verhindert die Ausbreitung des Lichts im Weltraum und beeinflusst unseren Blick auf die Sterne stark. Von der Erde aus betrachtet sehen die beiden Nebel NGC 3603 und NGC 3576 gleich aus. NGC 3603 ist aber in Wirklichkeit viel heller. Er leuchtet relativ schwach, weil sein helles Licht durch davorliegenden Staub abgeschwächt wird und rötlich erscheint.

*NGC 3576 gehört zur Sternentstehungsregion im Sternbild Carina.*

*NGC 3603 ist einer der massereichsten sichtbaren Nebel in der Galaxie.*

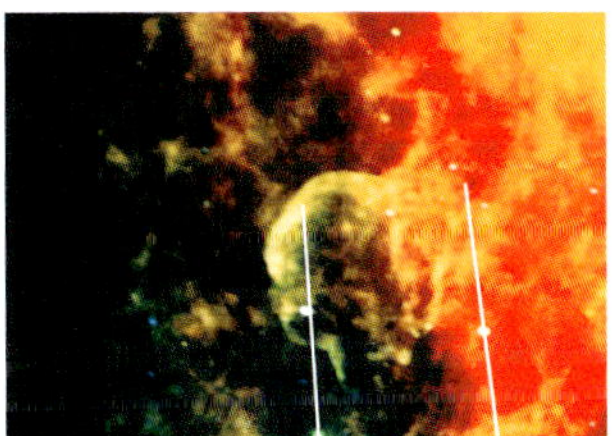

*Der Cygnus-Loop ist auf dieser Infrarotaufnahme gelb-grün dargestellt.*

*Heiße Materie zwischen den Wolken.*

### HEISSE GASBLASEN

Die heißesten Regionen des interstellaren Mediums sind Gasblasen wie der Cygnus-Loop, der bei einer Supernova vor über 20000 Jahren entstanden ist und immer noch durch die Schockwellen der Explosion aufgeheizt wird.

*Durch die Magnetfelder sieht das interstellare Medium hinter dem Pferdekopf-Nebel streifenförmig aus.*

*Molekülwolken bestehen aus dichtem Staub.*

### MOLEKÜLWOLKEN

Mit bloßem Augen kann man die Molekülwolke in der Cygnus-Region in der Milchstraße sehen. Die sternarme Cygnus-Teilung wird von einer riesigen Molekülwolke gebildet, die das Licht der dahinterliegenden Sterne abdunkelt.

# Unsere nähere Umgebung

Viele der spektakulärsten Objekte am Nachthimmel findet man in der Umgebung der Sonne, z.B. das Sternentstehungsgebiet im Orion. Zur „näheren Umgebung“ zählt ein Umkreis von 5000 Lichtjahren um die Sonne. Dazu gehören alle Sterne aus bekannten Sternbildern wie dem Stier, dem Kreuz des Südens oder Orion.

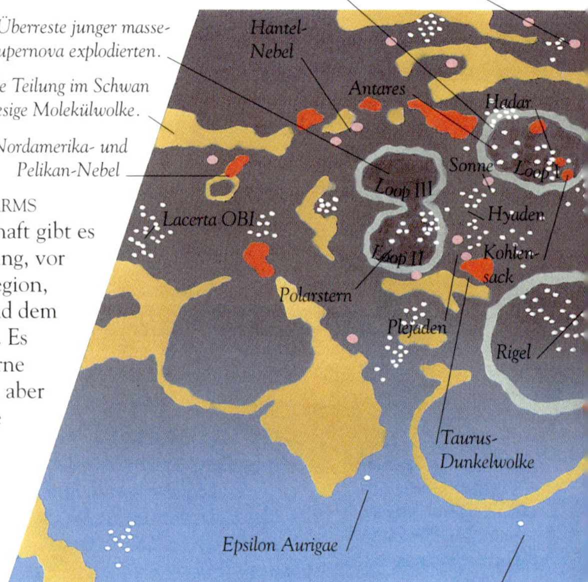


## Aufbau des Orion-Arms

In unserer Nachbarschaft gibt es häufige Sternentstehung, vor allem in der Orion-Region, dem Nordamerika- und dem Rho-Ophiuchi-Nebel. Es überwiegen junge Sterne und Molkekülwolken, aber es gibt auch Überreste von Sternen, deren kurzes Leben bereits beendet ist.

### Zeichenerklärung

- Wasserstoffwolken
- Molekülwolken
- Interstellare Blasen
- Nebel
- Sternhaufen und Riesensterne
- AE Aurigae

HELIX-NEBEL
Mit „nur“ 450 Lichtjahren Entfernung ist der Helix-Nebel der nächste planetarische Nebel. Die Helixstruktur kommt vermutlich daher, dass ein Roter Riese zweimal seine äußeren Schichten abstieß.

RHO-OPHIUCHI-KOMPLEX
Dieses Sternentstehungsgebiet gehört zu den farbenprächtigsten Regionen am Himmel. Durch UV-Strahlung angeregtes Gas leuchtet rötlich, während Staub blau erscheint.

*Gum-Nebel*

*Vela-Supernova-Überrest*

*Der Vela-Pulsar ist der kollabierte Kern eines vor ca. 12000 Jahren explodierten Sterns.*

*Barnards Loop ist ein Supernova-Überrest mit 300 Lichtjahren Durchmesser.*

*Monoceros R2 enthält einen Stern von 10000-facher Sonnenleuchtkraft.*

HYADEN
Sie sind mit 150 Lichtjahren Entfernung der nächste Sternhaufen.

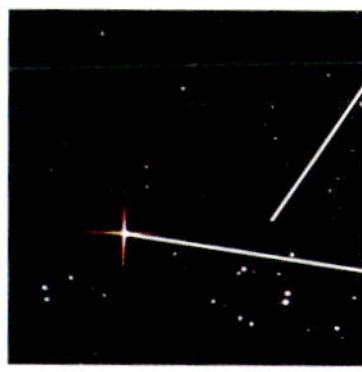

*Die Sterne der Hyaden bilden ein „V“ am Himmel.*

*Aldebaran steht in der Mitte des „V“.*

*Nordamerika-Nebel*

*Der „Golf von Mexiko“ ist eine Molekülwolke.*

*Der Pelikan-Nebel ähnelt einem Pelikankopf.*

*Junge Sterne aus der Nachbarschaft heizen das leuchtende Gas auf.*

NORDAMERIKA-NEBEL
Man sieht sofort, woher der Nordamerika-Nebel seinen Namen hat: Er ähnelt der Form des nordamerikanischen Kontinents. Er und der Pelikan-Nebel sind die sichtbaren Gebiete einer riesigen leuchtenden Wolke.

# Perseus-Arm

Erst seit 1951 wissen die Astronomen sicher, dass die Milchstraße eine Spiralgalaxie ist. In diesem Jahr leitete der amerikanische Astronom William Morgan aus der Helligkeit der Sterne in den Sternbildern Cassiopeia und Cepheus ab, dass sie alle etwa gleich weit entfernt sein mussten. Sie lagen alle in einem 5000–8000 Lichtjahre fernen Band.

*Cassiopeia A ist der Überrest eines toten Sterns.*

*Der Überrest der Tycho-Brahe-Supernova ist ein Weißer Zwerg.*

*Chi Persei und h Persei bilden einen Doppelsternhaufen.*

*An manchen Stellen verschmelzen Perseus- und Orion-Arm fast.*

*NGC 7538 ist eine dunkle Molekülwolke von 500 000 Sonnenmassen.*

*IC 1795 ist das größte Sternentstehungsgebiet.*

*NGC 457 enthält den Überriesen phi Cassiopeiae.*

*IC 1805 und IC 1848 bilden einen Doppelsternhaufen.*

*M36, M37 und M38 sind junge Sternhaufen im Sternbild Fuhrmann.*

*Plasketts Stern ist in Wirklichkeit ein Doppelstern.*

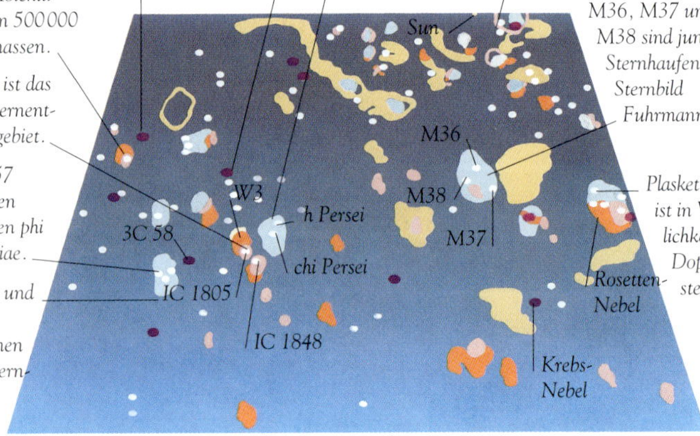


Aufbau des Perseus-Arms
Der Perseus-Arm ist einer der Hauptarme der Galaxie. Er verläuft aber nicht als Ganzes um das Galaxienzentrum, sondern besteht aus einzelnen Gruppen von jungen Sternen und Nebeln.

Zeichenerklärung
*Nebel*
*Molekülwolken*
*Sternassoziationen*
*Wasserstoffwolken*
*Haufen und Riesensterne*
*Pulsare und Supernovaüberreste*

*Die Gase breiten sich mit 1500 km/s aus.*

*Die Filamente sehen wie die Scheren eines Krebses aus.*

KREBSNEBEL

Im Gegensatz zu den ansonsten meist kugelförmigen Supernovaüberresten besteht der Krebsnebel aus zahllosen langen Filamenten, die sich über 15 Lichtjahre hinweg erstrecken. Das bläuliche Leuchten im Inneren stammt von der Synchrotronstrahlung hochenergetischer Elektronen, die der schnell rotierende Pulsar im Zentrum erzeugt. Er hat nur 25 km Durchmesser, aber noch mehr als eine Sonnenmasse.

CASSIOPEIA A

Die hellste von der Erde aus sichtbare Radioquelle ist Cassiopeia A, der Überrest eines vor 300 Jahren explodierten Sterns. Diese Radioaufnahme zeigt eine Gashülle, die sich mit 6000 km/s ausdehnt. Die hellen, farbig markierten Gebiete sind die dichten, heißen Ränder der Hülle.

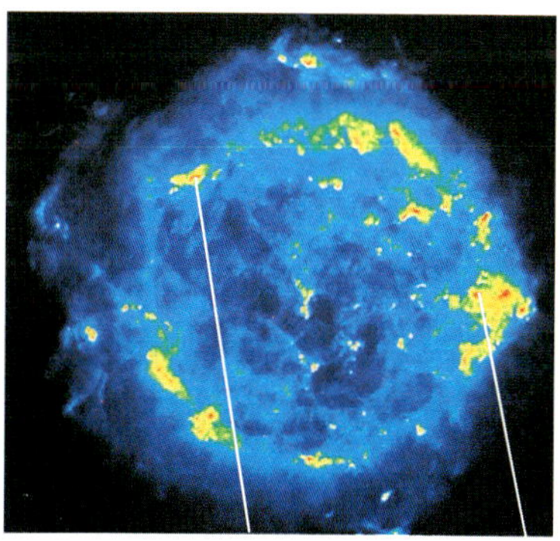

*Die Radiostrahlung wird von Elektronen in starken Magnetfeldern erzeugt.*

*In den gelben und roten Regionen ist die Radiostrahlung besonders stark.*

*Junge Sterne erzeugten bereits ein Loch von der Größe des berühmten Orion-Nebels.*

*Der Rosetten-Nebel liegt im Sternbild Einhorn.*

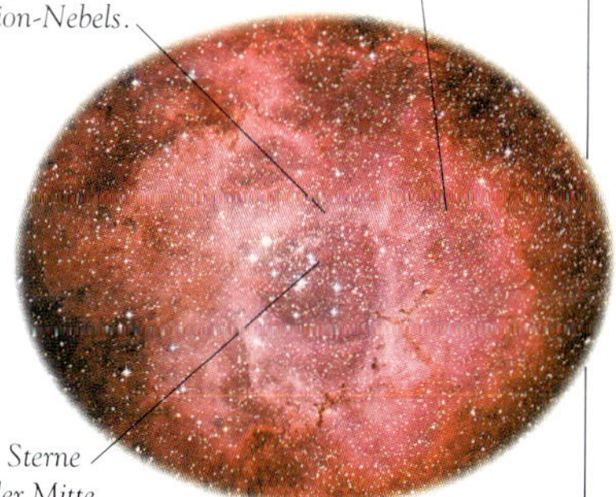

*Die Sterne in der Mitte bilden den offenen Haufen NGC 2244.*

ROSETTEN-NEBEL

Der am Himmel größer als der Vollmond erscheinende Rosetten-Nebel ist 5500 Lichtjahre weit entfernt. Er dehnt sich allmählich aus und wird schwächer, da die jungen, im Inneren entstandenen Sterne Strahlung und starke Winde erzeugen, die das Gas wegwehen.

# SAGITTARIUS-ARM

DER SAGITTARIUS-ARM LIEGT zwischen dem Orion-Arm und dem galaktischen Zentrum und ist einer der zwei Hauptspiralarme der Milchstraße. Der breite, zusammenhängende Arm verläuft einmal um die ganze Galaxie, bevor er sich nach außen hin auflöst. Er ist von unserer Position im Orion-Arm schwer auszumachen.

*Der Millisekunden-Pulsar rotiert 642-mal pro Sekunde.*

*Der Adlernebel hat seinen Namen von einer Staubwolke in Adlerform.*

*Der Omega-Nebel ist eine Blase aus heißem Gas.*

*SN 1006 ist der Überrest einer Supernova.*

*Die Jewel Box ist ein Sternhaufen aus blauen Sternen nahe dem Kreuz des Südens.*

*Eta Carinae*

*Cygnus X-1 ist ein Doppelstern, wobei ein Stern heute ein Schwarzes Loch ist.*

FG *Sagittae*

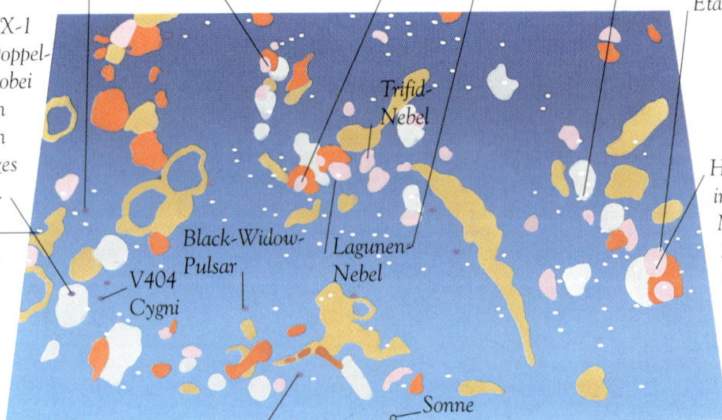


*HD 93129A im Carina-Nebel ist 5 Millionen mal heller als die Sonne.*

*PSR 1919+21 ist der erste entdeckte Pulsar.*

ZEICHENERKLÄRUNG
- *Wasserstoffwolken*
- *Nebel*
- *Molekülwolken*
- *Sternassoziationen*
- *Pulsare und Supernovaüberreste*
- *Sternhaufen*

DER AUFBAU DES SAGITTARIUS-ARMS
Der uns nächstgelegene Teil des Arms besteht vorwiegend aus Nebeln und Molekülwolken. Adler-, Omega-, Trifid-, Carina- und Lagunen-Nebel bilden ein riesiges Sternentstehungsgebiet.

## Schwarze Löcher im Schwan (Cygnus)

Im Sagittarius-Arm gibt es einige Schwarze Löcher, deren Masse man bestimmen kann, wenn sie in Doppelsternsystemen vorkommen. Die Massen der beiden Körper bestimmen ihre gegenseitigen Umlaufbahnen. Bei V 404 ist das Schwarze Loch massereicher als der Stern, sodass der Schwerpunkt nahe am Schwarzen Loch liegt und der Stern dieses umkreist. Bei Cygnus X-1 ist es umgekehrt. Das Schwarze Loch kreist um den schweren Stern.

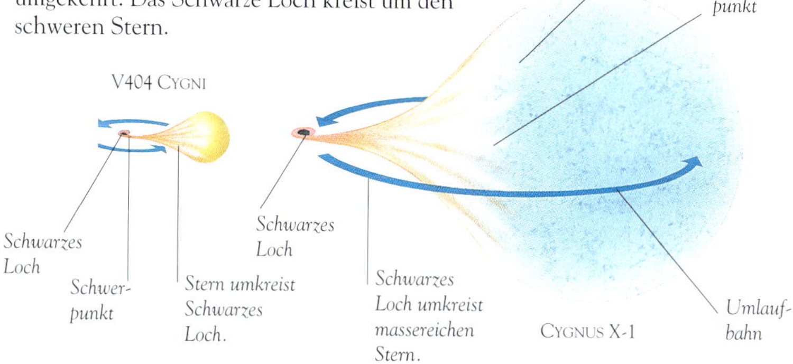

## Trifid- und Lagunen-Nebel

Diese beiden, fast 5000 Lichtjahre entfernten Nebel gehören zu den markantesten am Himmel. Der Trifid-Nebel (oben) ist durch dunkle Staubstreifen in drei Teile aufgeteilt. Der Nebel umhüllt einen dichten Sternhaufen, durch dessen Strahlung der Wasserstoff im Inneren angeregt wird, rötlich zu leuchten. Der Lagunen-Nebel (unten) umschließt einen ca. 2 Millionen Jahre alten Sternhaufen, bei dem man einige besonders helle und massereiche Sterne sogar mit bloßem Auge erkennen kann.

# Zentrum der Milchstrasse

IM ZENTRUM DER MILCHSTRASSE befindet sich eine balkenförmige Wölbung aus alten roten und gelben Sternen mit relativ wenig Gas. Mithilfe von Radioteleskopen hat man einige der dortigen erstaunlichen Phänomene entdeckt, z.B. sich schnell bewegende Gasjets und starke Magnetfelder. In Richtung des Zentrums steigt die Temperatur an.

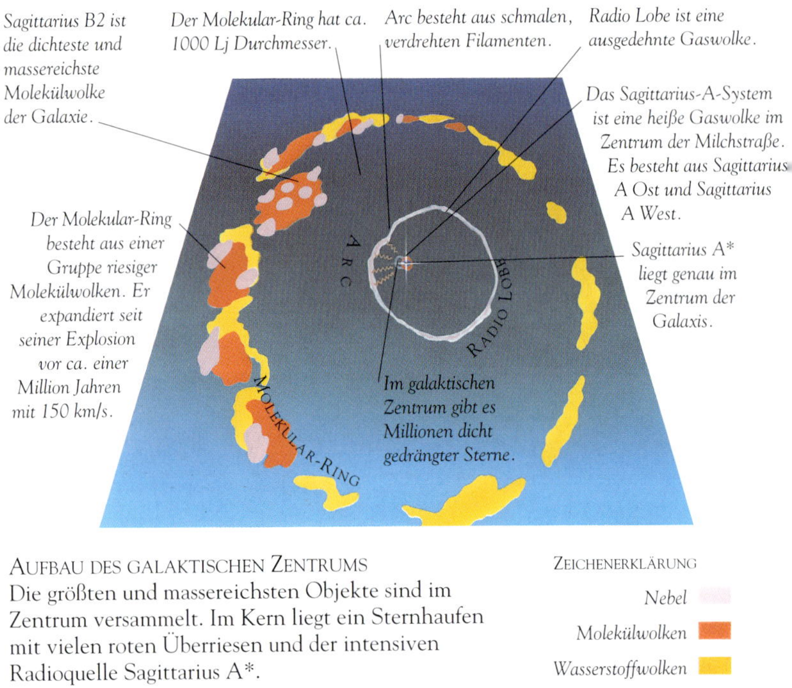


AUFBAU DES GALAKTISCHEN ZENTRUMS
Die größten und massereichsten Objekte sind im Zentrum versammelt. Im Kern liegt ein Sternhaufen mit vielen roten Überriesen und der intensiven Radioquelle Sagittarius A*.

### Magnetfelder

In der inneren, 100 Lichtjahre großen Region herrschen 1000-mal stärkere Magnetfelder als in anderen Teilen der Galaxie. Sie bilden wahrscheinlich die Filamente des Arc, der zum Radio Lobe gehört.

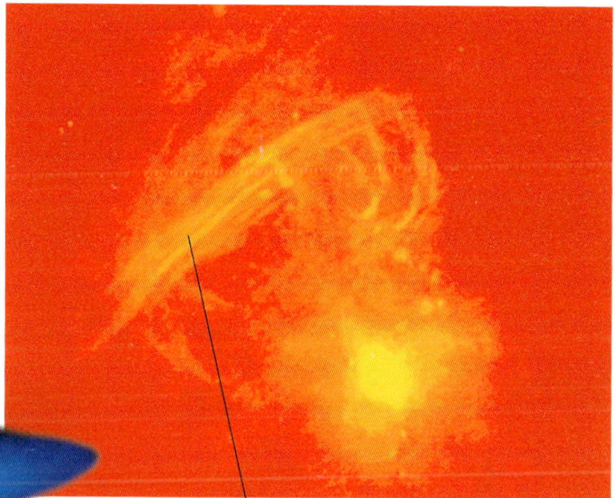

*Der Arc ist wie eine gewaltige Sonnenprotuberanz gebogen und besteht aus 150 Lichtjahren langen Gasfilamenten.*

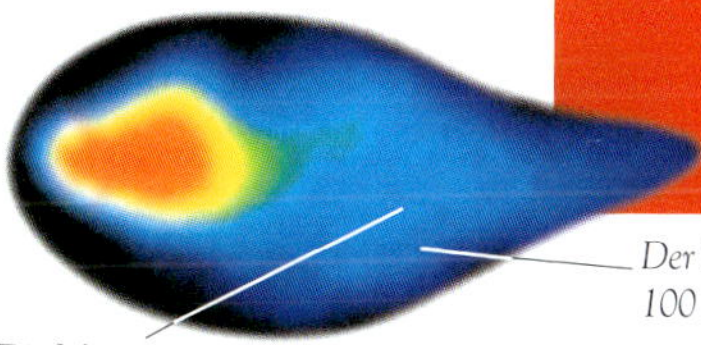

*Der Schweif ist 100 Lichtjahre lang.*

*Die Mouse ist vermutlich ein Neutronenstern, der sich sehr schnell durch den Weltraum bewegt.*

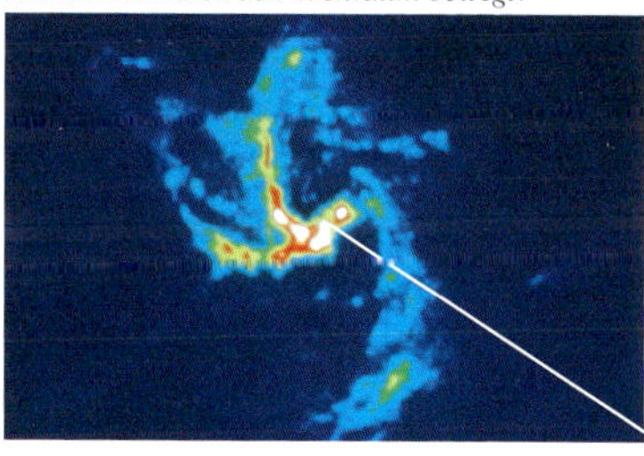

*Sagittarius A**

### Spirale im Zentrum

Das innerste, 10 Lichtjahre große Zentralgebiet besteht aus drei Regionen: Sagittarius A West, Sagittarius A* und dem zentralen Sternhaufen. Sagittarius A West sieht wie eine winzige Spiralgalaxie aus. Die beiden Hauptarme gehören zu einer geneigten, rotierenden Scheibe.

### Zentraler Sternhaufen

Innerhalb von Sagittarius A West liegt der zentrale Sternhaufen mit 2,5 Millionen Sternen. Diese Infrarotaufnahme zeigt Sterne aus der Region der innersten 2 Lichtjahre. Rechts von der Mitte ist Sagittarius A*, ein früher aktives Schwarzes Loch von 2,5 Millionen Sonnenmassen, das wieder aktiv werden könnte, wenn genug Gas vorhanden wäre.

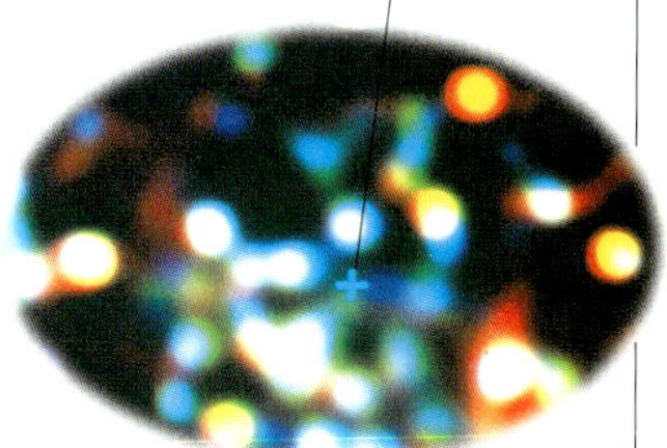

*Sagittarius A**

# MAGELLANSCHE WOLKEN

SO WIE DIE SCHWERKRAFT der Erde den Mond auf seiner Umlaufbahn hält, kreisen zwei Begleitgalaxien um die Milchstraße. Die Große und die Kleine Magellansche Wolke bewegen sich auf einer gemeinsamen, elliptischen Bahn in einer Milliarde Jahren einmal um die Galaxie.

GROSSE MAGELLANSCHE WOLKE
Die „kleine Nichte" der Milchstraße, die Große Magellansche Wolke (GMW), enthält etwa die gleiche Zusammensetzung von Sternen und Gas wie unsere Galaxie, obwohl sie nur ein Zwanzigstel ihrer Masse besitzt. Mit 160 000 Lichtjahren Entfernung ist sie die nächste größere Galaxie.

KLEINE MAGELLANSCHE WOLKE
Die Kleine Magellansche Wolke (KMW) hat nur ein Viertel der Masse ihrer Nachbarin und ist etwas weiter entfernt. Weil sie so klein ist, wird sie durch die Gravitation der Milchstraße auseinander gerissen.

## TARANTEL-NEBEL

Der Tarantel-Nebel gehört zu den größten und hellsten Nebeln. Mit etwa 800 Lichtjahren Durchmesser hat er die 50-fache Größe des Orion-Nebels. Die Gaswolke wird durch heiße, junge Sterne aufgeheizt. Der Sternhaufen im Inneren besteht aus über 100 Sternen, die jeweils 50 Sonnenmassen besitzen.

*Von diesem Ende des zentralen Balkens erstrecken sich schwache Spiralstrukturen.*

*Die GMW enthält 6500 Sternhaufen.*

*In der GMW gibt es weniger dunkle Staubwolken als in der Milchstraße.*

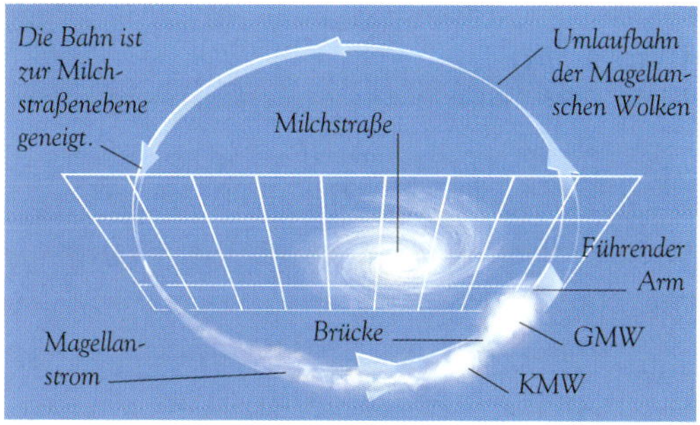


## MAGELLANSCHER STROM

Die starke Gravitationskraft der Milchstraße verstreut Gas aus den Magellanschen Wolken im Weltraum. Deshalb verbindet eine Gasbrücke die beiden Galaxien und ein lang gezogener Gasstrom bleibt entlang der elliptischen Galaxienbahn zurück. Auch vor den beiden Galaxien befindet sich Gas (führender Arm).

## BLICK ZU DEN MAGELLANSCHEN WOLKEN

Die Wolken sind leicht am Südhimmel zu finden. Im Frühling stehen sie am höchsten. Man sieht sie dann in einer mondlosen Nacht in Richtung Süden als zwei große, verwaschene Fleckchen. Mit einem Feldstecher kann man z.B. auch den Tarantel-Nebel beobachten.

KMW GMW

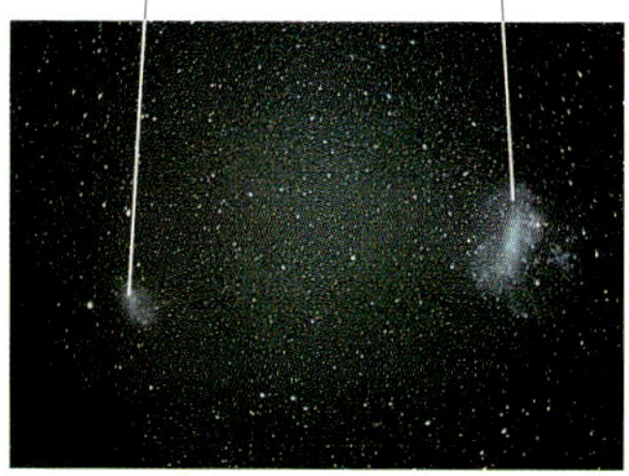

30 DORADUS
Junge, massereiche Sterne emittieren UV-Strahlung und reger. die umliegenden Wolken zum Leuchten an.

# LOKALE GRUPPE

DER GALAXIENHAUFEN um die Milchstraße mit ihren beiden nächsten großen Nachbarn (Andromeda- und Triangulum-Galaxie) heißt „lokale Gruppe“. Er besteht aus ca. 30, meist kleinen und lichtschwachen Galaxien, die über fünf Millionen Lichtjahre verteilt sind.

ELLIPTISCHE GALAXIEN
Etwa die Hälfte der Galaxien in der lokalen Gruppe sind elliptische Galaxien. Diese bestehen aus alten, roten Sternen ohne Gas für Sternentstehungsprozesse.

ANDROMEDA-GALAXIE
Die 2,5 Millionen Lichtjahre entfernte Andromeda-Galaxie ist das am weitesten entfernte Objekt, das mit bloßem Auge sichtbar ist. Sie gehört mit 400 Milliarden Sternen zu den größten Spiralgalaxien.

GALAKTISCHE NACHBARSCHAFT
Die Galaxien in unserer Umgebung ordnen sich um die massereichsten Galaxien der lokalen Gruppe, den Andromeda-Nebel und die Milchstraße, herum an. Mit ihrer Schwerkraft ziehen sie kleinere Begleitgalaxien an. Auch weiter entfernte Galaxien liegen noch in ihrem Schwerefeld.

TRIANGULUM-GALAXIE
Die drittgrößte Galaxie in der lokalen Gruppe hat zehnmal weniger Sterne als der Andromeda-Nebel und ist nur halb so groß wie die Milchstraße. Sie ist ebenfalls eine Spiralgalaxie und enthält viele große, hell leuchtende Nebel.

IRREGULÄRE GALAXIE NGC 6822

## IRREGULÄRE GALAXIEN

Viele Galaxien der lokalen Gruppe sind klein und irregulär. Wie Spiralgalaxien enthalten sie Nebel, in denen Sterne entstehen, aber sie sind strukturlos. NGC 6822 und der Andromeda-Nebel waren die ersten Galaxien, deren Entfernung man 1923 über Cepheiden-Sterne bestimmte. Damit war bewiesen, dass es noch weitere Galaxien gab.

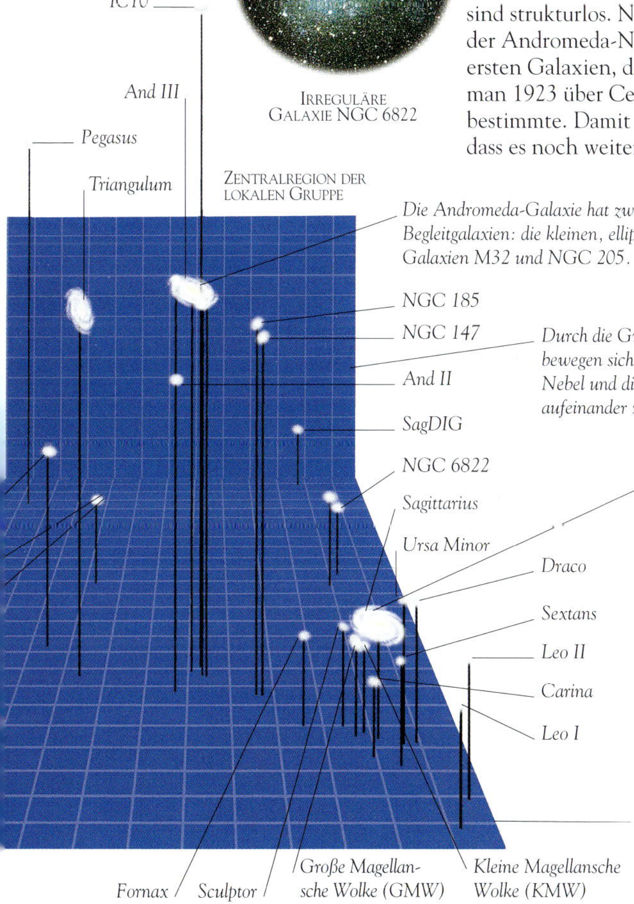

# GALAXIENHAUFEN

GALAXIEN SIND KEINE EINZELOBJEKTE. Sie gruppieren sich zu Haufen von maximal einigen tausend Galaxien. Man nimmt an, dass sich die Haufen durch Verschmelzung vergrößern und dass es bei den irregulär geformten Haufen erst kürzlich zu einer Verschmelzung kam. Die Haufen wiederum gruppieren sich zu Superhaufen.

*Im Virgo-Haufen gibt es vorwiegend Spiralgalaxien – einige andere Haufen bestehen größtenteils aus elliptischen Galaxien.*

## VIRGO-HAUFEN

Der unserer Milchstraße nächstgelegene große Haufen ist der Virgo-Haufen in 50 Millionen Lichtjahren Entfernung in Richtung des Sternbilds Jungfrau. Dieser irreguläre Haufen besteht aus über 2000 Galaxien. Im Virgo-Haufen gibt es drei riesige elliptische Galaxien, die Mehrzahl seiner helleren Mitglieder sind aber Spiralgalaxien.

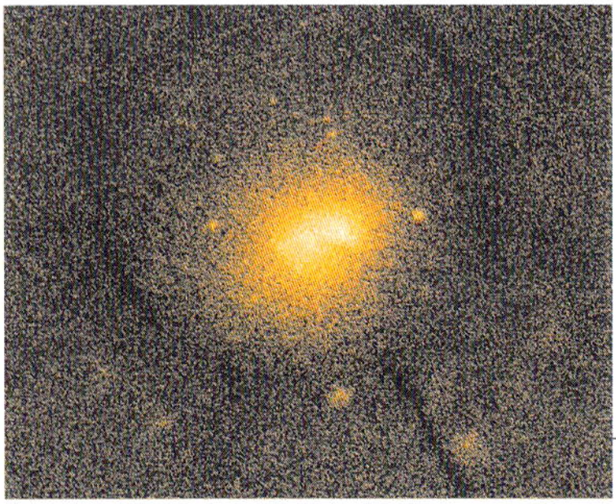

## DIE ENTSTEHUNG DER HAUFEN

Die Haufen entstehen durch Verschmelzung von kleineren Galaxiengruppen. Eine Röntgenaufnahme von Gas aus dem Haufen Abell 2256 zeigt rechts von der Mitte helle Gebiete, in denen gerade eine weitere Gruppe von Galaxien mit dem Haufen verschmilzt. Später verteilt sich das Gas über den ganzen Haufen.

ZENTRALREGION DES VIRGO-HAUFENS

RIESIGE ELLIPTISCHE GALAXIEN
Im Zentrum vieler Haufen liegt eine etwa 500 000 Lichtjahre große Riesengalaxie. Diese sehen wie normale elliptische Galaxien aus, sind aber wesentlich größer und stellen oftmals starke Radio- und Röntgenquellen dar. Um sie herum liegt ein Halo aus Sternen und Kugelsternhaufen.

LOKALER SUPERHAUFEN
Galaxienhaufen lagern sich oft zu Superhaufen zusammen. Das häufig über 100 Millionen Lichtjahre große Gebiet eines Superhaufens umfasst einige dutzend Galaxienhaufen. Sie haben komplexe Strukturen.

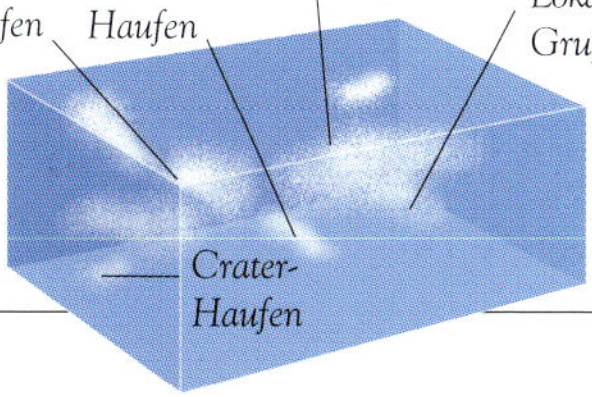

COMA-HAUFEN
Zum Coma-Haufen gehören 3000 vorwiegend elliptische und linsenförmige Galaxien. Er ist kompakt und von einer fast kugelförmigen Hülle aus heißem Gas umgeben. Der Coma-Haufen ist das Zentrum des Coma-Superhaufens.

# WELTRAUM-BEOBACHTUNG

# Hoch über uns

WÄHREND DIE ERDE SICH um die eigene Achse dreht, kreist sie gleichzeitig mit 107 000 km/h um die Sonne. Dadurch haben wir ständig einen neuen Blick auf das Universum. Tagsüber beherrscht die Sonne den Himmel. Nachts wird die Dunkelheit von unzähligen Sternen und Galaxien durchbrochen.

KREISFÖRMIGE SPUREN
Durch die Erdrotation scheinen die Sterne am Himmel zu kreisen. Das kann man auf lang belichteten Fotos festhalten.

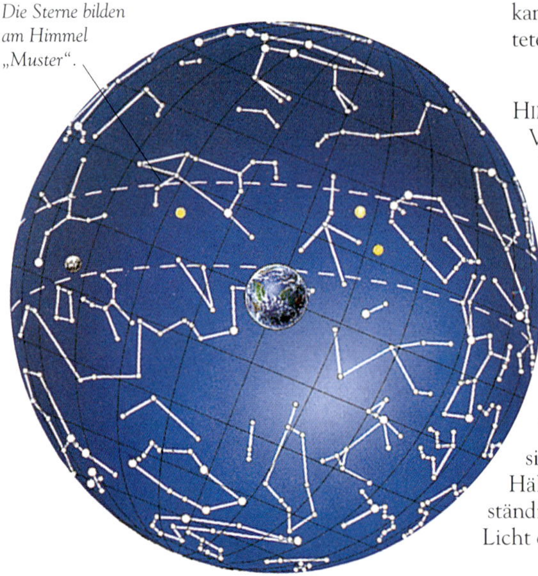


HIMMELSSPHÄRE
Von der Erde aus betrachtet scheinen sich die Sterne von der gigantischen Himmelsphäre abzusetzen. Während sich die Erde auf ihrer jährlichen Umlaufbahn um die Sonne befindet, werden verschiedene Teile der Sphäre sichtbar. Jeweils die Hälfte der Sphäre wird ständig durch das blendende Licht der Sonne verdeckt.

GALAXIE
Alle Sterne, die wir am Himmel sehen – inklusive der Sonne – gehören zur Milchstraße. Diese Panoramaansicht der Milchstraße (Sicht auf das Zentrum der Galaxie) wurde in Christchurch, Neuseeland, aufgenommen.

GUTE AUSSICHTEN
Einige Nächte eigenen sich gut zur Stern- andere besser zur Planetenbeobachtung. In ganz klaren Nächten herrschen oft starke Luftverwirbelungen, was die Sicht auf den Mond verdirbt, aber schwache Nebel besser erkennbar macht. Windstille eignet sich gut zur Beobachtung des Mondes und der Planeten. Zuerst muss man sich jedoch orientieren. Die Stellung der Sonne und des Mondes kann im Verhältnis zu Objekten, z.B. Bäumen, gesehen werden, die auch nachts erkennbar sind.

# Sterne beobachten

DIE HIMMELSBEOBACHTUNG kann am Tag genauso viel Spaß machen wie in der Nacht, denn einige Objekte sind so hell, dass sie auch zu sehen sind, wenn es nicht dunkel ist – vor allem natürlich unsere Sonne. Es ist sehr gefährlich, direkt in die Sonne zu sehen, aber wenn wir sie auf einen Schirm projizieren, sind viele ihrer Details gut erkennbar.

ROT LEUCHTENDE TASCHENLAMPE

*Befestige eine rote Folie vor einer Taschenlampe.*

### Grundausrüstung

Notiere dir, was du gesehen hast. Schreibe den Beobachtungsort, die Zeit, das Datum und die Wetterverhältnisse auf. Notiere auch die Daten der Beobachtungsinstrumente. Benutze dazu eine Taschenlampe mit rotem Licht.

*Fasse deine Notizen in Kategorien zusammen.*

*Ein Notizbuch ohne Linien ist besser zum Zeichnen geeignet.*

**CHECKLISTE**

- Warme Kleidung und wasserfeste Schuhe
- Notizbuch und Kuli oder Bleistift
- Genau gehende Uhr
- Rot leuchtende Taschenlampe
- Fernglas
- Sitzgelegenheit
- Bücher und Sternkarten
- Ein Tischchen

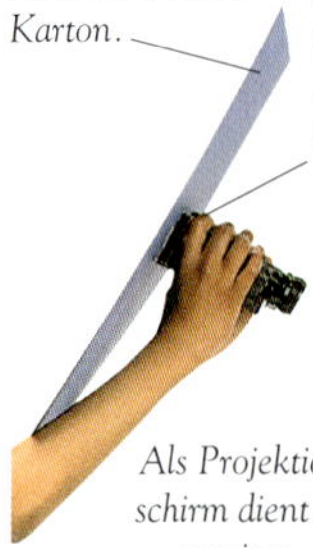

*Zur Abschattung benutzt du einen Karton.*

*Schneide ein Loch in Größe eines Fernglasobjektivs in die Mitte des Kartons. Dann befestigst du den Karton so am Fernglas, dass ein Objektiv Licht durchlässt.*

*Als Projektionsschirm dient ein zweiter, ca. 35–50 cm entfernter Karton.*

### Sonnenbeobachtung

Zur Beobachtung von Sonnenflecken oder einer Sonnenfinsternis projizierst du die Sonne auf einen Karton. Dazu benutzt du ein Fernglas oder Teleskop mit weniger als 100 mm Brennweite und einer höchstens 30-fachen Vergrößerung. Richte das Instrument so aus, dass die Lichtscheibe auf deine Leinwand projiziert wird.

## Das Finden der Objekte

Hellere Objekte kann man am Tag mit dem Fernglas sehen, aber es ist schwierig, sie zu finden. Planeten stehen nahe der Ekliptik – der Bahn der Sonne am Himmel. Wenn ein heller Stern auf einer Sternkarte nicht verzeichnet ist, handelt es sich um einen Planeten.

## Himmelsaufhellung

Der Himmel ist über den Städten sehr aufgehellt, sodass schwächere Sterne nicht zu sehen sind. Stadtbewohner sollten sich einen Platz aussuchen, der möglichst weit von Lichtquellen entfernt ist, und darauf achten, dass kein Licht direkt einfällt.

**Tipps**

In der Nacht kann es bis zu 30 Minuten lang dauern, bis sich deine Augen ganz an die Dunkelheit gewöhnt haben. Einige Lichtarten, z. B. Neonlicht, Fernseh- und Computerbildschirme, sind für die Nachtsicht besonders schlecht. Versuche, dieses Licht zu vermeiden, bevor du nach draußen gehst.

- Verwende draußen nur noch rotes Licht und bitte deine Familie, keine unnötigen Lichter im Haus anzumachen.
- Wenn es draußen trotzdem zu hell ist, baue dir einen Lichtschutz. Hänge z.B. eine Decke über eine Leiter.

*Im Laufe der Monate ändert sich die Position von Jupiter.*

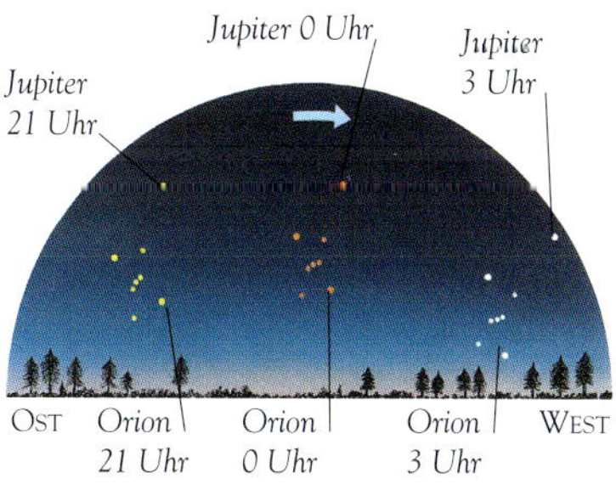


*Sterne und Planeten bewegen sich über den Himmel.*

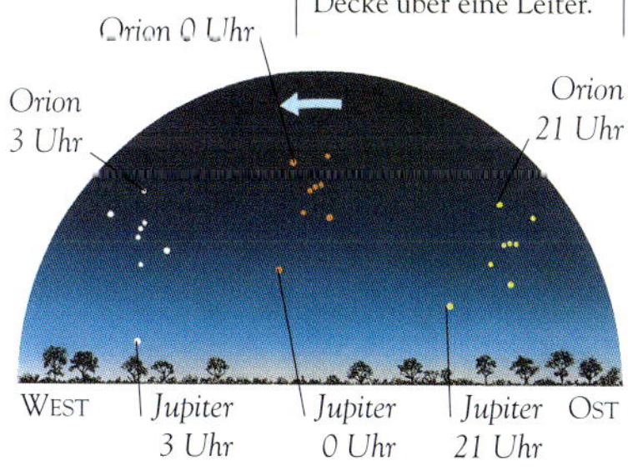


## Orion am Nordhimmel

Das auffällige Sternbild Orion, das von November bis März zu sehen ist, geht im Osten auf und wandert dann über den Himmel. Im Süden erreicht es seine höchste Stellung und im Westen geht es unter.

## Orion am Südhimmel

Beobachter auf der Südhalbkugel sehen das Sternbild Orion ebenfalls von November bis März. Durch die Erddrehung geht es auch im Osten auf, erreicht aber im Norden seine höchste Stellung und geht im Westen unter.

# Spezialeffekte

Von der Erde aus kann man ein paar „Spezialeffekte“ am Himmel beobachten. Einige davon hängen mit den Eigenheiten des Magnetfeldes und der Atmosphäre der Erde zusammen. Andere Effekte hängen von der Position der Objekte, vor allem der Sonne, des Mondes und der Erde im Sonnensystem ab.

Aurora borealis
Aufgeladene Sonnenpartikel sorgen für spektakuläre Lichteffekte, wenn sie in die Erdatmosphäre eintreten.

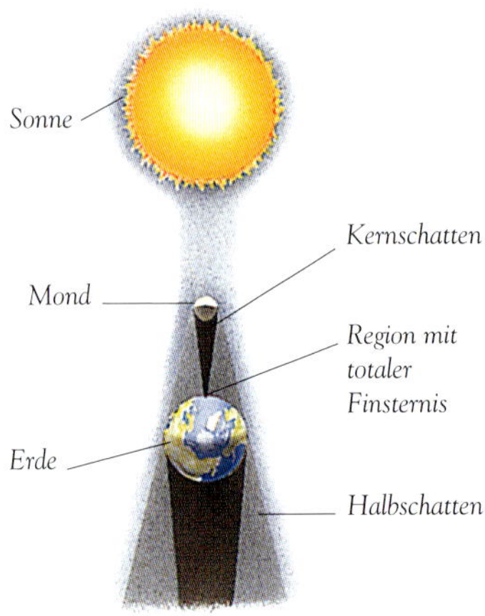


Sonnenfinsternis
Gelegentlich sind die Sonne, der Mond und die Erde in einer perfekten Linie ausgerichtet. Wenn das passiert, blockiert der Mond das Licht der Sonne. Das nennen wir dann eine „Sonnenfinsternis“. In einigen Teilen der Erde ist das Sonnenlicht sogar vollkommen verdeckt und es wird für einige Momente völlig dunkel. Obwohl der Mond viel kleiner ist als die Sonne, kann er ihr Licht vollständig verdecken, da er viel näher an der Erde liegt.

LICHTHOF UM DEN MOND
An einigen Winternächten besitzt der Mond eine Art Lichthof. Das hat jedoch nichts mit dem Mond direkt zu tun: Sonnenlicht, das vom Mond auf die Erde reflektiert wird, wird durch Eiskristalle in der Erdatmosphäre gebrochen. Dadurch entsteht der Lichthof.

SPEZIALEFFEKTE: FAKTEN

- Die Aurora borealis („Nordlicht") sieht man vor allem in der Nähe des Aurora-Ovals (20–30 Breitengrade südlich des magnetischen Nordpols). Die Aurora australis („Südlicht") sieht man auf der Südhalbkugel.
- Wenn die Erde direkt zwischen Sonne und Mond steht, gibt es eine Mondfinsternis. Man sieht, wie der Erdschatten den Mond verdeckt.
- Ein Meteorradiant ist eine optische Illusion, da sich alle Meteore in Wirklichkeit auf parallelen Bahnen bewegen.

METEORSCHAUER
Staubpartikel aus dem All werden von der Erde aus als Meteore sichtbar, wenn sie in der Erdatmosphäre verglühen. Bei einem Meteorschauer scheinen alle Meteore von einem einzigen Punkt auszugehen. Diesen Punkt nennt man den Radianten.

# Optische Teleskope

Das optische Teleskop ist eines der wichtigsten astronomischen Instrumente. Man verbringt aber nur noch wenig Zeit damit, tatsächlich durch das Teleskop zu schauen. Stattdessen werden die Informationen elektronisch gesammelt und gespeichert.

Palomar-Kuppel
Die Kuppel des Hale-Teleskops im Mount-Palomar-Observatorium (Kalifornien, USA) schützt das Teleskop vor der Witterung.

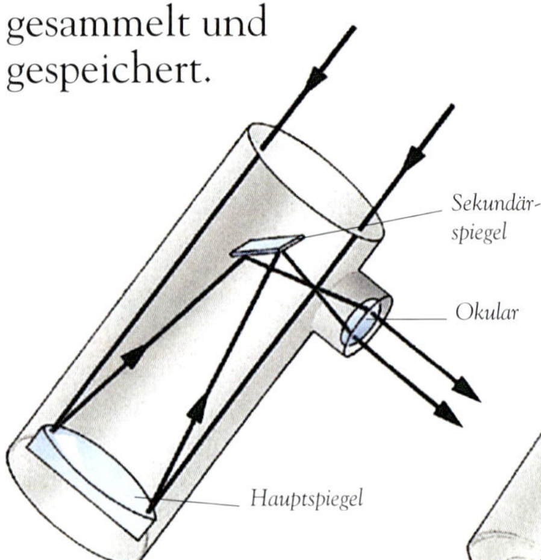


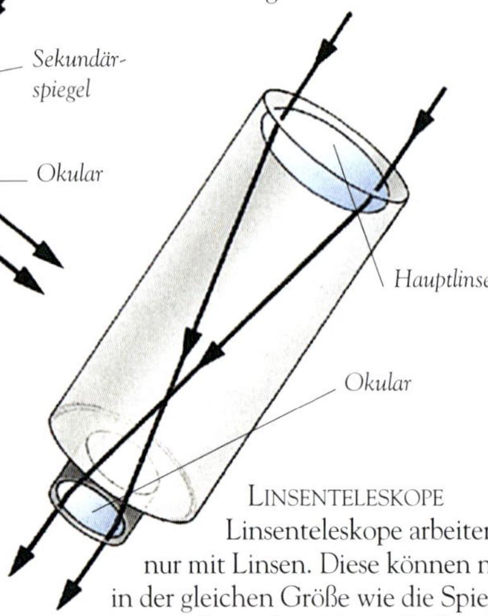


Spiegelteleskope
Teleskope verwenden Linsen und Spiegel, um Licht einzufangen und ein Bild zu produzieren. Spiegelteleskope mit gekrümmten Spiegeln sind in der Astronomie besonders nützlich.

Linsenteleskope
Linsenteleskope arbeiten nur mit Linsen. Diese können nicht in der gleichen Größe wie die Spiegel hergestellt werden. Unter Hobbyastronomen sind sie jedoch sehr beliebt.

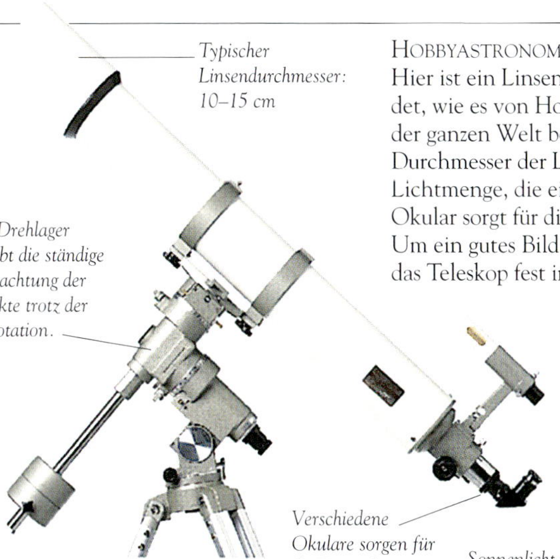

Typischer Linsendurchmesser: 10–15 cm

Das Drehlager erlaubt die ständige Beobachtung der Objekte trotz der Erdrotation.

Verschiedene Okulare sorgen für die Vergrößerung.

## Hobbyastronomen

Hier ist ein Linsenteleskop abgebildet, wie es von Hobbyastronomen auf der ganzen Welt benutzt wird. Der Durchmesser der Linse bestimmt die Lichtmenge, die einfallen kann. Das Okular sorgt für die Vergrößerung. Um ein gutes Bild zu erhalten, sollte das Teleskop fest installiert sein.

## Die Sonne beobachten

Im Kitt Peak National Observatory (USA) verwenden die Astronomen ein spezielles Teleskop. Das Spektroheliokop (Sonnenteleskop) fängt das Sonnenlicht ein und lenkt es mit Spiegeln in einen unterirdischen Beobachtungsraum.

*Achtung: Sieh niemals durch ein Fernglas oder Teleskop direkt in die Sonne!*

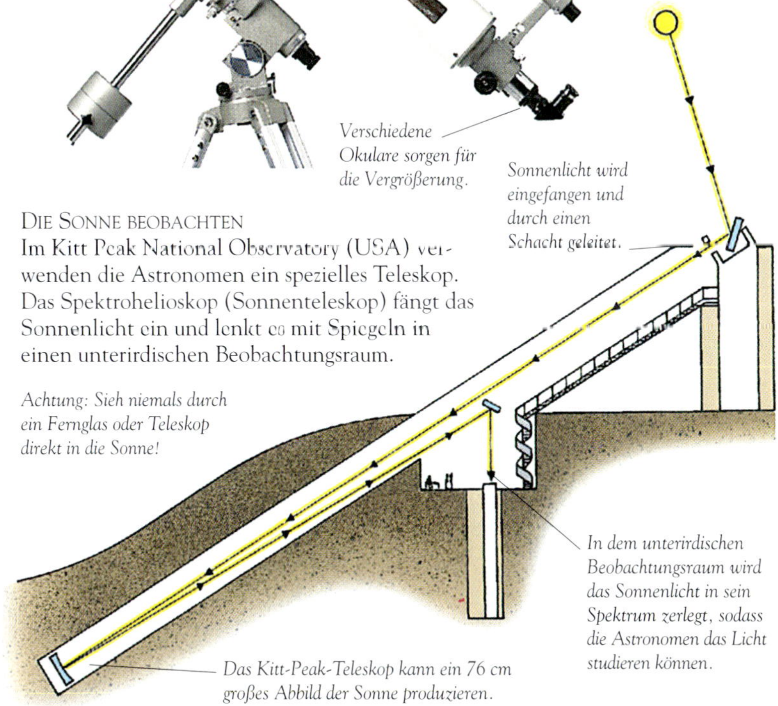

*Sonnenlicht wird eingefangen und durch einen Schacht geleitet.*

*In dem unterirdischen Beobachtungsraum wird das Sonnenlicht in sein Spektrum zerlegt, sodass die Astronomen das Licht studieren können.*

*Das Kitt-Peak-Teleskop kann ein 76 cm großes Abbild der Sonne produzieren.*

# RADIOTELESKOPE

SEIT MEHR ALS 50 JAHREN hören wir die Radiowellen im All ab. Radioteleskope können uns zusätzliche Informationen über bekannte Objekte liefern und neue entdecken. Zwei entscheidende Entdeckungen – Quasare und Pulsare – wurden von Radioastronomen gemacht.

VERY LARGE ARRAY
Ein Radioteleskop hat eine riesige „Schüssel" aus Metall. Um mehr Informationen zu sammeln, vernetzt man auch eine Reihe von Schüsseln miteinander. Beim Very Large Array (VLA) in New Mexico (USA) sind bis zu 27 Schüsseln miteinander verbunden. Jede hat einen Durchmesser von 25 m.

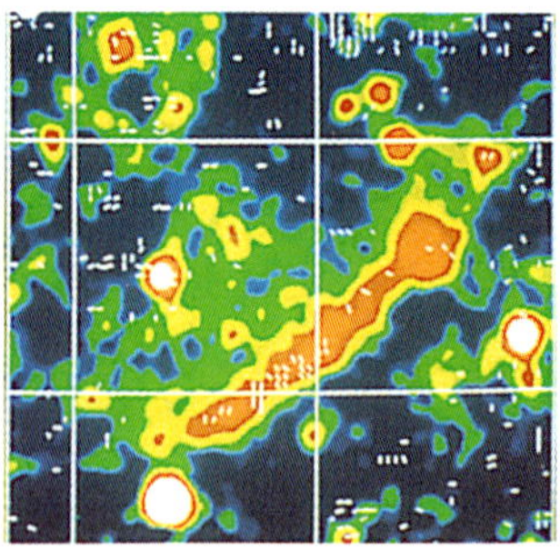

RADIOVISION
Radioteleskope können wie normale Radiogeräte auf eine bestimmte Wellenlänge eingestellt werden. Die Stärke des Empfangs ist messbar. Mit Computern werden anschließend Radiokarten des Himmels erstellt, so wie dieses Bild einer balkenförmigen Radioquelle, die als „1952+28" bekannt ist.

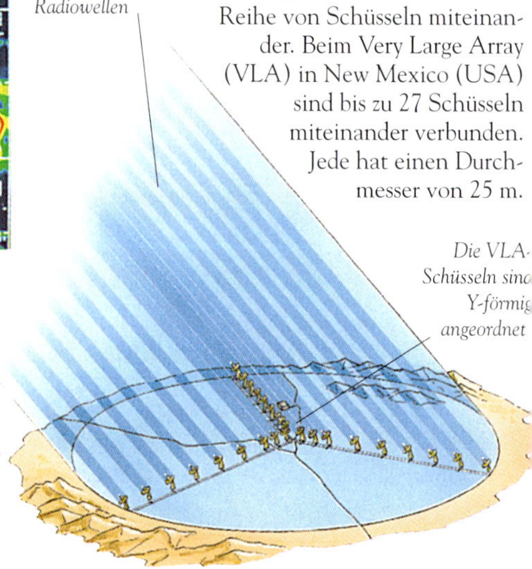

DIE GRÖSSTE SCHÜSSEL
Das größte Radioteleskop der Welt (305 m Durchmesser) steht in Arecibo in einer Vertiefung in den Hügeln Puerto Ricos. Diese Schüssel wird durch die Rotation der Erde „gesteuert". Von Arecibo aus wurde auch eine Nachricht ins All gesandt.

*Die einfache Bearbeitung der Arecibo-Botschaft produziert dieses Bild, das die Darstellung eines Menschen enthält.*

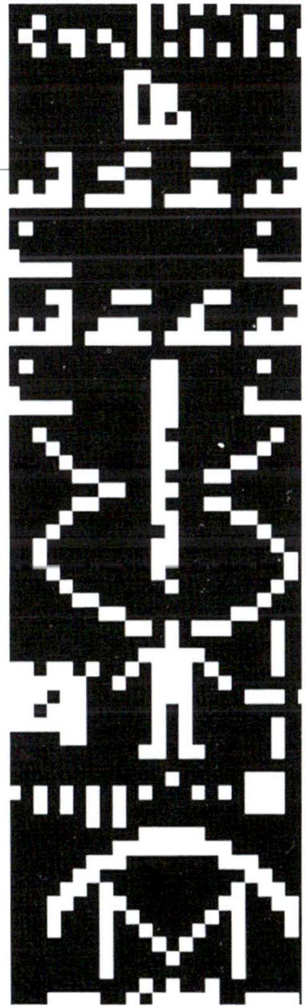

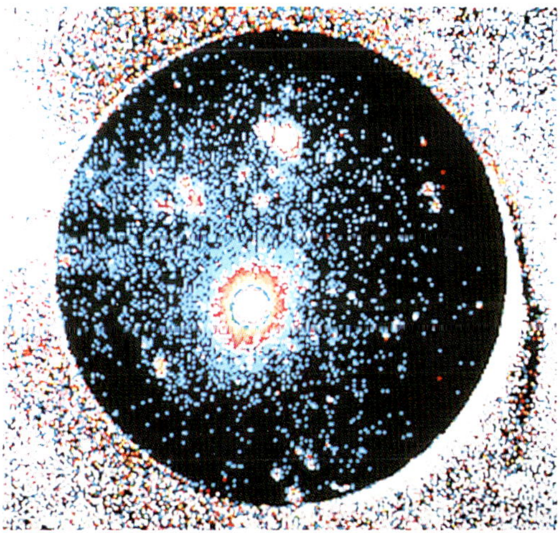

RADIOGALAXIEN
Viele Galaxien, die nur ein schwaches Bild abgeben, strahlen starke Radiowellen aus. Man nennt sie Radiogalaxien oder aktive Galaxien. Dieses Bild der Radiogalaxie 3C 33 ist entsprechend der Intensität des Lichts im sichtbaren Spektrum codiert worden – von Weiß (am intensivsten) bis Blau (schwach leuchtend).

# OBSERVATORIEN

OPTISCHE TELESKOPE werden meistens in Observatorien auf Berggipfeln installiert, wo sie am wenigsten von der Erdatmosphäre beeinträchtigt werden. Radioteleskope kann man überall bauen. Die hohen Kosten für die Verwendung der allerneuesten Technik führen oftmals dazu, dass sich mehrere Länder ein Observatorium teilen.

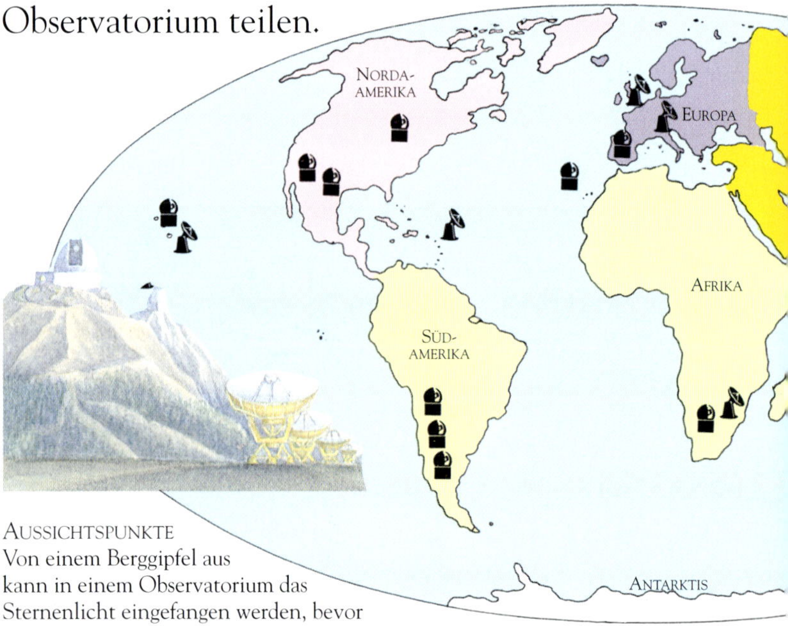


AUSSICHTSPUNKTE
Von einem Berggipfel aus kann in einem Observatorium das Sternenlicht eingefangen werden, bevor es von der unteren Erdatmosphäre beeinflusst wird. Radioteleskope sind von dieser Beeinträchtigung nicht betroffen.

## Hoch und trocken

Die europäische Südsternwarte befindet sich auf dem Cerro Paranal, einem 2635 m hohen Berg in der chilenischen Atacama-Wüste. Durch das trockene Klima mit wolkenfreien Nächten und beständiger Atmosphäre ist es ein idealer Beobachtungsort für die fernsten Galaxien – und zwar das ganze Jahr über.

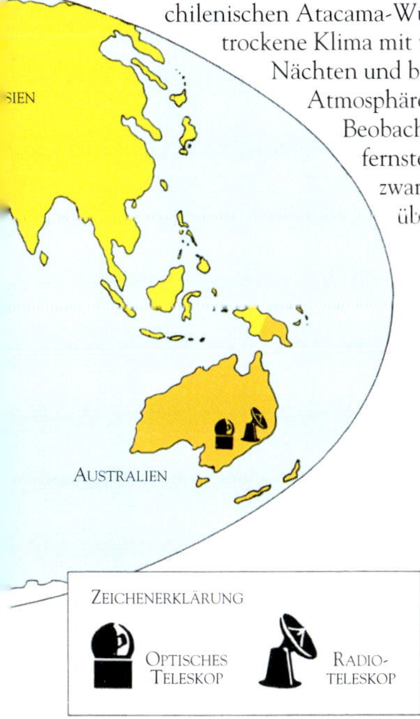


### Observatorien: Fakten

- Das älteste bekannte Teleskop der Welt wurde 632 n. Chr. in Südkorea gebaut.
- SOFIA, das fliegende Observatorium, nimmt 2006 seinen Betrieb auf. Es ist eine umgebaute Boeing 747 mit einem installierten 2,5-m-Teleskop.
- Die 36 Elemente des Keck-Reflektors bilden zusammen einen 10 m großen Spiegel.
- Die Keck-Teleskope sind die höchsten der Welt. Sie stehen in 4200 m Höhe auf dem Mauna Kea in Hawaii.

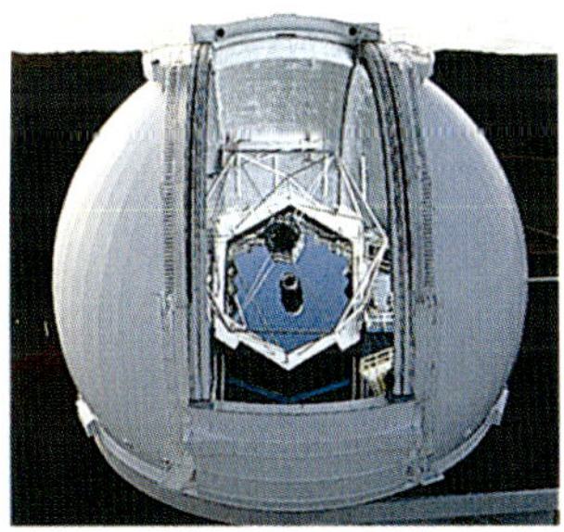

## Wenig Beeinträchtigung

Die Keck-Teleskope stehen auf dem Gipfel des Mauna Kea in Hawaii. Es ist ein idealer Standort, denn die Luft ist klar und der Himmel dunkel, da die nächste Stadt weit entfernt ist.

# SO FUNKTIONIEREN TELESKOPE

DIE MEISTEN INFORMATIONEN über das Universum erhält man immer noch über das Licht. Je größer das Lichtsammelvermögen eines Teleskops ist, desto mehr Informationen kann es empfangen. Es gibt Spiegelfernrohre (Reflektoren) und Linsenfernrohre (Refraktoren).

## OPTISCHE TELESKOPE

Reflektoren wie die Gemini-Teleskope sammeln Licht mittels eines gekrümmten Spiegels, von dem aus das Bild über Sekundärspiegel überall hin umgelenkt werden kann. Spiegelteleskope haben zwei große Vorteile: Sie produzieren keine Farbfehler und können von hinten gestützt werden, was den Bau von Großteleskopen ermöglicht. Refraktoren sammeln Licht über eine Linse, die das Bild auf einer Fotoplatte oder einem elektronisch-optischen Detektor abbildet.

GEMINI-8-M-REFLEKTOR
*Die zwei baugleichen Gemini-Teleskope auf Hawaii und in Chile werden von Astronomen aus sieben Ländern betrieben.*

## SPIEGEL

Teleskopspiegel werden aus Glaskeramik mit geringem Ausdehnungskoeffizienten gefertigt, poliert und mit einer dünnen Aluminiumschicht bedampft. Die Oberfläche muss extrem genau bearbeitet werden, damit es nicht zu unscharfen Abbildungen kommt.

### Strahlengang im Reflektor

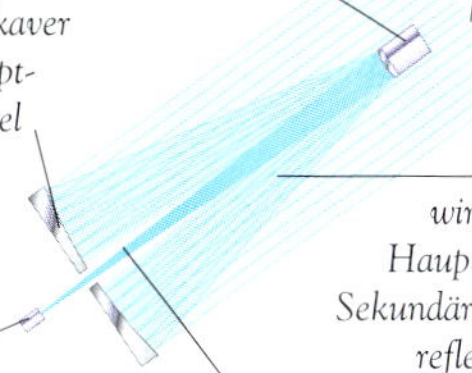


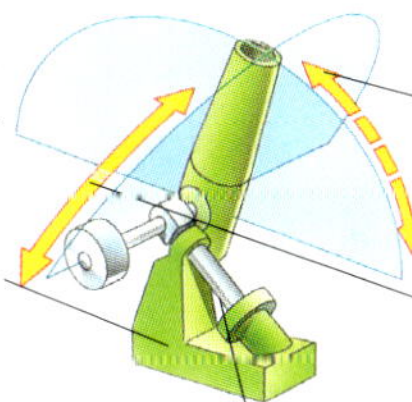


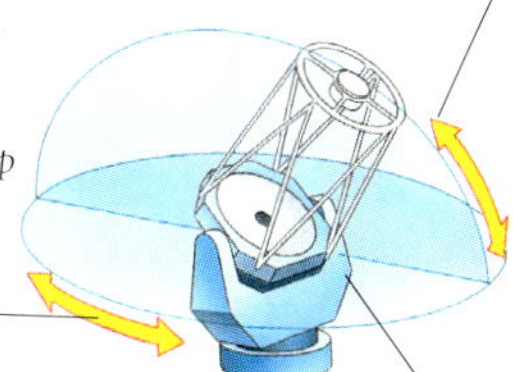


*Mit einer azimutalen Montierung können große Teleskope horizontal aufgestellt werden. Sie lassen sich auf- und abschwenken sowie hin- und herdrehen.*

### Montierungen

Die Montierung eines Teleskops ist fast genauso wichtig wie sein Spiegel. Sie trägt das gesamte Gewicht und führt das Instrument der täglichen Erddrehung nach, damit die Beobachtungsobjekte nicht aus dem Gesichtsfeld wandern. Bei Amateuren sind meist parallaktische, bei modernen Großteleskopen azimutale Montierungen am weitesten verbreitet. Sie sind computergesteuert.

# NEUE KONSTRUKTIONEN

JE GRÖSSER DER SPIEGEL eines Teleskops ist, desto mehr Licht kann es sammeln und umso mehr Details kann man erkennen. Bei Spiegeln von mehr als acht Metern Durchmesser stößt man an die Grenzen. Extrem große Spiegel sind sehr schwer zu transportieren und zu handhaben. Bei den größten erdgebundenen Teleskopen fand man geniale Lösungen für diese Probleme.

*Die Lichtsammelfläche des Keck-Spiegels ist 17-mal größer als die des Hubble-Weltraumteleskops.*

AKTIVE OPTIK

Beide Keck-Teleskope nutzen Systeme zur aktiven Optik, um Störungen durch das Gewicht des Spiegels oder den Wind auszugleichen. Die Spiegel sind computergesteuert, wobei jedes Segment zweimal pro Sekunde auf eine Genauigkeit von 1/1000 der Dicke eines Haares justiert wird. Daher verhalten sich die 36 Segmente wie eine einzige homogene Glasschicht.

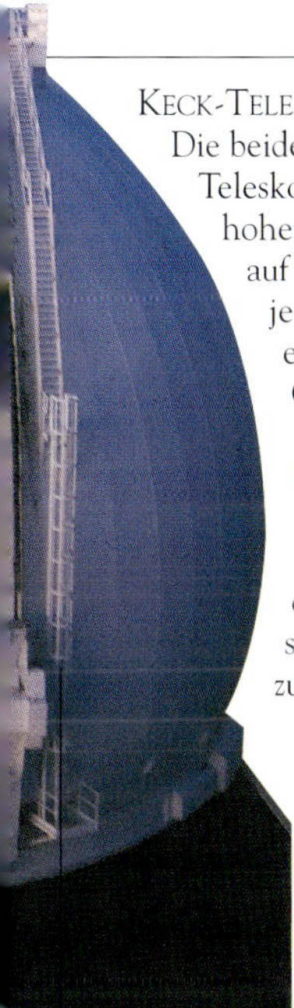

### Keck-Teleskope

Die beiden identischen Keck-Teleskope stehen auf dem 4.200 m hohen Gipfel des Mauna Kea auf Hawaii. Die Spiegel haben je 10 m Durchmesser. Ein einzelner Spiegel dieser Größe würde sich unter seinem Gewicht biegen. Daher ist jeder Spiegel aus 36 sechseckigen, 1,8 m breiten, 7,7 cm dicken und 400 kg schweren Segmenten zusammengesetzt.

*30 m hohe Kuppeln schützen die Keck-Teleskope, die allein 270 Tonnen wiegen und acht Stockwerke hoch sind.*

### Very Large Telescope

Das größte Fernrohr der Welt ist das Very Large Telescope (VLT) der europäischen Südsternwarte (ESO). Es besteht aus vier 8,2-m-Teleskopen die miteinander verbunden sind und so viel Licht sammeln können wie ein 16,4-m-Spiegel. Jedes ist eine Milliarde mal stärker als das bloße Auge.

*Der Drehspiegel sammelt Licht.*

*Der kleine Spiegel lenkt das Licht in die Aluminiumröhren.*

*Fester Teleskopspiegel zur Fokussierung des Lichts.*

### Optische Synthese

Das Cambridge Optical Aperture Synthesis Telescope (COAST) besteht aus fünf kleinen Spiegel-Teleskopen. Wie in der Radioastronomie wird ihr Licht vereint und ein Bild erzeugt, das von einem 100-m-Spiegel zu kommen scheint.

### Adaptive Optik

Die Bewegung der Atmosphäre verzerrt die Abbildung der Sterne. Mit adaptiver Optik erzeugt man mittels eines starken Lasers in der Nähe des zu beobachtenden Objekts einen künstlichen Stern in der oberen Atmosphäre. Ein Computer berechnet, wie stark dessen Bild verzerrt wird, und korrigiert einen beweglichen Spiegel entsprechend.

# UNGEWÖHNLICHE TELESKOPE

FAST UNSER GESAMTES Wissen über das ferne Universum stammt aus der Erforschung der Strahlung – Licht, Radiowellen, Infrarot-, Ultraviolett-, Röntgen- und Gammastrahlung. Aber im Kosmos gibt es noch viel exotischere Phänomene, die Informationen über die bizzarsten Ereignisse liefern.

### STÜRMISCHE ANFÄNGE

Bei einer heftigen Explosion im Weltraum könnte es sich um das Ende eines Sterns als Supernova handeln, um zwei kollidierende Neutronensterne oder um superheißes Gas, das in ein schwarzes Loch stürzt. Dabei entstehen alle Arten von Strahlung, aber auch exotische Teilchen.

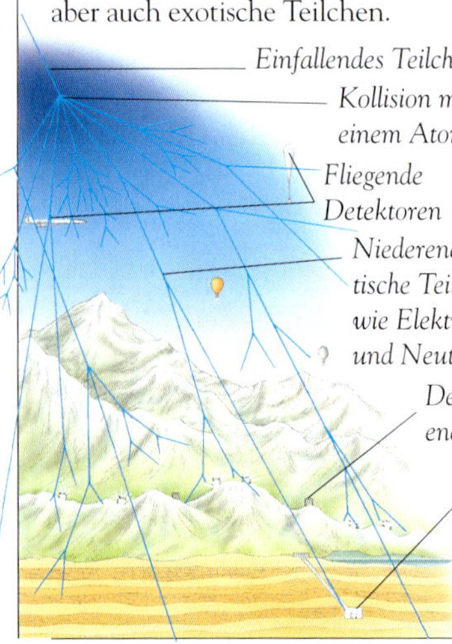


### KOSMISCHE STRAHLUNG

Obwohl sie so heißt, handelt es sich dabei nicht um Strahlung, sondern um Bruchstücke von Atomen, die bei gewaltigen Explosionen freigesetzt werden und mit Lichtgeschwindigkeit durch das All schwirren.

### KOSMISCHE LUFTSCHAUER

Trifft ein kosmisches Teilchen auf ein Atom der irdischen Hochatmosphäre, entstehen energiearme Teilchen. Diese regnen über mehrere Quadratkilometer herab.

Super-Kamiokande Neutrino Telescope in Japan

*Astronomen untersuchen im Schlauchboot den halb gefüllten Wassertank.*

*Der Detektor liegt tief unterirdisch, um andere Teilchenarten nicht mitzuerfassen.*

*Als Detektoren setzt man Glaskugeln ein, die einen Lichtblitz registrieren, wenn ein Neutrino durch den Tank fliegt.*

## Neutrinos

Die elektrisch neutralen und scheinbar masselosen Neutrinos durchdringen fast ungehindert Materie. Sie entstehen an den heißesten Orten wie den Sternzentren, bei Supernovae und beim Urknall. Neutrinoteleskope arbeiten oft mit einem riesigen Wassertank, um damit einen winzigen Bruchteil der durchfliegenden Neutrinos zu erfassen.

*Gravitationswellen breiten sich aus*

*Zukünftig wird die Sonde LISA (Laser Interferometry Space Antenna) Gravitationswellen messen.*

*Ankommende Wellen im Sonnensystem.*

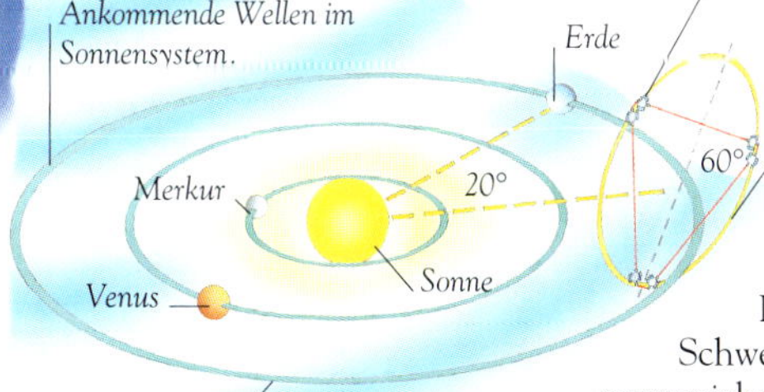


*Jeder von LISAs Armen ist fünf Millionen Kilometer lang.*

## Gravitationswellen

Nach Einsteins allgemeiner Relativitätstheorie krümmt die Schwerkraft der Sterne und anderer massereicher Objekte den Raum, so wie ein schwerer Ball eine Gummimembran verformt. Gewaltige kosmische Ereignisse führen zu plötzlichen lokalen Schwerkraftänderungen, so genannten Graviations-wellen – analog dem Rückstoß des Balls und der Entstehung von Wellen über die Membran hinweg. Diese werden von der LISA-Sonde gemessen.

# Analyse des Lichts

PROFIASTRONOMEN blicken selten direkt durch ein Teleskop. Das menschliche Auge ist kein ausreichend guter Detektor. Stattdessen wird bei Teleskopen das Licht in empfindliche elektronische Kameras geleitet und durch minuten- oder stundenlange Belichtung ein Bild erzeugt.

LICHTEMPFINDLICHE CHIPS

Faszinierende Bilder von Galaxien sehen wie Fotos aus, bestehen aber oft wie Fernsehbilder aus einzelnen Pixeln. Sie wurden mit Kameras gemacht, die einen lichtempfindlichen Chip, ein so genanntes Charge-Coupled Device (CCD), enthalten.

*Das CCD eines Großteleskops enthält 524 288 Pixel auf einer Fläche von Briefmarkengröße.*

CHARGE-COUPLED DEVICE (CCD)

Das CCD bildet das Kernstück der handelsüblichen Camcorder. Es ist ein dünner Chip aus Silizium mit einer lichtempfindlichen Oberfläche, die in tausende Pixel (Bildpunkte) unterteilt ist.

FARBSEHEN

Ein CCD liefert nur Schwarzweißbilder, jedoch lassen sich aus der Farbe wichtige Informationen wie die Sterntemperatur ablesen. Deshalb wird das Bild mit verschiedenen Filtern aufgenommen und die Bilder werden dann kombiniert. In der Astronomie setzt man genormte Grün-, Blau- und Rotfilter ein.

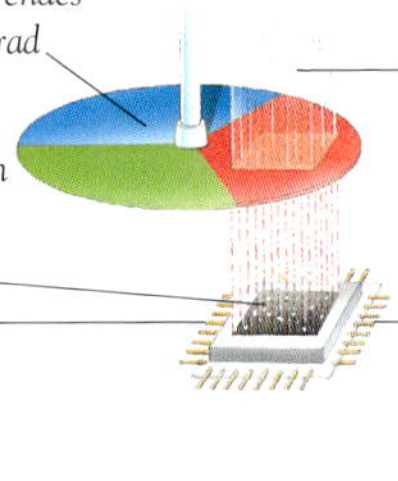


*Das CCD wird mit jedem Filter einmal belichtet.*

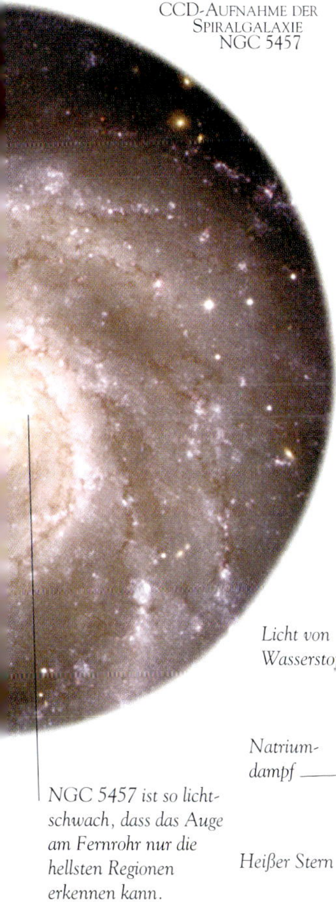


CCD-Aufnahme der Spiralgalaxie NGC 5457

## Spektroskopie

Licht ist ein Gemisch aus unterschiedlichen Wellenlängen, die jeweils anderen Farben entsprechen. Die kürzesten Wellenlängen erscheinen violett, die längsten rot. In der Spektroskopie verwendet man zur Aufspaltung des Lichts ein Prisma oder ein Gitter. Das Spektrum zeigt bei unterschiedlichen Wellenlängen helle oder dunkle Linien, mit denen man chemische Elemente identifizieren und Temperaturen bestimmen kann.

# INFORMATIONEN AUS DEM ALL

DURCH DAS SAMMELN und Studieren des Sternenlichts lernen wir etwas über die sichtbaren und unsichtbaren Teile des Universums. Das sichtbare Licht ist nämlich nur ein kleiner Teil des elektromagnetischen Spektrums, das alle Arten von Strahlung umfasst.

ATMOSPHÄRISCHER SCHILD
Die Atmosphäre absorbiert einen Teil der ankommenden Radiowellen: Gammastrahlen, Röntgenstrahlen und die meiste ultraviolette (UV) Strahlung. Nur das sichtbare Licht, einige Infrarot- und UV-Strahlung sowie einige Radiowellen erreichen die Erde.

INFORMATIONSSPEKTRUM
Elektromagnetische Strahlung reist in verschiedenen Wellenlängen (die Entfernung zwischen den einzelnen Wellenbergen) durch das All. Gammastrahlen sind am kürzesten, danach kommen die Röntgenstrahlen usw. Das sichtbare Licht nimmt nur einen winzigen Teil des Spektrums ein.

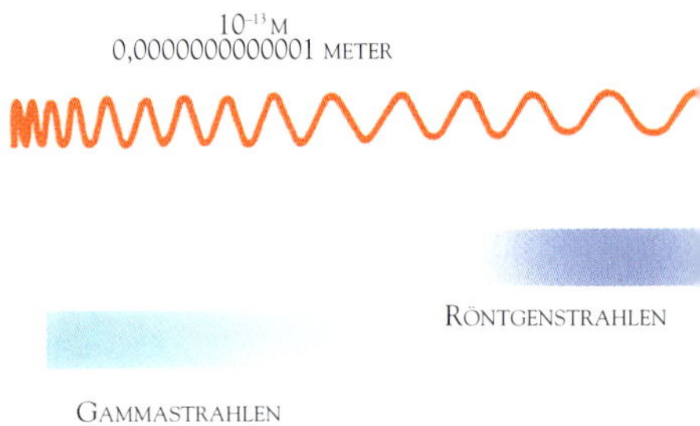

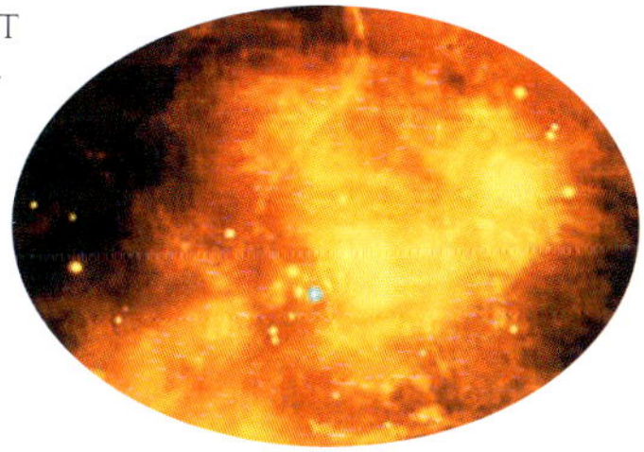

DER KREBS-NEBEL IM INFRAROTLICHT
Der Krebs-Nebel – Überrest einer Supernovaexplosion im Jahre 1054 n. Chr. – strahlt eine große Bandbreite von Radiowellen ab. Im Infrarotlicht sieht er wie eine riesige Wolke aus. Die roten Bereiche sind die kühleren Teile des Nebels.

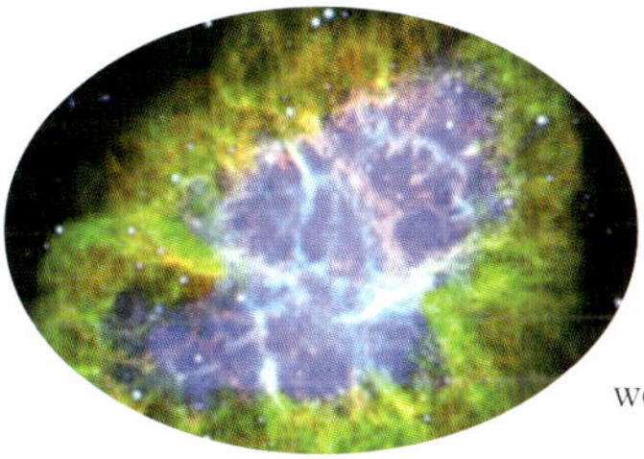

DER KREBS-NEBEL IM SICHTBAREN LICHT
Im sichtbaren Licht kann man erkennen, wie sich nach der Explosion Filamente aus heißem Gas im All ausbreiten. Das blaue Leuchten entsteht durch schnelle Teilchen, die durch das starke Magnetfeld des Nebels weiter beschleunigt werden.

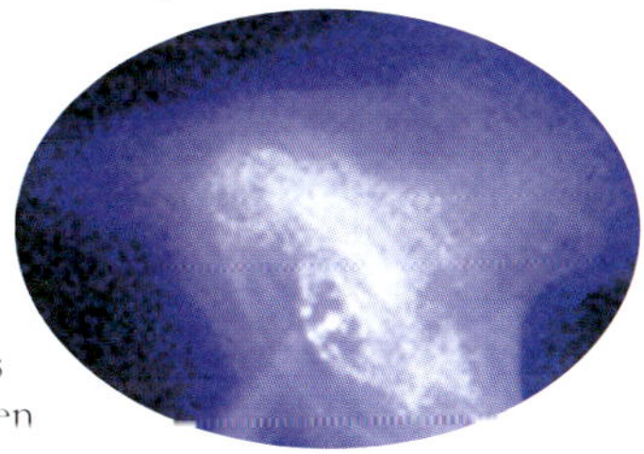

DER KREBS-NEBEL ALS RÖNTGENBILD
Ein Röntgenbild enthüllt die Quelle des Magnetfeldes: ein schnell rotierender Pulsar im Herzen des Nebels. Dieser ist von hochenergetischen Partikeln umgeben, die sich spiralförmig um die Linien seines Magnetfelds bewegen

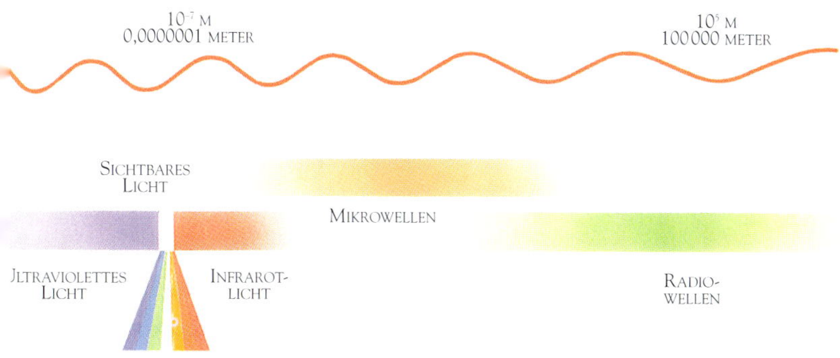

# BILDER AUS DEM WELTALL

DIE MEISTEN Informationen, die die Astronomen durch ihre Instrumente erhalten, erfolgen in Form von Bildern. Sie werden mit normalen oder Digitalkameras aufgenommen und in Computern gespeichert und bearbeitet.

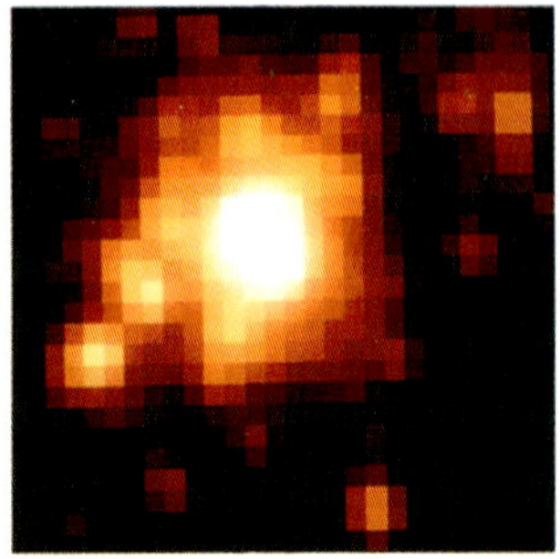

PIXELIGE ANSICHT
Digitalkameras machen Aufnahmen mit einem Raster von winzigen Bildpunkten (Pixeln). Dieses Bild eines weit entfernten, lichtschwachen Sternhaufens wurde von der Erde aus aufgenommen. Man braucht schon ein geübtes Auge, um das Bild als Sternhaufen zu erkennen.

CHEMISCHE FOTOKARTE DES MARS
Diese Aufnahme der Marsoberfläche wurde mit Daten erstellt, die mit einem Neutronenspektrometer an Bord der Mars-Sonde Odysseus gesammelt wurden. Sie ist farbcodiert, um die Wasserstoffkonzentration im Boden aufzuzeigen. Dunkelblaue Bereiche enthalten den meisten Wasserstoff, während rote Bereiche am wenigsten Wasserstoff enthalten.

*Der Boden in Polnähe kann bis zu 50 % Wassereis enthalten.*

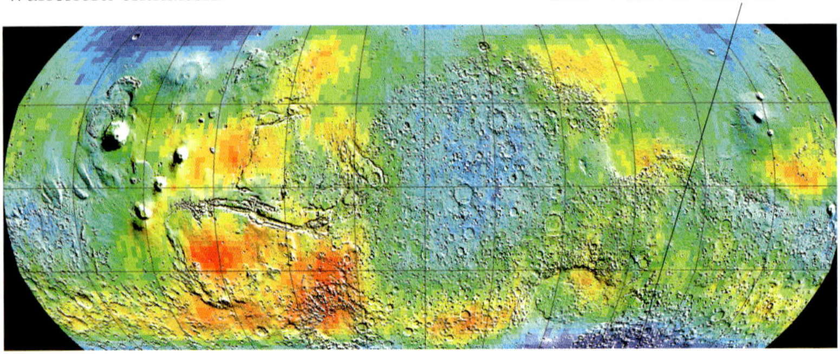

FALSCHFARBENDARSTELLUNG
Es gibt verschiedene Techniken zur Analyse von Bildinformationen. Eine der wichtigsten ist die Falschfarbendarstellung. Saturn hat auf normalen Fotos eher gedeckte Farben. Dieses Bild wurde farbcodiert, um die Streifenbildung in der oberen Atmosphäre des Planeten zu betonen.

EINFÄRBUNG DER SONNE
Diese Falschfarben-Infrarotaufnahme des TRACE-Satelliten zeigt Plasma, das auf der Sonnenoberfläche explodiert und sich entlang der Schleifen des Magnetfelds der Sonne ausbreitet. Die Farben stehen für unterschiedliche Temperaturen. Mit 15 Millionen °C sind die roten Bereiche am heißesten.

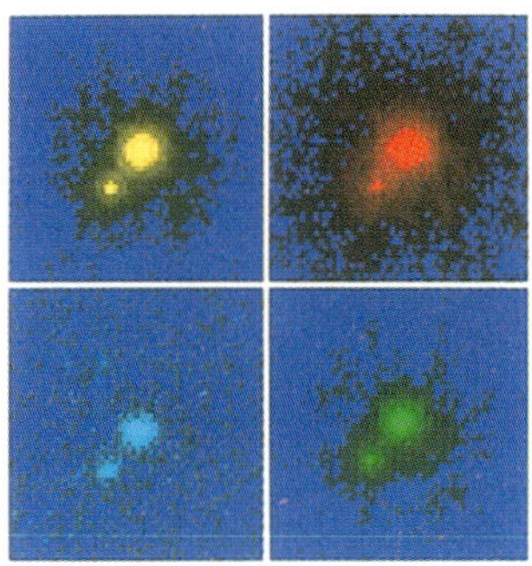

VERBINDUNG VON SERIENAUFNAHMEN
Aufnahmen aus dem All werden oft durch eine Reihe von Farbfiltern gemacht. Das Objekt wird der Reihe nach durch jeden Filter fotografiert. Die Ergebnisse werden kombiniert. So erhält man ein viel vollständigeres Bild. Diese Serie wurde mit dem Hubble-Weltraumteleskop aufgenommen. Sie zeigt Pluto und seinen Mond Charon.

SUPERNOVAÜBERREST
Die Kombination aus Infrarot- und Röntgenstrahlung sowie sichtbarem Licht betont Cassiopeia A.

# INFRAROTASTRONOMIE

WENN UNSERE AUGEN für Infrarotstrahlung empfänglich wären, würde uns der nächtliche Himmel ganz anders erscheinen: Er wäre erfüllt mit leuchtenden kosmischen Wolken und fernen Galaxien, die von neu entstandenen Sternen aufgehellt sind. Wir könnten junge Sterne und das Milchstraßenzentrum sehen, das normalerweise hinter Staubwolken verborgen ist.

LAGE IM ELEKTROMAGNETISCHEN SPEKTRUM

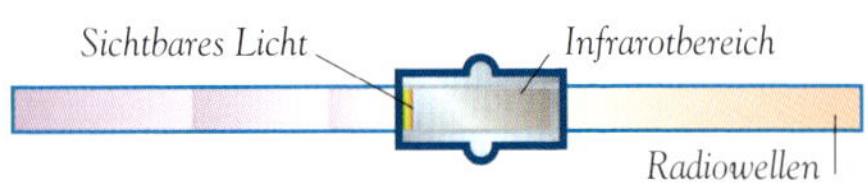


## INFRAROTBEREICH

Wie der Name schon vermuten lässt, liegt der Infrarotbereich gleich hinter dem roten Rand des sichtbaren Spektrums. Er nimmt einen weit größeren Teil des elektromagnetischen Spektrums ein als das sichtbare Licht: Infrarot reicht von 700 nm bis 1 mm, wo der Radiowellenbereich beginnt. Infrarotstrahlung wird in vier Bereiche unterteilt: naher, mittlerer und ferner Infrarotbereich sowie Submillimeterbereich. IR-Beobachtungen stellen immer einen Wettkampf mit der Erdatmosphäre dar, in der Kohlendioxid und Wasserdampf die Infrarotstrahlung absorbieren.

Flüssiges Helium kühlt eine Infrarotkamera auf -270°C ab.

ERDGEBUNDENE TELESKOPE

Infrarot-Teleskope ähneln optischen Teleskopen: Moderne Reflektoren sind so konstruiert, dass man damit sowohl im infraroten als auch im sichtbaren Licht beobachten kann. Eine IR-Kamera braucht jedoch Kühlung, damit ihre Wärme nicht die schwache IR-Strahlung aus dem Weltraum überdeckt.

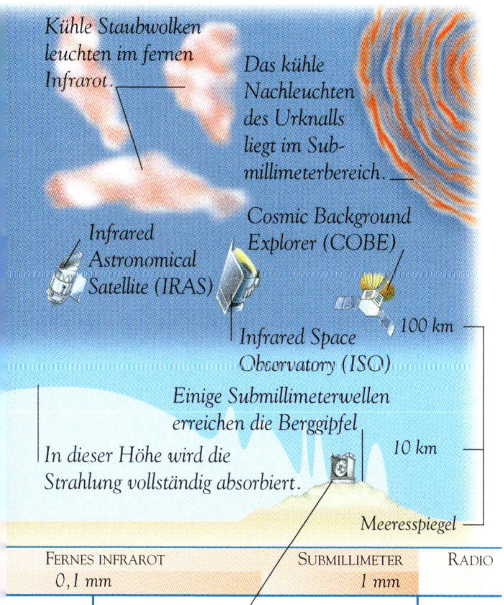


Submillimeter-teleskope sehen wie kleine, hochpräzise Radioteleskope aus.

*Im visuellen Bereich sieht man im Sternbild Orion sieben helle Sterne, welche die Figur des Jägers bilden.*

*Die Aufnahme des Infrared Astronomical Satellite (IRAS) zeigt in der gleichen Region riesige, kühle Staubwolken.*

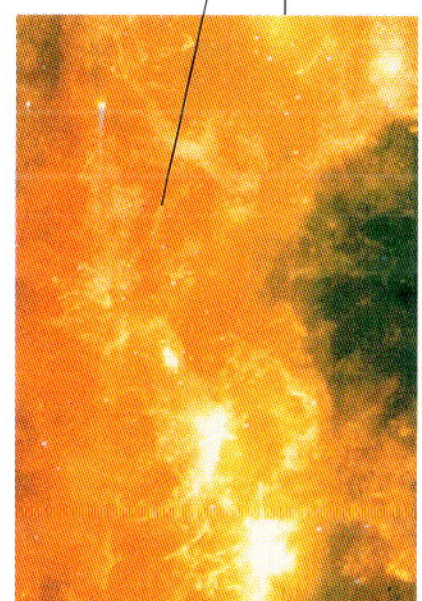

INTERSTELLARE WOLKEN IM ORION

Mit Infrarot-Teleskopen erkennt man kühle Materie, etwa Staub- und Gaswolken, die sich über hunderte Lichtjahre im Sternbild Orion ausdehnen. Ihre Temperatur liegt bei ca. -200°C (rote Gebiete im IRAS-Bild). In den dichteren Regionen werden Staub und Gas von den neu entstandenen Sternen auf etwa 1000°C aufgeheizt (weiße Gebiete). In optischen Teleskopen erscheinen diese Wolken nur als dunkle Silhouetten. Die sichtbaren Sterne sind zu heiß, um im Infraroten zu strahlen.

# ULTRAVIOLETTASTRONOMIE

UM DIE HEISSESTEN STERNE – 50-mal heißer als unsere Sonne – untersuchen zu können, nutzt man die Ultraviolettstrahlung. Ein über 10000°C heißer Stern leuchtet am stärksten im Ultraviolettbereich. Hier erkennt man auch, wie die heißen, im Visuellen unsichtbaren Gaswolken zwischen den Sternen aussehen. Uns schützt die Ozonschicht vor der Ultraviolettstrahlung, den Astronomen verwehrt sie den Blick auf die Quellen der Strahlung.

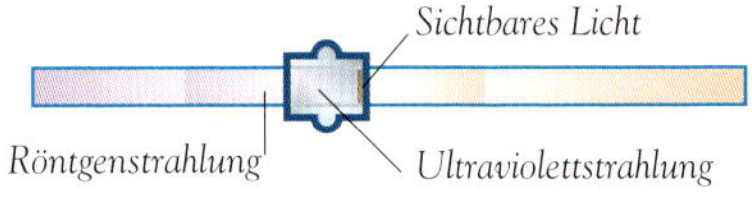


LAGE IM ELEKTROMAGNETISCHEN SPEKTRUM

ULTRAVIOLETTER WELLENLÄNGENBEREICH
UV-Strahlung hat kürzere Wellenlängen als das sichtbare Licht. Sie erstreckt sich vom violetten Ende des sichtbaren Spektrums (390 nm) bis zum Beginn des Röntgenbereichs (10 nm). Der Bereich zwischen 10 und 91 nm wird extremes Ultraviolett genannt. UV-Teleskope müssen oberhalb der Erdatmosphäre fliegen. Sauerstoff- und Stickstoffatome in der Hochatmosphäre absorbieren die kürzeren UV-Wellen, während die Ozonschicht in 10–50 km Höhe die anderen Wellenlängenbereiche blockt.

### Leuchtendes Gas in der Sonnenatmosphäre

Eine Sonnenaufnahme im extremen UV-Bereich zeigt eine dünne, strukturreiche, leuchtende Gasschicht. Mittels Falschfarbentechnik werden die verschiedenen Helligkeiten sichtbar. Die Oberfläche ist mit 5500°C zu kühl, aber die 100 000°C heiße Chromosphäre strahlt im UV-Bereich.

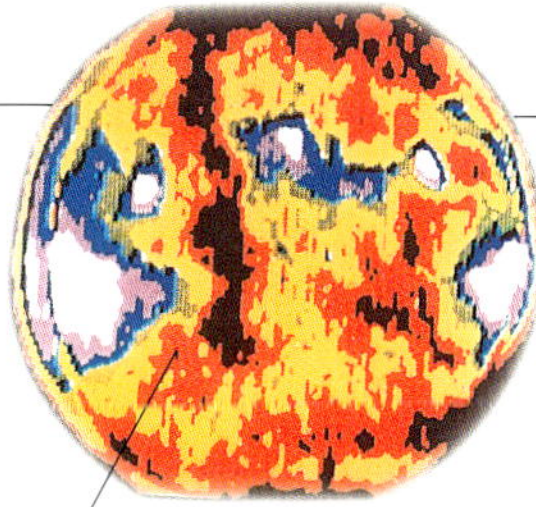

*Das im UV-Bereich am schwächsten leuchtende Gas ist rot dargestellt, das am stärksten leuchtende weiß.*

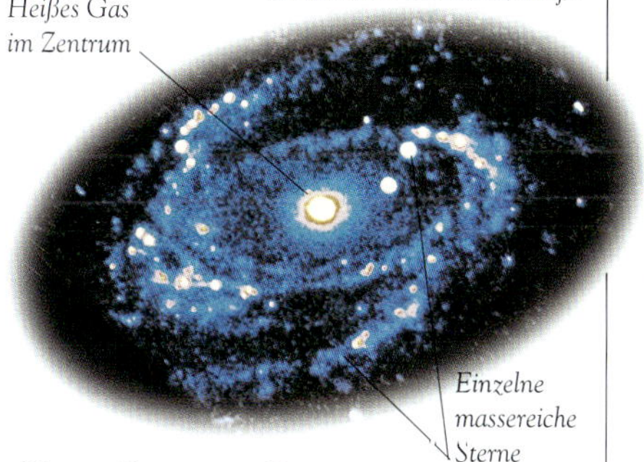


### Heisse Sterne in Galaxien

Spiralgalaxien erscheinen im UV-Bereich, wo nur die heißesten Sterne sichtbar sind, am eindrucksvollsten. Hier sieht man eine Aufnahme des Astro-Teleskops von der 12 Millionen Lichtjahre entfernten Galaxie M81.

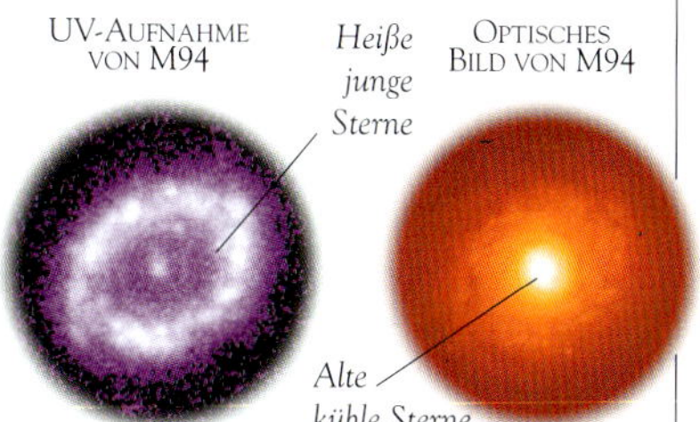


### Starburst-Galaxie

Die UV-Aufnahme von M94 zeigt eine völlig andere Struktur als das optische Bild. Statt der zentralen Verdickung gibt es hier einen gigantischen Ring aus heißen jungen Sternen.

# Röntgenastronomie

Im Röntgenbereich sieht der Himmel völlig fremdartig aus. Er ist voll von großen, leuchtenden Gaswolken und ungewöhnlich veränderlichen Röntgensternen. Röntgenstrahlen haben sehr kurze Wellenlängen und sind sehr energiereich. Sie werden nur von Objekten emittiert, die mehr als eine Million Grad heiß sind. Starke Röntgenquellen sind Supernovareste und z.B. das Pulsare umgebende heiße Gas.

## Röntgenspektrum

Röntgenstrahlen sind sehr energiereiche elektromagnetische Strahlen mit Wellenlängen zwischen 0,01 und 10 nm, also viel kürzer als beim sichtbaren Licht. Die kurzwelligsten Strahlen sind die energiereichsten. Röntgenstrahlen können auf der Erde durch vieles hindurchdringen – in der Medizin nutzt man sie, um das Körperinnere sichtbar zu machen. Die Hochatmosphäre absorbiert jedoch alle aus dem Weltall ankommenden Röntgenstrahlen.

RÖNTGENTELESKOPE
Röntgenstrahlen sind schwer zu fokussieren, da sie von herkömmlichen gekrümmten Spiegeln absorbiert werden. Man kann sie nur reflektieren, wenn sie in sehr flachem Winkel auf eine Metalloberfläche auftreffen. In Röntgenteleskopen verwendet man daher hochpolierte, konische Metallzylinder zur Fokussierung.

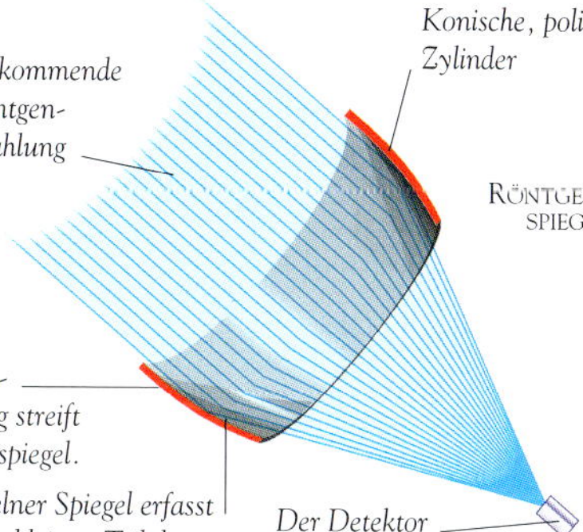


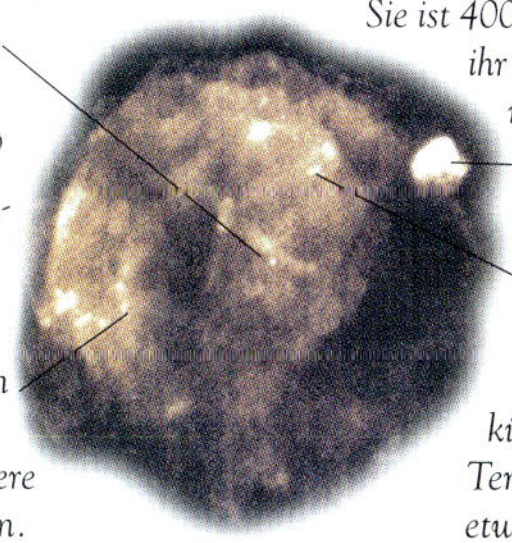


ROSAT-BILD DES VELA-SUPERNOVA-ÜBERRESTS

SUPERNOVAÜBERRESTE
Vor ca. 11 000 Jahren explodierte in 1500 Lichtjahren Entfernung eine Supernova im Sternbild Vela. In ihrem Maximum muss sie sogar den Vollmond überstrahlt haben. Heute ist nur noch eine riesige heiße Gaswolke mit 140 Lichtjahren Durchmesser übrig. Mit optischen Teleskopen ist sie kaum zu sehen, mit Rosats Röntgenteleskop sieht man jedoch das stellenweise immer noch 8 Millionen°C heiße Gas.

ROSAT-BILD DES MONDES
In diesem schemenhaften Bild ist die rechte Mondhälfte hell, da sie von den Röntgenstrahlen der Sonne erleuchtet wird. Die dunkle Seite ist als Silhouette vor dem Röntgenhintergrund erkennbar: Jeder Punkt ist ein einzelnes Röntgenquant von einer fernen Galaxie.

# GAMMA-ASTRONOMIE

DIE GAMMASTRAHLUNG verrät die extremsten Regionen des Universums wie Pulsare, Quasare und schwarze Löcher. Sie besitzt die kürzesten Wellenlängen und den höchsten Energiegehalt. Gammastrahlung wird durch radioaktive Atome und durch Materie-Antimaterie-Vernichtung erzeugt. Die Gammaastronomie steht noch ganz am Anfang.

TSCHERENKOW-DETEKTOREN
Gammastrahlen erreichen die Erdoberfläche nicht, aber man kann sie mit Geräten nachweisen. Ein Tscherenkow-Detektor sucht nach verräterischen Lichtblitzen in der Atmosphäre.

*nm = Nanometer*

LAGE IM ELEKTROMAGNETISCHEN SPEKTRUM

GAMMASPEKTRUM
Selbst die größten Gammawellenlängen, die an die Röntgenstrahlung grenzen, sind kleiner als Atome. Es gibt keine untere Grenze für die Wellenlänge von Gammastrahlen: Die kürzeste gemessene Wellenlänge ist eine Billiarde mal kleiner als die des sichtbaren Lichts. Solch kurzwellige Gammastrahlung ist ungewöhnlich, da derart energiereiche Objekte im Universum extrem selten sind. Kosmische Gammastrahlung wird in der Erdatmosphäre absorbiert.

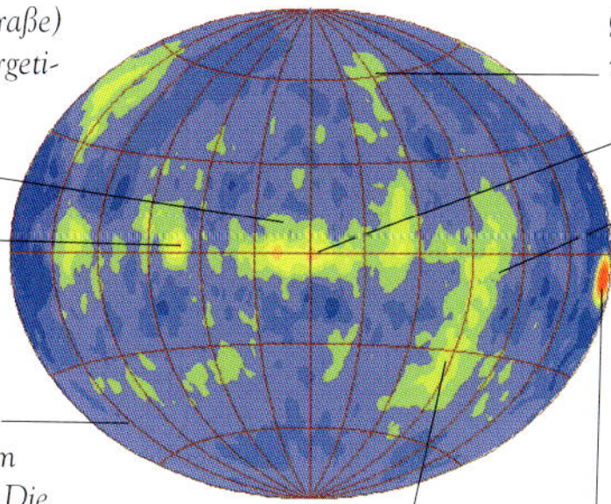


## Der Himmel im Gammalicht

Der Himmel sieht im Gammabereich vollkommen anders aus. Es sind nicht die normalen Sterne und Sternbilder zu sehen. Stattdessen erstrecken sich riesige leuchtende Gaswolken über das Blickfeld. Dazwischen liegen helle Punkte, die zeitweise aufblitzen. Einige davon sind Pulsare mit regelmäßig auftretenden Blitzen. Andere, Gammabursts genannt, leuchten nur wenige Sekunden lang hell auf und überstrahlen alles.

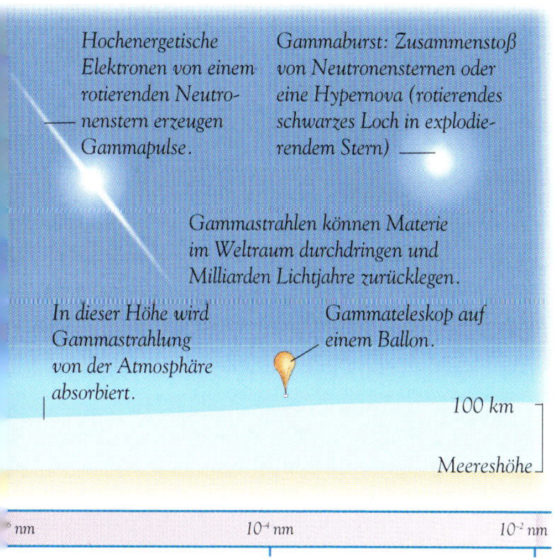


### Gammadetektor mit codierten Masken

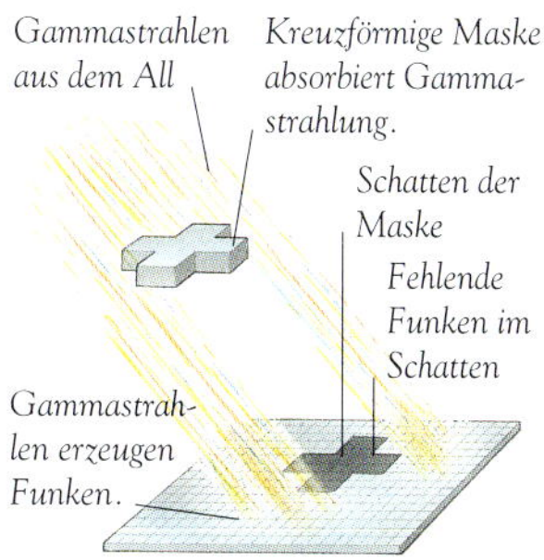


## Codierte Masken

Wenn sie einer Gammstrahlenquelle ausgesetzt wird, wirft eine codierte Maske an der Stelle Schatten, an der keine Gammastrahlen festgestellt werden. So lässt sich die Position der Gammaquelle feststellen.

# DAS WELTALL ENTDECKEN

# TELESKOPE IM WELTALL

DURCH TELESKOPE, die in der Umlaufbahn der Erde platziert wurden, haben die Astronomen eine viel bessere Sicht. Sie können tief ins All schauen und Informationen in Wellenlängen sammeln, die sonst von der Erdatmosphäre absorbiert werden.

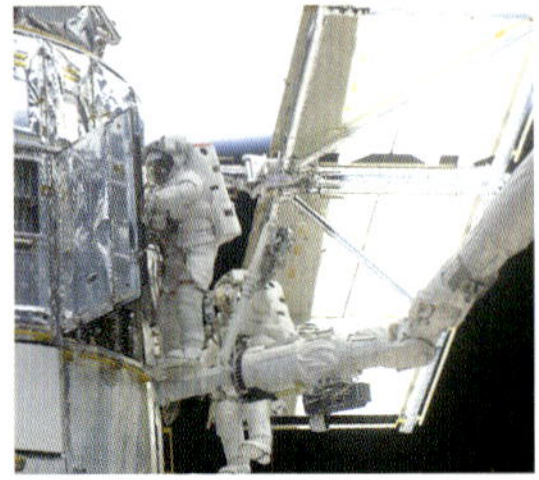

TELESKOPE IM ORBIT
Zwei Astronauten aus dem Spaceshuttle Columbia reparieren im Jahr 2002 das Hubble-Teleskop.

HUBBLE-TELESKOP IM ORBIT

DAS AUGE IM ORBIT
Das Hubble-Teleskop verwendet einen großen Spiegel, um Licht einzufangen. Dieses wird dann von einem weiteren Spiegel in eines der Instrumentenpakete oder eine hochauflösende Kamera an Bord gelenkt.

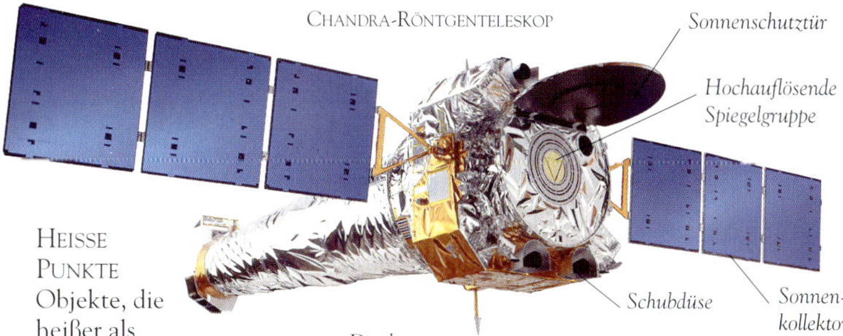

CHANDRA-RÖNTGENTELESKOP

## HEISSE PUNKTE

Objekte, die heißer als 1 Million°C sind, senden Röntgenstrahlen aus. Röntgenteleskope wie Chandra ermöglichen es Wissenschaftlern, die heißen Punkte im Universum zu finden. Dabei werden spezielle Spiegel verwendet, da normale Spiegel Röntgenstahlen nicht reflektieren.

GAMMASTRAHLEN-OBSERVATORIUM INTEGRAL

## RICHTUNGSSUCHE

Gammastrahlen kann man zur Suche nach der Richtung und Intensität ihrer Quelle benutzen. Das Gammastrahlen-Observatorium Integral, das 2002 gestartet wurde, soll Objekte wie schwarze Löcher, Pulsare und Quasare erforschen.

HERSCHEL-WELTRAUM-OBSERVATORIUM

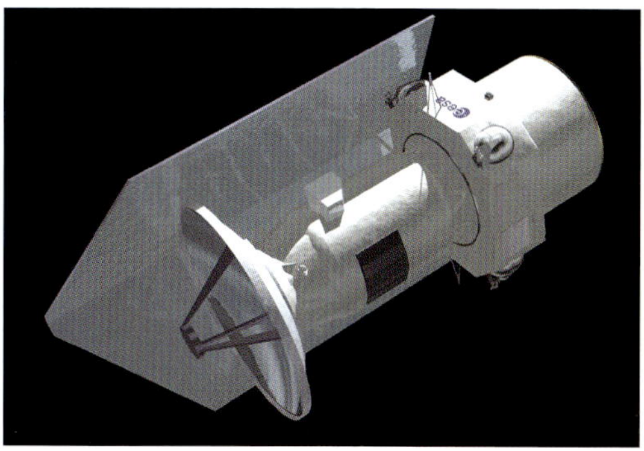

## INFRAROT-INITIATIVE

Das Herschel-Weltraumobservatorium, ein Infrarot-Teleskop in der Erdumlaufbahn, soll 2007 gestartet werden. Es soll das Universum in einem IR-Bereich erforschen, der bisher noch nicht studiert wurde.

# RAKETEN

SATELLITEN, SONDEN und Astronauten werden mit Raketen in den Weltraum befördert. Es gibt zwei verschiedene Arten: die normalen, großen Raketen, die aus einzelnen Stufen bestehen und die neueren Spaceshuttles, die mit der Hilfe von gewaltigen Startraketen starten. Bei seiner Rückkehr landet das Spaceshuttle wie ein Flugzeug.

START
Eine Sojus-Fregat-Rakete startet von ihrer Abschussrampe. Ihre Triebwerke verbrennen tausende Liter Treibstoff pro Sekunde.

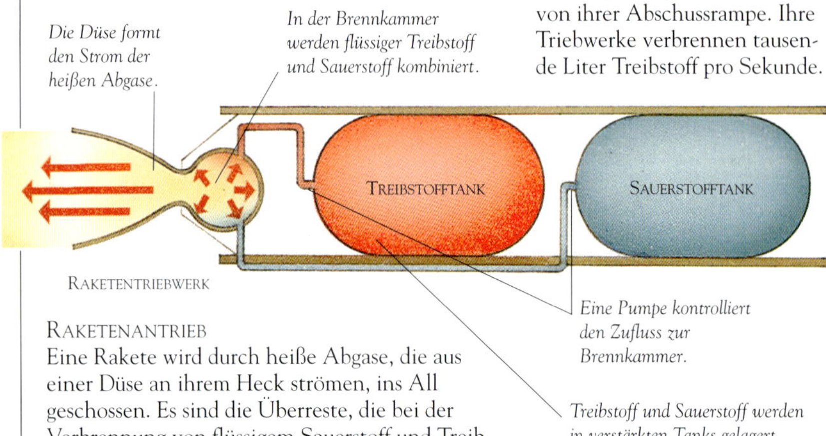


RAKETENANTRIEB
Eine Rakete wird durch heiße Abgase, die aus einer Düse an ihrem Heck strömen, ins All geschossen. Es sind die Überreste, die bei der Verbrennung von flüssigem Sauerstoff und Treibstoff in einer Brennkammer entstehen. Durch ihren eigenen Sauerstoffvorrat kann die Rakete auch im Vakuum des Weltalls funktionieren.

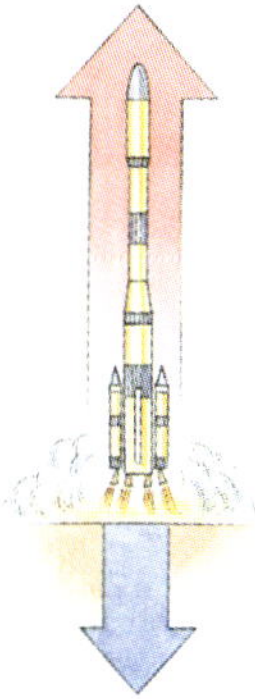

**Fluchtgeschwindigkeit**
Eine Rakete wird – wie jedes andere Objekt – durch die Schwerkraft auf der Erdoberfläche gehalten. Um diesem Effekt zu entgehen und ins All vorzudringen benötigt die Rakete ein Geschwindigkeit von 40 000 km/h. Das ist die Fluchtgeschwindigkeit der Erde. Auf dem Mond, wo die Schwerkraft nur 1/6 der Erdschwerkraft ist, beträgt die Fluchtgeschwindigkeit „nur“ 8600 km/h.

**Wieder verwendbares Raumfahrzeug**
Ein langer Abgasschweif markiert den Start einer weiteren Shuttlemission. Im Gegensatz zu normalen Raketen ist das Spaceshuttle wieder verwendbar. Die riesigen Startraketen werden zwei Minuten nach dem Start abgesprengt und geborgen. Die Triebwerke des Shuttles befördern es nun in die Umlaufbahn. Dort wird es mittels kleiner Schubraketen gesteuert.

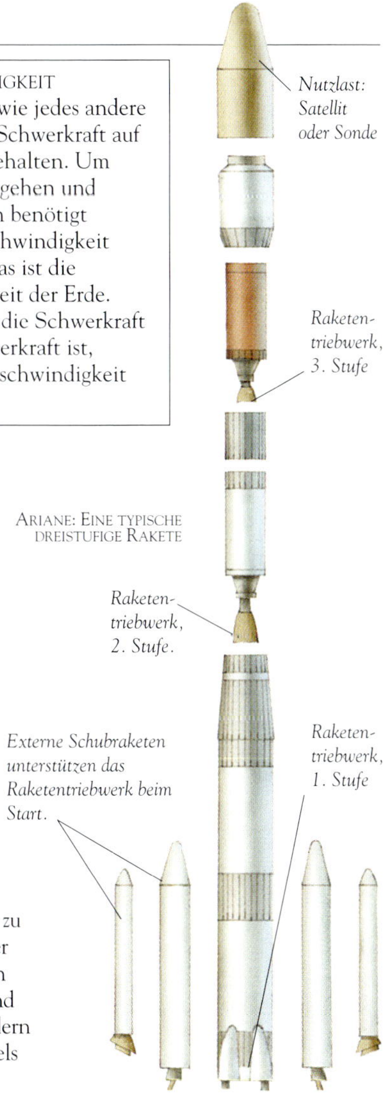


Ariane: Eine typische dreistufige Rakete

# Raketenantrieb

Zu Beginn des Weltraumzeitalters neigten die Raketen eher dazu, als Feuerball zu enden oder vom Kurs abzuweichen, als die vorhergesehene Umlaufbahn zu erreichen. Heute sind sie zuverlässiger, da die Technik und der Treibstoff weitestgehend optimiert wurden.

*Der externe Treibstofftank trennt sich vom Orbiter ab, wenn er die Umlaufbahn fast erreicht hat.*

*Die Feststoffraketen brennen nur etwa zwei Minuten und können nicht gestoppt werden.*

*Die Schubkraft der Booster kann reduziert werden, wenn man die Abgase durch seitliche Löcher ableitet.*

*Spezielle Vorrichtungen verbinden den Orbiter mit den Boostern.*

*Der Orbiter hat zum Manövrieren kleine Triebwerke mit Flüssigtreibstoff an Bord.*

*Die Form der Düse bestimmt die Freisetzung der Abgase und damit den Wirkungsgrad der Raketen.*

*Die Feststofftriebwerke erzeugen Rauch.*

*Die drei Haupttriebwerke müssen den starken Vibrationen der Booster standhalten.*

*Als Verbrennungsprodukt entweicht eine fast unsichtbare Wasserdampfwolke.*

### Treibstoff des Spaceshuttles

Beim Start macht der Treibstoff fast 90 % des Gesamtgewichts aus. Es werden flüssige und feste Brennstoffe eingesetzt. Der externe Tank enthält flüssigen Wasserstoff und getrennt davon flüssigen Sauerstoff, der für die Verbrennung benötigt wird. Etwa 470 kg Treibstoff werden pro Sekunde zu jedem der drei Haupttriebwerke befördert.

## Fester Raketentreibstoff

Der Treibstoff in Feststoffraketen ist zu Kügelchen geformt, die sowohl das Oxidationsmittel als auch den Brennstoff enthalten. Die Art, wie der Treibstoff in die Ummantelung gepackt ist, bestimmt, wie die Energie freigesetzt wird. Beim neutralen Brennen brennt die Oberfläche gleichmäßig ab. Wird die brennende Oberfläche allmählich größer, nennt man das „progressives Brennen". Nimmt die brennende Oberfläche ab, nennt man es „regressives Brennen".

Neutrales Brennen

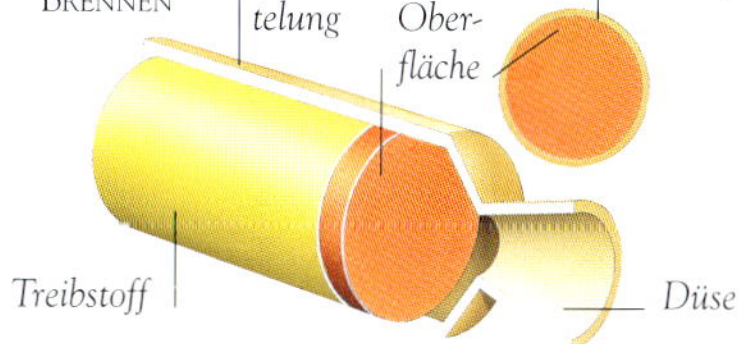


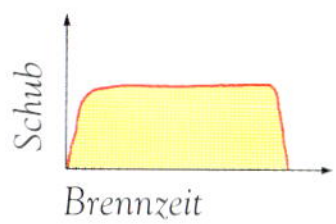


*Konstanter Schub: Der Treibstoff ist wie bei einem Feuerwerkskörper in eine Ummantelung gepackt.*

Progressives Brennen

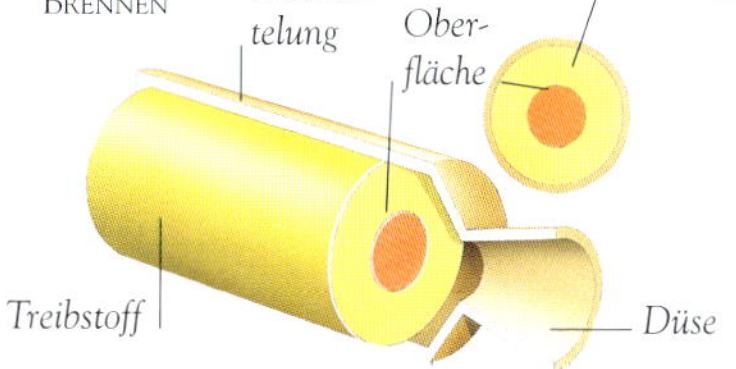


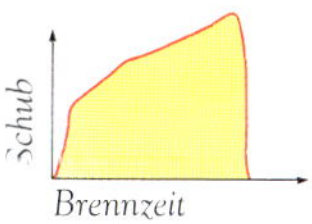


*Zunehmender Schub: Der Treibstoff ist so gepackt, dass in der Mitte eine Röhre freibleibt. Beim Abbrennen wird die Brennoberfläche größer.*

Regressives Brennen

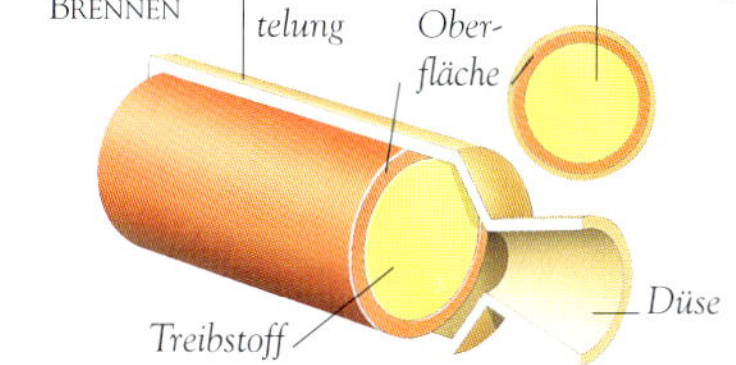


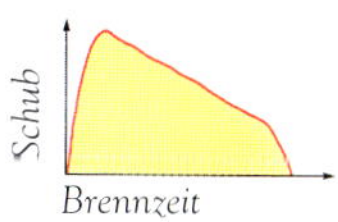


*Abnehmender Schub: Der Treibstoff sitzt wie ein lockerer Stab in der Ummantelung.*

## Flüssigtreibstoff

Der Siedepunkt von flüssigem Sauerstoff liegt bei -183°C. Bei dieser Kälte bricht Metall und Gummi wird spröde. Flüssiger Wasserstoff verdampft bei -253°C. Solch niedrige Temperaturen erschweren die Handhabung, erhöhen aber den Wirkungsgrad des Treibstoffs.

*In der Brennkammer werden flüssiger Sauerstoff und Wasserstoff gemischt und verbrannt.*

# Start ins Weltall

## Zuverlässigkeit, Kosten und technische Möglichkeiten sind die wichtigsten Faktoren bei der Frage, welches Startgefährt eine Sonde ins All bringen soll. Schwere Transportraketen setzt man vorwiegend zum Start von interplanetaren Raumsonden ein oder für Satelliten, die in eine geostationäre Umlaufbahn gebracht werden sollen.

*Proton bringt große Satelliten wie Asiasat HSG-1 in niedrige Erdumlaufbahnen. Asiasat überträgt Fernseh- und Telefonsignale.*

### Schwere Transportraketen

Die russische Proton-Rakete und die europäische Ariane 5 kann man sich als Raketen mit starken Muskeln vorstellen. Sie können 20 Tonnen – das entspricht 20 Autos – in eine niedrige Erdumlaufbahn bringen. Für solche Starts ist Proton mit drei Brennstufen ausgerüstet. Es gibt eine vierstufige Version zum Start von interplanetaren Sonden.

### Trägerflugzeuge

Ein Flugzeug des Typs L1011 Stargazer setzt eine Pegasus-Rakete in einer Höhe von 12,2 km über dem offenen Meer ab. Nach fünf Sekunden zündet die erste von drei Stufen. Zehn Minuten später ist die Nutzlast im Orbit.

### „Arbeitstiere“ unter den Raketen

Die Delta-Raketen bringen seit 1960 Satelliten ins All. Delta II kann 1,8 Tonnen in einen Zwischenorbit für die geostationäre Umlaufbahn befördern. Wegen ihrer Zuverlässigkeit bezeichnet man die Delta-Raketen auch als die „Arbeitstiere“ unter den Raketen. Delta III kann acht Tonnen in niedrige Erdorbits bringen oder vier Tonnen in Zwischenorbits für die geostationäre Umlaufbahn.

*Delta-Raketen bringen große Satelliten wie Thor III in den Orbit.*

*Long-March-Raketen haben kleine Satelliten wie das Asia Pacific Mobile Telecommunications System in den Orbit befördert.*

### Herausforderungen

Raumfahrzeuge sind komplex. Ein winziger Fehler kann eine viele Millionen Dollar teure Mission zerstören. Nahezu alle Startaufträge ergehen an Gesellschaften (üblicherweise in den USA, Russland, Europa oder Japan), welche die meiste Erfahrung mit Weltraumtechnologie haben.

# RAUMFAHRTZENTREN

RAUMFAHRTZENTREN SIND Schleusen in den Weltraum. Manche sind kleine, andere wiederum riesige, teure Anlagen, die sich über viele Hektar erstrecken. Die größten Weltraumbahnhöfe haben zahlreiche Startrampen. In den Wochen vor einem Start bauen die Ingenieure die Rakete in mehrstöckigen Hallen zusammen. Danach rollen riesige Plattformen mit der fertigen Rakete zur Startrampe. In der Umgebung befinden sich das Kontrollzentrum, große Treibstofftanks, Wetter- sowie Bodenstationen, von denen aus die erste Flugphase verfolgt wird.

KENNEDY SPACE CENTER
Das 56.600 Hektar große Kennedy Space Center in Cape Canaveral ist der Startplatz der NASA für das Spaceshuttle. Die 4,5 km lange Landebahn wird vor einer Landung nach Alligatoren abgesucht.

*Das Raumfahrtzentrum Alcantara in Brasilien ist das jüngste der Welt.*

## Raumfahrtzentrum Kourou

In Kourou starten Arianespace und die europäische Raumfahrtbehörde ihre Satelliten. Die äquatornahe Lage ist günstig für die Platzierung von Satelliten in geostationären Orbits direkt über dem Äquator.

## Kosmodrom in Baikonur

Baikonur in Kasachstan ist das größte Raumfahrtzentrum der Welt und eines der ältesten. 1957 wurde in Baikonur der erste Satellit (Sputnik) gestartet.

## Raketenstartplätze

Während der ersten 40 Jahre der Raumfahrt zeigten schreckliche Unfälle, wie wichtig es ist, Raketenstarts weit entfernt von bevölkerten Gebieten durchzuführen. Die USA und Europa wählten Küstengebiete als Standorte. Starts in östlicher Richtung sind günstig, weil sie von der Erddrehung nach Osten profitieren. Außerdem ist es am besten, einen Startplatz nahe dem Äquator zu wählen, wo die Rotation am größten ist.

*In Plesetsk nahe dem Polarkreis startet man zu polaren Umlaufbahnen.*

*Das chinesische Startzentrum für zivile Starts liegt in der Wüste Gobi.*

*In Kagoshima und Tanegashima werden aus Rücksicht auf die Fischereiindustrie nur zu bestimmten Zeiten Starts durchgeführt.*

ABHEBEN
Das Spaceshuttle wartet in Cape Canaveral, Florida (USA), auf seinen Start.

# COUNTDOWN

IN DER LETZTEN PHASE der Startvorbereitung werden alle Einzelkomponenten in die Rakete eingebaut. Der Startvorgang für einen Ariane-5-Start beginnt z.B. 21 Tage vor dem Abheben, der eigentliche Countdown sechs Stunden vorher. Währenddessen bereiten die Ingenieure das Gelände für den Start vor.

*Ein Kommunikationssatellit wird für Ariane 5 vorbereitet.*

## KONTROLLZENTRUM

Drei Teams im Jupiter-Kontrollraum in Kourou (Französisch-Guyana) überwachen bei einem Start der Ariane 5 den Zustand der Rakete, der Nutzlast und der Bodenstationen, während Wetter- und Sicherheitsteams anderswo arbeiten.

## EINBAU DER NUTZLAST

Für einen Ariane-5-Start werden die Satelliten und die sie schützende Spitze in der Endmontagehalle etwa acht Tage zuvor aufmontiert.

*Der Leiter der Bodenstation überwacht am Radar den Kurs der Rakete.*

*Das Kontrollgremium überwacht die Starteinrichtungen.*

*Diese vier Computer sind für die Leiter der französischen und europäischen Weltraumbehörden, die Satellitenbetreiber und Arianespace reserviert.*

*Der Director of operations (DDO) gibt die letzte Phase des Countdowns frei.*

*Der Leiter des Startteams leitet die wichtigsten Informationen an den DDO weiter.*

*Ein Bildschirm zeigt die Flugbahn.*

*Kommunikationszentrale der Bodenstation*

*Das Nutzlast-Team überwacht den Zustand des Satelliten und stellt den Funkkontakt mit dem Betreiber her.*

*Der stellvertretende Leiter des Startteams ist Vertreter des DDO.*

WEG ZUR STARTRAMPE
Ein 870 Tonnen schweres Gerüst stützt die Rakete während der Montage. Einen Tag vor dem Abheben wird die Rakete auf Schienen zur Startrampe gezogen. Sie wird auf der Rampe mit Treibstoff befüllt.

AUF DER STARTRAMPE
In der Startzone sind drei Rinnen, durch welche die Flammen aus den Boostern und dem Haupttriebwerk entweichen. Über einen Turm werden während des Starts zur Lärmreduktion und zur Kühlung 30 m³ Wasser zugeführt. Ohne dieses könnten die Vibrationen die Rakete und die Nutzlast beschädigen.

ABHEBEN
Sechs Stunden vor dem Abheben sind die Vorbereitungen abgeschlossen. Das Flugprogramm ist auf die Bordcomputer übertragen und initialisiert. Fünf Stunden vor dem Start werden die Treibstofftanks des Haupttriebwerks gefüllt. Sechs Minuten vor dem Abheben beginnt die Startsequenz.

JPL

# SATELLITEN UND SONDEN

# Hubble-Weltraumteleskop

Die schärfsten Bilder vom Universum liefert das Hubble-Weltraumteleskop. Nach jahrzehntelanger Planung wurde es 1990 ins Weltall geschossen. Hubble ist ein unbemanntes Observatorium in einer Umlaufbahn weit oberhalb der Atmosphäre. Astronomen aus vielen Länder nutzen das Teleskop.

## So funktioniert Hubble

Das Kernstück ist ein Spiegelteleskop, das normalen Teleskopen ähnelt. Im Weltraum muss es jedoch ohne Stromanschluss, Montierung und Kabelverbindung zu den Kontrollrechnern funktionieren. Stattdessen hat es Instrumente an Bord, die man auch bei vielen Satelliten findet, z.B. Solarzellen für die Stromversorgung.

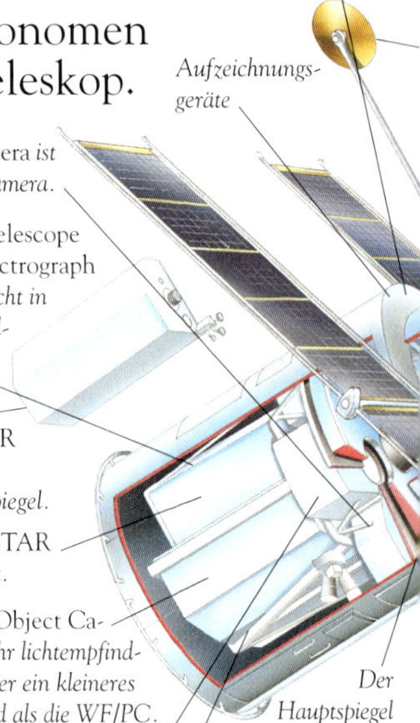


### Zahlen zu Hubble

| | |
|---|---|
| Start | 25. April 1990 |
| Hauptspiegel | 2,4 m |
| Sekundärspiegel | 0,34 m |
| Länge | 13,1 m |
| Durchmesser | 4,3 m |
| Solarzellen | 12,1 x 2,4 m |
| Masse | 11,6 t |
| Höhe des Orbits | 610 km |
| Umlaufzeit | 95 Minuten |
| Geschwindigkeit | 27 700 km/h |
| Lebensdauer | 15 Jahre (oder länger) |
| Kosten (am Start) | 1,5 Mrd. US $ |

ERDGEBUNDENE ANSICHT DER GALAXIE M100

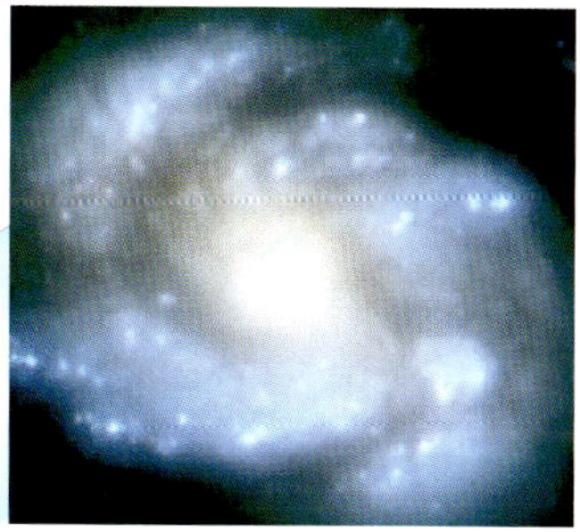

### VORZÜGE DES HUBBLE-TELESKOPS

Erdgebundene Teleskope sehen das Universum nur durch unsere turbulente Atmosphäre hindurch. Sterne und Galaxien erscheinen ähnlich verzerrt wie ein Schwimmbadboden durch bewegtes Wasser. Deshalb funkeln die Sterne. Das Hubble-Teleskop befindet sich oberhalb der Atmosphäre und hat einen ungestörten Blick auf das gesamte Weltall – von den Planeten bis zu den Milliarden Lichtjahre weit entfernten Quasaren.

### SCHADHAFTER SPIEGEL

Die ersten Bilder von Hubble waren unscharf, wenn auch besser als von erdgebundenen Teleskopen. Die NASA stellte fest, dass der Spiegel geringfügig falsch geschliffen ist – er ist am äußeren Rand um 0,002 mm zu flach.

HUBBLE-AUFNAHME DER GALAXIE M100

# SATELLITEN UND IHRE ORBITS

MAN KANN JEDEN Körper, der ein anderes Objekt umkreist, als Satelliten bezeichnen. So ist der Mond ein natürlicher Satellit der Erde. Seit 1957 wurden einige hundert künstliche Satelliten auf verschiedene Erdumlaufbahnen gebracht, je nach ihrer Bestimmung. Satelliten müssen immer in stabiler Lage bleiben, damit ihre Instrumente in die richtige Richtung zeigen.

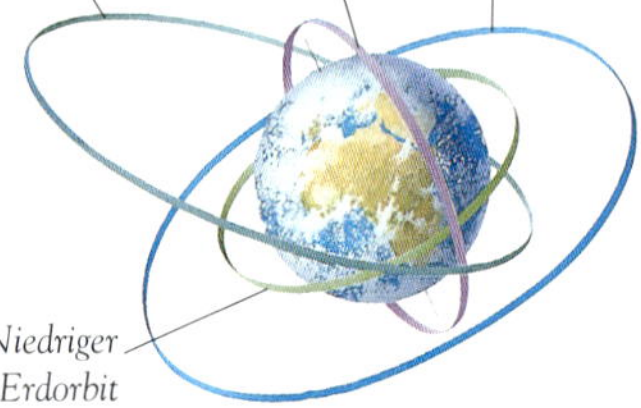


VERSCHIEDENE ORBITS
Vier Arten von Orbits werden am häufigsten verwendet. Eine fast kreisförmige, niedrige Erdumlaufbahn liegt bei etwa 250 km Höhe. Polare Orbits befinden sich oft in 800 km Höhe. Stark elliptische Umlaufbahnen haben an ihrem erdnächsten Punkt (Perigäum) eine sehr viel geringere Höhe als am erdfernsten Punkt (Apogäum). Eine geostationäre Umlaufbahn liegt 36000 km über dem Äquator.

TELEMETRIE, BODENKONTROLLE UND STEUERUNG
Durch die Telemetrie kann man auf der Erde Messdaten von Satelliten erhalten. Sie werden als Radiosignale übertragen und enthalten auch Informationen über die Position des Satelliten. Zudem kann die Bodenkontrolle durch die Messdaten püfen, ob der Satellit einwandfrei funktioniert.

*Der Funkkontakt zum Satelliten erfolgt über Bodenantennen.*

HS 376 SPINSTABILISIERTER KOMMUNIKATIONSSATELLIT

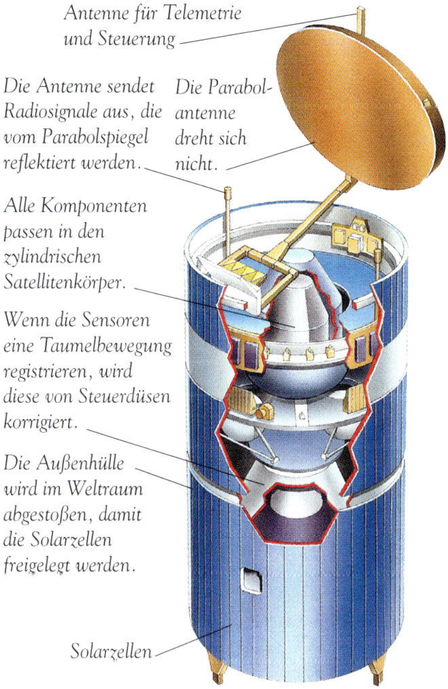


## STABILISIERUNG DURCH ROTATION

Rotierende Körper behalten ihre Lage im Raum bei, wenn sie sich schnell genug drehen. In der Anfangszeit der Satellitentechnik versuchten Konstrukteure, dieses Phänomen auszunutzen. Daraus gingen die „spinstabilisierten Satelliten“ hervor. Sie haben oft eine zylindrische Form und drehen sich etwa einmal pro Sekunde um ihre Achse. Die Parabolantenne muss immer in Richtung Erde zeigen, sie darf sich also weder drehen noch den Satelliten destabilisieren.

## SOLARZELLEN

Solarzellen erzeugen bei Lichteinfall elektrischen Strom. Die Solarzellen der Satelliten sind in ein Solarpanel integriert. Sie dienen der Stromversorgung des Satelliten, damit er seine Aufgabe erfüllen kann und Satellit und Nutzlast in der korrekten Bahn gehalten werden.

*Der Spaceshuttle-Astronaut fängt den Satelliten Westar zur Reparatur auf der Erde ein.*

## KONTROLLE DES SATELLITEN

Spezielle Daten liefern Informationen über den Zustand des Satelliten. Sie alarmieren die Bodenkontrolle, falls etwas schief läuft – etwa wenn der Satellit instabil wird. Oft kann die Bodenstation ein Kommando zur Lösung des Problems schicken oder ein Rettungsmanöver organisieren.

# KOMMUNIKATIONSSATELLITEN

TELEFONGESPRÄCHE, FERNSEHÜBERTRAGUNGEN und das Internet können über Kommunikationssatelliten laufen. Sie verbinden entfernte Orte miteinander und ermöglichen den Kontakt mit entlegenen Gegenden. Sie sind meist in geostationären (GEO) Orbits. Diese Umlaufbahn ist inwischen stark frequentiert.

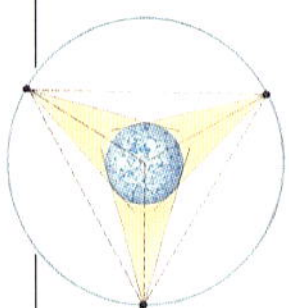

### GEOSTATIONÄRE SATELLITEN

Geostationäre Satelliten über dem Äquator scheinen immer über derselben Stelle auf der Erde zu stehen, da sie in 36000 km Höhe die gleiche Umlaufzeit wie die Erde haben.

*Drei Satelliten in gleichen Abständen voneinander können im GEO die ganze Erde erfassen.*

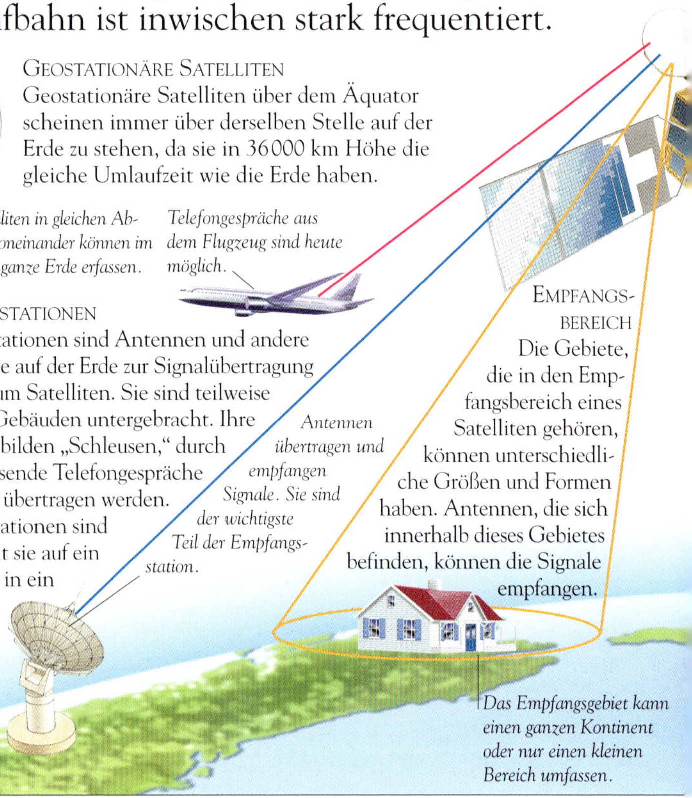

*Telefongespräche aus dem Flugzeug sind heute möglich.*

### EMPFANGSSTATIONEN

Empfangsstationen sind Antennen und andere Instrumente auf der Erde zur Signalübertragung vom und zum Satelliten. Sie sind teilweise in großen Gebäuden untergebracht. Ihre Antennen bilden „Schleusen," durch die z.B. tausende Telefongespräche via Satellit übertragen werden. Manche Stationen sind klein, damit sie auf ein Schiff oder in ein Flugzeug passen.

*Antennen übertragen und empfangen Signale. Sie sind der wichtigste Teil der Empfangsstation.*

### EMPFANGSBEREICH

Die Gebiete, die in den Empfangsbereich eines Satelliten gehören, können unterschiedliche Größen und Formen haben. Antennen, die sich innerhalb dieses Gebietes befinden, können die Signale empfangen.

*Das Empfangsgebiet kann einen ganzen Kontinent oder nur einen kleinen Bereich umfassen.*

### Satellitenantennen

Anfänglich sandten die Antennen Signale in alle Richtungen aus und verschwendeten damit die begrenzten Stromressourcen des Satelliten. Heute sind sie stark verbessert und können eng gebündelte Strahlen in ein bestimmtes Gebiet auf der Erde senden.

*Die Antenne kann Signale auf ein bestimmtes Gebiet fokussieren.*

SATELLIT INTELSAT V

*Über die Intelsat-Satelliten werden seit drei Jahrzehnten internationale Kommunikationssysteme betrieben.*

*Kommunikationsleitung*

*Parabolantenne*

*Kommunikationsleitung*

*Die Leitungen benutzen unterschiedliche Frequenzen.*

*Ein Half-Circuit ist eine Zweikanalverbindung zwischen einer Bodenstation und einem Satelliten*

*Ein Full-Circuit ist eine Zweikanalverbindung zwischen zwei Stationen und einem Satelliten.*

*Ein Kanal ist eine einseitige Funkverbindung zwischen Bodenstation und Satellit.*

### Frequenz

Radiowellen sind Teil des elektromagnetischen Spektrums. Kommunikationssatelliten senden in Frequenzen, die die Erdatmosphäre durchdringen können, ohne vom Wasserdampf absorbiert zu werden.

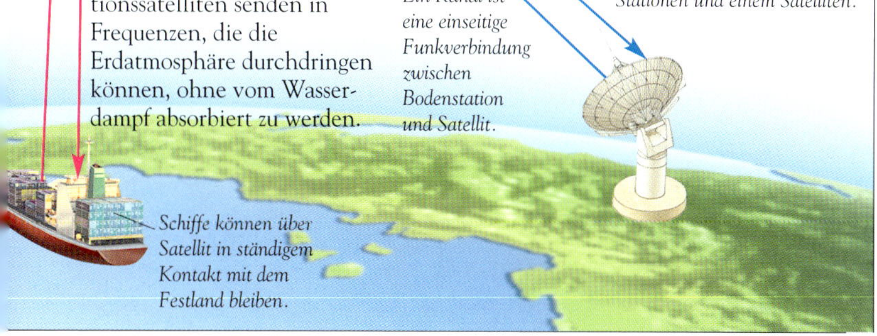

*Schiffe können über Satellit in ständigem Kontakt mit dem Festland bleiben.*

### Satellitenkonstellationen

Ende der 1990er-Jahre wurden ganze Serien von Satelliten wie Globalstar und Iridium in niedrige Erdorbits (LEO) gebracht. Diese Satelliten sind viel näher an der Erde als die geostationären, daher genügt hier eine kleinere und billigere Ausrüstung zur Signalübertragung. Diese Kommunikationssatelliten können billiger in der Anwendung sein.

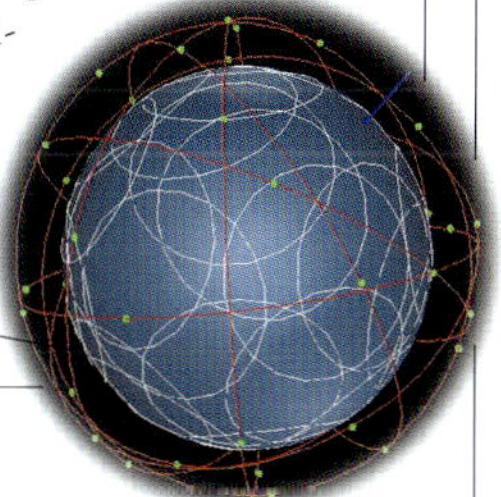

*Das Globalstar-System besteht aus 48 Satelliten.*

# NAVIGATIONSSATELLITEN

UM EINEN GENAUEN KURS zwischen zwei Orten zu halten, muss man seinen eigenen Standort genau kennen. Ende der 1990er-Jahre wurde das in den USA entwickelte Global Positioning System (GPS) zum bislang zuverlässigsten und genauesten Navigationssystem.

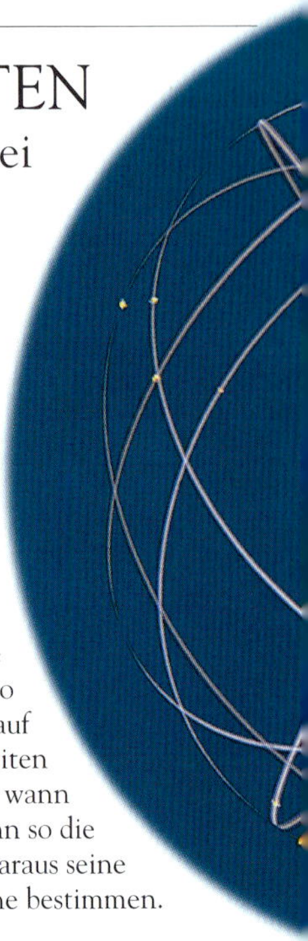

## SO ARBEITET DAS GPS

Das GPS besteht aus 24 Satelliten sowie einigen Bodenstationen. Die Satelliten übermitteln ihre Position und die Uhrzeit. Ihre Umlaufbahnen sind so gelegt, dass ein Empfänger an einem beliebigen Ort auf der Erde immer die Signale von mindestens vier Satelliten empfangen kann. Der GPS-Empfänger weiß genau, wann das Signal gesendet wurde und wann es ankam. Er kann so die Entfernung zu jedem der Satelliten berechnen und daraus seine eigene Position und Höhe bestimmen.

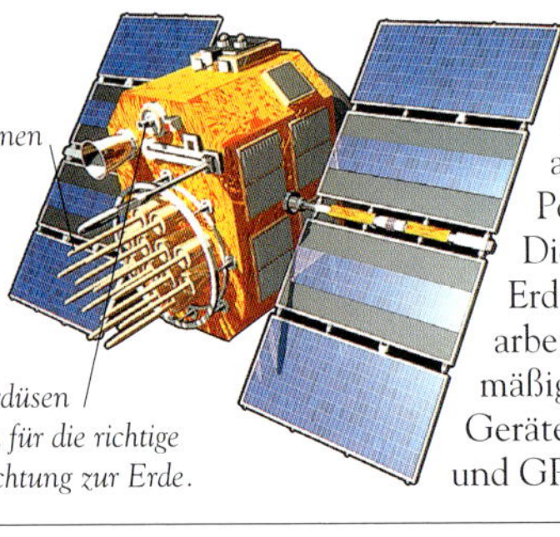


## GLONASS

Das Global Orbiting Navigation Satellite System (GLONASS) stammt aus Russland. Damit kann man seine Position auf 20–100 m genau berechnen. Die Glonass-Satelliten erreichen die ganze Erde. Die europäische Raumfahrtbehörde arbeitet an einer verbesserten flächenmäßigen Abdeckung von Europa, indem sie Geräte zum Empfang der Signale von Glonass und GPS entwickelt.

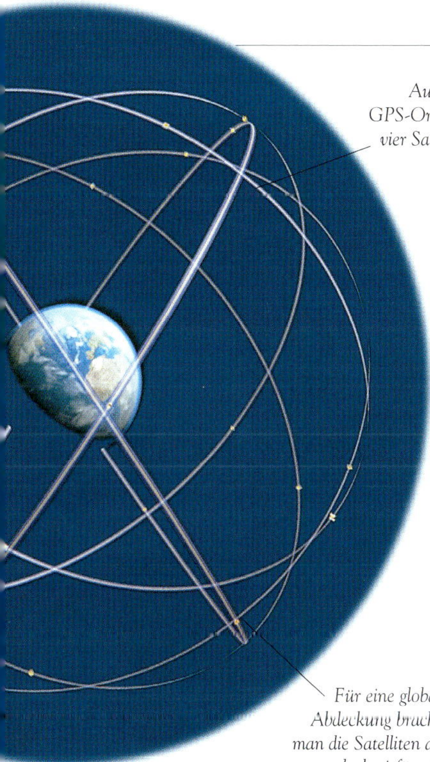

*Auf jedem GPS-Orbit sind vier Satelliten.*

*Für eine globale Abdeckung brachte man die Satelliten auf sechs kreisförmige Umlaufbahnen.*

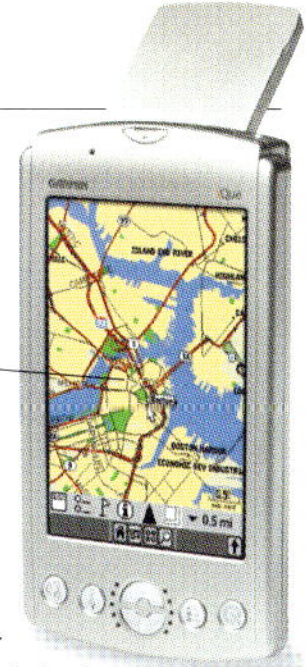

*GPS-Empfänger gibt es in der Größe von Handys.*

GPS-EMPFÄNGER

Die ersten GPS-Empfänger zeigten dem Benutzer seine Position als Längen- und Breitengrad an. Moderne Geräte stellen eine Landkarte dar, wo die Position auf wenige Meter genau markiert ist. Darüber hinaus berechnen sie Geschwindigkeit und Richtung.

KARTE IM AUTONAVIGATIONSSYSTEM

ATOMUHREN

Atomuhren sind erstaunlich genau: Cäsiumuhren gehen in einer Million Jahren nur eine Sekunde falsch. Kleinere Uhren weichen in 300 000 Jahren um eine Sekunde ab.

CÄSIUM-ATOMUHR

NAVIGATION IM AUTO

Autohersteller auf der ganzen Welt bauen mittlerweile GPS-Empfänger zur Streckenplanung in ihre Fahrzeuge ein. Die meisten Rettungsfahrzeuge benutzen GPS, um ihren Zielort zu bestimmen. Auch Polizei und Feuerwehr ermitteln so die schnellste Route.

# WETTERSATELLITEN

DIE ENTWICKLUNG DES Wettergeschehens kann man mit Wettersatelliten beobachten. Sie nehmen die Bilder auf, die wir im Fernsehen sehen, zeigen Wolkendecken und verfolgen Wirbelstürme. Die Messinstrumente an Bord des Satelliten zeichnen Luftdruck, Temperatur und Luftfeuchtigkeit auf.

HURRIKAN FRAN 1996

GLOBALE ÜBERWACHUNG
Geostationäre Satelliten überwachen das Gebiet unter sich alle 30 Minuten. Wenn sich ein Wirbelsturm entwickelt, scannen sie die Region sogar alle 15 Minuten detaillierter.

WIRBELSTURMVORAUSSAGE
Als es noch keine Wettersatelliten gab, entwickelten sich Wirbelstürme unbemerkt über den Ozeanen und trafen das Festland nach nur sehr kurzer Vorwarnung. 1906 tötete ein Hurrikan in Texas 6600 Menschen. Heute beobachten Wettersatelliten ständig die Ozeane, wo solche Stürme entstehen. Die Bevölkerung muss keine kurzen Vorwarnzeiten mehr befürchten.

*Auge des Hurrikans*

HURRIKAN FLORENCE 1994

## Der Hurrikan kommt

Wenn sich ein Hurrikan dem Festland nähert, aktiviert die US-Luftwaffe die „Hurricane Hunters", die in den Sturm hineinfliegen und zusätzliche Messungen vornehmen.

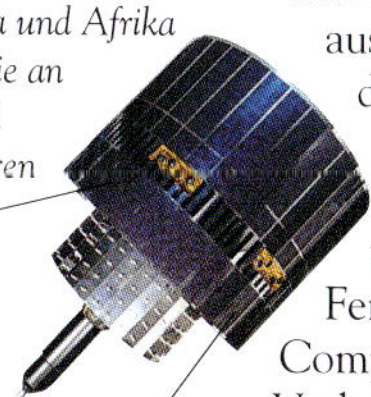

*Die Meteosat-Satelliten sammeln Wetterdaten über Europa und Afrika und geben sie an Wetter- und Rechenzentren weiter.*

METEOSAT-SATELLIT

*Die Instrumente von Meteosat zeichnen Bilder und Temperaturen in der Atmosphäre auf.*

## Satelliten und Computer

Mit Computern lassen sich aus den Satellitenmessdaten Temperatur, Luftfeuchtigkeit, Windgeschwindigkeit und Druck errechnen. Ferner kombinieren Computer für genaue Vorhersagen die Daten aus Radarmessungen, von Schiffen, Flugzeugen, Bojen und Satelliten miteinander.

## Bahnen der Wettersatelliten

Wettersatelliten liegen auf geostationären und polaren Orbits. Jeder geostationäre Satellit überblickt ein Drittel des Globus, aber sie haben einen ungünstigen Blickwinkel auf die Polargebiete. Satelliten auf polaren Orbits wie NOAA 10 haben nicht immer dieselbe Region im Blickfeld, aber sie überblicken die Pole und registrieren mehr Details, als dies von den geostationären Orbits aus möglich wäre.

*NOAA 10 umkreist in 100 Minuten die Erde. Alle 12 Stunden ist er über der gleichen Stelle.*

SATELLIT NOAA 10

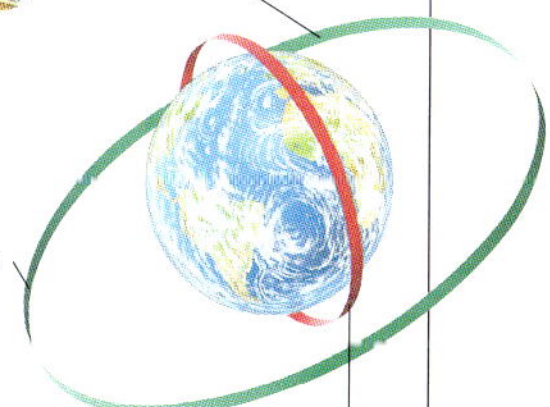

*Der geostationäre Orbit befindet sich 36 000 km über der Erde.*

*Die Bahnen sind nicht maßstabsgetreu.*

*Der polare Orbit befindet sich meist 900 km über der Erde. Diese Satelliten erfassen mehr Details.*

*Die GOES-Satelliten befinden sich auf geostationären Bahnen und beobachten die USA und wahlweise den Atlantik oder den Pazifik.*

GOES-SATELLIT

## Vorhersage des Landfalls

Die Vorausberechnung eines Hurrikans ist sehr schwierig, jedoch haben die Satelliten in den letzten Jahren die Genauigkeit der Vorhersagen jährlich um 0,5–1 % verbessert. Den Ort, an dem ein Hurrikan auf das Land trifft, kann man heute auf 160 km genau bestimmen.

EIN HURRIKAN NÄHERT SICH JAPAN

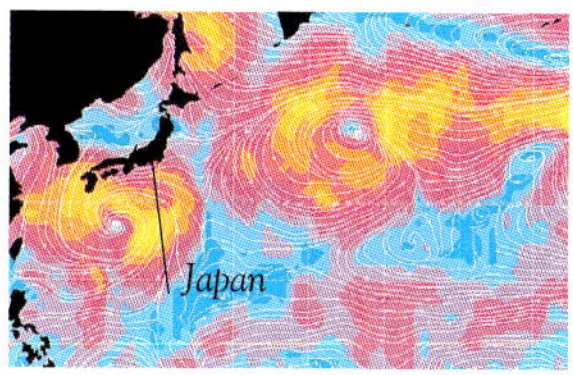

# Erderkundungssatelliten

Satelliten zur Erforschung der Erdoberfläche heißen Erderkundungssatelliten. Sie erkennen, wo es Missernten gibt, ob das Polareis schmilzt und wo Bodenschätze zu finden sind. Die Bordinstrumente analysieren Licht und andere Strahlung, die von der Erde reflektiert wird.

### Thematische Kartografierer

Verschiedene Strahlungsarten haben unterschiedliche Wellenlängen. Der thematische Kartografierer ist ein Instrument, dass die Strahlung der sieben verschiedenen Wellenlängen, einschließlich vier Infrarotbereichen, misst. Durch unterschiedliche Farben lassen sich von einem bestimmten Gebiet Karten erstellen.

*Thematischer Kartografierer*

Satellit Landsat 4

### Erkenntnisse

Jeder Wellenlängenbereich des thematischen Karthografierers bringt uns andere Erkenntnisse über die Erde. So zeigt Band 5 z.B. den Infrarotbereich, der den Feuchtigkeitsgehalt der Vegetation misst.

### Überwachun der Ozeane

Um das irdische Klima zu verstehen, muss man wissen, was in und über den Ozeanen geschieht – z.B. wo Strömungen vorkommen und welche Temperaturen und Winde auftreten.

*Das Infrarot-Instrument misst die Temperatur der Meeresoberfläche und in den Wolken.*

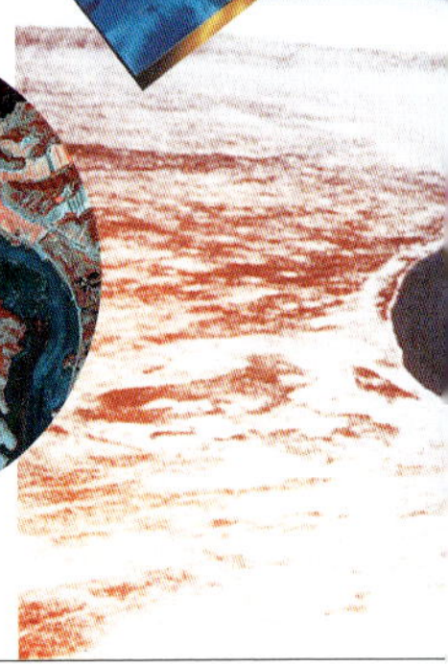

Aufnahme von Ackerbaugebieten in den USA

*ERS-1 hat Messinstrumente für Infrarot- und Mikrowellenstrahlung an Bord. Diese Wellenlängen liefern die meisten Informationen über die Verhältnisse in den Ozeanen und der Atmosphäre.*

*Die Radartechnik verwendet zwei Arten von Antennen, um Mikrowellenaufnahmen der Ozeane und Küstengebiete zu erhalten, auf denen der Wellengang zu sehen ist.*

*Antennen überwachen den Wellengang*

*Antennen sammeln Daten für ein Mikrowellenbild des Ozeans und der Küstengebiete.*

*Ein Radarhöhenmesser zeichnet die Höhe der Wellen und die Gestalt der Ozeanoberfläche auf. Daraus lässt sich die Windgeschwindigkeit ableiten.*

MULTISPECTRAL SCANNER

SPEKTRALAUFLÖSUNG
Der Multispectral Scanner (MSS) von Landsat 1 war das erste Gerät an Bord eines Satelliten, das Strahlungsintensitäten in verschiedenen Wellenlängenbereichen (Rot, Grün und zwei Infrarotbereiche) messen konnte.

WALDRODUNG
Eine Aufnahme von Landsat zeigt Wälder an der Elfenbeinküste in Afrika. Die Farben repräsentieren verschiedene Oberflächenarten: Waldgebiete sind rot, Erdboden ist hellblau und Getreide braun dargestellt. Eine Serie von Aufnahmen zeigt den Rückgang der Waldgebiete.

MINERALVORKOMMEN IN CHILE

FALSCHFARBENTECHNIK
Der Infrarotbereich ist unsichtbar, daher gibt man ihm bei der Erstellung von Landkarten zur Identifizierung eigene Farben. Solche Karten nennt man Falschfarbenaufnahmen. Hier sind Vulkanerde braun, Vegetation rot und Wasser blau dargestellt.

# WELTRAUMMÜLL

ALS WELTRAUMMÜLL bezeichnet man alles, was ohne Nutzen im Orbit fliegt, wie verbrauchte Raketen, alte Satelliten und Satellitenteile. Über 90 % der um die Erde kreisenden Körper sind Weltraummüll. Die Raumfahrtnationen suchen nun nach einem Weg zur Reduzierung des Mülls.

*Jeder gelbe Punkt ist Weltraummüll.*

*Der meiste Müll befindet sich im niedrigen Erdorbit.*

GESCHOSSE IM WELTRAUM

Die Erde umkreisen ca. 8500 mehr als 10 cm große Stücke Weltraummüll. Der Abfall entsteht in vielen Phasen bei den Weltraummissionen, etwa bei der Abtrennung der Raketenspitze, wenn der Satellit in seiner Umlaufbahn freigesetzt wird. Müll häuft sich sehr rasch in den am häufigsten benutzten Orbits an. Satelliten und Bruchstücke können mit bis zu 40000 km/h miteinander kollidieren, was zu schweren Schäden führt.

AUFSPÜREN DES MÜLLS

Das weltweite Radarnetz des North American Aerospace Defense Command (NORAD) überwacht Objekte in der Erdumlaufbahn. Körper von der Größe eines Tennisballs werden nur auf niedrigen Orbits entdeckt. Im geostationären Orbit können ab 1 m große Objekte gefunden werden. Computer berechnen die Wahrscheinlichkeit einer Kollision.

WELTRAUMMÜLL IM ERDORBIT

*Bruchstücke im geostationären Orbit bilden einen Ring.*

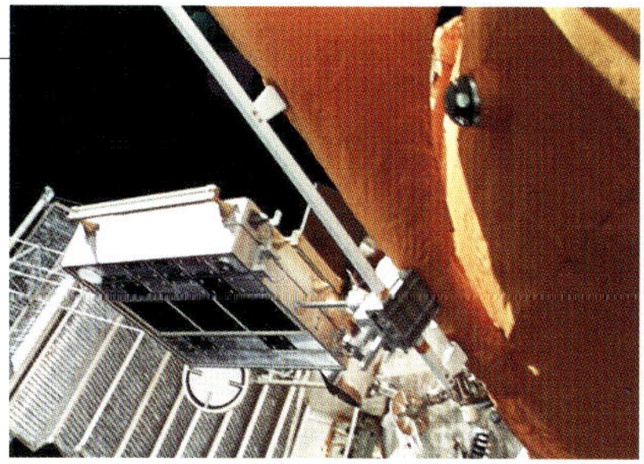

MEEP-MODUL AN DER MIR

SCHADENSKONTROLLE

Die beste Form der Schadenskontrolle ist die Vermeidung eines Treffers. Daher ist die Internationale Raumstation (ISS) so konstruiert, dass sie der Bahn großer Müllteile ausweicht. Experimente wie die MIR Environmental Effects Payload (MEEP) liefern Hinweise über das Risiko für die ISS.

SCHUTZMECHANISMEN

Eine Möglichkeit zum Schutz der Raumsonde ist die Umhüllung mit Schichten aus leichten Keramikfasern. Jede Schicht vermindert die Energie eines Teilchens, sodass es zertrümmert wird, bevor es die Wand der Sonde erreicht. Diese Keramikpuffer werden auf der ISS eingesetzt.

INTERNATIONALE RAUMSTATION

APOLLO 12 NACH DER LANDUNG IM WASSER

WIEDEREINTRITT

Satelliten kehren langsam auf die Erde zurück. Die Luftreibung führt beim Wiedereintritt in die Erdatmosphäre zur Aufheizung. Manche Satelliten zerfallen in Bruchstücke, andere bleiben erhalten und fallen auf den Boden oder ins Meer. Die Betreiber müssen zukünftig für die Entsorgung ihrer Satelliten sorgen.

# VORBEIFLUGSONDEN UND ORBITER

RAUMSONDEN SIND computerkontrollierte Roboter voller wissenschaftlicher Instrumente, die durch Raketen ins All befördert werden. Sonden haben die Aufgabe, an einem Planeten vorbeizufliegen oder in seine Umlaufbahn vorzudringen und dort Daten zu sammeln.

VULKANISCHE ENTDECKUNG
Die Sonde Voyager I schoss dieses Bild des Io, auf dem man die erste vulkanische Aktivität außerhalb der Erde sieht.

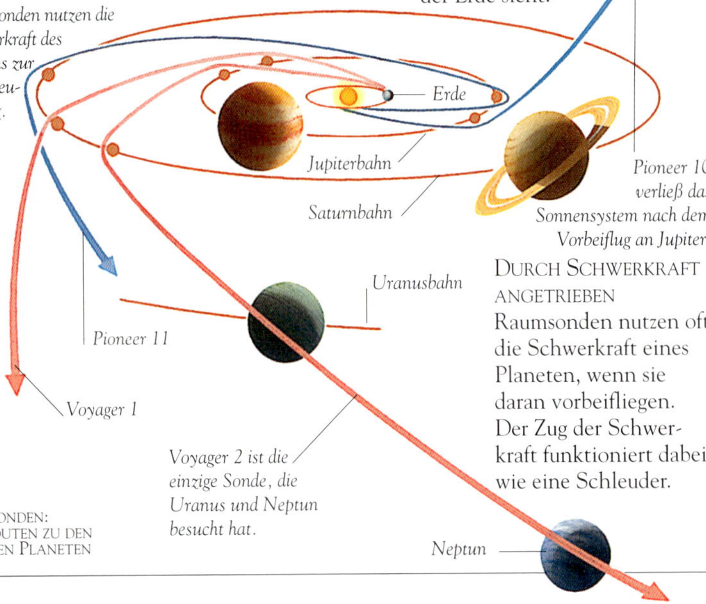


RAUMSONDEN: FLUGROUTEN ZU DEN ÄUSSEREN PLANETEN

DURCH SCHWERKRAFT ANGETRIEBEN
Raumsonden nutzen oft die Schwerkraft eines Planeten, wenn sie daran vorbeifliegen. Der Zug der Schwerkraft funktioniert dabei wie eine Schleuder.

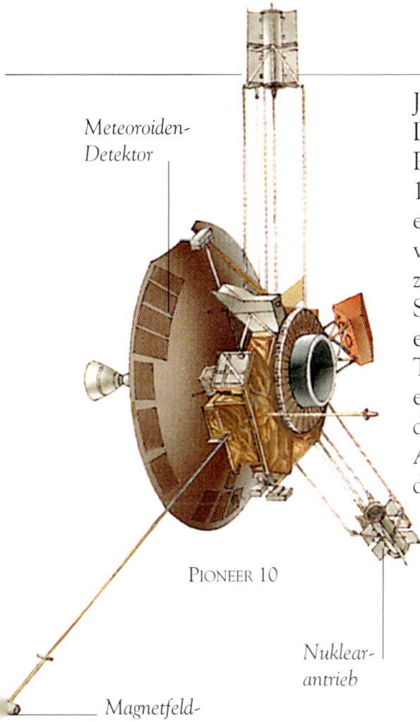


PIONEER 10

## JUPITER-PIONIERE

Die beiden identischen Sonden Pioneer 10 und Pioneer 11 wurden 1973 gestartet. Pioneer 10 war die erste Sonde, die hinter den Mars vordrang und Bilder vom Jupiter zur Erde sandte. Die Galileo-Sonde wurde 1989 gestartet und erreichte den Jupiter 1995. Als Teil ihrer Mission setzte sie eine kleinere Sonde frei, die den ersten kontrollierten Abstieg in die Atmosphäre des Jupiters durchführte.

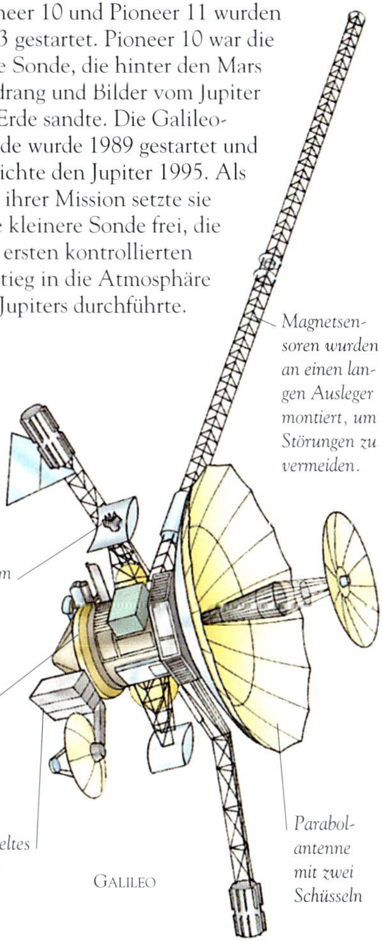


GALILEO

### FLY BY FAKTEN

- Die Sonde Luna 1 war die allererste Vorbeiflugsonde. Sie passierte die Mondoberfläche im Januar 1959 in 6000 km Entfernung.
- Die erste erfolgreiche Vorbeiflugmission außerhalb des Erde-Mond-Systems wurde von Mariner 2 durchgeführt. Diese passierte die Venus im Dezember 1962 in 35 000 km Entfernung.

# LANDEFAHRZEUGE

WELTRAUMSONDEN KÖNNEN oft ein Fahrzeug aussenden, das auf einem Planeten landen kann. Dieses Landefahrzeug führt seine vorprogrammierten Aufgaben aus und sendet die gesammelten Daten zurück zur Erde. Nur sechs von Menschen gesteuerte Fahrzeuge sind jemals gelandet.

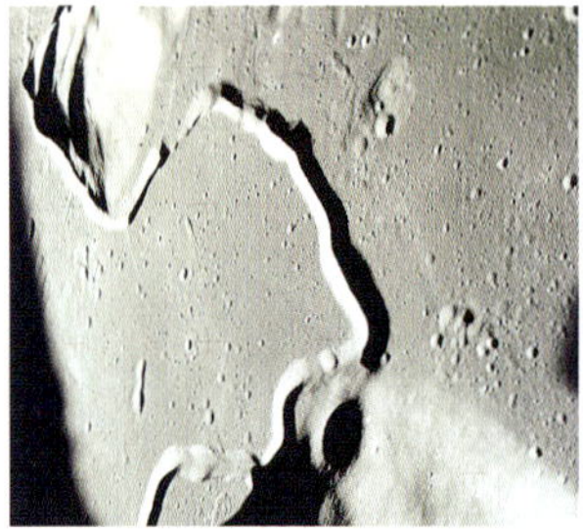

DIE LANDUNG
Dieses fantastische Foto des Hadley-Rille-Tals wurde vom Apollo-15-Raumfahrzeug kurz vor seiner Landung auf dem Mond aufgenommen.

GIBT ES LEBEN AUF DEM MARS?
Zwei Viking-Sonden schickten je ein Landefahrzeug auf den Mars. Diese schickten etwa 3000 Fotos zurück zur Erde. Außerdem suchten sie im Marsboden nach Anzeichen von Leben – fanden aber nichts. 2004 landeten Spirit und Opportunity auf dem Mars. Sie haben uns seitdem viele nützliche Daten geliefert.

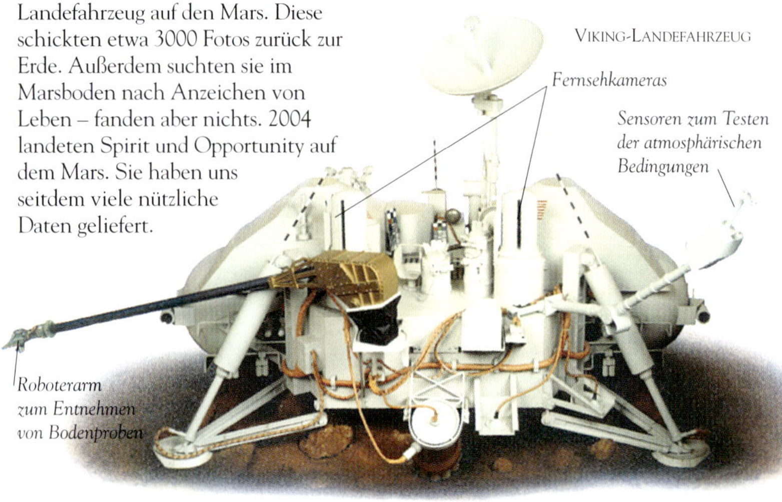


VIKING-LANDEFAHRZEUG

VENERA-9-LANDEFÄHRE

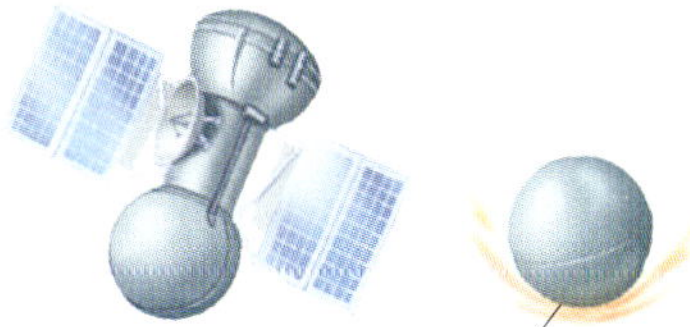

*Die zwei Teile trennen sich und die Landefähre beginnt ihren Abstieg durch die Atmosphäre.*

*Der atmosphärische Schutzschild wird abgeworfen.*

*Bremstriebwerke an Bord verlangsamen Venera 9.*

LANDEFAHRZEUG: FAKTEN

- Das erste erfolgreiche Landefahrzeug Luna 9 setzte 1966 auf dem Mond auf.
- Venera 7 war die erste Sonde, die 1970 Daten von der Venus zurücksandte.
- Die Viking-Landefähren untersuchten den Marsboden und stellten fest, das er folgende Elemente enthielt::

| | |
|---|---|
| Silizium | 14 % |
| Eisen | 18 % |
| Aluminium | 2,7 % |
| Titanium | 0,9 % |
| Kalium | 0,3 % |

## HEISSE LANDUNG

Eine Reihe von Venera-Raumsonden wurden zur Venus geschickt. Jede bestand aus zwei Teilen, von denen einer auf der Oberfläche landen sollte. Die Umweltbedingungen auf der Venus – extrem hohe Temperaturen und Druck – bedeuteten jedoch, dass sie nur sehr kurze Zeit funktionieren könnten.

*Fallschirme bremsen den Fall weiter.*

*Venera 9 macht einige Bilder und sendet sie weiter, bevor sie ausfällt.*

# PLANETENSONDEN

NACH DEN ERSTEN erfolgreichen Raketenstarts besaßen die Astronomen ein neues Forschungsinstrument: die Raumsonden. Das sind Roboter von der Größe eines Autos, die mit Raketen gestartet werden. Sie fliegen zu einem bestimmten Ziel und erkunden es. Raumsonden sandten uns z.B. Nahaufnahmen von fast allen Planeten und Monden.

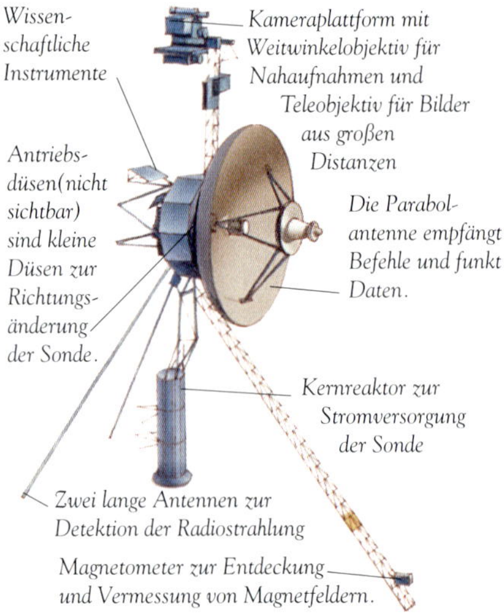


## SONDEN IM VORBEIFLUG

Diese Sonden untersuchen ihre Zielobjekte im Vorbeiflug (oft in sehr großer Entfernung). Die erfolgreichsten waren bisher Voyager 1 und 2, die 1979–1989 Jupiter, Saturn, Uranus und Neptun erforschten.

## ORBITER UND LANDEMODULE

Orbiter reisen zu ihrem Ziel, begeben sich in seine Umlaufbahn und erforschen es von dort aus. Landemodule wie Pathfinder, der 1997 auf dem Mars landete, landen auf ihrem Zielobjekt. Manche Sonden sind eine Kombination, z.B. Viking 1 und 2.

Magellan wurde 1989 gestartet.

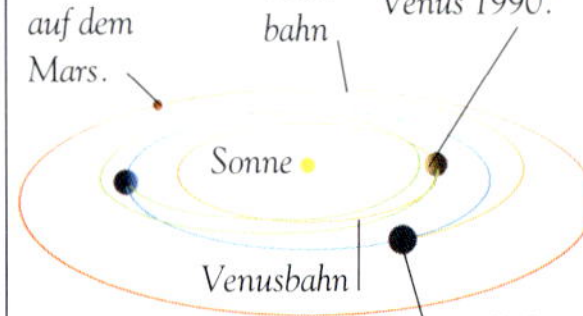


Viking 1 und 2 landeten im Juli und September 1976 auf dem Mars.

Magellan umkreiste die Venus 1990.

Viking 1 und 2 wurden im August und September 1975 gestartet.

### INSTRUMENTE UND EXPERIMENTE

Eine Sonde kann von der Erde Befehle erhalten, welche Aufgaben sie zu welchem Zeitpunkt erfüllen soll. Alternativ dazu verläuft eine Mission gemäß der Programme auf den Bordcomputern. Die Stromversorgung erfolgt über Solarzellen oder einen Kernreaktor. Kontrollsysteme an Bord steuern die Sonde und die wissenschaftlichen Instrumente. An Bord der 1997 gestarteten Cassini-Sonde befindet sich die Landekapsel Huygens.

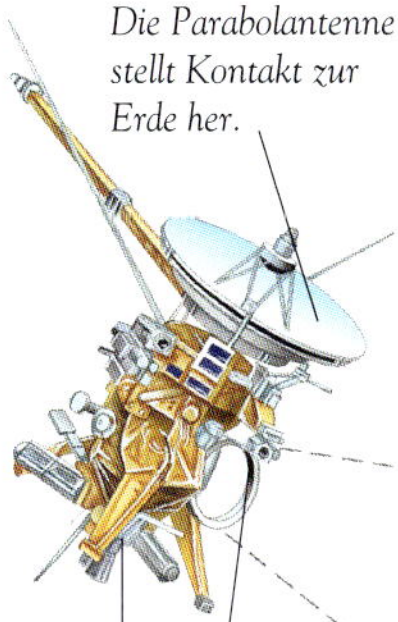


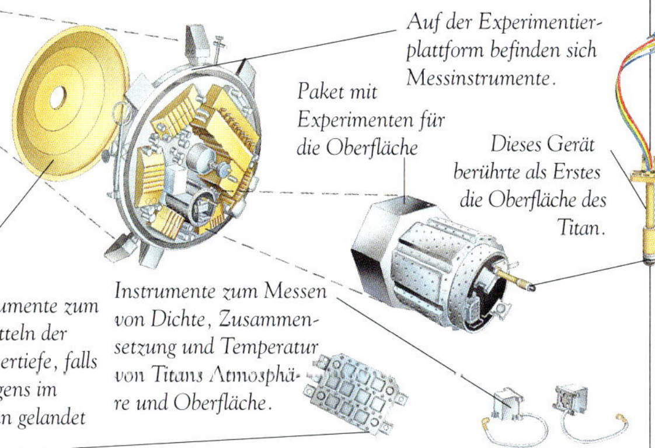


WICHTIGE RAUMSONDEN

| Sonde | Typ | Ziel | Ankunft | Zweck |
|---|---|---|---|---|
| Pioneer 10 | Vorbeiflug | Jupiter | 1973 | Erster Flug durch den Asteroidengürtel; Nahaufnahmen vom Jupiter |
| Mariner 10 | Vorbeiflug | Merkur | 1974–1975 | Einzige Merkursonde |
| Venera 9 | Orbit/Landung | Venus | 1975 | Erste Fotos der Venusoberfläche |
| Viking 1 und 2 | Orbit/Landung | Mars | 1976 | Oberflächenfotos; Suche nach Leben |
| Giotto | Vorbeiflug | Komet Halley | 1986 | Erste Aufnahme eines Kometenkerns |
| Voyager 1 und 2 | Vorbeiflug | Jupiter | 1979 | Detailaufnahmen von allen vier |
| | | Saturn | 1980–1981 | Planetensystemen; |
| | | Uranus | 1986 | Voyager 2 war die erste Sonde, die zu |
| | | Neptun | 1989 | Uranus und Neptun flog. |
| Galileo | Vorbeiflug/Orbit | Gaspra | 1991 | Erster Vorbeiflug an einem Asteroiden; erster Orbiter um Jupiter |
| | | Jupiter | 1995 | |
| Cassini | Vorbeiflug/Landung | Saturn | 2004 | Nahaufnahmen von Saturn; Absetzen der Huygens-Sonde zum Titan |

# GIBT ES LEBEN AUF DEM MARS?

ENDE DES 18. JAHRHUNDERTS beobachtete Wilhelm Herschel dunkle Regionen auf der Marsoberfläche. Seine Theorie, dass es sich dabei um mit Wasser gefüllte Meere handelte, nährte Spekulationen über die Existenz von Leben auf dem Mars. 1965 lieferte Mariner 4 Bilder der Oberfläche, aber man fand keine Spuren von Leben.

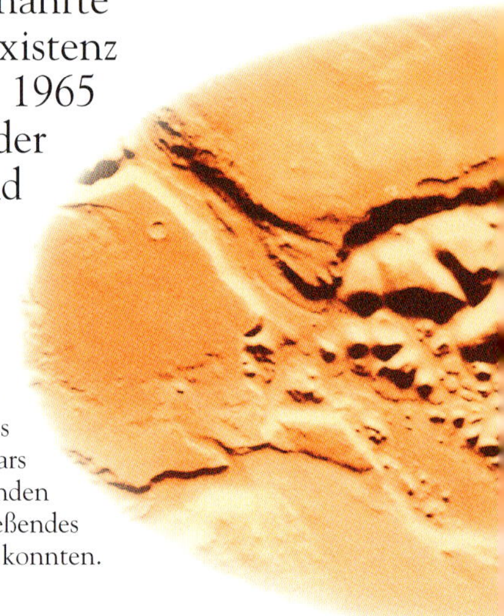

HINWEISE AUF WASSERVORKOMMEN
Leben, wie wir es auf der Erde kennen, benötigt Wasser. Obwohl unter den eisigen Bedingungen heute kein Wasser in flüssiger Form existieren kann, gibt es Hinweise darauf, dass früher auf dem Mars Wasser geflossen sein muss. Sonden entdeckten Kanäle, die nur durch fließendes Wasser entstanden sein konnten.

*Vor 3 Milliarden Jahren gab es vermutlich Wasser auf dem Mars.*

WASSERQUELLEN
In der Frühzeit gab es große Mengen Wasser auf dem Mars. Häufige Meteoriteneinschläge und Vulkanismus sorgten trotz der großen Distanz zur Sonne für warme Temperaturen. So könnte sich Leben entwickelt haben. Dann gefror das meiste Wasser im Boden zu einer permanenten Frostschicht.

Viking-Aufnahme des ausgetrockneten Flussbetts von Mangala Vallis.

Vor einigen Milliarden Jahren könnte hier primitives Leben existiert haben.

Lowells Karte zeigt nicht die tatsächlich auf dem Mars beobachteten Kanäle.

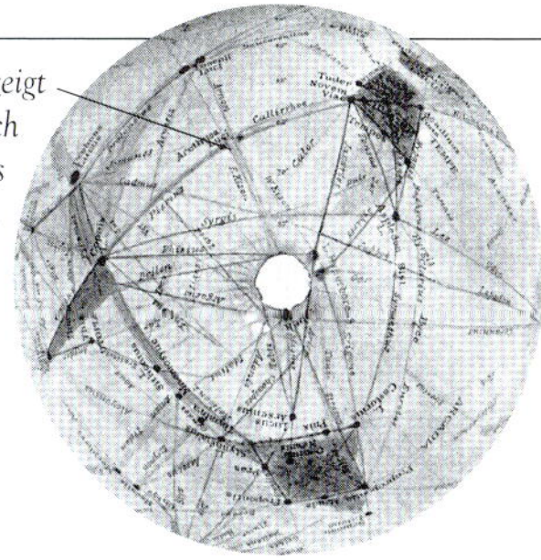

Kanäle durchkreuzen die Grenze zwischen den nördlichen Tiefebenen und den südlichen Hochländern.

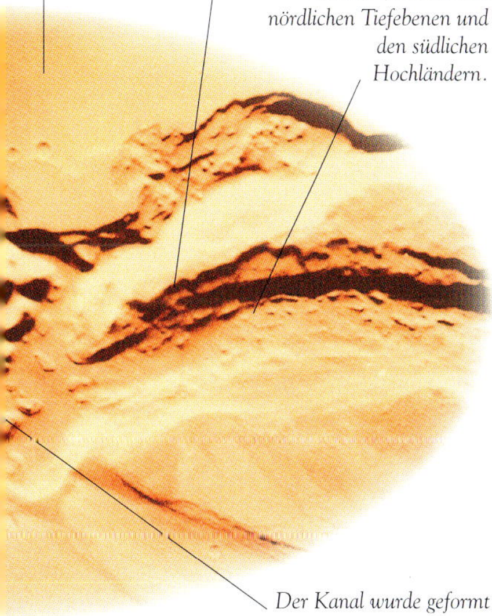

Der Kanal wurde geformt, als riesige Mengen Grundwasser an die Marsoberfläche traten.

MARSKANÄLE

Percival Lowell kartografierte Ende der 1890er-Jahre an seinem Observatorium in Flagstaff, Arizona (USA) die erstmals von Giovanni Schiaparelli beobachteten Kanäle. Lowell vermutete, dass in diesen Kanälen Wasser von den Marspolen in die trockene Äquatorgegend geleitet wurde. Die Kanäle stellten sich später als eine optische Täuschung heraus.

ERFORSCHUNG VON METEORITEN

Den interessantesten, aber nicht zu beweisenden Hinweis auf Leben auf dem Mars findet man in dem als ALH84001 bezeichneten Marsmeteoriten, der vor ca. 13000 Jahren in der Antarktis niederging. Er enthält organische Verbindungen und winzige Strukturen, die von lebenden Organismen erzeugt worden sein könnten.

Der Marsmeteorit ALH84001 (Vergrößerung 100000-fach) enthält Röhren, die Fossilien von bakterienähnlichen Organismen sein könnten.

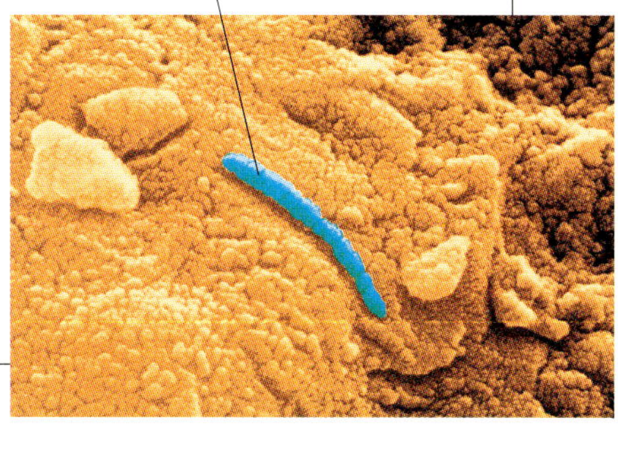

# MARSMISSIONEN

SEIT 1996 FLOG EINE SCHAR von Robotersonden zum Mars. Wie Detektive suchen diese Sonden nach Antworten auf die Rätsel, welche die Marssonden der 1960er- und 1970er-Jahre aufgegeben haben. War der Mars einst warm und nass? Was geschah mit dem Wasser?

*Die Antenne überträgt Daten zur Erde.*

*Die Kameras können Details von nur 1,5 m Größe erkennen.*

*Solarzellen erzeugen Strom.*

## ERFORSCHUNG DER OBERFLÄCHE

Die Pathfinder-Sonde der NASA landete nach einer siebenmonatigen Reise am 4. Juli 1997 in der Ebene des Ares Vallis auf der Nordhalbkugel des Mars. Man glaubte, hier eine Vielzahl von Gesteins- und Bodenarten zu finden. Pathfinder war mit mehreren Instrumenten sowie einer Stereokamera ausgestattet. An Bord war auch der sechsrädrige Sojourner Rover.

MARSPANORAMA VON PATHFINDER

*Dieses Panoramabild ist aus vielen Einzelbildern zusammengesetzt, die Pathfinder aufnahm.*

*Die Verteilung der Felsen deutet darauf hin, dass es hier einst große Wassermassen gab.*

### MARSSONDEN

| Name | Ankunftsjahr | Nation | Sondentyp |
|---|---|---|---|
| Mariner 4 | 1965 | USA | Vorbeiflug |
| Mars 3 | 1971 | Russland | Orbit und Landung |
| Viking 1 | 1976 | USA | Orbit und Landung |
| Viking 2 | 1976 | USA | Orbit und Landung |
| Global Surveyor | 1997 | USA | Orbit |
| Pathfinder | 1997 | USA | Landung mit Rover |
| Mars Express | 2003 | Europa | Orbit |
| Nozomi | 2004 | Japan | Orbit |
| Exploration Rover | 2004 | USA | Landung |

*Manchmal sind Schleierwolken aus Wassereis zu sehen.*

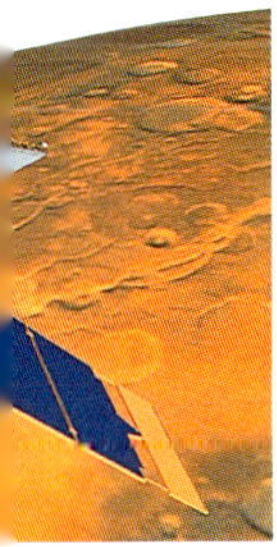

### GLOBAL SURVEYOR

Der Global Surveyor erreichte im September 1997 den Mars und wurde innerhalb von 18 Monaten auf eine niedrige Umlaufbahn in nur 350 km Höhe abgebremst. An Bord sind Kameras und Spektrometer zur genauen Kartografierung, Wettermessung und chemischen Analyse.

### LEBENSFEINDLICH

Auf dem Mars gibt es kein Wasser in flüssiger Form, da es meist zu kalt ist. Es gibt keinen Sauerstoff zum Atmen. Die Oberfläche ist manchmal heftigen Sandstürmen ausgesetzt. In der Atmosphäre gibt es kein Ozon, das vor schädlicher UV-Strahlung schützt.

*Die Tiefe der Spuren des Sojourner Rovers zeigen, dass der Boden sehr feinsandig ist.*

*Der Rover untersucht einen Felsen mit dem Spitznamen „Yogi“.*

*Pathfinder entdeckte, dass der Staub in der Atmosphäre magnetisch ist.*

# RAUMFAHRT

# Flug ins All

## Einst hielten die Menschen Satelliten und Raumfahrt für utopisch. Einige Wissenschaftler glaubten aber, dass es bald die nötige Technik geben würde. 1957 zeigte sich, das diejenigen, die an die Raumfahrt geglaubt hatten, Recht gehabt hatten.

4. Oktober 1957

### Anfänge des Weltraumzeitalters

Faszination, Aufregung und Furcht beherrschten die Gefühle der Menschen, als sie erfuhren, dass die Sowjetunion den ersten künstlichen Satelliten der Welt gestartet hatte. Sputnik funkte 21 Tage lang Signale zur Erde.

### Wieder gelandet

Mit Sputnik 5 wurden die Hunde Belka und Strelka ins All gebracht. Sie waren die ersten Lebewesen, die dem lebendig standhielten.

20. August 1960

12. April 1961

### Erster Mensch im All

Yuri Gagarin, der erste Mensch im All, flog in einem runden Wostok-Raumschiff, wobei er auf einem Schleudersitz auf Schienen saß. Auf seinen erfolgreichen Flug folgten zwei Unglücksfälle.

### Bemannte Raumfahrtprogramme der USA

Die bemannte Raumfahrt der USA begann nur knapp einen Monat nach Gagarins historischem Flug, als Alan Shepard eine Höhe von 180 km erreichte und zur Erde zurückkehrte.

5. Mai 1961

25. Mai 1961

### Herausforderung Mond

Präsident John F. Kennedy gab den Ambitionen der Amerikaner durch das Apollo-Programm zur Erforschung des Mondes einen kräftigen Anstoß. Es zählte zu den technisch aufwändigsten Programmen des 20. Jahrhunderts.

### Spaziergang

Der sowjetische Kosmonaut Alexej Leonow unternahm den ersten Weltraumspaziergang. Als er in die Luftschleuse zurückkehren wollte, hatte er Probleme, da sich sein Raumanzug ausdehnte. Er hatte insgesamt 20 Minuten im All verbracht.

18. März 1965

24. April 1967

### Raumschiff Sojus

Der Kosmonaut Vladimir Komorov starb als erster Mensch im Weltraum. Er kam an Bord seines Raumschiffes Sojus 1 um. Vier Monate zuvor waren drei US-Astronauten bei einem Test von Apollo 1 auf der Startrampe verbrannt. Alle vier waren die Opfer des Wettlaufs um die erste Mondlandung.

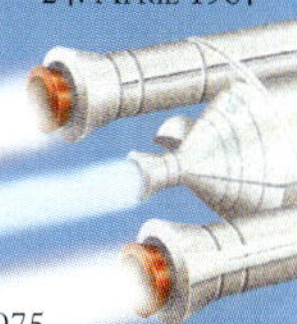

15.–24. Juli 1975

### Apollo-Sojus-Kontakt

Mitten im Kalten Krieg gab es eine gemeinsame Weltraumission der USA und der Sowjetunion – das Apollo-Sojus-Rendezvous. Die beiden Besatzungen führten ihre Raumschiffe zusammen und dockten aneinander an. Einige Tage lang arbeiteten sie in beiden Raumschiffen gemeinsam an wissenschaftlichen Experimenten.

20. Juli 1969

### Mondlandung

Mit den Worten „Der Adler ist gelandet“ kommentierte Neil Armstrong, der Kommandant der Apollo 11, die Ankunft der Menschheit auf einem anderen Himmelskörper. Neil Armstrong und Buzz Aldrin landeten mit der Mondfähre Eagle auf der Oberfläche und blieben insgesamt 22 Stunden auf dem Mond.

# SPACESHUTTLE

DER ERSTE TESTFLUG des Space Transportation System (STS) – Spaceshuttle – fand 1981 statt. Es besteht aus einem Orbiter mit drei Haupttriebwerken, einem externen Tank und zwei Feststoffraketen. Die Nutzlast wird in der Ladebucht befördert. Nach jeder Mission kehrt der Orbiter im Gleitflug zur Erde zurück. Das STS ist ausgesprochen vielseitig nutzbar.

SHUTTLE-ORBITER

## SHUTTLE-ORBITER

Ein Orbiter ist ein Weltraumflugzeug. Das STS hat drei zur Verfügung: Discovery, Atlantis und Endeavour. Jeder Orbiter hat Platz für sieben Besatzungsmitglieder und kann mindestens 10 Tage in der Umlaufbahn bleiben.

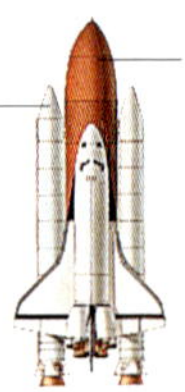


## BOOSTER

Die Feststoffraketen befördern den Orbiter auf eine Höhe von 45 km. Sie sind für 20 Flüge ausgelegt. Die Booster tragen das gesamte Startgewicht des STS.

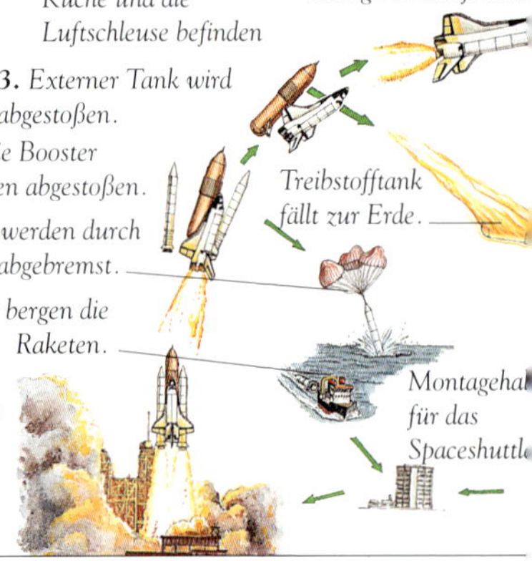


FLUGPROFIL

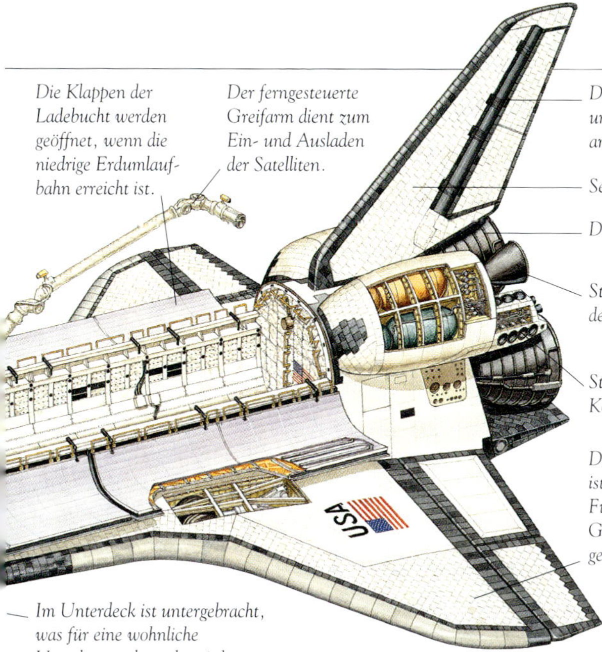

### START – LANDUNG

Die Haupttriebwerke zünden in Abständen von 0,12 Sekunden, dann folgen die Feststoffraketen. Die Halterungen werden entfernt. Das Orbital Manoeuvring System (OMS) bringt den Orbiter in die richtige Umlaufbahn, nachdem Booster und Tank abgesprengt wurden. Eine Stunde vor der Landung positioniert das OMS den Orbiter für den Wiedereintritt.

#### ORBITER: SPEZIFIKATIONEN

- Länge: 37 m
- Höhe: 17 m
- Flügelspannweite: 30 m
- Ladebucht: 18 x 5 m
- Geschwindigkeit: 28 800 km/h
- Widersteht Temperaturen bis 1500°C
- Höhe des Orbits: zwischen 185 und 1000 km
- Dauer der Missionen: 10 bis 16 Tage

# Arbeit im Weltall

Astronauten arbeiten heute regelmäßig im Weltall. Viele Experimente finden in Laboren in der Umlaufbahn statt. Satelliten können dort gestartet, zurückgeholt oder repariert werden.

Arbeit auf dem Mond
Auf diesem Bild bereitet Buzz Aldrin ein wissenschaftliches Experiment aus einem der Pakete vor, welche die Apollo-11-Mannschaft auf der Mondoberfläche zurückgelassen hatten.

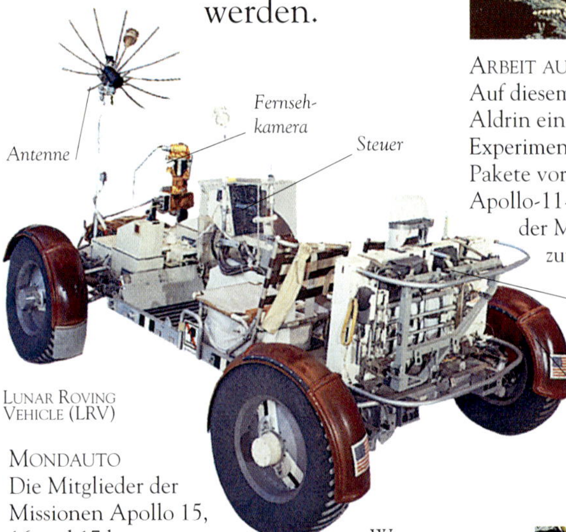


Lunar Roving Vehicle (LRV)

Mondauto
Die Mitglieder der Missionen Apollo 15, 16 und 17 benutzten dieses LRV sehr gern. Mit dem „Mondauto“ konnten sie größere Strecken auf der Oberfläche zurücklegen und aus einem weitläufigen Gebiet Proben sammeln.

Wissenschaft
In Laboren in der Erdumlaufbahn können Wissenschaftler Experimente ausführen, die nicht von der Schwerkraft beeinflusst werden.

RAUMSTATION

Die Internationale Raumstation ISS ist ein Gemeinschaftsprojekt von 16 Ländern. Sie wird im Weltall von Astronauten vieler Länder gebaut. Dabei werden Wohnquartiere für bis zu sieben Menschen mit Laboratorien und Arbeitsplätzen verbunden. Die Astronauten leben bis zu sechs Monate am Stück in der ISS.

*Etwa 4000 m² Solarzellen sorgen für die Stromversorgung der ISS.*

LAUFENDE REPARATUREN

Fest mit dem Roboterarm des Spaceshuttle – dem Remote Manipulator System – verbunden können Astronauten ihre Reparaturen an Satelliten, Teleskopen an der ISS sicher vornehmen.

*Der Roboterarm des Spaceshuttles befördert den Astronauten an seinen „Arbeitsplatz".*

# Das Leben im Weltraum

Raumstationen werden so konstruiert, dass sich Astronauten längere Zeit im lebensfeindlichen Weltraum aufhalten können. Die Lebenserhaltungssysteme an Bord müssen Sauerstoff bereitstellen und das ausgeatmete Kohlendioxid wieder herausfiltern. Luftdruck und Zimmertemperatur müssen angepasst werden. Vielleicht kann man in Zukunft Nahrung im Weltall wachsen lassen, aber bislang mussten Wasser und Nahrung von der Erde mitgebracht werden.

Training im Wassertank
Astronauten trainieren auf der Erde in der Schwerelosigkeit, indem sie diese in riesigen Wassertanks mit neutralem Auftrieb simulieren. In die Tanks passt ein originalgetreues Modell der Ladebucht und der Luftschleuse des Orbiters. In ihren Druckanzügen können die Astronauten so längere Weltraumausflüge üben. In den Tanks werden auch Tests zur Entwicklung der Ausrüstung durchgeführt.

Persönliche Hygiene
Im Spaceshuttle waschen sich die Astronauten mit einem Schwamm. Das elektrische Rasieren ist nicht empfehlenswert, da Haare wegschweben und in die Augen geraten könnten.

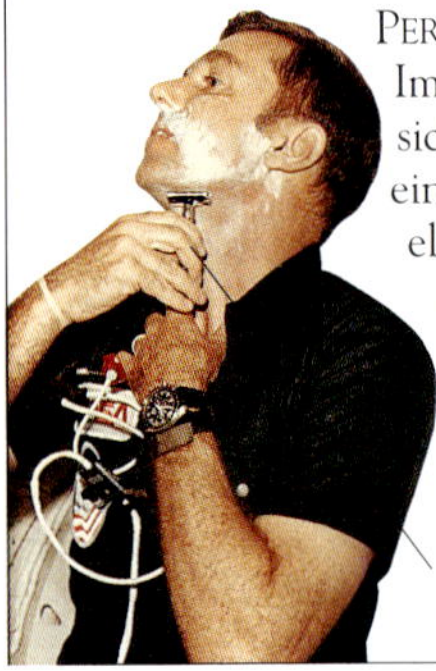

*Ein Astronaut rasiert sich an Bord des Spaceshuttles.*

### ESSEN IM WELTRAUM

Da das Essen von der Erde mitgebracht wird, muss es sehr leicht sein. Meist verwendet man Trockennahrung und gibt vor dem Verzehr Wasser hinzu. Versorgungsschiffe bringen 10-Liter-Container zur MIR – im Spaceshuttle wird ein Teil des Wassers selbst hergestellt.

| WELTRAUMMENÜ | |
|---|---|
| Frühstück | Früchte oder Müsli, Rindfleischpastete oder Rührei, Kakao, Fruchtsaft |
| Mittagessen | Nudeln mit Putenfleisch oder Hotdogs, Brot, Bananen oder Müsliriegel, Fruchtsaft |
| Abendessen | Suppe oder Obstsalat, Reispfanne oder Steak, Brokkoligratin, Pudding, Fruchtsaft |

### WELTRAUMTOILETTE

Befestigungsgurte halten den Astronauten fest, während er die Toilette benutzt. Es wird ein Vakuum erzeugt, um eine ausreichende Abdichtung zwischen Körper und Sitz zu gewährleisten.

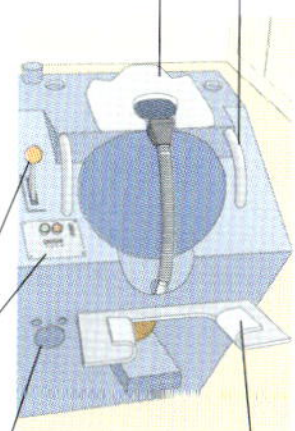


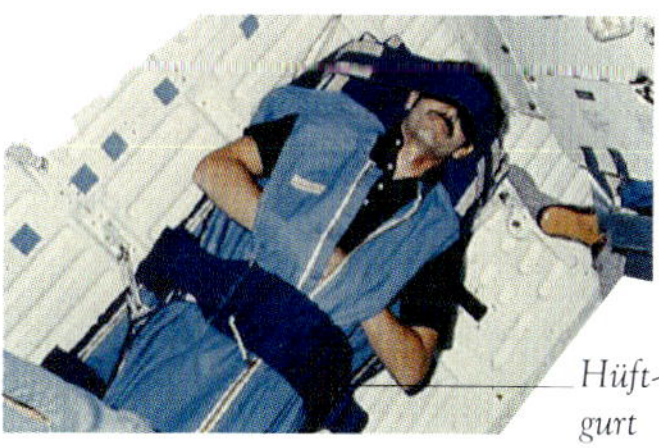


### SICHERER SCHLAF

In den Schlafkojen gibt es Haltegurte, welche die Schlafenden festhalten. Astronauten benutzen Schlafmasken, da die Sonne im niedrigen Orbit alle eineinhalb Stunden auf- und untergeht.

*Das Laufband ist eine Möglichkeit zum Erhalt der Fitness.*

### FITNESSPROGRAMM

Im Weltraum muss der Körper nicht so schwer arbeiten. Dies führt zu Muskelschwund. Alle Astronauten müssen daher ein Trainingsprogramm absolvieren. Jede Raumstation muss Fitnessgeräte wie ein Trimmrad an Bord haben.

WELTRAUMSPAZIERGANG
Der Raumanzug erhält den atmosphärischen Druck und schützt vor schädlicher Strahlung.

# FORSCHUNG IM ALL

**DIE SCHWERKRAFT hält Menschen auf dem Boden fest, beeinflusst das Wachstum der Pflanzenwurzeln in den Boden und das Mischungsverhalten von Flüssigkeiten. Für Gravitationsexperimente müssen Wissenschaftler ins All ausweichen.**

### IM SPACELAB

Die Besatzung schlief im Orbiter und schwebte zum Arbeiten ins Spacelab. Die Experimente waren in speziellen Einheiten, den Racks, untergebracht. Diese waren für eine Vielzahl von Tests ausgerüstet.

### SPACELAB

Die Raumstation Spacelab war so konstruiert worden, dass sie in der Ladebucht des Spaceshuttles Platz hatte. Sie bestand aus zwei Laboren in Druckkammern, in denen die Astronauten Experimente zur Schwerelosigkeit durchführten, und drei drucklosen Laboren bzw. externen Plattformen für Experimente unter Weltraumbedingungen.

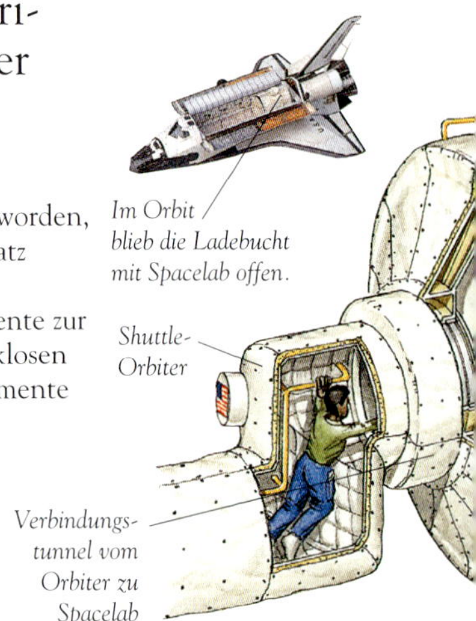


SPACELAB

*Skylab wurde zwischen Mai 1973 und Februar 1974 von drei Astronautenteams benutzt.*

### SKYLAB

Die erste US-Raumstation Skylab wurde 1973 gestartet. Dort sollte das Verhalten der Menschen bei längeren Weltraumaufenthalten untersucht werden.

### BIORACK UND ANTHRORACK

Auf mehreren Missionen hatte Spacelab ein Biorack an Bord, das Inkubatoren für Proben von Zellen und Mikroorganismen enthielt. Das Anthrorack enthielt Geräte zur Untersuchung der Auswirkung der Schwerelosigkeit auf den menschlichen Körper.

### Externe Plattform

Einige Instrumente zur Erdbeobachtung und zur Messung von Strahlung mussten auf externen Plattformen aufgestellt werden. Die Kontrollinstrumente befanden sich meist im Druckmodul. Wurde Spacelab als reine Plattformstation betrieben, waren sie an der ersten Plattform untergebracht.

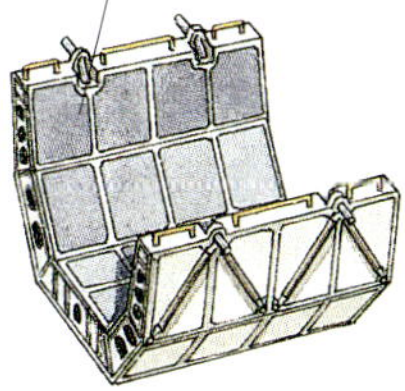

*Separate externe Plattform*

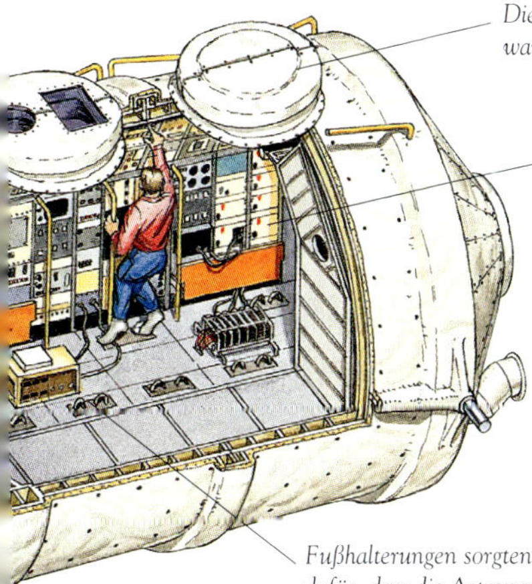

*Die Druckmodule waren 4 m breit.*

*Spacelab war konstruiert, als gäbe es Dach, Fußboden und Wände.*

*Fußhalterungen sorgten dafür, dass die Astronauten senkrecht standen.*

### Experimente zur Schwerelosigkeit

- Russische Wissenschaftler untersuchten die Auswirkung auf Herz und Lunge.
- Auf der MIR kultivierte man Weizensamen, um zu sehen, wie sie schwerelos reifen.
- Beobachtungen über Verbrennungsvorgänge brachten neue Erkenntnisse für den Bau von Düsentriebwerken.
- Experimente zum Kristallwachstum boten die Möglichkeit zum Test von effizienteren Herstellungsmöglichkeiten von Halbleitern.

### Raumstationen

| Name | Herkunft | Startjahr |
|---|---|---|
| Salyut 1 | Sowjetunion | 1971 |
| Skylab | USA | 1973 |
| Spacelab | Europa | 1983 |
| MIR | Russland | 1986 |
| Internationale Raumstation | International | 1998 |

### Labor für Schwerelosigkeit

Spacelab führte zwei internationale Missionen zur Untersuchung der Schwerelosigkeit durch. Weltweit entwickelten Wissenschaftler hierzu Experimente, welche die Besatzungen durchführten.

### Biologie unter Schwerelosigkeit

1996 setzte Shannon Lucid, die als NASA-Astronautin zu Gast auf der MIR war, befruchtete Eier in einen Inkubator und beobachtete deren Entwicklung. Ein Vergleich mit Eiern unter irdischen Entwicklungsbedingungen ergab häufigere Abnormitäten.

# Internationale Raumstation

Die USA und Russland starteten 1998 die ersten Teile für die Internationale Raumstation ISS. Brasilien, Kanada, die europäische Weltraumbehörde und Japan stellten ebenfalls Elemente zur Verfügung. Die Fertigstellung ist für 2010 geplant. Astronauten aus vielen Ländern haben an Bord ein umfangreiches Forschungsprogramm zu absolvieren.

## Elemente der Station

Die ISS besteht aus über 100 Elementen. Die USA leisten den größten Beitrag mit einer Verbindungseinheit, einem drucklosen Modul, Solarzellen und zwei Laboren. Es folgen Russland, Kanada und Europa.

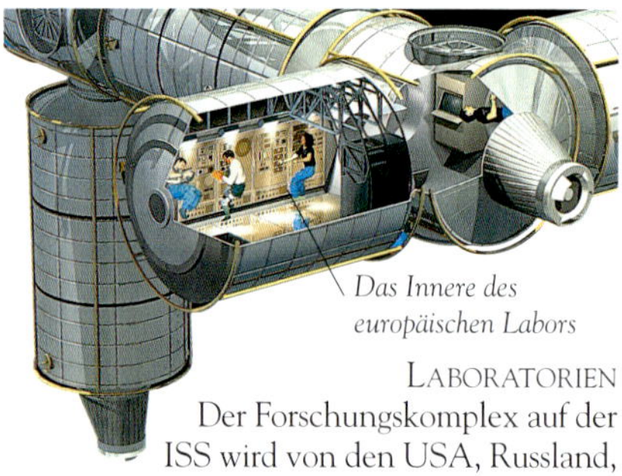

*Das Innere des europäischen Labors*

## Laboratorien

Der Forschungskomplex auf der ISS wird von den USA, Russland, Europa und Japan betrieben. In diesen Laboren sollen Materialien und Flüssigkeiten bei Schwerelosigkeit erforscht werden. Auch auf den Gebieten der Biowissenschaften und Technologie soll gearbeitet werden. Japan steuert eine externe Plattform bei.

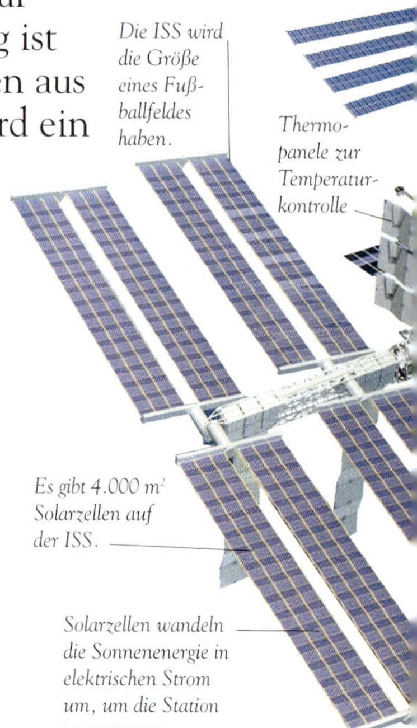

*Die ISS wird die Größe eines Fußballfeldes haben.*

*Thermopanele zur Temperaturkontrolle*

*Es gibt 4.000 m² Solarzellen auf der ISS.*

*Solarzellen wandeln die Sonnenenergie in elektrischen Strom um, um die Station zu versorgen.*

Internationale Raumstation

ZUSAMMENBAU DER RAUMSTATION

Während des Zusammenbaus wird es ca. 45 Flüge des Spaceshuttle und zweier Protonraketen geben. Ferngesteuerte Roboter verbinden zuerst die Elemente, danach führen Astronauten die Endmontage durch. In dieser Phase werden sie sich 850 Stunden im All aufhalten.

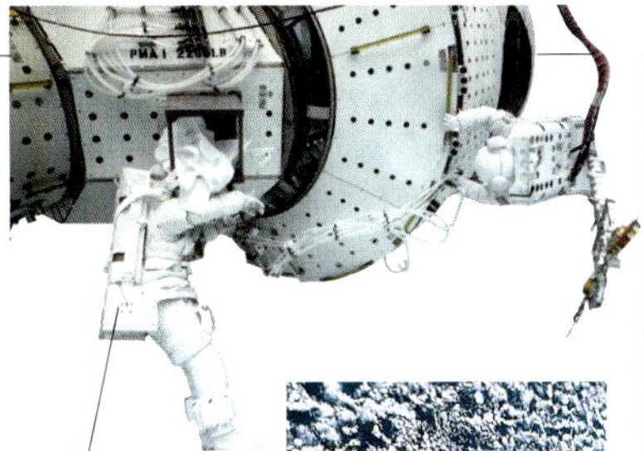

*Astronauten verwenden einen Wassertank, um auf der Erde Schwerelosigkeit zu simulieren.*

RAUMANZUG

Die USA haben ihre Raumanzüge für den Einsatz auf der ISS modifiziert. Die Raumanzüge werden an Bord der ISS angepasst und für 25 Weltraumspaziergänge benutzt, bevor sie zur Überholung zurück zu Erde gebracht werden.

VERBINDUNGSEINHEITEN

Auf der ISS gibt es drei Verbindungseinheiten zwischen den ISS-Elementen. Sie alle enthalten Andockstationen. Einheit 1 fungiert als Lagerraum, Einheit 2 beherbergt die Ausrüstung zur Umwandlung von Elektrizität und Einheit 3 die Lebenserhaltungssysteme.

# MISSIONEN I

1957 BEGANN DAS Raumfahrtzeitalter mit dem Start des ersten Satelliten. Vier Jahre später wurde Yuri Gagarin zum ersten Astronauten. In den nächsten 20 Jahren boomte das Interesse am Weltall geradezu.

ERSTES RAUMFAHRZEUG
Dies ist ein Modell der Wostok I, dem Raumfahrzeug in dem Yuri Gagarin seine erste historische Erdumrundung vornahm.

KONTROLLIERTE LANDUNG
Die Sonde Luna 9 landete im Februar 1966 als Erste erfolgreich auf dem Mond. Durch sie erhielten wir die ersten Panoramaaufnahmen der Mondoberfläche.

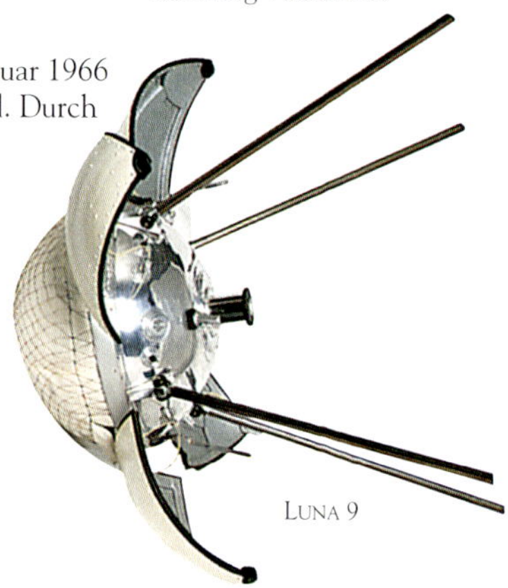

LUNA 9

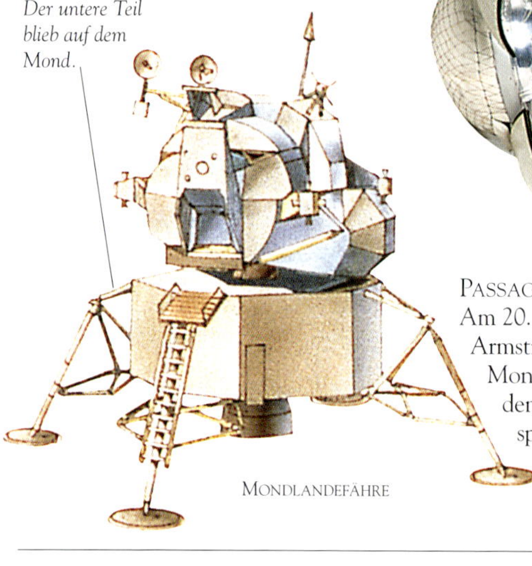

*Der untere Teil blieb auf dem Mond.*

MONDLANDEFÄHRE

PASSAGIERSCHIFF
Am 20. Juli 1969 landeten Neil Armstrong und Buzz Aldrin mit der Mondlandefähre der Apollo 11 auf dem Mond. Knapp 24 Stunden später kehrten sie mit dem oberen Teil der Fähre in die Mondumlaufbahn zurück.

MONDMOBILE
In den frühen 1970er-Jahren wurden zwei Lunochod-Mondmobile auf den Mond gesandt. Sie waren mit Fernsehkameras ausgestattet, durch die sie von einem Kontrollzentrum auf der Erde aus manövriert werden konnten. Sie legten 47,5 km auf der Mondoberfläche zurück.

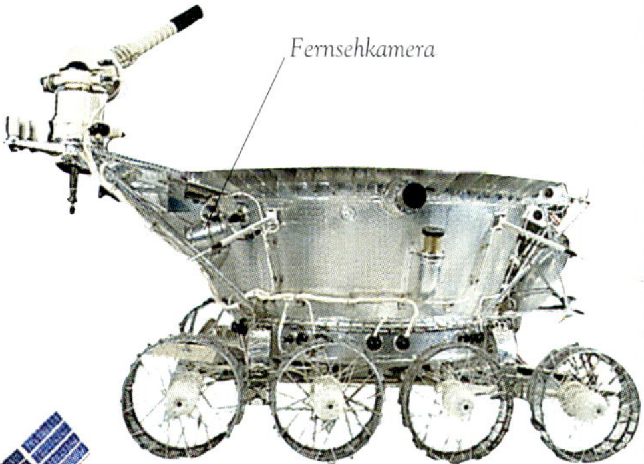


LUNOCHOD I

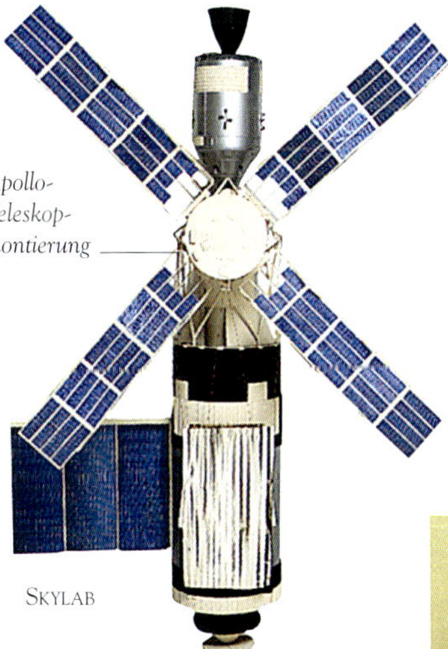


SKYLAB

WISSENSCHAFTSPLATTFORM
1973 wurde das Skylab-Weltraumlabor gestartet. Es ermöglichte den Astronauten, mehrere Wochen am Stück im Weltall zu arbeiten. Durch das Skylab konnten außerdem die Erdatmosphäre sowie die Klimasysteme auf der Erde erforscht werden.

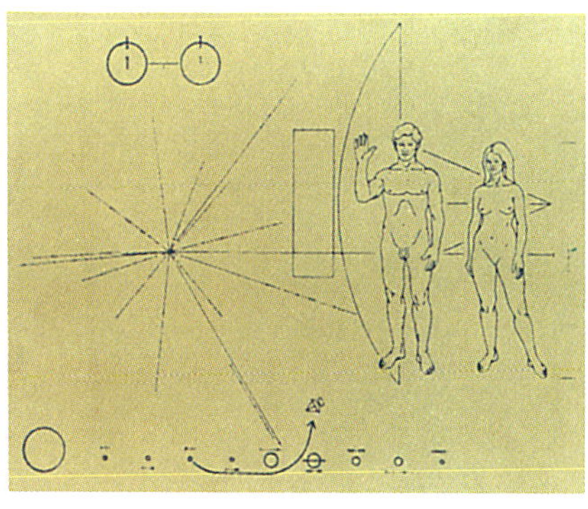

NACHRICHT AN DIE STERNE
Die Pioneer-Sonden hatten je eine goldene Plakette an Bord, auf der Abbildungen des Menschen sowie Anweisungen zum Auffinden des Sonnensystems und der Erde eingraviert waren.

# Missionen II

Durch die Einführung des Spaceshuttles wurde das Arbeiten im Weltraum viel leichter. Mit Ausnahme eines der äußeren, haben wir inzwischen Sonden zu allen Planeten geschickt.

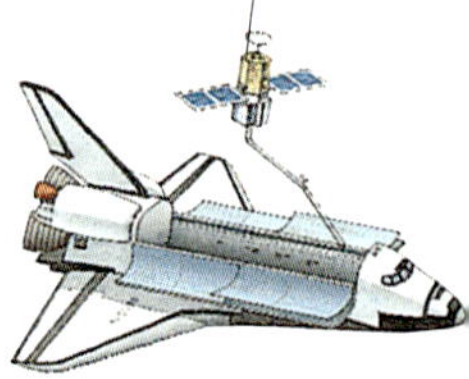

*Mit dem Roboterarm des Shuttles können Satelliten gestarten oder eingefangen werden.*

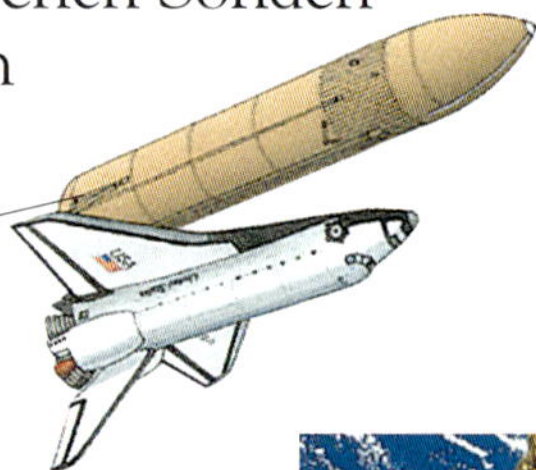

*Der externe Tank fällt in 110 km Höhe ab.*

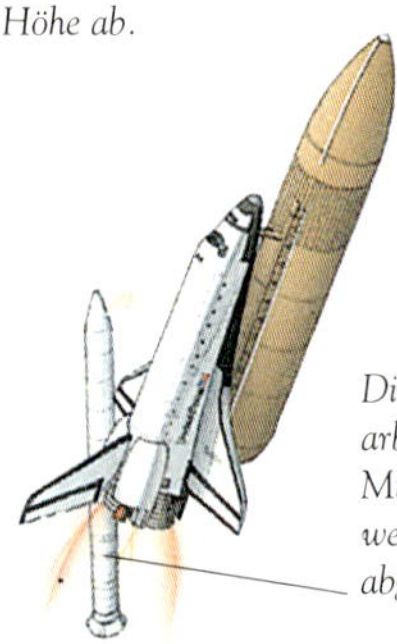

*Die Schubraketen arbeiten ca. zwei Minuten lang und werden in 45 km Höhe abgesprengt.*

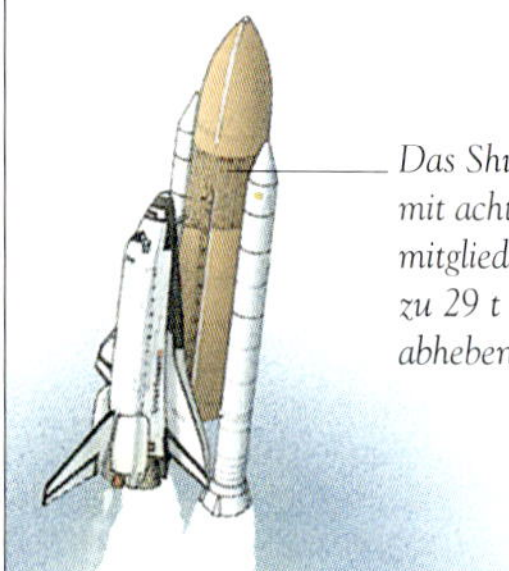

*Das Shuttle kann mit acht Besatzungsmitgliedern und bis zu 29 t Fracht abheben.*

Zunehmende Kommunikation
Im Mai 1992 wurde der Kommunikationssatellit Intelsat von der 49. Shuttlemission gestartet. Die Verbesserung der Kommunikationsmöglichkeiten ist nur einer der Vorteile, den wir durch die Weltraumtechnik haben.

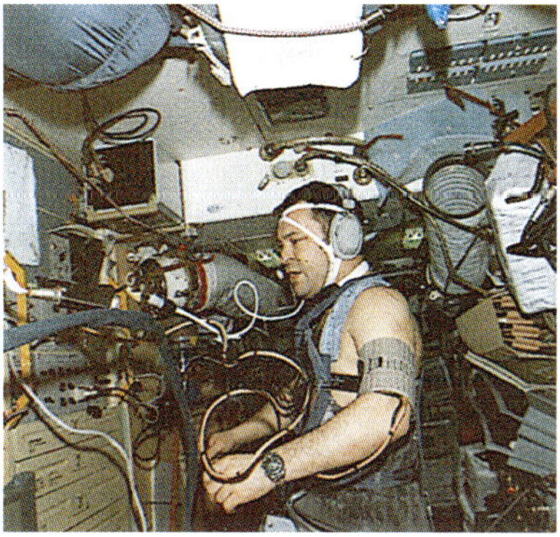

AUSDAUERREKORD
Russische Kosmonauten verbringen immer längere Zeiträume im All. Der derzeitige Rekord liegt bei 438 Tagen. Dieser wurde in 1994/1995 auf der Raumstation MIR aufgestellt. Auf diesem Bild sieht man Astronauten bei ihrem strengen Sportprogramm. Damit sollen sie bei den langen Aufenthalten in der Schwerelosigkeit fit gehalten werden. Die MIR verglühte 2001 nach 15 Jahren in der Erdumlaufbahn.

ROSETTA-SONDE

KOMETENJÄGER
Die Rosetta-Sonde soll ein Rendezvous mit einem Kometen versuchen. Ihr Landfahrzeug soll zum Zentrum des Kometen vordringen. Sobald es auf der Oberfläche verankert ist, soll es Daten zur Sonde senden. Wissenschaftler erhoffen sich davon Informationen darüber, wie Kometen entstehen.

CASSINI-HUYGENS-SONDE
Cassini, die 1997 gestartet wurde, erreichte 2004 den Saturn. Sie wird vier Jahre damit verbringen, den Planeten und seine Monde zu erforschen. Die Minisonde Huygens landete am 14. Januar 2005 auf der Oberfläche von Titan.

# Weltraum-Flugzeuge

Ins All zu fliegen ist teuer. Riesige Summen werden vergeudet, wenn zum Erreichen des Orbits mehrstufige Raketen eingesetzt werden. Eine Möglichkeit zur Kostenreduzierung ist der Einsatz eines Gefährts, das den Orbit mit nur einer Stufe erreicht. Diese Single-stage-to-orbit-Raumschiffe (SSTO) wären eine gute Lösung.

Clipper Graham (DC-XA)

Clipper Graham war ein Testgefährt für zukünftige Weltraumtechnologien. Nach vier Flügen stürzte es 1996 ab.

*DC-XA war ein Unterschall-Testflugzeug.*

Clipper Graham (DC-XA)

VentureStar (X-33)

Die keilförmige Gestalt verleiht NASAs VentureStar, auch X-33 genannt, ein ungewöhnliches Aussehen und gute Flugeigenschaften: Es hat die Gestalt eines Auftriebkörpers. X-33 hebt senkrecht nach oben ab, landet aber im Gleitflug. Es stellt einen Prototyp eines SSTO-Raumschiffs dar, das später die Rolle des Spaceshuttles übernehmen könnte.

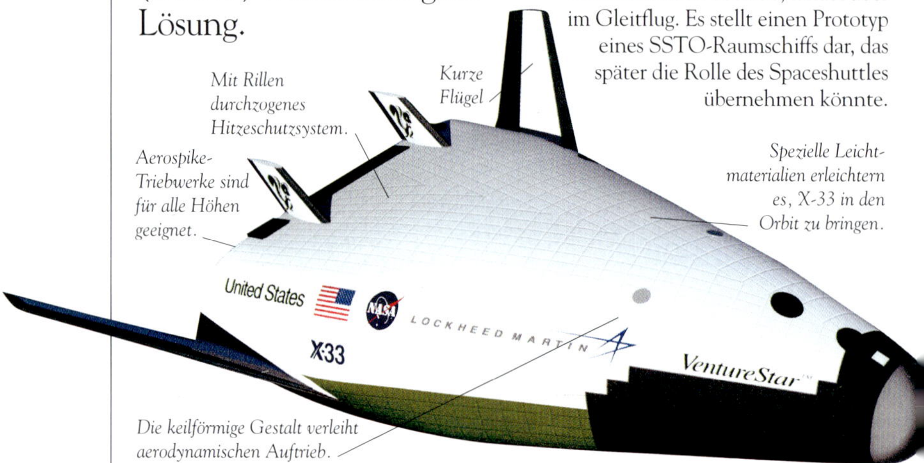


*Mit Rillen durchzogenes Hitzeschutzsystem.*

*Kurze Flügel*

*Aerospike-Triebwerke sind für alle Höhen geeignet.*

*Spezielle Leichtmaterialien erleichtern es, X-33 in den Orbit zu bringen.*

*Die keilförmige Gestalt verleiht aerodynamischen Auftrieb.*

*X-34 wird auf Rädern landen.*

TESTFLUG DER X-34

*Bei X-34 ist die Technik von DC-XA und VentureStar vereint.*

### PROTOTYP X-34

1999 begann die X-34, leichtes Material sowie Hitzeschutz- und Landesysteme zu testen, die für SSTO-Flugzeuge benötigt werden. Im Vergleich zur X-33 ist die Rakete klein und für einen Start aus der Luft – vom Bauch eines Flugzeugs aus – konzipiert. Die Testflüge waren mit zunehmender Schwierigkeit geplant.

### ROTON

Eine der revolutionärsten Ideen für eine Leichtbauweise von Raketen für SSTO-Starts ist es, auf das schwere Treibstoffpumpsystem zu verzichten. Bei der Roton-Rakete könnte ein Motor auf der Startrampe das Triebwerk in Rotation bringen, sodass der Treibstoff in die Brennkammern geschleudert wird. Zur Stabilisierung während des Wiedereintritts und für eine weiche Landung werden Rotorblätter wie beim Hubschrauber verwendet.

### AEROSPIKE-TRIEBWERK

Ein Aerospike-Triebwerk wäre ein optimaler Antrieb. Die herkömmliche, glockenförmige Düse wird umgestülpt, damit auf der Innenseite eine feste Oberfläche entsteht. Der Luftdruck bildet die „Außenfläche". Da dieser bei zunehmender Höhe abnimmt, ändert sich die Form der Düse.

### WELTRAUMTOURISMUS

Wenn der Flug ins All einfach und billig geworden ist, könnte sich der Traum vieler Menschen von einer Reise ins All erfüllen. Eine Idee ist, ein Hotel in einer 1200 km hohen Umlaufbahn durch ein fast 1000 km langes Transportseil mit einer 250 km über der Erde befindlichen Andockstelle zu verbinden. Die Touristen könnten dann mit wiederverwendbaren suborbitalen Flugzeugen zur Andockstelle fliegen.

# Interplanetare Raumflüge

**Die Planeten sind sehr weit weg. Mit den heutigen Raumsonden testet man Technologien, die für zukünftige interplanetare Raumflüge entscheidend sind.**

Deep Space 1

Mit so genannten Deep-Space-Sonden testet die NASA riskante Technologien, die nie zuvor im Weltraum angewendet wurden. Deep Space 1 startete 1998 mit einem automatischen Navigationssystem.

Ionenantrieb

Raumsonden mit Ionenantrieb können mit der zehnfachen Geschwindigkeit der Voyager-Sonden fliegen. Es dauert aber viele Monate, bis sie diese Geschwindigkeit erreichen.

Interplanetare Raumsonden

Diese Sonden werden erst in den Erdorbit gebracht. Dann zünden Boosterraketen und bringen sie in den Sonnenorbit. Die Bahn ist exakt berechnet, damit die Sonde die Bahn des Zielplaneten kreuzt.

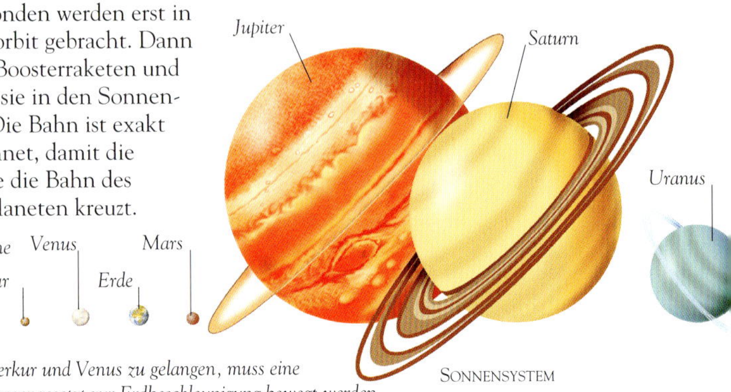


*Um zu Merkur und Venus zu gelangen, muss eine Sonde entgegengesetzt zur Erdbeschleunigung bewegt werden.*

Sonnensystem

## Selbstversorgung und Psychologie im Weltraum

Zukünftige Raumkolonien müssen unabhängig sein, ihre eigene Nahrung anbauen und die Atmosphäre sowie den pflanzlichen, tierischen und menschlichen Abfall recyceln. Wenn die Raumkolonien erfolgreich sein sollen, müssen Psychologen mehr darüber wissen, wie kleine Gruppen von Menschen über einen langen Zeitraum in völliger Isolation reagieren.

Biosphere II, Arizona (USA)

*Biosphere II war ein wissenschaftliches Experiment mit völlig von der Umgebung isolierten Ökosystemen.*

*Kosmonauten auf der MIR bauten erfolgreich Mungobohnen im All an.*

## Ackerbau im Weltraum

Erfolgreiche Raumstationen müssen „Ackerbau" im Weltall betreiben, denn die Pflanzen werden als Sauerstoffproduzenten und Nahrungsmittel dringend benötigt.

*Beim Planeten wird die Sonde von der Schwerkraft eingefangen oder mittels Steuerraketen in eine Umlaufbahn gebracht.*

*Um zum Mars und den äußeren Planeten zu gelangen, muss eine Sonde in der gleichen Richtung von der Erde wegfliegen, wie diese sich um die Sonne bewegt.*

*Mit sechs Mann Besatzung braucht man bis zu 30 t Treibstoff, um von Mars abzuheben.*

## Treibstoff auf dem Mars

Treibstoff produzierende Pflanzen könnten Marskolonisten helfen. Zusammen mit dem Kohlendioxid aus der Marsatmosphäre und Wasserstoff von der Erde könnten sie Methan und Wasser herstellen.

# FUTURISTISCHE RAUMSCHIFFE

UNSER NÄCHSTER NACHBAR außerhalb des Sonnensystems, das Sternsystem Alpha Centauri, ist etwa 40 Milliarden km entfernt. Bei der heutigen Technologie würde ein Raumschiff etwa 10000 Jahre brauchen, um dorthin zu gelangen, wenn es möglich wäre, genug Treibstoff mitzuführen. Für die systematische Erkundung des interstellaren Raums müsste ein Raumschiff jedoch mit Überlichtgeschwindigkeit fliegen.

LASERANTRIEB
Laser könnten Treibstoff überflüssig machen. Ein Raumschiff mit einem Laser wird in die Umlaufbahn gebracht. Der Laser würde auf die Segel an einer interstellaren Sonde strahlen.

*Von Robert Forward entworfenes interstellares Raumschiff.*

GRENZEN DER NORMALEN RAKETEN
Die Raumsonde Voyager verließ das Sonnensystem mit einer Geschwindigkeit von fast 60000 km/h. Damit würde sie 80000 Jahre benötigen, um zu Alpha Centauri zu fliegen.

*Die Sonne und Alpha Centauri liegen 4,4 Lj auseinander im Orion-Arm und 25000 Lj vomMilchstraßenzentrum entfernt.*

MILCHSTRASSE

*Forwards Anordnung des Solarsegels*

KÜNSTLERISCHE DARSTELLUNG EINES ANTIMATERIE-RAUMSCHIFFS

ANTIMATERIETRIEBWERKE

Durch die Fernsehserie *Star Trek* wurden „Antimaterietriebwerke" bekannt. Antimaterie gibt es wirklich und es ist denkbar, dass Materie-Antimaterietriebwerke eines Tages Raumschiffe antreiben.

*Der Andromeda-Nebel ist 2,5 Millionen Lichtjahre von der Erde entfernt.*

*Die Autoren von* Star Trek *prägten erstmals den Begriff des „Warp-Antriebs" für Flüge mit Überlichtgeschwindigkeit.*

WARP-ANTRIEB

Das Raumschiff USS Enterprise in *Star Trek* fliegt mit Überlichtgeschwindigkeit, aber fälschlicherweise stellt man sich dabei Antimaterietriebwerke vor, die dies nicht erreichen könnten. Trotzdem inspirierte es den mexikanischen Physiker Miguel Alcubierre, über die mögliche Konstruktion eines Warp-Antriebes nachzudenken.

NEGATIVE MASSE

Für den Warp-Antrieb müsste eine negative Masse zur Expansion des Raums hinter einem Raumschiff vorhanden sein sowie ebenso viel positive Masse, damit der Raum davor kontrahiert werden kann.

# ANHANG

# DER NORDHIMMEL

AUF DER KARTE rechts siehst du die wichtigsten Sterne nördlich des Himmelsäquators. Die Sterne, die die Menschen auf der Nordhalbkugel in einer bestimmten Nacht sehen, hängen vom Standpunkt (dem Breitengrad), der Jahreszeit und der Zeit ab. Die Sterne im Zentrum der Karte nennt man zirkumpolar und sie sind das ganze Jahr über sichtbar. Polaris (der Polarstern) scheint dabei ständig über dem Nordpol zu stehen.

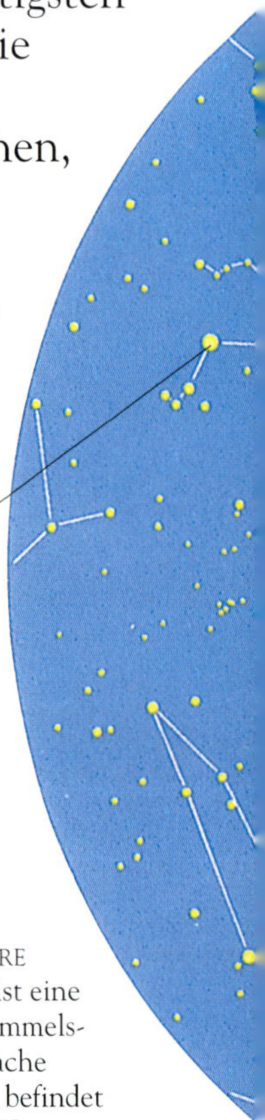


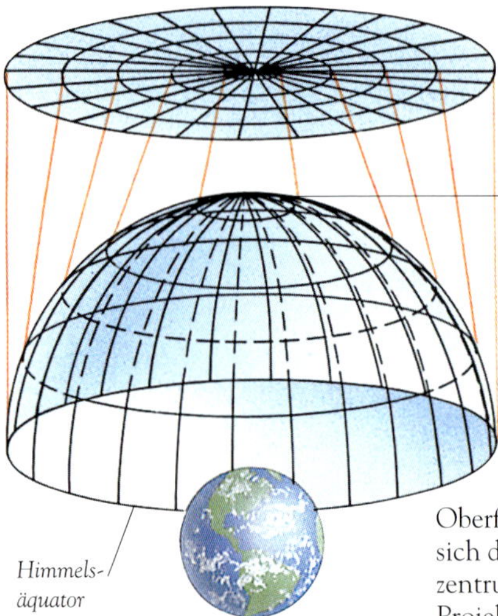


PROJIZIERTE SPHÄRE
Diese Sternkarte ist eine Projektion der Himmelssphäre auf eine flache Oberfläche. Der Nordpol befindet sich direkt unterhalb des Kartenzentrums. Der Himmelsäquator ist eine Projektion des Erdäquators auf den Himmel.

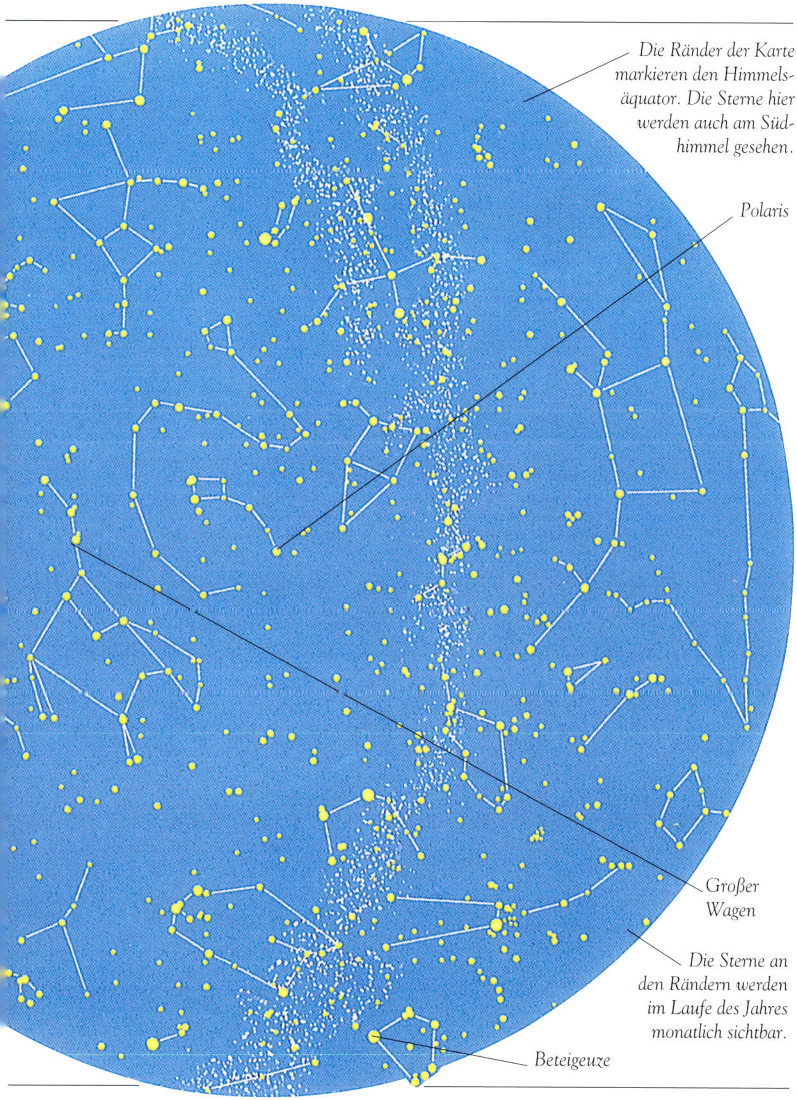
Die Ränder der Karte markieren den Himmelsäquator. Die Sterne hier werden auch am Südhimmel gesehen.
Polaris
Großer Wagen
Die Sterne an den Rändern werden im Laufe des Jahres monatlich sichtbar.
Beteigeuze

# DER SÜDHIMMEL

AUF DER KARTE rechts siehst du die wichtigsten Sterne südlich des Himmelsäquators. Die Sterne, die die Menschen auf der Südhalbkugel in einer bestimmten Nacht sehen, hängen vom Standpunkt (dem Breitengrad), der Jahreszeit und der Zeit ab. Die Sterne im Zentrum der Karte nennt man zirkumpolar und sie sind das ganze Jahr über sichtbar. Alpha Centauri ganz in der Nähe der Sonne ist ein Stern der Südhalbkugel.

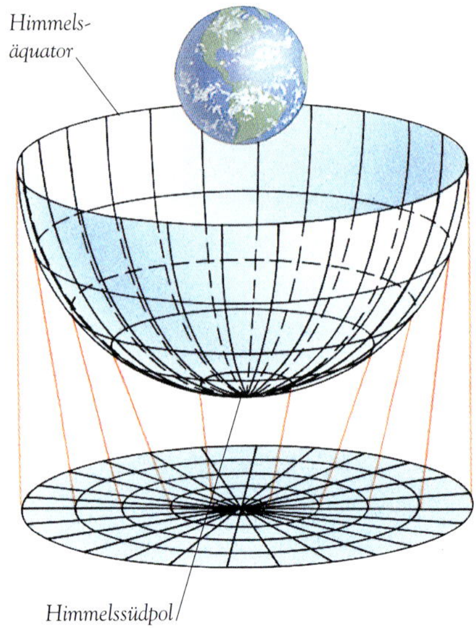


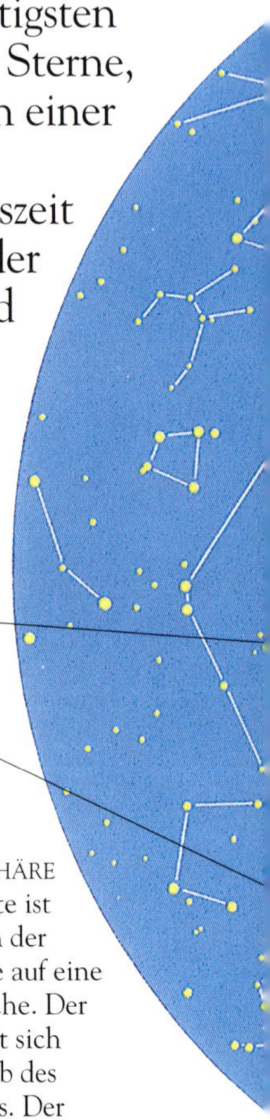


PROJIZIERTE SPHÄRE
Diese Sternkarte ist eine Projektion der Himmelssphäre auf eine flache Oberfläche. Der Südpol befindet sich direkt unterhalb des Kartenzentrums. Der Himmelsäquator ist eine Projektion des Erdäquators auf den Himmel.

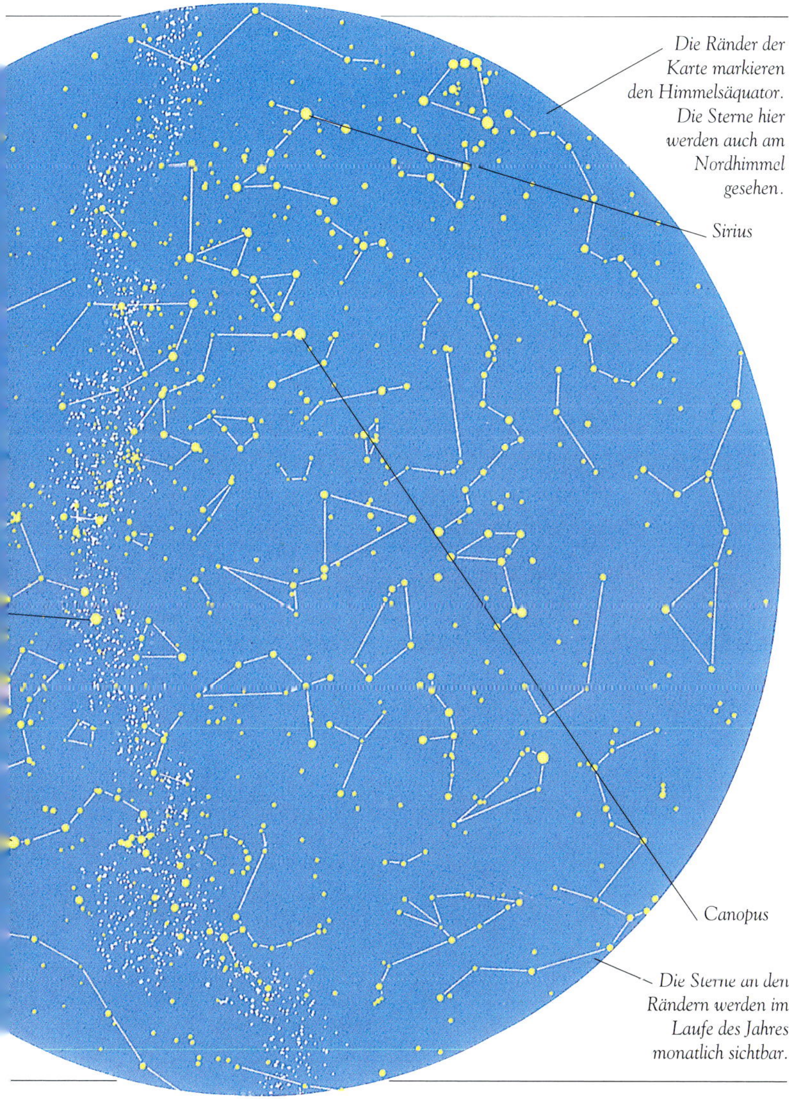
Die Ränder der Karte markieren den Himmelsäquator. Die Sterne hier werden auch am Nordhimmel gesehen.
Sirius
Canopus
Die Sterne an den Rändern werden im Laufe des Jahres monatlich sichtbar.

# STERNBILD-FÜHRER

Es gibt 88 weltweit anerkannte Sternbilder. Sie alle tragen lateinische Namen, die hier alphabetisch aufgelistet sind. Die Sternbilder helfen den Astronomen dabei, die Position der Planeten, Sterne und anderer Objekte im Kosmos genau zu beschreiben. Jede Nacht kann man nur einen Bruchteil der Sternbilder sehen und diese hängen von der Zeit, der Jahreszeit und deiner Position ab. Anhand der Karten unter den Sternbildern kannst du erkennen, welche an deinem Wohnort sichtbar sind.

ZEICHENERKLÄRUNG ZUR SICHTBARKEIT DER STERNBILDER

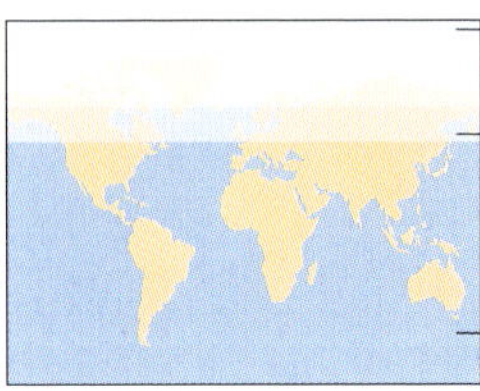

*Gegend, in der ein Sternbild nicht sichtbar ist.*

*Gegend, in der nur ein Teil des Sternbilds sichtbar ist.*

*Gegend, in der das Sternbild vollkommen sichtbar ist.*

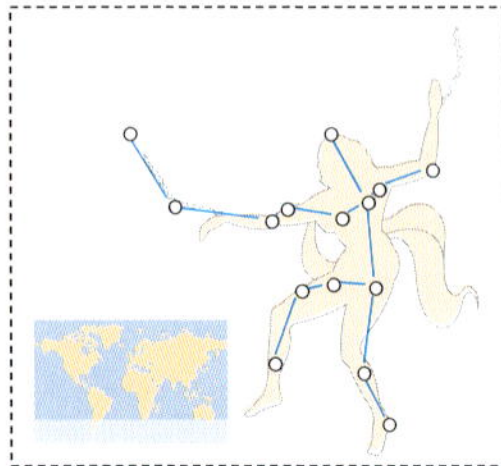

Andromeda

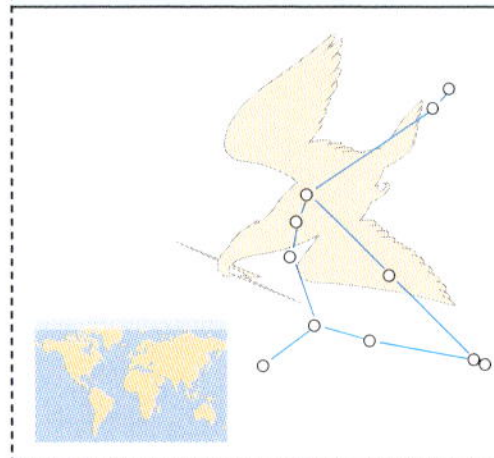

Aquila (Adler)

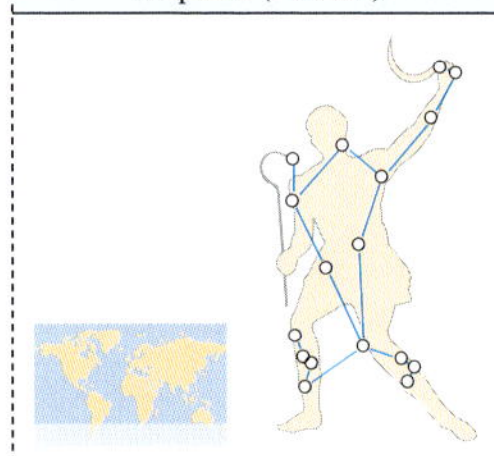

Bootes (Bärenhüter)

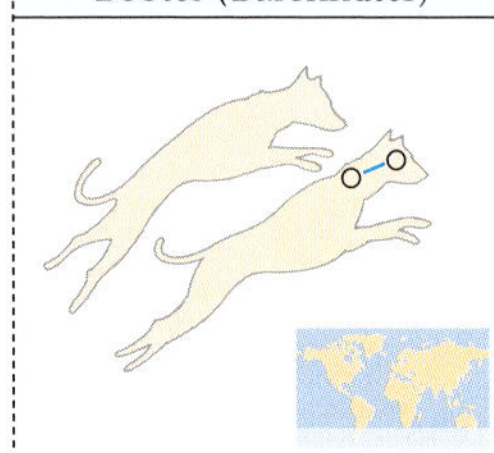

Canes Venatici (Jagdhunde)

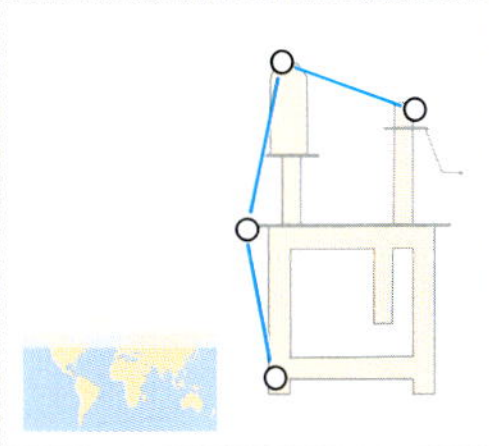

Antlia (Luftpumpe)

Apus (Paradiesvogel)

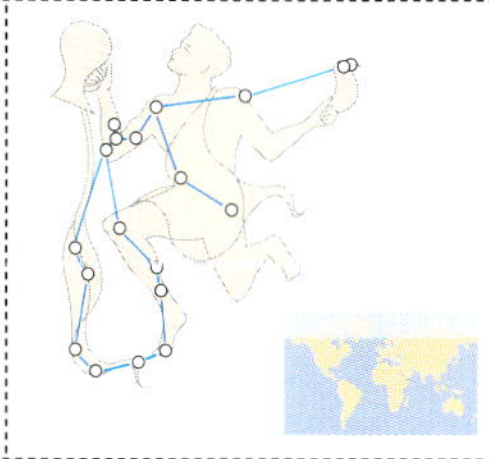

Aquarius (Wassermann)

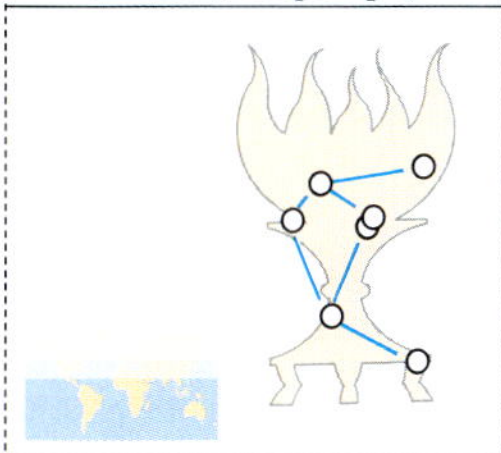

Ara (Altar)

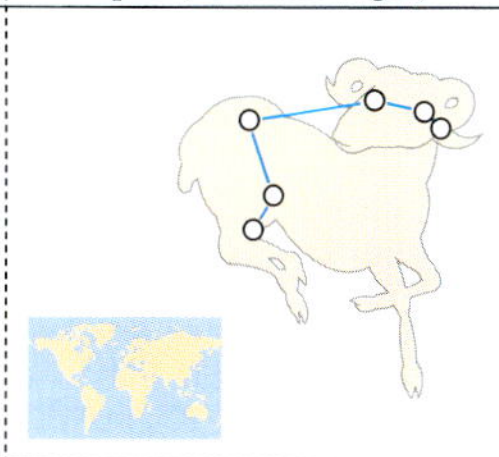

Aries (Widder)

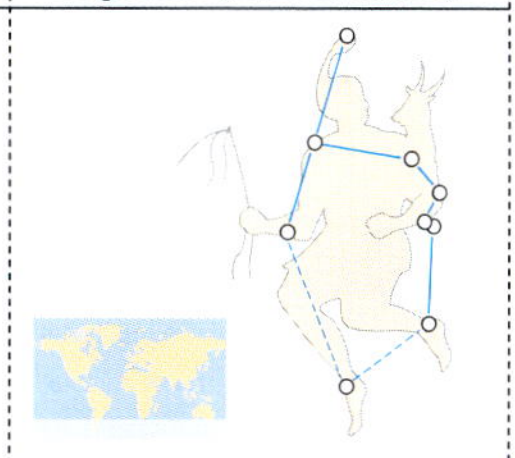

Auriga (Fuhrmann)

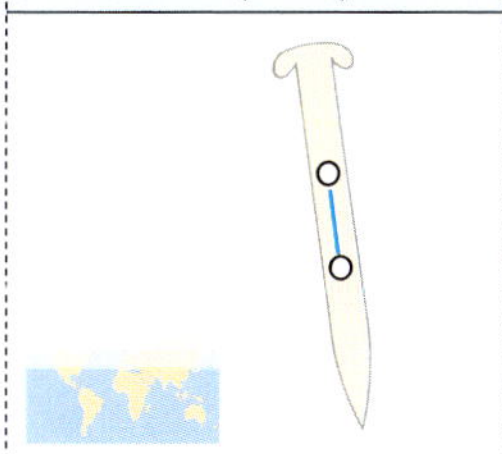

Caelum (Grabstichel)

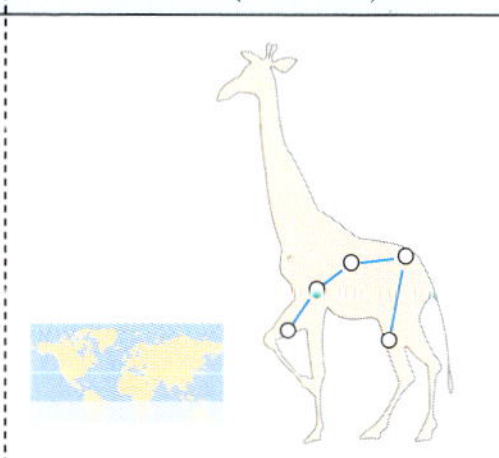

Camelopardalis (Giraffe)

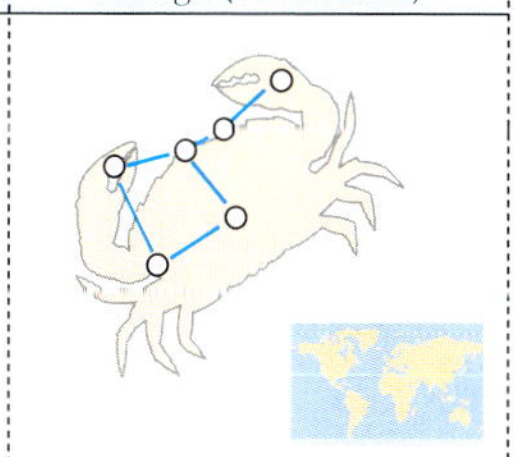

Cancer (Krebs)

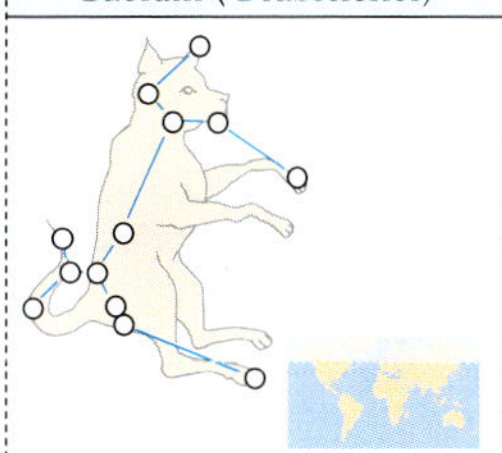

Canis Major (Großer Hund)

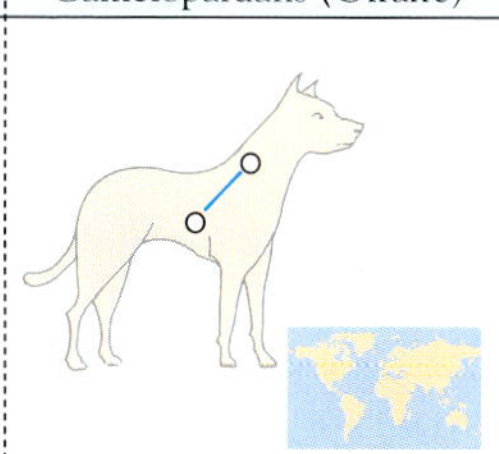

Canis Minor (Kleiner Hund)

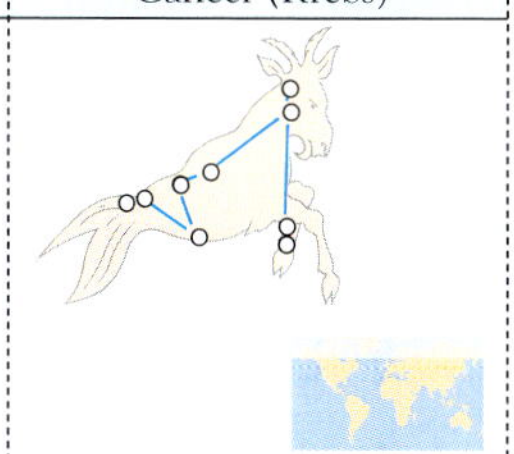

Capricornus (Steinbock)

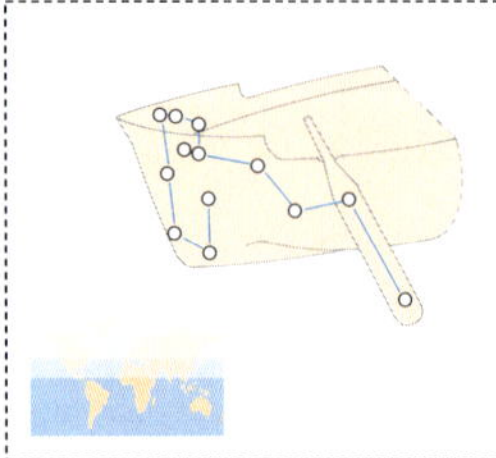

Carina (Schiffskiel)

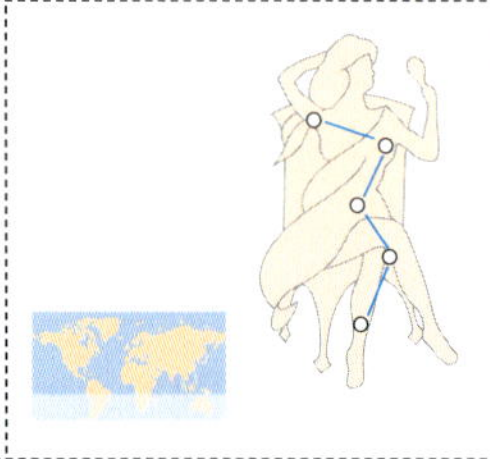

Cassiopeia (Kassiopeia)

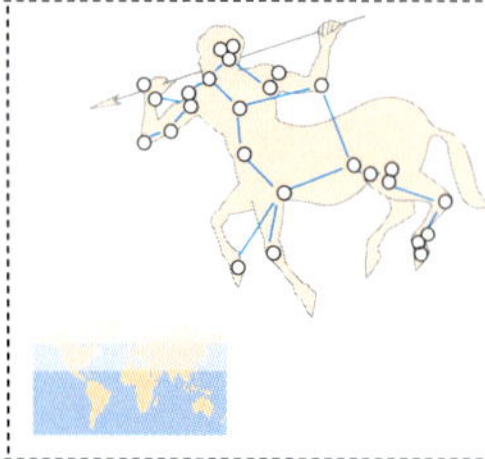

Centaurus (Kentaur)

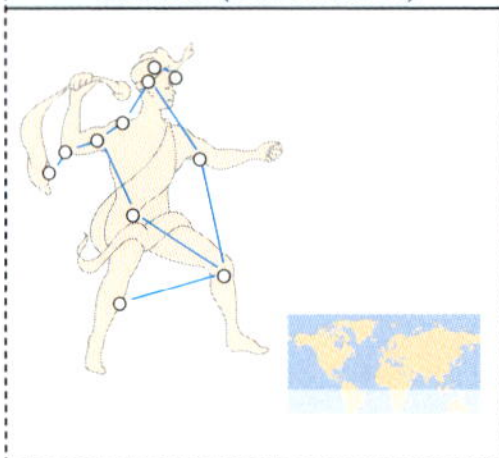

Cepheus (Kepheus)

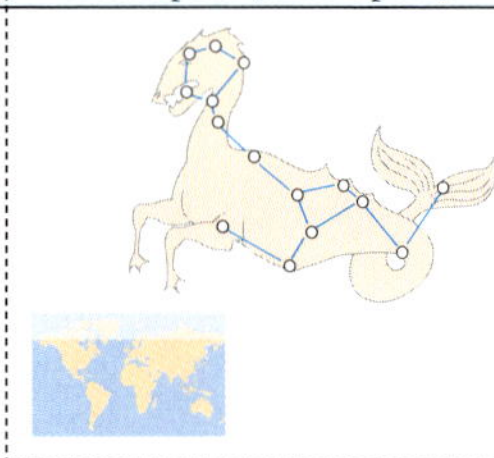

Cetus (Walfisch)

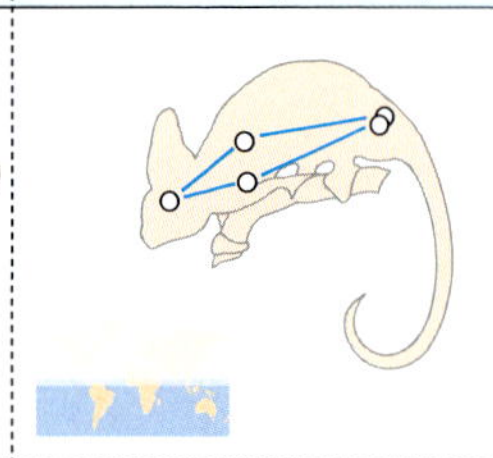

Chamaeleon (Chamäleon)

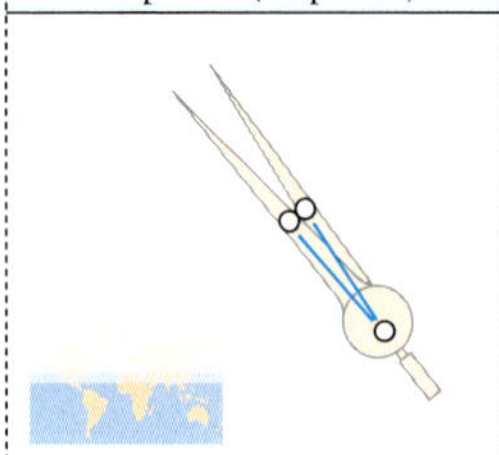

Circinus (Zirkel)

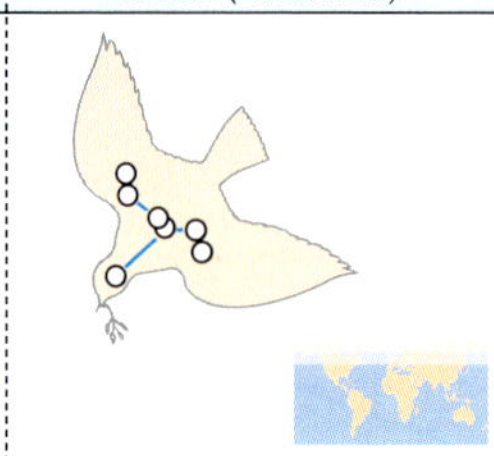

Columba (Taube)

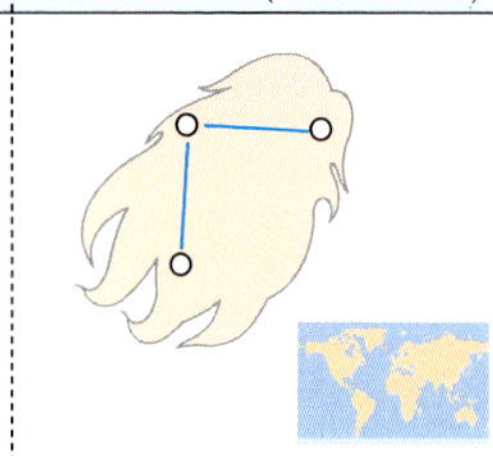

Coma Berenices (Haar d. Berenike)

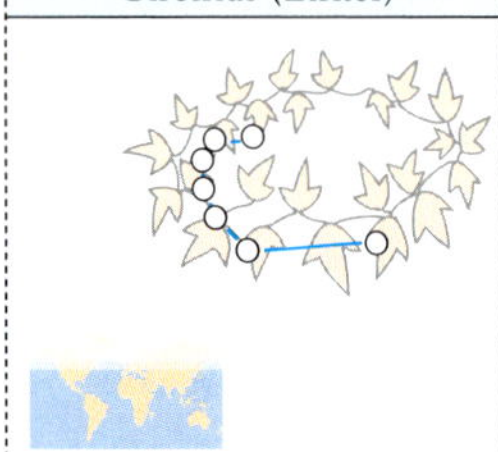

Corona Australis (Südl. Krone)

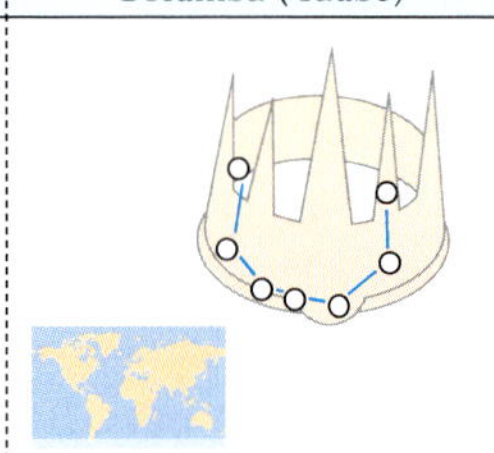

Corona Borealis (Nördl. Krone)

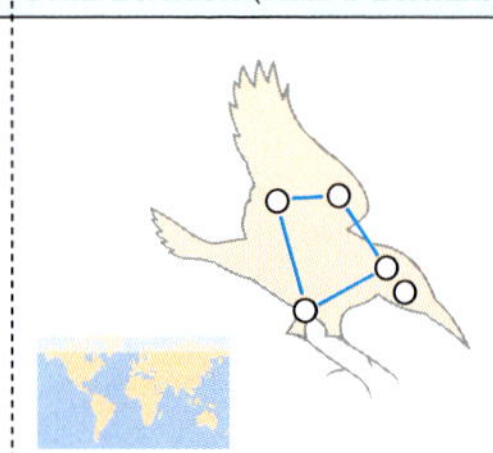

Corvus (Rabe)

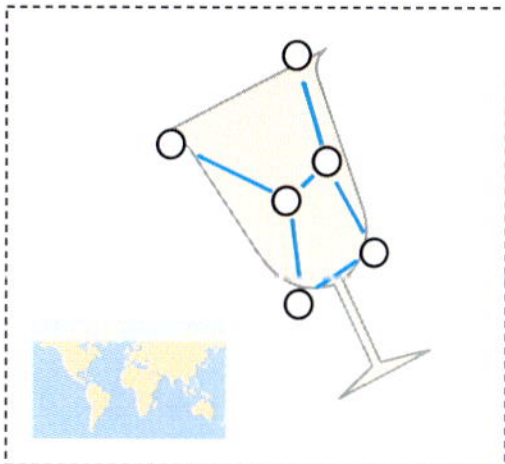

Crater (Becher)

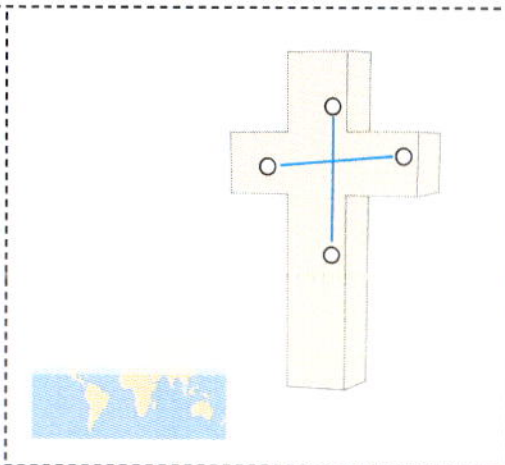

Crux (Kreuz des Südens)

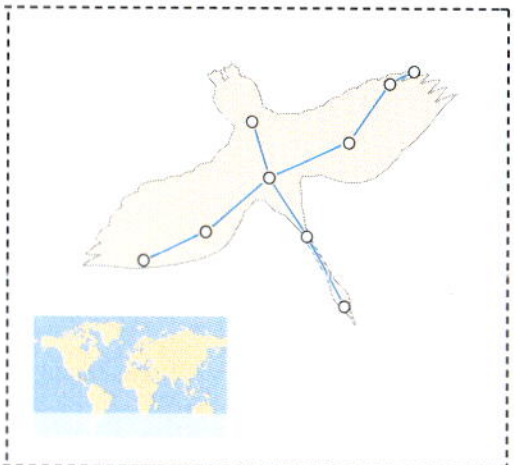

Cygnus (Schwan)

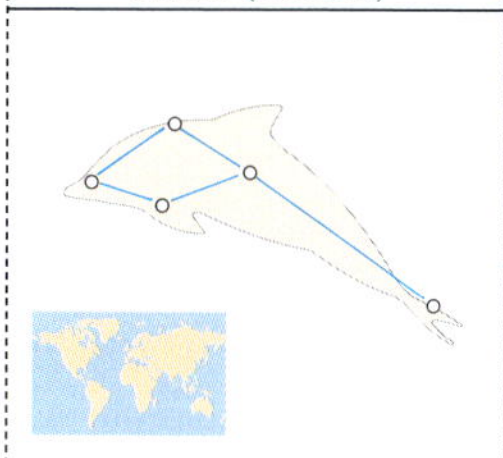

Delphinus (Delfin)

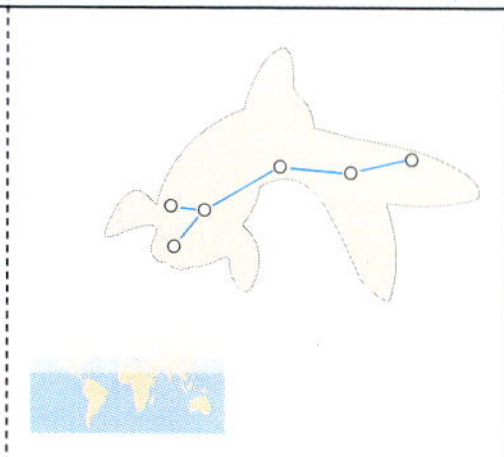

Dorado (Schwertfisch)

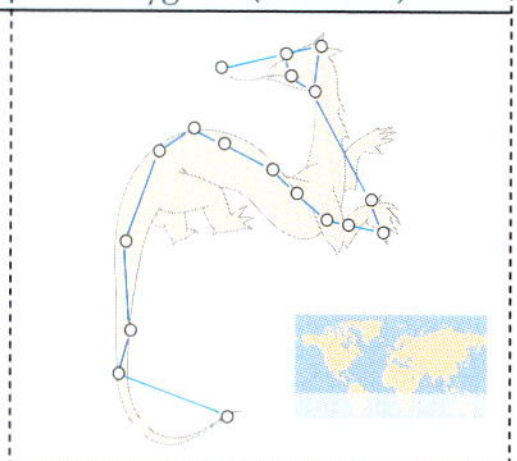

Draco (Drache)

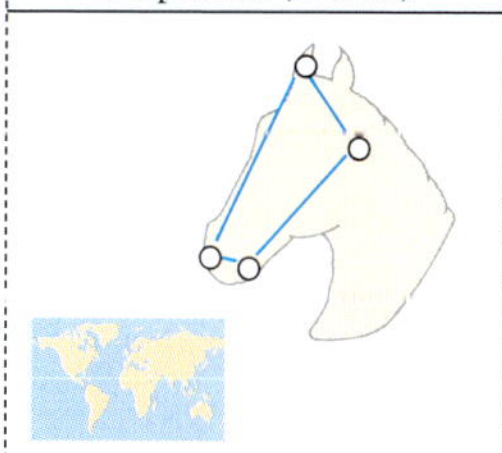

Equuleus (Füllen)

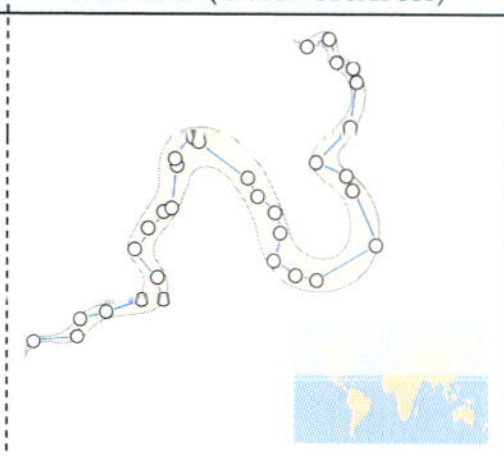

Eridanus (Eridanus)

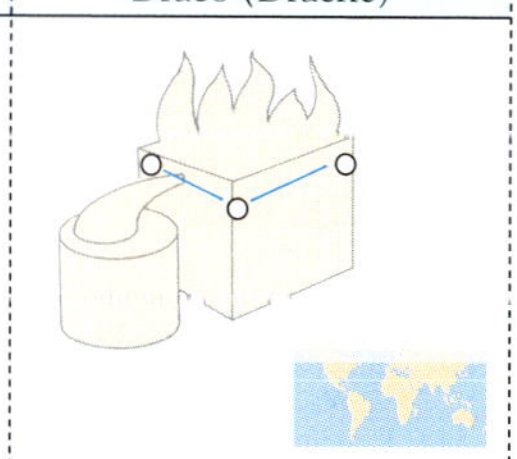

Fornax (Chemischer Ofen)

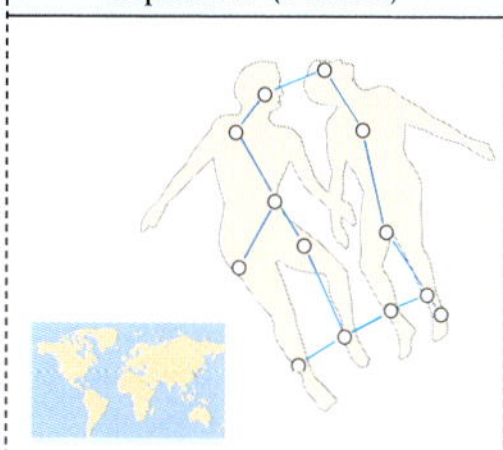

Gemini (Zwillinge)

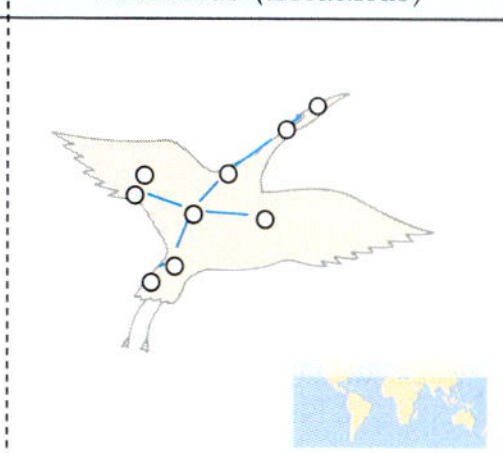

Grus (Kranich)

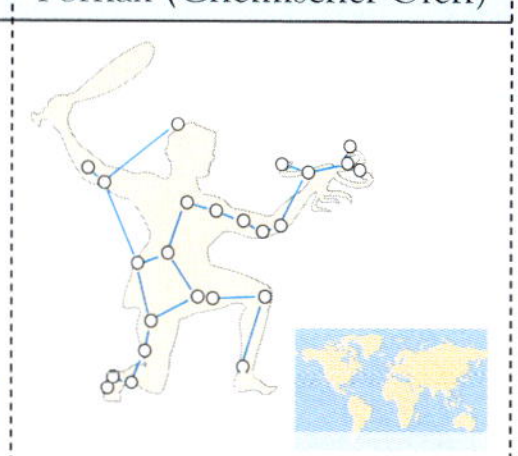

Hercules (Herkules)

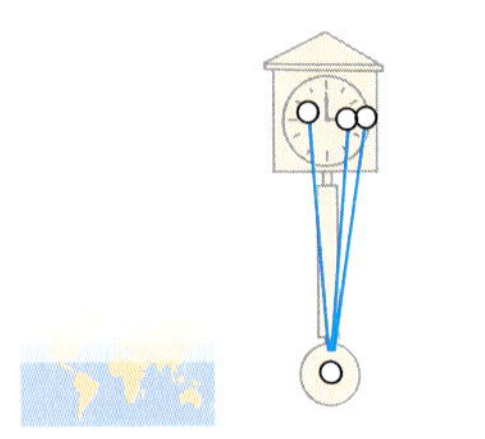

Horologium (Pendeluhr)

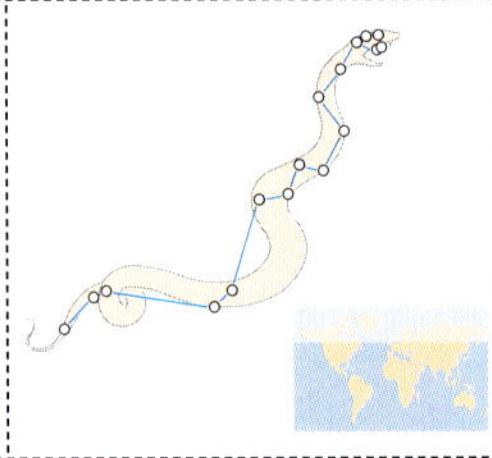

Hydra (Wasserschlange)

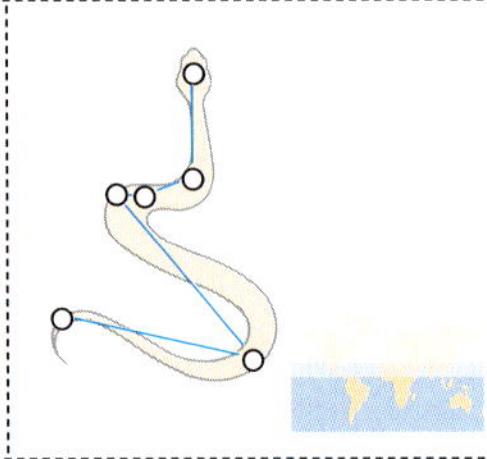

Hydrus (Kl. Wasserschlange)

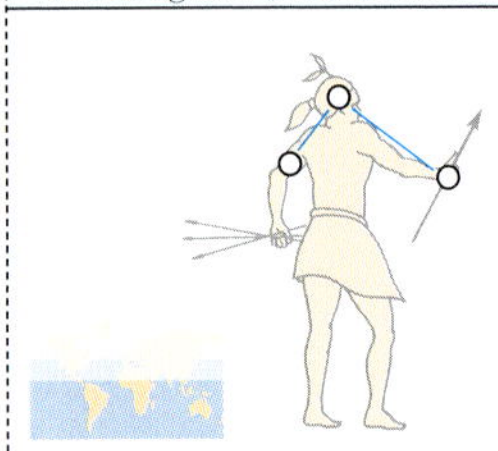

Indus (Indianer)

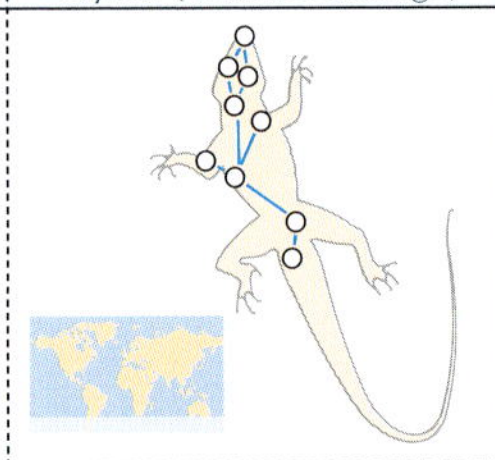

Lacerta (Eidechse)

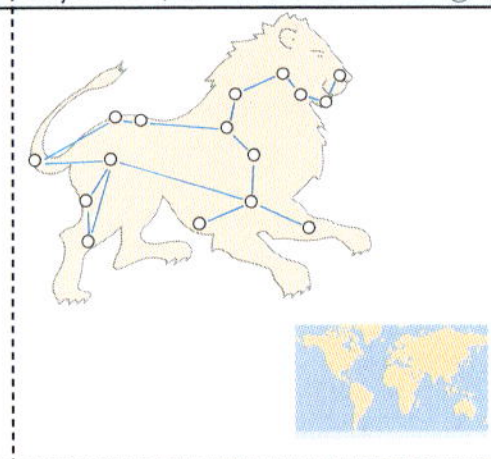

Leo (Löwe)

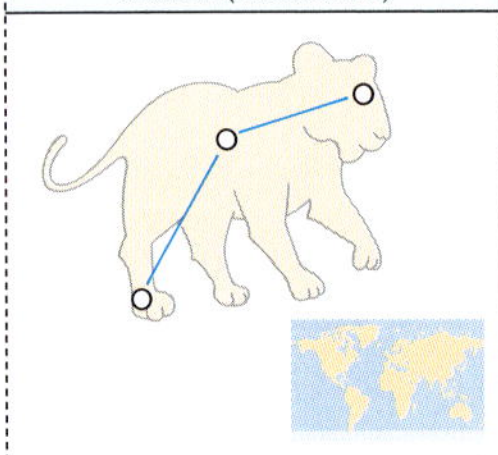

Leo Minor (Kleiner Löwe)

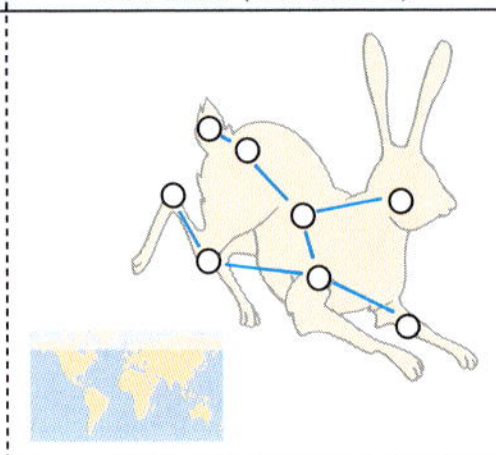

Lepus (Hase)

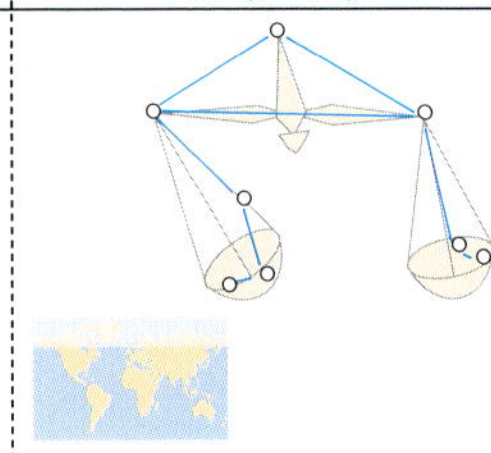

Libra (Waage)

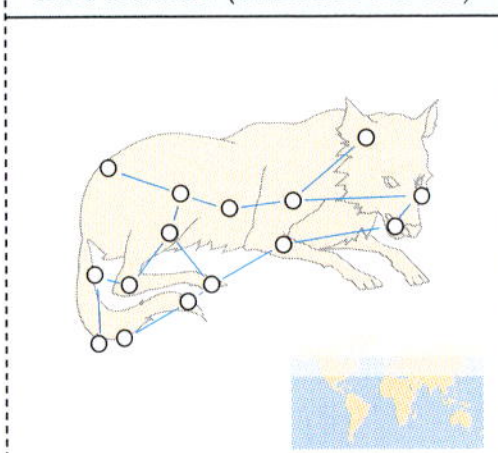

Lupus (Wolf)

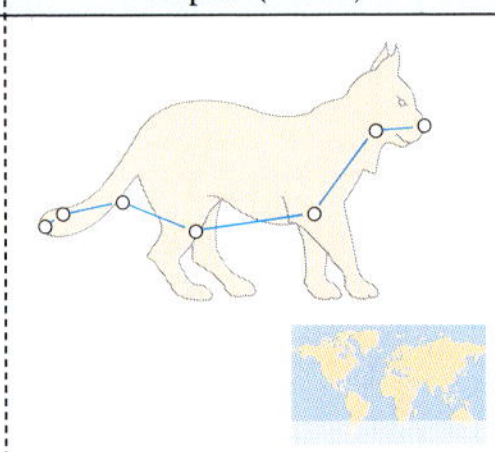

Lynx (Luchs)

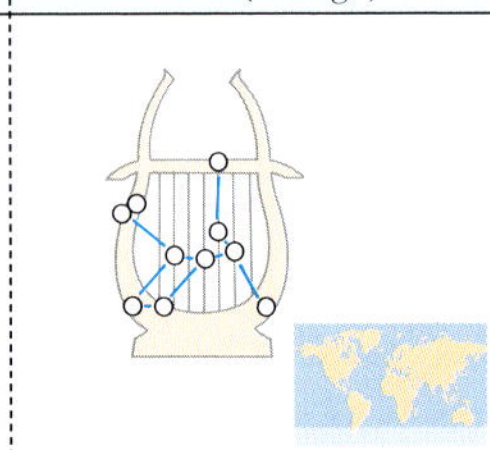

Lyra (Leier)

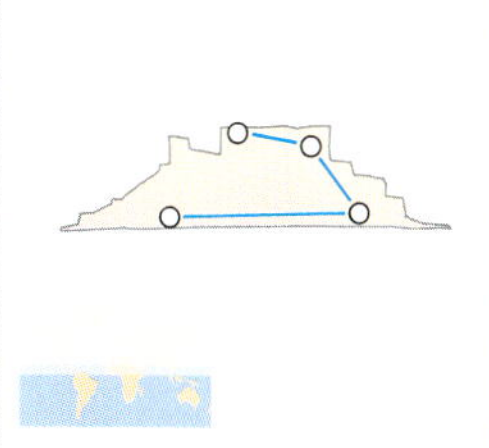

Mensa (Tafelberg)

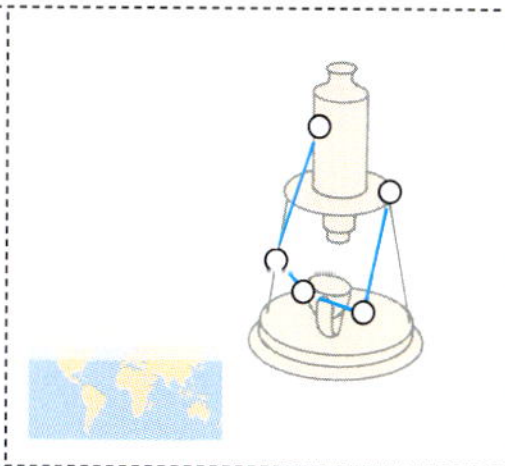

Microscopium (Mikroskop)

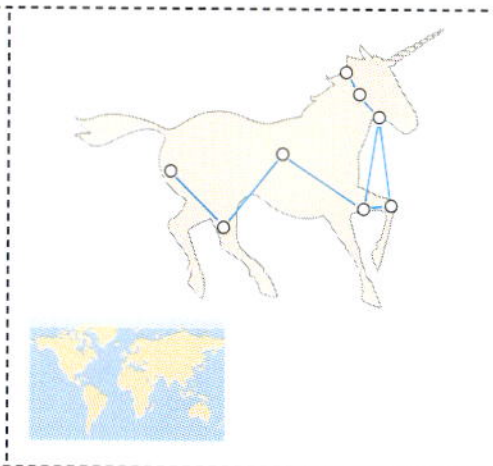

Monoceros (Einhorn)

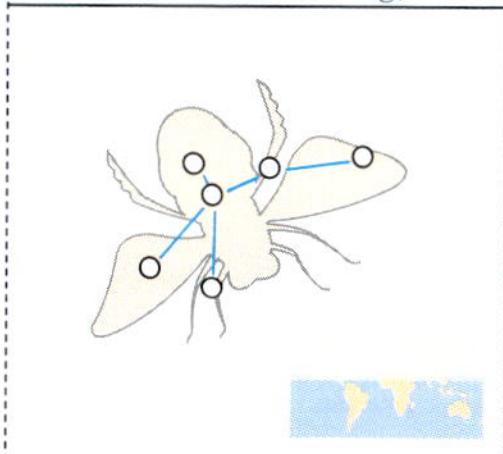

Musca (Fliege)

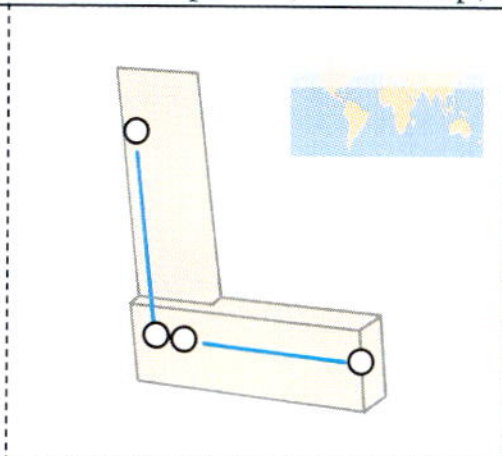

Norma (Winkelmaß)

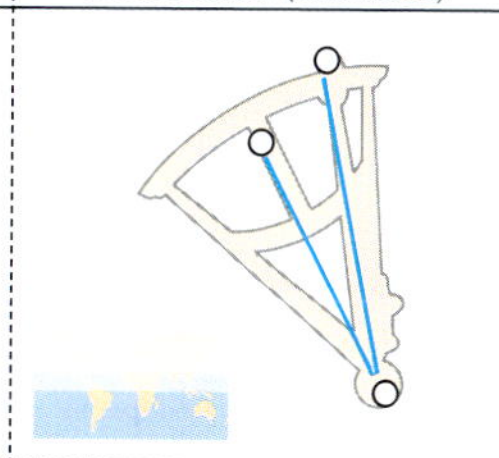

Octans (Oktant)

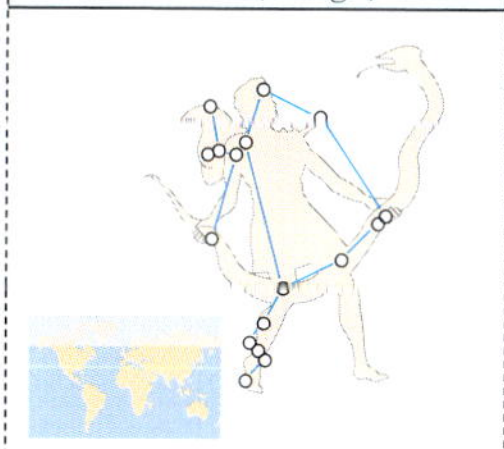

Ophiuchus (Schlangenträger)

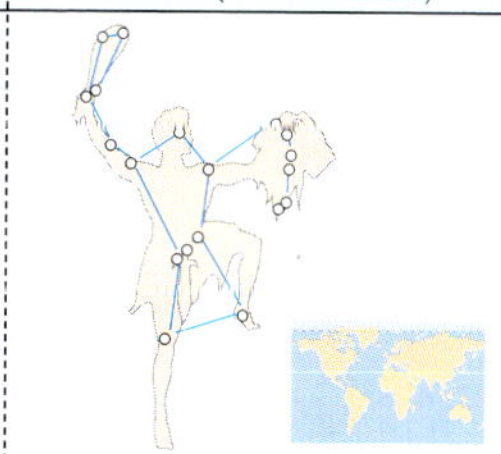

Orion (Orion)

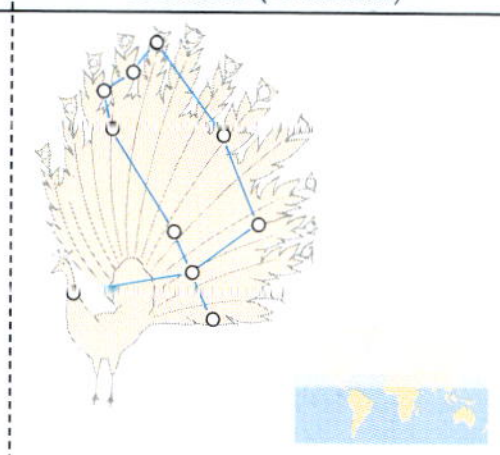

Pavo (Pfau)

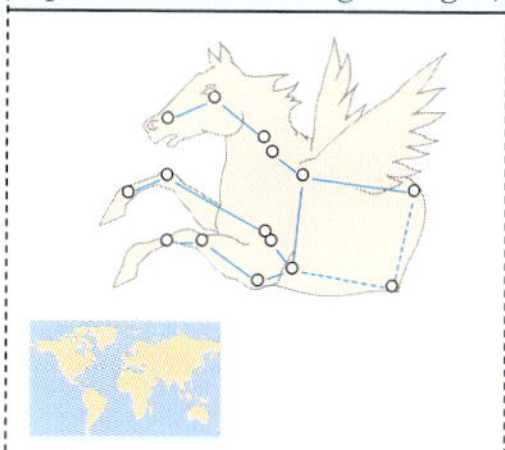

Pegasus (Pegasus)

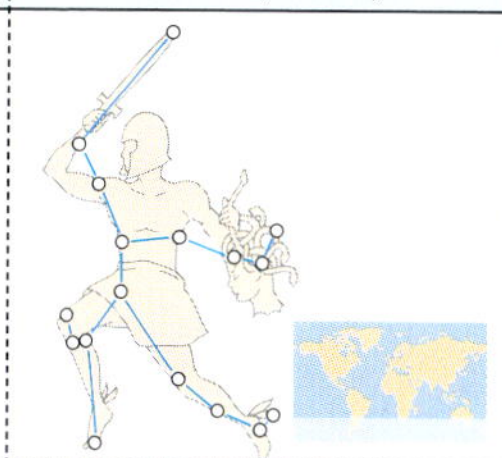

Perseus (Perseus)

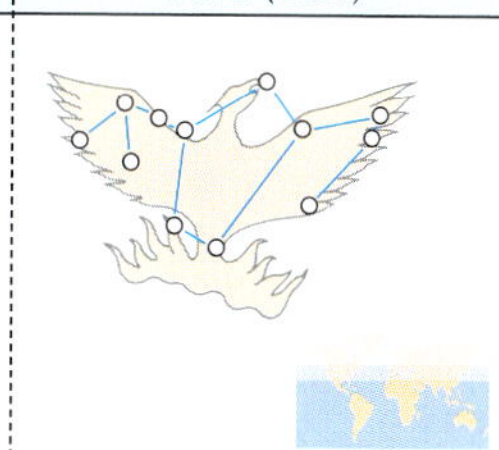

Phoenix (Phönix)

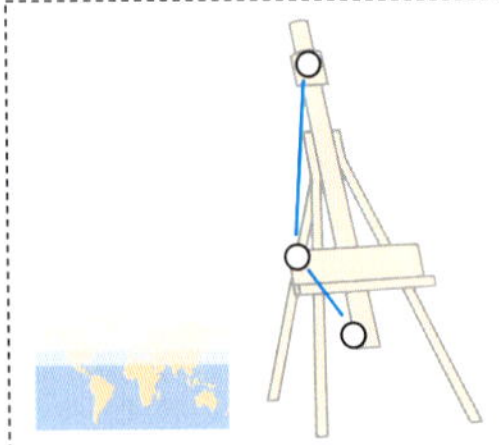
Pictor (Maler)

Pisces (Fische)

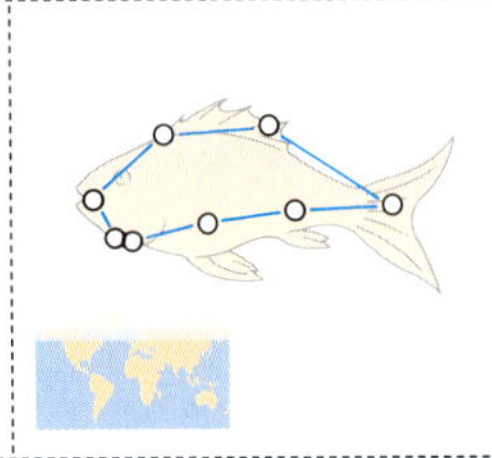
Pisces Austrinus (Südl. Fisch)

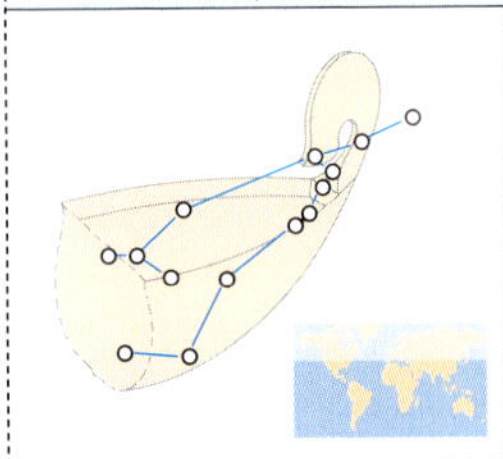
Puppis (Achterschiff)

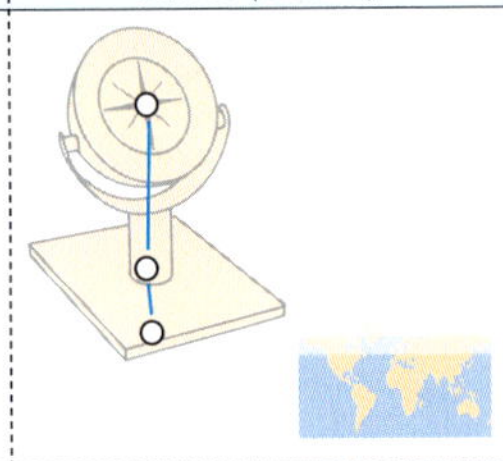
Pyxis (Kompass)

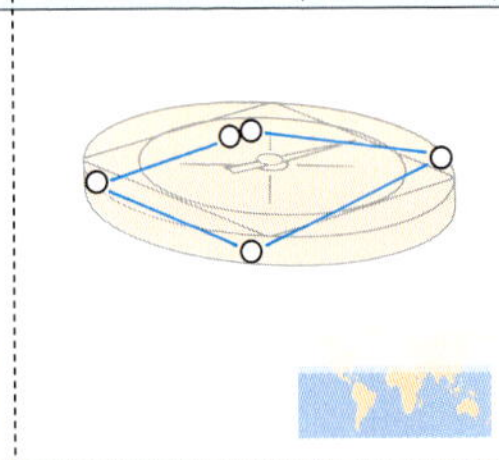
Reticulum (Netz)

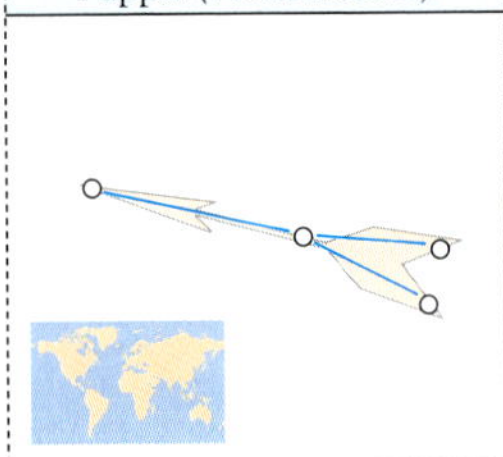
Sagitta (Pfeil)

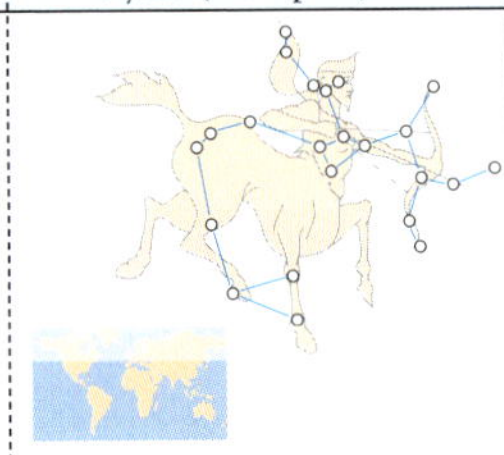
Sagittarius (Schütze)

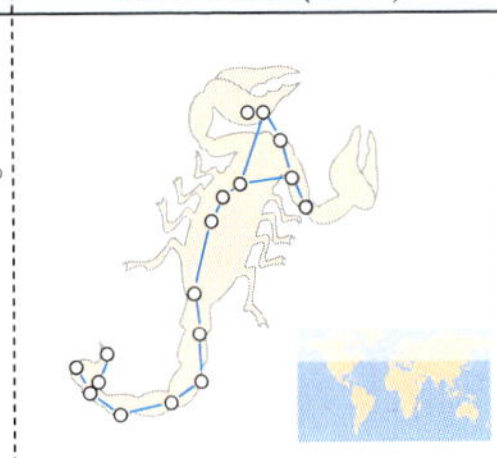
Scorpius (Skorpion)

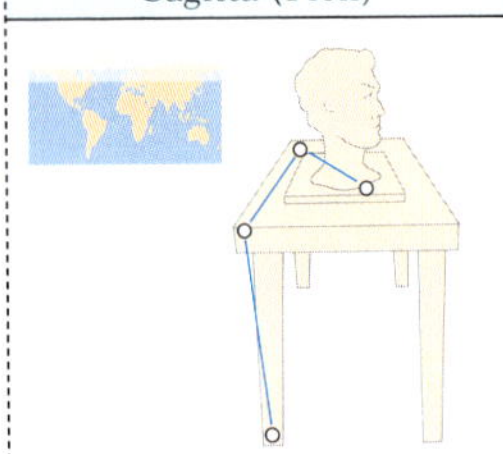
Sculptor (Bildhauer)

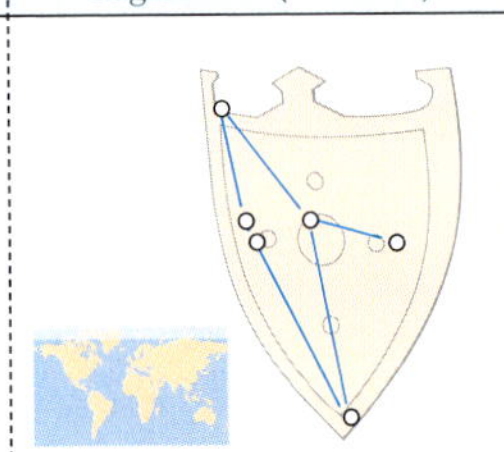
Scutum (Schild)

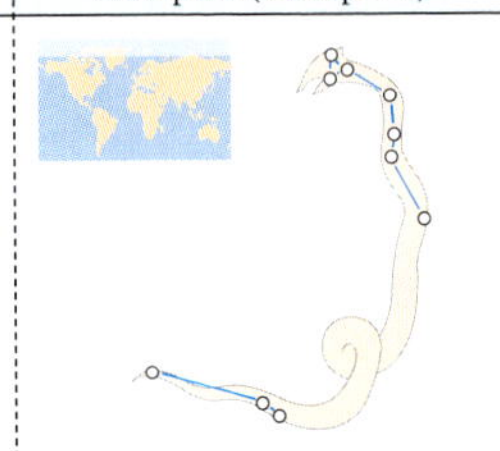
Serpens (Schlange)

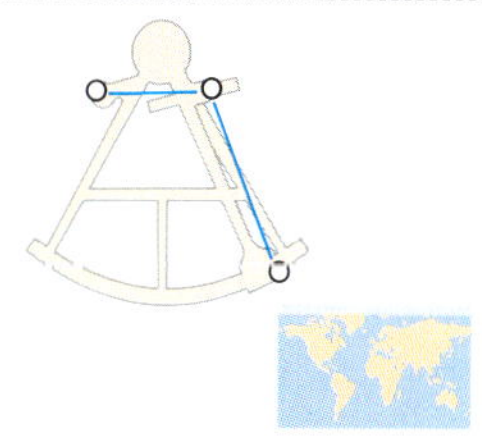

Sextans (Sextant)

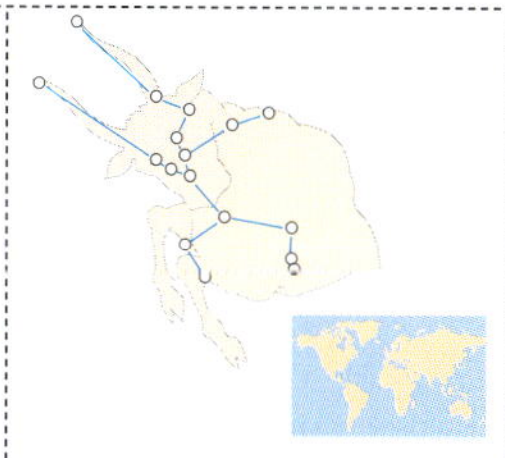

Taurus (Stier)

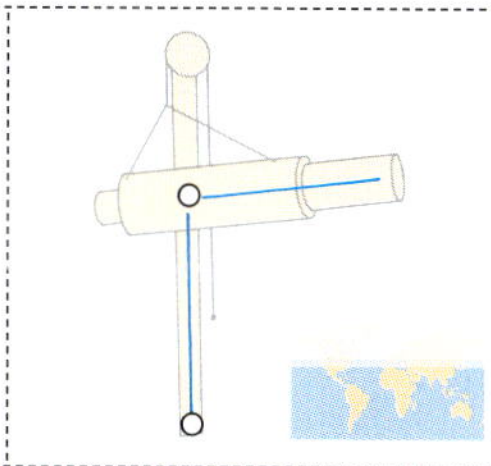

Telescopium (Teleskop)

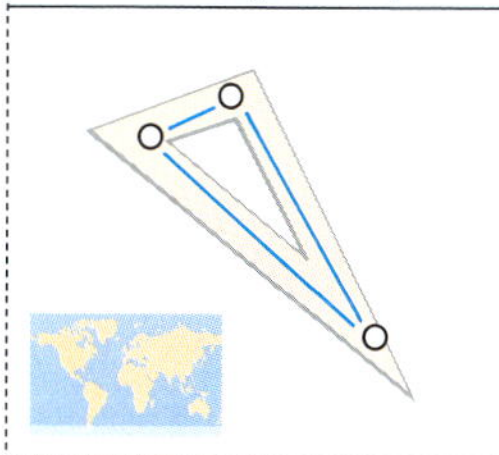

Triangulum (Dreieck)

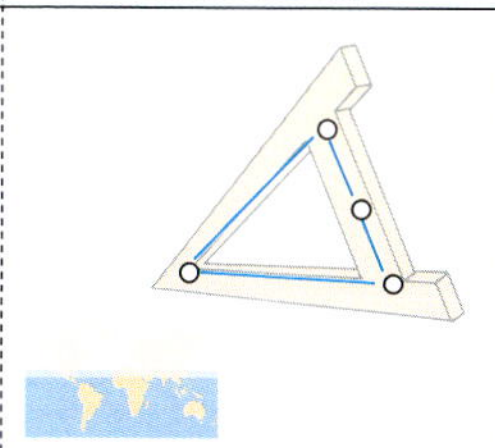

Triangulum Australe (Südl. Dreieck)

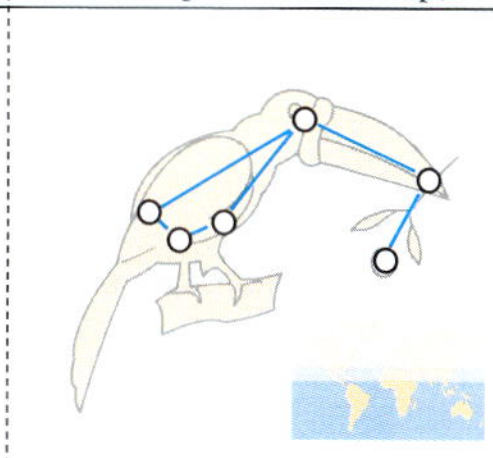

Tucana (Tukan)

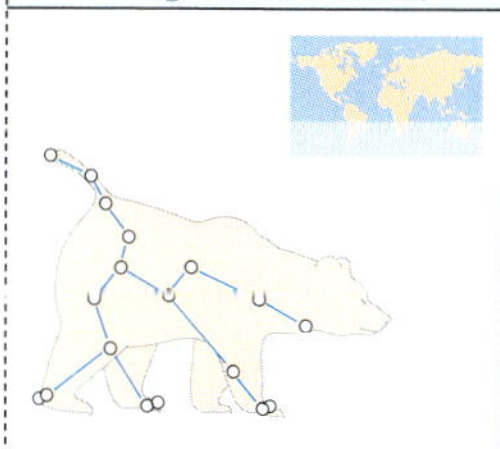

Ursa Major (Großer Bär)

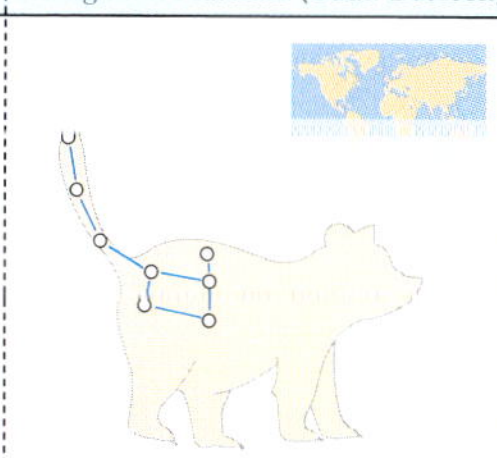

Ursa Minor (Kleiner Bär)

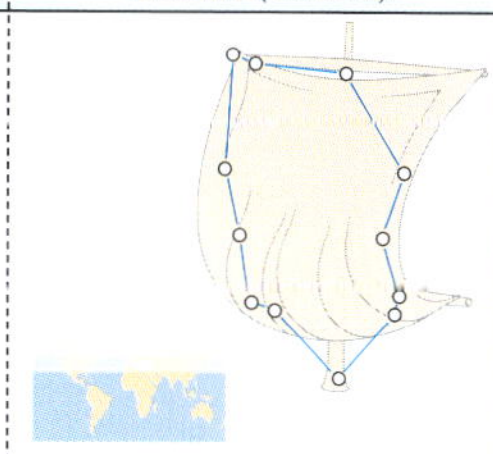

Vela (Segel)

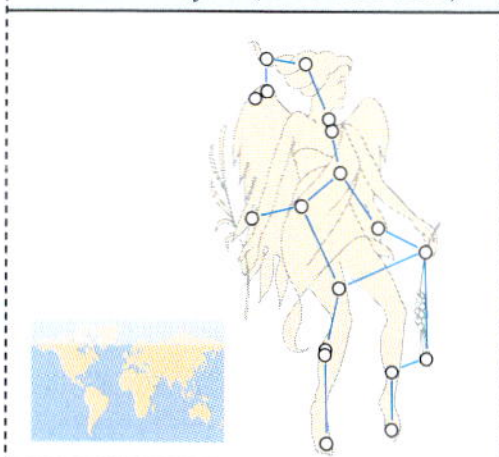

Virgo (Jungfrau)

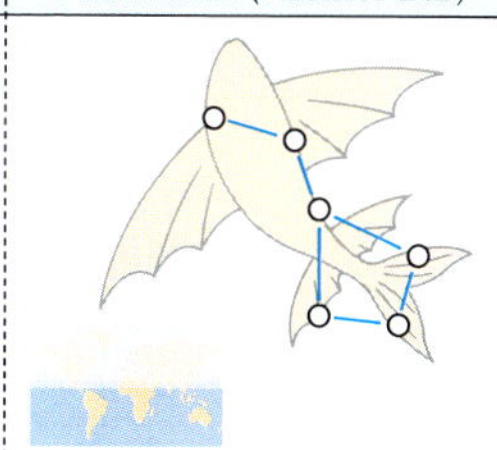

Volans (Fliegender Fisch)

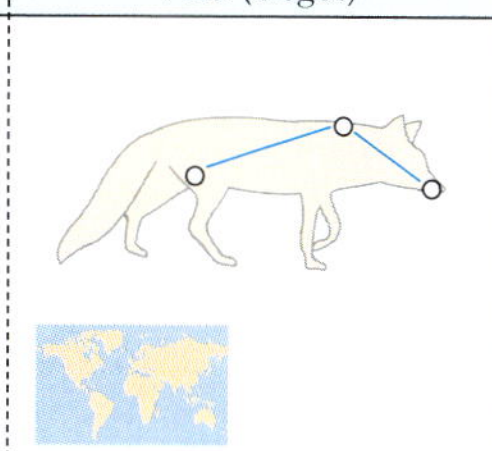

Vulpecula (Füchschen)

# ANDROMEDA

DAS STERNBILD wurde nach einer griechischen Prinzessin benannt und enthält unsere Nachbargalaxie M31. Sie ist das entfernteste Objekt, das noch mit dem bloßen Auge sichtbar ist.

ANDROMEDA-GALAXIE

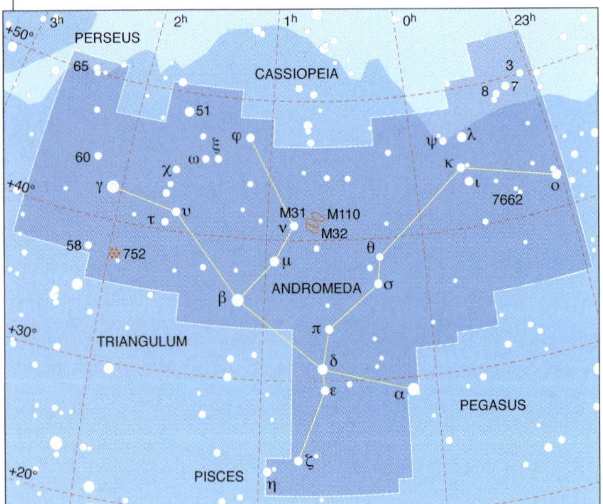


**SYMBOLE FÜR DIE BEOBACHTUNG**

- Bloßes Auge
- Fernglas
- Teleskop
- Mit Amateurausrüstung nicht sichtbar

**LEGENDE**

- Galaxie
- Kugelsternhaufen
- Offener Haufen
- Diffuser Nebel
- Planetar. Nebel
- Röntgen- und Radioquellen

HELLIGKEIT DER STERNE

-1 0 1 2 3 4 5 6

**M31 (ANDROMEDA-GALAXIE)** Spiralgalaxie ähnlich der Milchstraße, aber größer. In klaren Nächten mit dem bloßen Auge sichtbar. Zum Beobachten der Spiralarme wird ein Teleskop benötigt.

**NGC 752** Ein offener Haufen, sichtbar mit einem Fernglas. Besteht aus schwachen Sternen in einem Bereich etwas breiter als der Mond. Ist etwa 1300 Lichtjahre entfernt.

**NGC 7662** Ein planetarischer Nebel, etwa 4000 Lichtjahre entfernt. Sieht durch ein Teleskop klein, aber markant aus, etwa wie ein blau-grüner Stern der 9. Größenklasse.

**GAMMA (γ) ANDROMEDAE** Ein Doppelstern, sieht für das bloße Auge wie ein einzelner Stern aus. Durch ein Teleskop sieht man den orangefarbenen Hauptstern mit seinem blauen Begleiter der 5. Größenklasse.

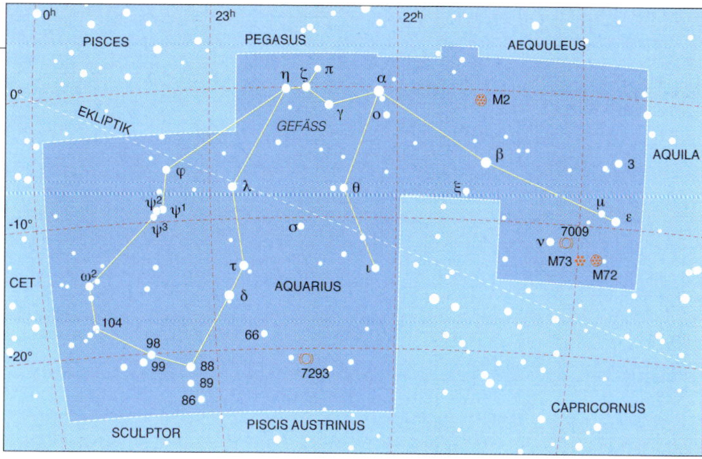


ZEICHENERKLÄRUNG AUF S. 324

# AQUARIUS

DAS STERNBILD repräsentiert einen Jugendlichen, der Wasser aus einem Gefäß gießt. Das „Gefäß“ besteht aus einer y-förmigen Gruppe von vier Sternen: Gamma (γ), Zeta (ζ), Eta (η) und Pi (π) Aquarii. Das Wasser fließt in das Maul eines großen Fischs, dem Piscis-Austrinus-Sternbild im Süden.

DER HELIX-NEBEL

**NGC 7293 (HELIX-NEBEL)** Vermutlich der am nächsten gelegene planetarische Nebel (nur 300 Lichtjahre entfernt). Hat etwa ein Drittel der Größe des Mondes. Sein Licht verbreitet sich über ein großes Gebiet und ist schwer zu erkennen. Durch ein Fernglas oder Feldteleskop ist er als hellgrauer Fleck zu sehen.

**M2** Ein Kugelsternhaufen, sieht aus wie ein verschwommener Stern. Nur durch ein Teleskop oder Fernglas sichtbar.

**NGC 7009 (SATURN-NEBEL)** Ein planetarischer Nebel. Durch ein Teleskop mit einer 200-mm-Blende betrachtet scheint er Anhänge zu haben, die wie die Saturnringe aussehen – daher sein Name.

**ZETA (ζ) AQUARII** Weiße Doppelsterne der 4. Größenklasse, die einander in etwa 760 Jahren einmal umrunden. Mit einem stark vergrößernden 75-mm-Teleskop kann man sie einzeln betrachten.

# CARINA

DIESES GROSSE STERNBILD enthält Canopus, den zweithellsten Stern. Im alten Griechenland war es Teil der Argo-Navis-Konstellation und repräsentierte das Schiff der Argonauten. Es stellt den Schiffskiel mit Canopus am Ruder dar. Die anderen Teile des Schiffs – Vela (die Segel) und Puppis (das Heck) – liegen weiter nördlich.

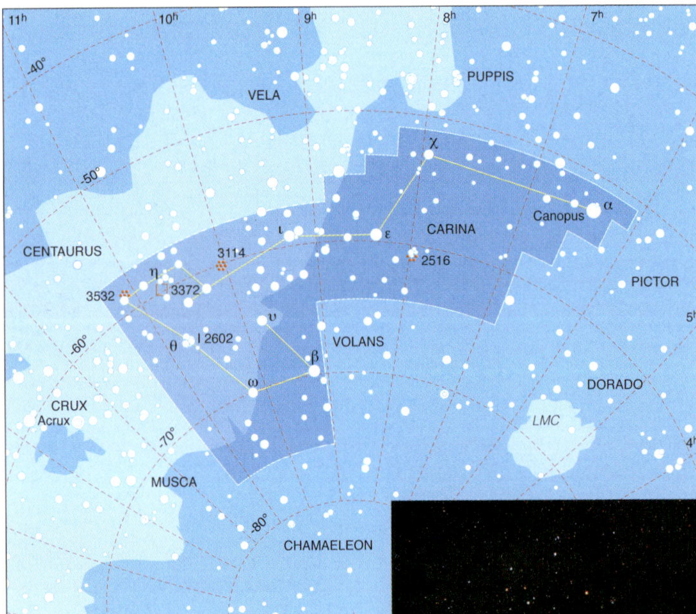


ZEICHENERKLÄRUNG AUF S. 324

STERNHAUFEN UND NEBEL IN CARINA

IC 2602 (DIE SÜDLICHEN PLEJADEN)

**ETA (H) CARINAE** Ein erstaunlich veränderlicher Stern. Momentan entspricht er der 5. Größenklasse, früher war er jedoch viel heller, beinahe Klasse -1. Man vermutet, dass er entweder ein Riesenstern mit der Masse von 100 Sonnen – einer der massereichsten Sterne überhaupt – oder ein gewaltiger Doppelstern ist. Durch ein Teleskop erscheint er als verschwommene, orangefarbene Ellipse. Das liegt an der Materie, die beim letzten Ausbruch ausgestoßen wurde. Er ist etwa 8000 Lichtjahre entfernt und liegt im ausgedehnten Nebel NGC 3372.

**NGC 3372 (CARINA-NEBEL)** Ein großer, heller, diffuser Nebel, der viermal so groß wie der Vollmond erscheint. Der Nebel ist mit dem bloßen Auge gegen die Milchstraße sichtbar. Am besten verwendet man ein Fernglas. Eine V-förmige Staubwolke verläuft mitten durch den Nebel. Neben Eta Carinae selbst sieht man durch ein Teleskop eine dunkle, knollige Wolke, die man Schlüsselloch-Nebel nennt.

**IC 2602 (SÜDLICHE PLEJADEN)** Ein großer und eindrucksvoller offener Haufen, der acht Sterne der Größenklasse 6 enthält. Der hellste Stern ist Theta (θ) Carinae, ein blauweißer Stern der Größenklasse 2,7. Der Haufen sieht doppelt so groß wie der Vollmond aus und ist 500 Lichtjahre entfernt.

**NGC 3532** Ein heller, dichter Haufen in Ellipsenform. Er scheint doppelt so groß zu sein wie der Vollmond und ist 1300 Lichtjahre entfernt.

**NGC 2516** Ein offener, mit dem bloßen Auge erkennbarer Haufen. Durch ein Fernglas kann man die einzelnen Sterne sehen, die über einen Bereich in der Größe des Vollmondes verteilt sind. Der hellste ist ein Roter Riese der 5. Größenklasse. Dieser Sternenhaufen ist 1300 Lichtjahre entfernt..

**NGC 3114** Ein offener Haufen in der Größe des Vollmondes. Mit bloßem Auge sichtbar. Einzelne Sterne sind mit dem Fernglas zu erkennen. Er ist fast 3000 Lichtjahre entfernt.

**ALPHA (α) CARINAE (CANOPUS)** Der zweithellste Stern am Himmel mit der Größenklasse 0,6. Es ist ein weißer Riesenstern, der eine 14000-fach höhere Leuchtkraft hat als die Sonne. Er liegt 310 Lichtjahre entfernt.

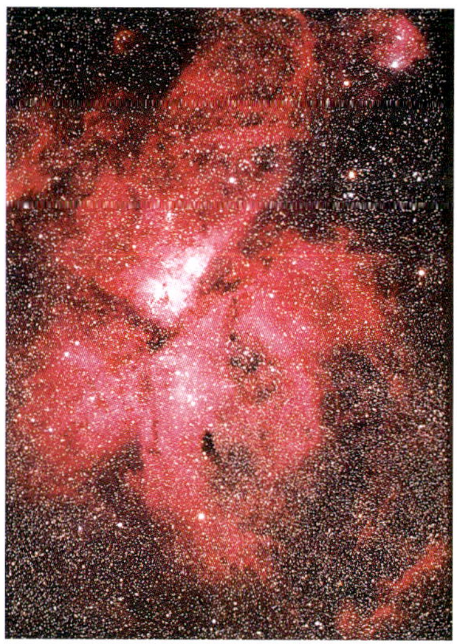

NGC 3372 (DER ETA-CARINAE-NEBEL)

# CENTAURUS

## DAS GROSSE STERNBILD in der südlichen Milchstraße stellt einen Kentaur dar, ein Fabelwesen mit den Beinen eines Pferdes und dem Oberkörper eines Mannes. Sein hellster Stern Alpha (α) Centauri ist der dritthellste Stern am Himmel.

NGC 5139 (OMEGA CENTAURI)

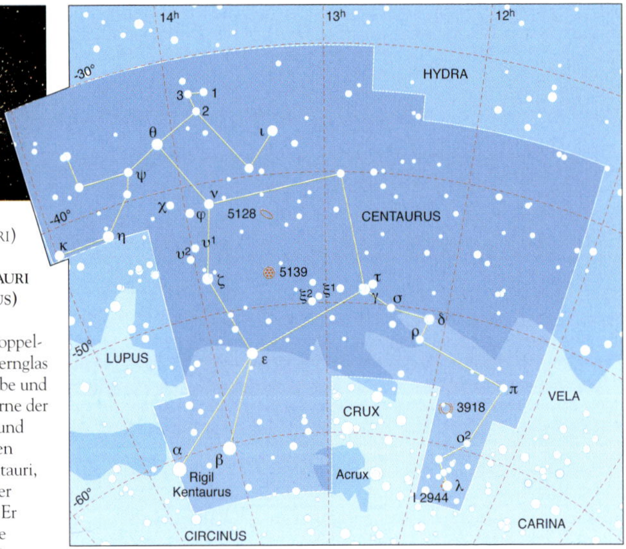


ZEICHENERKLÄRUNG AUF S. 324

**ALPHA (α) CENTAURI (RIGIL KENTAURUS)** Nahe gelegener Doppelstern. Durch ein Fernglas sieht man zwei gelbe und orangefarbene Sterne der Größenklasse 0,0 und 1,4. Knapp daneben liegt Proxima Centauri, ein Roter Zwerg der 11. Größenklasse. Er liegt 0,2 Lichtjahre näher an uns als die beiden helleren Sterne des Alpha-Centauri-Systems.

**NGC 5139 (OMEGA (Ω) CENTAURI)** Der größte und hellste Kugelhaufen am Himmel, etwa 17000 Lichtjahre entfernt. Mit bloßem Auge oder durch ein Fernglas erscheint er als verschwommener Fleck der 4. Größenklasse. Mit einem kleinen Teleskop kann man den Hauptstern erkennen.

**NGC 5128 (CENTAURUS A)** Eine ungewöhnliche Galaxie. Durch ein kleines Teleskop sieht sie wie eine elliptische Galaxie aus, aber eine größere Blendeneinstellung zeigt, dass sie durch die Verbindung mit einer anderen Galaxie von einer dunklen Staubspur zerteilt wird. Sie ist eine starke Radioquelle.

# CRUX

DAS KLEINSTE STERNBILD bildet zugleich das bekannteste Muster. Für die Griechen war es Teil der Hinterbeine des Centaurus. Es liegt in einem strahlenden Bereich der Milchstraße und seine Längsachse weist auf den Himmelssüdpol.

ERMITTLUNG DES HIMMELS-SÜDPOLS DURCH CRUX

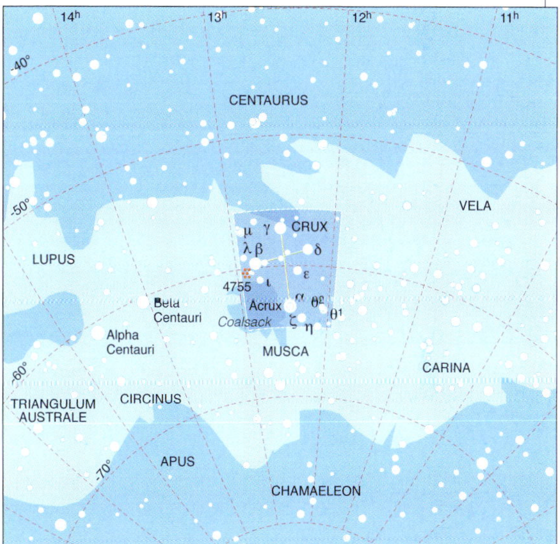


ZEICHENERKLÄRUNG AUF S. 324

**HIMMELSSÜDPOL** Der Pol liegt am Schnittpunkt zweier imaginärer Linien – eine zwischen Alpha (α) und Gamma (γ) Crucis (oben im Bild), die andere im rechten Winkel zu einer Linie zwischen Alpha (α) und Beta (β) Centauri (unten im Bild).

**NGC 4755 (THE JEWEL BOX, DER KAPPA-(κ)-CRUCIS-HAUFEN)** Ein offener Haufen, der mit dem bloßen Auge als heller Knotenpunkt zwischen Beta (β) Crucis und dem Kohlensack zu sehen ist. Die meisten seiner Sterne sind blauweiße Riesensterne wie Kappa (κ) Crucis. In seinem Zentrum liegt ein Roter Riese der 8. Größenklasse.

**DER KOHLENSACK** Markanter, dunkler, keilförmiger Nebel, der 600 Lj. entfernt ist. Er blockt das Licht der hinter ihm liegenden Sterne. Für den Kohlensack gibt es keine NGC-Nummer.

# CYGNUS

DIESE KONSTELLATION stellt einen Schwan dar. Der Schnabel des Schwans wird von Beta (β) Cygni und sein Schwanz von Alpha (α) Cygni (Deneb genannt, arabisch für „Schwanz“) markiert. Deneb bildet eine Ecke des Sommerdreiecks. Die anderen beiden werden von Vega (in der Lyra) und Altair (in Aquila) gebildet. Da es ungefähr Kreuzform hat, wird das Sternbild manchmal auch „Kreuz des Nordens“ genannt.

CYGNUS (MARKIERT: ALBIREO)

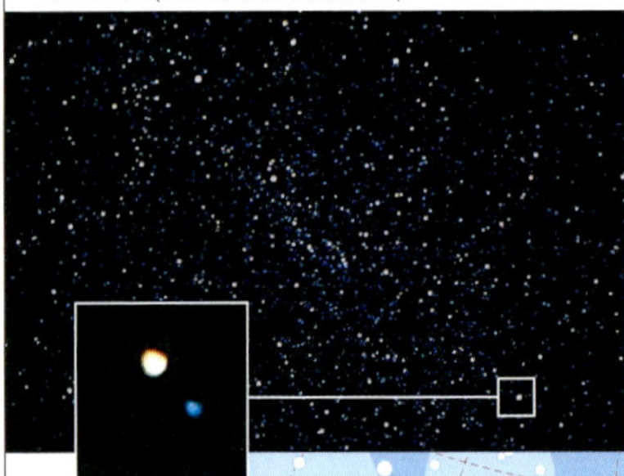

ZEICHENERKLÄRUNG AUF S. 324

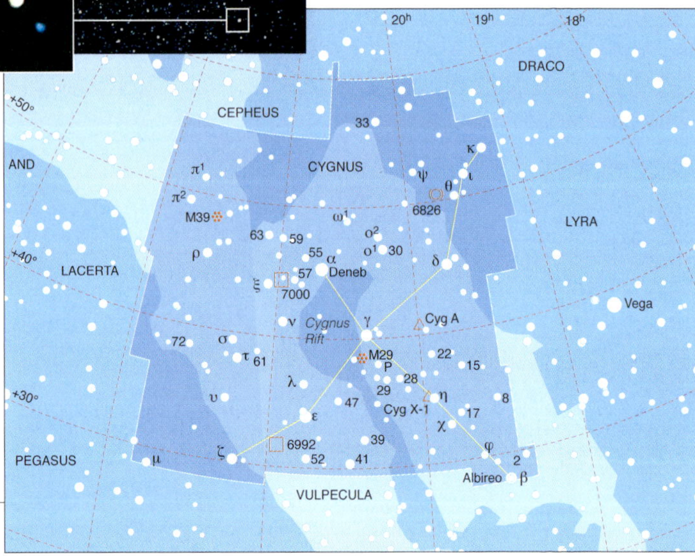

**NGC 6992 (SCHLEIER-NEBEL)** Teil des umfangreichen Cygnus Loops, welcher der Überrest einer Supernovaexplosion vor etwa 50000 Jahren ist. In klaren Nächten kann man Teile des Schleier-Nebels mit einem Fernglas oder einem kleinen Teleskop beobachten. Den ganzen Nebel sieht man nur auf Fotos.

**NGC 7000 (NORDAMERIKA-NEBEL)** Ein großer Nebel, bei dunklem Himmel mit Fernglas oder einem Weitwinkelteleskop sichtbar. Bis zu viermal so groß wie der Mond. Ist am besten auf langzeitbelichteten Fotos zu erkennen, auf denen er aussieht wie der nordamerikanische Kontinent.

**BETA (β) CYGNI (ALBIREO)** Ein wunderschöner Doppelstern. Die beiden Sterne (Größenklassen 3,1 und 5,1) sind einzeln mit einem starken Fernglas zu sehen. Beide sind etwa 380 Lichtjahre entfernt, aber man weiß nicht genau, ob sie tatsächlich ein echtes Doppelsternsystem bilden.

**M39** Ein offener, mit bloßem Auge gerade noch sichtbarer Haufen. Mit Fernglas oder Teleskop sind seine hellsten Sterne zu sehen. Liegt in 900 Lichtjahren Entfernung.

**61 CYGNI** Ein hübscher Doppelstern. Die beiden Sterne (Größenklassen 5,2 und 6,1)

NGC 6992 (SCHLEIER-NEBEL)

NGC 7000 (NORDAMERIKA-NEBEL)

können mit einem kleinen Teleskop oder einem starken Fernglas einzeln erkannt werden. Beide sind Orangefarbene Zwerge, kleiner und lichtschwächer als die Sonne. Sie liegen nur 11,4 Lichtjahre entfernt.

**OMICRON-1 ($o^1$) CYGNI (31 CYGNI)** Ein Orangefarbener Riese, Größenklasse 3,8. Hat einen großen, bläulichen Begleitstern der 5. Klasse (30 Cygni). Gut mit dem Fernglas zu beobachten. Ein näherer, bläulicher Stern der 7. Klasse ist ebenfalls mit Fernglas oder Teleskop zu sehen.

**NGC 6826 (PLANETARISCHER NEBEL)** Planetarischer Nebel, als bläuliche Scheibe in Jupitergröße mit einem kleinen Teleskop sichtbar. Sieht man abwechselnd zu ihm hin und wieder weg, scheint er zu blinken.

**CHI (χ) CYGNI** Ein pulsierender Roter Riese, Teil der Mira-Sterne (veränderliche Sterne). Variiert etwa alle 13 Monate in seiner Helligkeit zwischen der 3. und 14. Klasse.

**ALPHA (α) CYGNI (DENEB)** Mit Größenklasse 1,3 der hellste Stern in Cygnus. Ein leuchtender Blau-Weißer Überriese, der mehr als 3000 Lichtjahre entfernt ist. Er ist der entfernteste der Sterne der 1. Größenklasse.

**CYGNUS A** Eine eigenartige Galaxie; vermutlich sind es zwei kollidierende Galaxien. Wegen der 15. Größenklasse ist ein starkes Teleskop nötig. Sie ist auch eine starke Radioquelle.

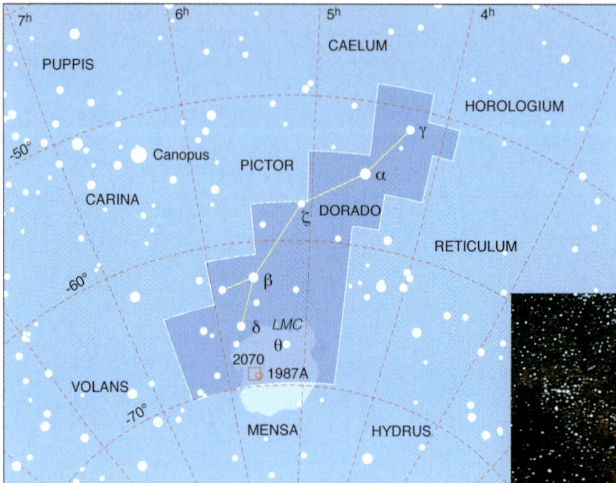


NGC 2070
(TARANTEL-NEBEL)

ZEICHENERKLÄRUNG
AUF S. 324

# DORADO

DORADO, EIN SÜDLICHES STERNBILD, wurde im 16. Jahrhundert von zwei holländischen Seefahrern bemerkt. Es repräsentiert den tropischen Goldfisch oder einen Schwertfisch. Es ist bedeutsam, da es den größten Teil der großen Magellanschen Wolke enthält – unsere nächste Nachbargalaxie. Der hellste Stern ist Alpha (α) Doradus, Größenklasse 3,3.

**GROSSE MAGELLANSCHE WOLKE (GMW)** Kleine Galaxie, ein Satellit unserer Milchstraße, etwa 170000 Lichtjahre entfernt. Hat eine längliche Form. Die Masse beträgt etwa ein Zehntel unserer Milchstraße und der Durchmesser 20000 Lichtjahre. Wird meist als irreguläre Galaxie klassifiziert, es gibt aber Anzeichen für eine Balkenspiralform. Durch ein Fernglas oder Teleskop sieht man viele Sternhaufen und leuchtende Nebel.

**NGC 2070 (TARANTEL-NEBEL)** Ein heller Nebel in der GMW, mit bloßem Auge sichtbar. Scheint etwa die Größe des Vollmonds zu haben, ist tatsächlich aber 800 Lichtjahre groß und eine Sternentstehungsregion. Mit Fernglas oder Teleskop ist ein Sternhaufen – 30 Doradus – im Zentrum sichtbar.

**BETA (β) DORADUS** Heller Cepheidenveränderlicher, Helligkeit schwankt alle 9,8 Tage zwischen 3,5 und 4,1. Ist ein Gelb-Weißer Überriese in 1000 Lichtjahren Entfernung.

**SUPERNOVA 1987A** Seit 1604 die hellste auf der Erde sichtbare Supernova. Erreichte 1987 die Größenklasse 2,8 in der GMW.

# DRACO

DIESES AUSGEDEHNTE Sternbild stellt einen Drachen dar, der von Herkules getötet wurde. Am Nordhimmel steht Herkules mit einem Fuß auf dem Drachenkopf. Dracos hellster Stern ist Gamma (γ) Draconis, ein Roter Riese und 150 Lichtjahre entfernt. Mit Beta (β), Nu (ν) und Xi (ξ) Draconis bildet er den Drachenkopf.

**MU (μ) DRACONIS**
Doppelstern; beides Sterne der 6. Klasse in 88 Lichtjahren Entfernung. Umkreisen sich alle 670 Jahre.

**NU (ν) DRACONIS**
Breiter Doppelstern mit einem weißen Zwillingsstern der 5. Klasse. Beide sind in Farbe und Helligkeit fast identisch und liegen in 100 Lichtjahren Entfernung.

**PSI (ψ) DRACONIS**
Doppelstern. Beide Sterne (Größenklassen 4,6 und 5,8) sind mit einem starken Fernglas einzeln sichtbar.

ZEICHENERKLÄRUNG AUF S. 324

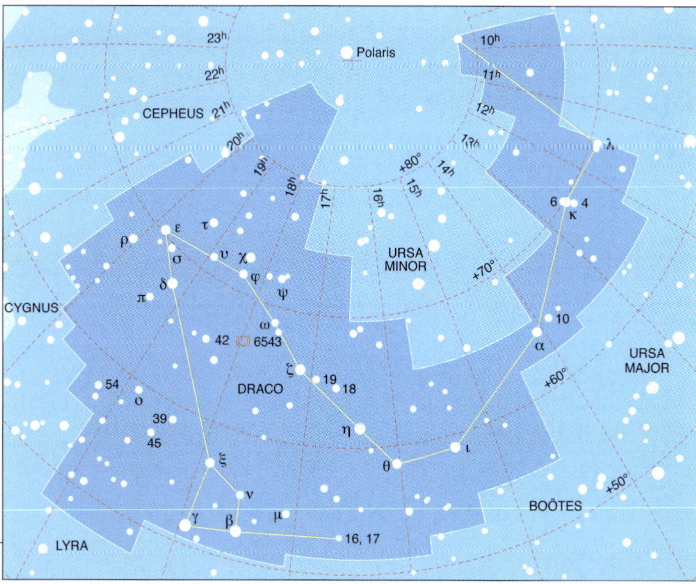

# ORION

ORION IST DAS prächtigste Sternbild. Es repräsentiert einen Jäger mit seinen Hunden (Canis Major und Canis Minor). In der Mythologie wurde Orion durch einen Skorpionstich getötet und seine Position am Himmel ist so, dass er untergeht, wenn das Sternbild Skorpion aufgeht. Sein bekanntestes Merkmal ist der Nebel M42.

ORION

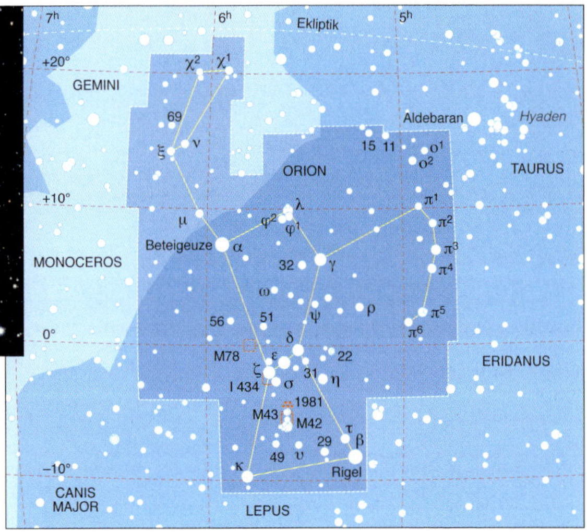


ZEICHENERKLÄRUNG AUF S. 324

### M42 (ORION-NEBEL)

Eines der spektakulärsten Objekte am Himmel ist der M42-Nebel – eine leuchtende Gaswolke, zweimal so groß wie der Vollmond. Er ist auch mit dem bloßen Auge erkennbar, wirkt aber durch ein Fernglas oder Teleskop mit großer Blende wesentlich besser. M42 ist 1500 Lichtjahre entfernt und wird von den Trapez-Sternen erleuchtet, die in seinem Inneren liegen.

**NGC 1981** Ein großer, verstreuter offener Haufen, der mit dem Fernglas erkennbar ist. Sein hellster Stern hat Größenklasse 6. Er scheint nördlich des Orion-Nebels zu liegen, in etwa der gleichen Entfernung zur Erde: 1400 Lichtjahre.

M42 (Orion-Nebel) mit Trapez-Sternsystem

**Theta-1 ($\theta^1$) Orionis (Trapez)** Mehrfachstern, liegt im Zentrum des Orion-Nebels. Ein Teleskop zeigt vier in Trapezform angeordnete Sterne mit den Größenklassen 5,1, 6,7, 6,7 und 8,0.

**Alpha ($\alpha$) Orionis (Beteigeuze)** Ein Roter Überriese von schwankender Helligkeit (etwa alle sechs Jahre) zwischen 0 und 1,3. Liegt in 430 Lichtjahren Entfernung. Der Name Beteigeuze stammt von einem arabischen Wort ab, das etwas mit der Achselhöhle zu tun hat, obwohl der Stern auf der Schulter des Jägers sitzt.

**Beta ($\beta$) Orionis (Rigel)** Ein Blauer Überriese der Größenklasse 0,2, der hellste Stern im Sternbild und der siebthellste am Himmel. Liegt 770 Lichtjahre entfernt. Rigel bedeutet „linkes Bein", das ein Körperteil des Jägers ist, den das Sternbild darstellt.

**Theta-2 ($\theta^2$) Orionis** Doppelstern. Beide Sterne (Größenklassen 5,0 und 6,4) sind mit dem Fernglas einzeln sichtbar. Theta-2 bildet mit Theta-1 Orionis ein helles Doppel, das mit dem Fernglas zu erkennen ist.

**Iota ($\iota$) Orionis** Doppelstern. Beide Sterne (Größenklassen 2,8 und 7,0) sind mit kleinem Teleskop einzeln sichtbar. Mit dem Fernglas ist ein weiterer Doppelstern in der Nähe zu sehen – Struve 747 (Größenklassen 4,8 und 5,7).

**Sigma ($\sigma$) Orionis** Bemerkenswerter Mehrfachstern. Der Hauptstern (Größenklasse 3,8) hat zwei Begleitsterne der 7. Klasse auf einer Seite und einen der 9. Klasse auf der anderen. Mit dem Teleskop ist ein schwacher Dreifachstern, Struve 761, ebenfalls sichtbar.

**Pferdekopf-Nebel** Dunkler Nebel in Form eines Springers beim Schach. Als Silhouette vor dem hellen Nebel südlich von Zeta ($\zeta$) Orionis sichtbar. Zu schwach, um ohne starkes Teleskop gesehen zu werden. Am besten sichtbar auf langzeitbelichteten Fotos.

Pferdekopf-Nebel

# Sagittarius

Dieses Sternbild des Tierkreises liegt zwischen Scorpius und Capricornus. Es stellt Crotus, den Erfinder des Bogenschießens dar, der auf einen Skorpion zielt. Die Sonne durchläuft Sagittarius vom 18. Dezember bis zum 19. Januar.

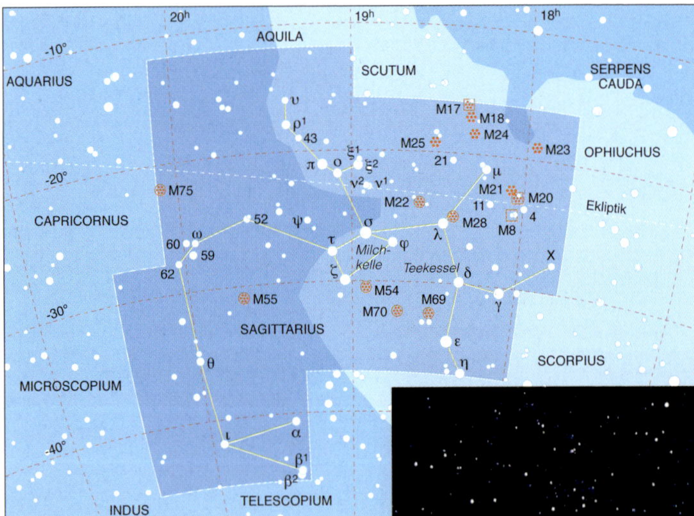


Zeichenerklärung auf S. 324

Die Hauptsterne in Sagittarius

**Teapot (Teekessel)** Gamma (γ), Epsilon (η), Delta (δ), Lambda (λ), Phi (ϕ), Zeta (ζ), Sigma (σ) und Tau (τ) Sagittarii bilden zusammen den Umriss eines Teekessels mit spitzem Deckel und langem Ausgießer. Lambda (λ), Phi (ϕ), Zeta (ζ), Sigma (σ) und Tau (τ) Sagittarii bilden außerdem die Milchkelle, die in einer besonders sternenreichen Region der Milchstraße liegt.

**M8 (Der Lagunen-Nebel)** Heller Nebel, mit bloßem Auge sichtbar, gut mit dem Fernglas zu beobachten. Lange, gestreckte Form,

M8 (LAGUNEN-NEBEL)

die dreimal so breit wie der Vollmond erscheint. Wird von einer Staubspur geteilt. Eine Hälfte enthält den Sternhaufen NGC 6530 mit Sternen der 7. Klasse und schwächeren. Das auffälligste Objekt der anderen Hälfte ist 9 Sagittarii (Größenklasse 6). Der Nebel ist 5200 Lichtjahre entfernt.

**M17 (OMEGA-NEBEL)** Die Wolke aus leuchtendem Gas scheint Vollmondgröße zu haben. Mit einem Fernglas sichtbar, aber nur mit einem Teleskop erkennt man die richtige Form. Damit sieht man auch den Sternhaufen NGC 6618 im Inneren. Der Nebel samt Sternhaufen ist 4900 Lichtjahre entfernt.

**M22** Der dritthellste Kugelsternhaufen am Himmel ist 10000 Lichtjahre entfernt. Bei guten Bedingungen mit bloßem Auge sichtbar, sonst wird ein Fernglas benötigt. Sieht aus wie ein runder Fleck, etwa zwei Drittel so groß wie der Vollmond.

M17 (OMEGA-NEBEL)

**M23** Ein reichhaltiger, offener Haufen. Lange, gestreckte Form, hat etwa die Breite des Vollmondes. Kann mit einem Fernglas gesehen werden, aber nur mit einem Teleskop sind die einzelnen Sterne sichtbar. Liegt in 2100 Lichtjahren Entfernung.

**M24** Eine großes, helles Sternenfeld in der Milchstraße. Ist mit bloßem Auge sichtbar. Sieht durch ein Fernglas fantastisch aus. Die Beobachtung durch ein Teleskop enthüllt einen kleinen offenen Haufen – NGC 6603 – im Inneren.

M20 (TRIFID-NEBEL)

**M25** Offener Sternhaufen, mit bloßem Auge gerade noch sichtbar. Gutes Objekt zur Beobachtung mit Fernglas oder Teleskop. Die Sterne der Größenklasse 7 und schwächer sind über ein Gebiet in Vollmondgröße verteilt. Es liegt 1900 Lichtjahre entfernt.

**M20 (TRIFID-NEBEL)** Nebel mit lichtschwachem Doppelstern im Zentrum. Beide Sterne sind mit einem kleinen Teleskop sichtbar. Eine größere Blende zeigt Staubspuren, die den Nebel dreiteilen.

**BETA (β) SAGITTARII** Mehrfachstern, obwohl alle Sterne unterschiedlich weit auseinander liegen und nicht verbunden sind. Für das bloße Auge als breiter Doppelstern (Größenklassen 4,0 und 4,3) sichtbar. Der hellere Stern Beta-1 ($\beta^1$) hat einen Begleitstern der 7. Klasse.

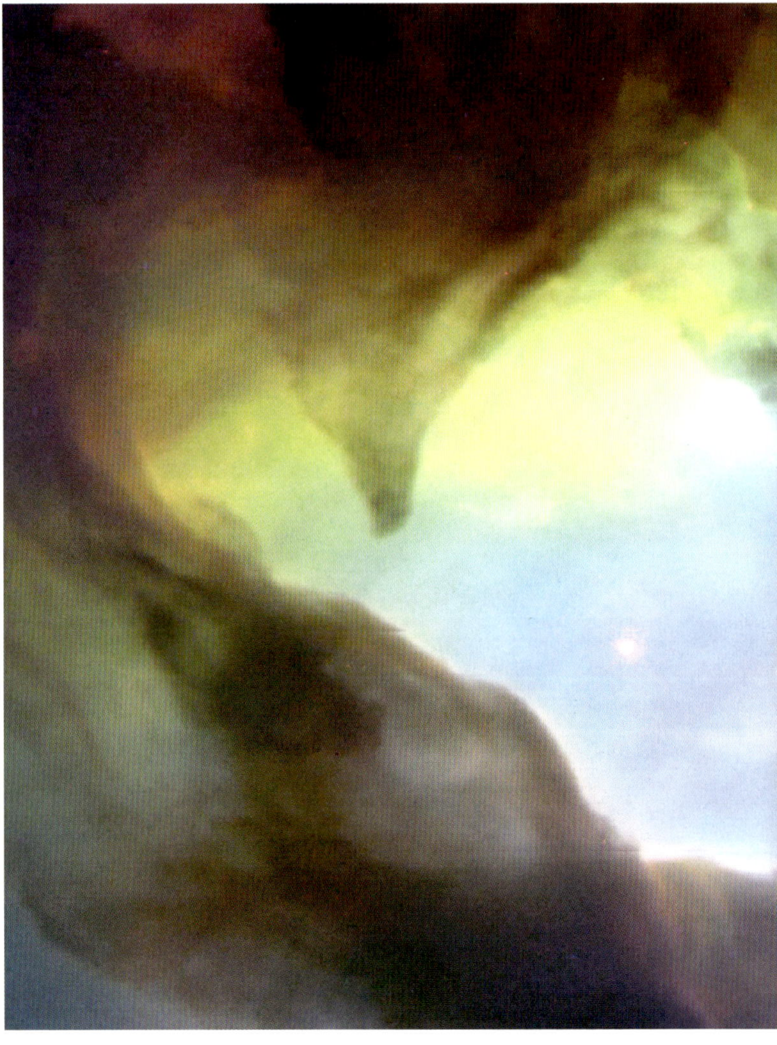

Interstellare Tornados

Lichtjahrgroße Wirbelwinde aus Gas erhalten ihre Energie aus dem Lagunen-Nebel.

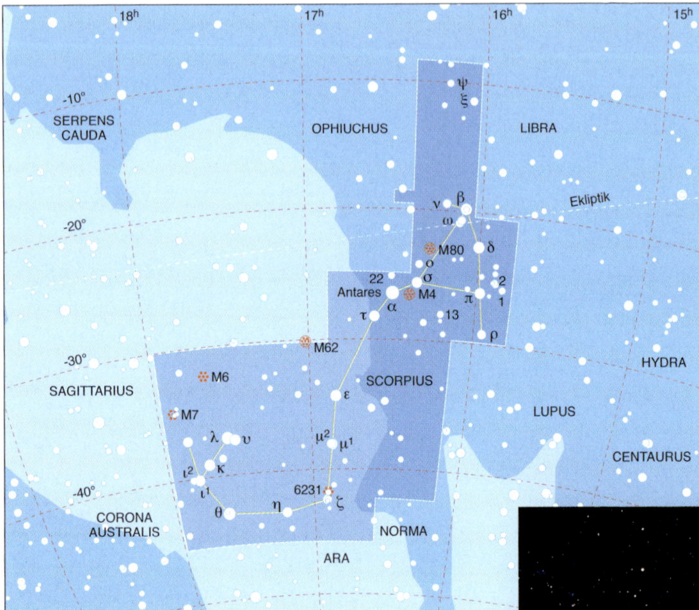


ZEICHENERKLÄRUNG AUF S. 324

DIE HAUPTSTERNE IN SCORPIUS

# SCORPIUS

DAS STERNZEICHEN DES TIERKREISES liegt zwischen Libra und Sagittarius. Es stellt den Skorpion dar, der mit seinem Stich Orion tötete – deshalb geht Orion unter, wenn Scorpius aufgeht. Es liegt in einer sternenreichen Region der Milchstraße, in Richtung des Zentrums unserer Galaxis. Die Sonne durchläuft es zwischen dem 23. und 29. November.

NEBEL UM ANTARES HERUM

**M6** Offener Haufen, 2000 Lichtjahre entfernt. Mit dem bloßen Auge sichtbar. Der hellste Stern ist BM Scorpii, ein Orangefarbener Riese mit schwankender Helligkeit zwischen 5 und 7.

**M7** Großer, offener Haufen, mit bloßem Auge sichtbar. Scheinbar doppelt so breit wie der Vollmond. Der hellste Stern (6. Klasse) hebt sich vom Milchstraßenhintergrund ab. Der Haufen ist 780 Lichtjahre entfernt.

**OMEGA (ω) SCORPII** Doppelstern, mit bloßem Auge sichtbar, Sterne der Größenklasse 3,9 und 4,3. 420 bzw. 260 Lichtjahre entfernt.

**MU (μ) SCORPII** Doppelstern; einzelne Sterne mit bloßem Auge sichtbar. Der hellere Stern schwankt alle 34 Stunden zwischen Größenklasse 2,9 und 3,2. Der Begleitstern hat Größenklasse 3,6.

**NGC 6231** Markanter, offener Haufen in 5900 Lichtjahren Entfernung. Die einzelnen Sterne sind mit Fernglas oder Teleskop gut sichtbar. Zeta-1 ($\zeta^1$) Scorpii ist der hellste.

**ZETA (ζ) SCORPII** Unverbundenes Sternenpaar, mit dem bloßen Auge sichtbar. Zeta-1 ($\zeta^1$) ist ein Blau-Weißer Überriese (Größenklasse 4,7) und der hellste Stern im Haufen NGC 6231. Zeta-2 ($\zeta^2$), ein Roter Riese (Größenklasse 3,6), ist nur 150 Lichtjahre entfernt.

**ALPHA (α) SCORPII (ANTARES)** Roter Überriese mit schwankender Helligkeit zwischen 0,9 und 1,2. Hat einen Blau-Weißen Begleitstern der 5. Klasse, der mit einem Teleskop beobachtet werden kann.

**BETA (β) SCORPII** Doppelstern; Sterne mit der Größenklasse 2,6 und 4,9. Mit kleinem Teleskop einzeln sichtbar. Beide Sterne sind nicht miteinander verbunden und liegen 530 bzw. 1100 Lichtjahre entfernt.

**NU (ν) SCORPII** Mehrfachstern. Mit einem kleinen Teleskop oder einem guten Fernglas wird ein Doppelstern mit Sternen der Größenklasse 4,0 und 6,3 sichtbar. Der lichtschwächere Stern hat einen Begleitstern der 8. Klasse, der durch ein Teleskop mit 75-mm-Blende sichtbar ist. Größere Blenden zeigen einen näheren Begleitstern der 5. Klasse – deshalb erscheint er als Vierfachstern.

**M4** Ein weniger als 7000 Lichtjahre entfernter Kugelsternhaufen. Kann mit einem Fernglas oder Teleskop beobachtet werden. Der Himmel muss ganz dunkel sein, da die Sterne über ein großes Gebiet verteilt sind.

M4

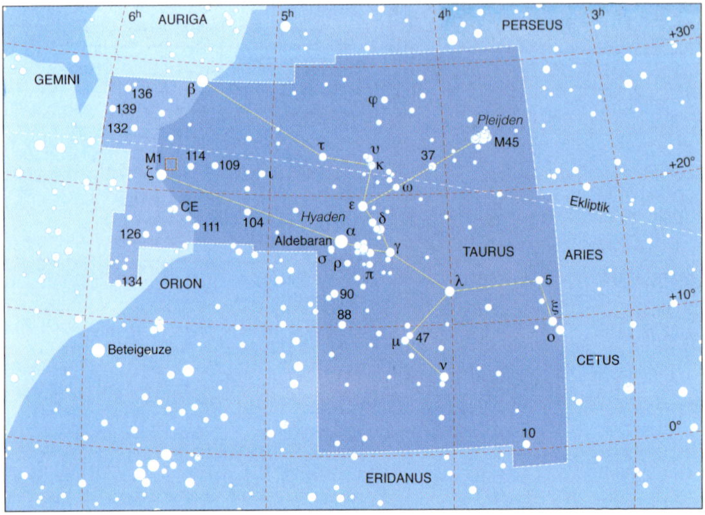


ZEICHENERKLÄRUNG AUF S. 324

# TAURUS (STIER)

DAS BEEINDRUCKENDE STERNBILD des Tierkreises zwischen Aries und Gemini stellt den Stier dar, in den sich der Gott Zeus verwandelte. Es enthält zwei große Sternhaufen – die Plejaden und die Hyaden. Die Hyaden bilden das Gesicht, der Rote Riese Aldebaran die blutunterlaufenen Augen. Die Hörner werden von Beta (β) und Zeta (ζ) gebildet.

M1 (KREBS-NEBEL)

ALDEBARAN (ALPHA TAURI)

**THETA (θ) TAURI** Breiter Doppelstern in den Hyaden. Mit bloßem Auge sind beide Sterne gerade noch sichtbar. Theta-1 ($\theta^1$) ist ein Gelber Riese (Größenklasse 3,8); Theta-2 ($\theta^2$) ist ein Weißer Riese (Größenklasse 3,4) – das hellste Mitglied der Hyaden.

**ALPHA (α) TAURI (ALDEBARAN)** Roter Riese mit schwankender Helligkeit zwischen Größenklasse 0,75 und 0,95. Er scheint ein Teil der Hyaden zu sein, liegt aber mit 65 Lichtjahren Entfernung viel näher an der Erde.

**M45 (PLEJADEN)** Großer, offener Sternhaufen, leicht mit dem bloßen Augen zu sehen. Spektakuläres Bild durch ein Fernglas. Erscheint viermal größer als der Vollmond. Der hellste Stern ist Eta (η) Tauri (Alcyone), ein Blau-Weißer Riese der Größenklasse 2,9. Mit bloßem Auge kann man etwa sechs Sterne erkennen, mit einem Fernglas oder kleinen Teleskop dutzende weitere. Der Haufen ist etwa 380 Lichtjahre entfernt. Langzeitbelichtete Fotos zeigen Nebel um die Sterne herum. Dies ist nur mit einem starken Teleskop direkt sichtbar.

**HYADEN** Großer, V-förmiger Haufen, gut mit bloßem Auge sichtbar. Wegen seiner Größe und Verteilung am besten mit einem Fernglas zu beobachten. Der Haufen liegt in 150 Lichtjahren Entfernung.

**M1 (KREBS-NEBEL)** Überrest einer Supernova, die 1054 n. Chr. auf der Erde sichtbar war. Bei guten Bedingungen ist er mit Fernglas oder Teleskop sichtbar, dafür wird jedoch eine mittlere Blende benötigt. Ellipsenförmig, die Größe liegt etwa zwischen einer planetaren Scheibe und dem Vollmond. Er ist 6500 Lichtjahre entfernt.

**LAMBDA (λ) TAURI** Sich verfinsternder Doppelstern von der gleichen Art wie Algol. Die Helligkeit schwankt zwischen 3,4 und 3,9, wobei ein Zyklus etwas weniger als vier Tage dauert.

DIE HYADEN UND DIE PLEJADEN

# Ursa Major

Das drittgrösste Sternbild, Ursa Major, stellt Callisto dar, die in der griechischen Mythologie eine Jagdgefährtin von Artemis war. Sie wurde von Zeus verführt und von einer wütenden Artemis in einen Bären verwandelt. Die hellsten Sterne sind Alpha (α) und Epsilon (ε) mit Größenklasse 1,8.

Zeichenerklärung auf S. 324

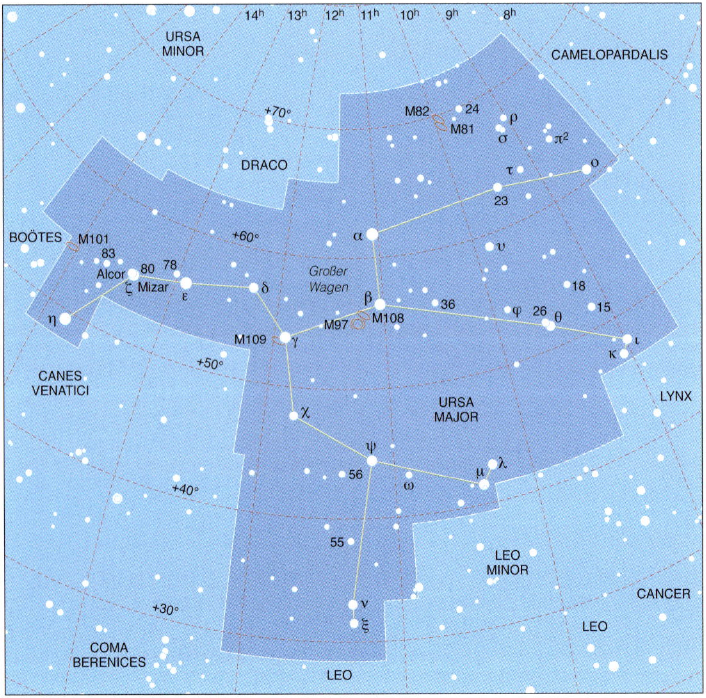

Ursa Major

**Grosser Wagen**
Eines der bekanntesten Muster am Himmel besteht aus den mit bloßem Auge sichtbaren Sternen Alpha (α), Beta (β), Gamma (γ), Delta (δ), Epsilon (ε), Zeta (ζ) und Eta (η) Ursae Majoris. Ihr Umriss wird in vielen Kulturen als Pflug, Schöpfkelle oder Wagen angesehen. Alle Sterne im großen Wagen mit Ausnahme der äußersten beiden (Alpha und Eta) wandern im All in die gleiche Richtung und bilden somit einen so genannten beweglichen Sternhaufen.

**M81 und M82** Zwei gegensätzliche Galaxien, etwa 10 Millionen Lichtjahre entfernt. M81 ist eine wunderschöne Spiralgalaxie und mit einem Fernglas oder kleinen Teleskop sichtbar. Etwas nördlich davon liegt die kleinere, lichtschwächere M82, eine Galaxie, die man heute für eine Spiralgalaxie hält, die auf der „Kante" steht und durch eine Staubwolke zieht

**Zeta (ζ) Ursae Majoris (Mizar)**
Mehrfachstern. Durch ein Fernglas kann man sehen, dass der Stern (Größenklasse 2,2) einen Begleitstern (Größenklasse 4,0) hat, der als Alcor oder 80 Ursae Majoris bekannt ist. Mizar und Alcor sind 78 und 81 Lichtjahre entfernt, also kein echter Doppelstern. Mit einem kleinen Teleskop wird sichtbar, dass Mizar einen Begleitstern der 4. Klasse hat. Diese beiden sind ein echter Doppelstern.

**M101** Spiralgalaxie, die wir scheinbar von vorn sehen. Fast so groß wie der Vollmond, aber lichtschwach. Bei guten Bedingungen mit Fernglas oder kleinem Teleskop sichtbar.

**Xi (ξ) Ursae Majoris** Doppelstern mit Einzelsternen der Größenklasse 4,3 und 4,8. Durch ein Teleskop mit 75-mm-Blende einzeln sichtbar. Die gelblichen Sterne sind 26 Lichtjahre entfernt und haben eine Umlaufzeit von 60 Jahren.

M81

M101

# STERNKARTEN DER HIMMELSPOLE

DIESE KARTEN ZEIGEN die Sterne, die das ganze Jahr über auf der nördlichen und südlichen Hemisphäre zu sehen sind. Auch interessante Objekte wie Sternhaufen und Nebel sind eingezeichnet. Zum Auffinden der Sterne wendet man sich je nach Standort nach Norden oder Süden und dreht die Karte so, dass der aktuelle Monat oben steht. Dann sieht man den Himmel um 22 Uhr (23 Uhr Sommerzeit).

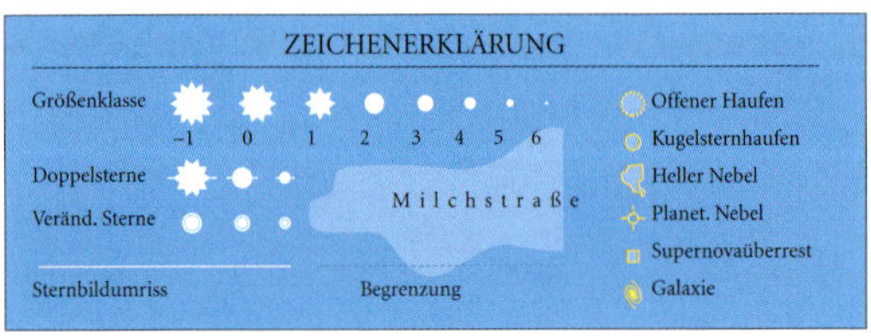


STERNBILDER

Früher war ein Sternbild ein bestimmtes Muster, dem ein lateinischer Name gegeben wurde. 1930 verständigte man sich in der Astronomie darauf, dass der Himmel in 88 Regionen eingeteilt wird, wobei in jeder ein Sternbild liegt. Der Name des Sternbilds bezieht sich dann auf die jeweilige Region und das eigentliche Bild.

HÖHEPUNKTE

Die sieben Hauptsterne des Ursa Major bilden ein markantes Muster: den großen Wagen. Die Sterne Merak und Dubhe zeigen auf den Polarstern. Gegenüber dem großen Wagen steht das „W" der Cassiopeia, daneben die Sterne des Perseus.

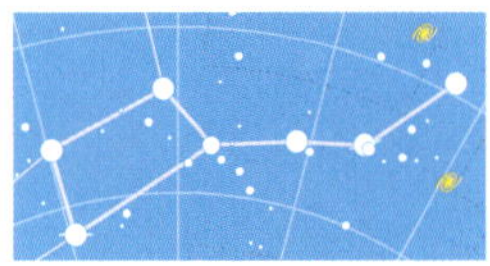

GROSSER WAGEN

ZIRKUMPOLARE STERNE

Sterne, die nie auf- und untergehen, werden zirkumpolar genannt. Obwohl sie immer sichtbar sind, ändert sich ihre Position am Himmel ständig. Die Größe der Zirkumpolarregion am Himmel hängt vom Abstand zum Äquator ab.

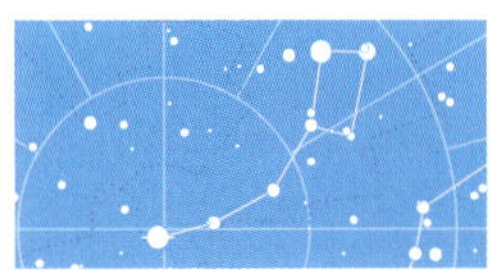

URSA MINOR

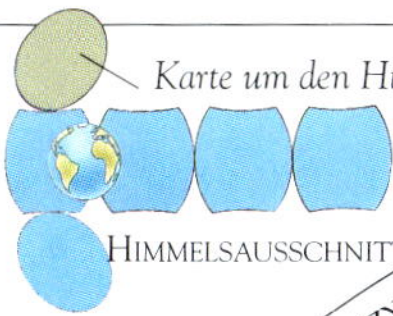

Karte um den Himmelsnordpol

HIMMELSAUSSCHNITT

*Die Rektaszension (RA) entspricht der geografischen Länge und wird durch gerade Linien dargestellt. Der Himmel wird in 24 Stunden unterteilt.*

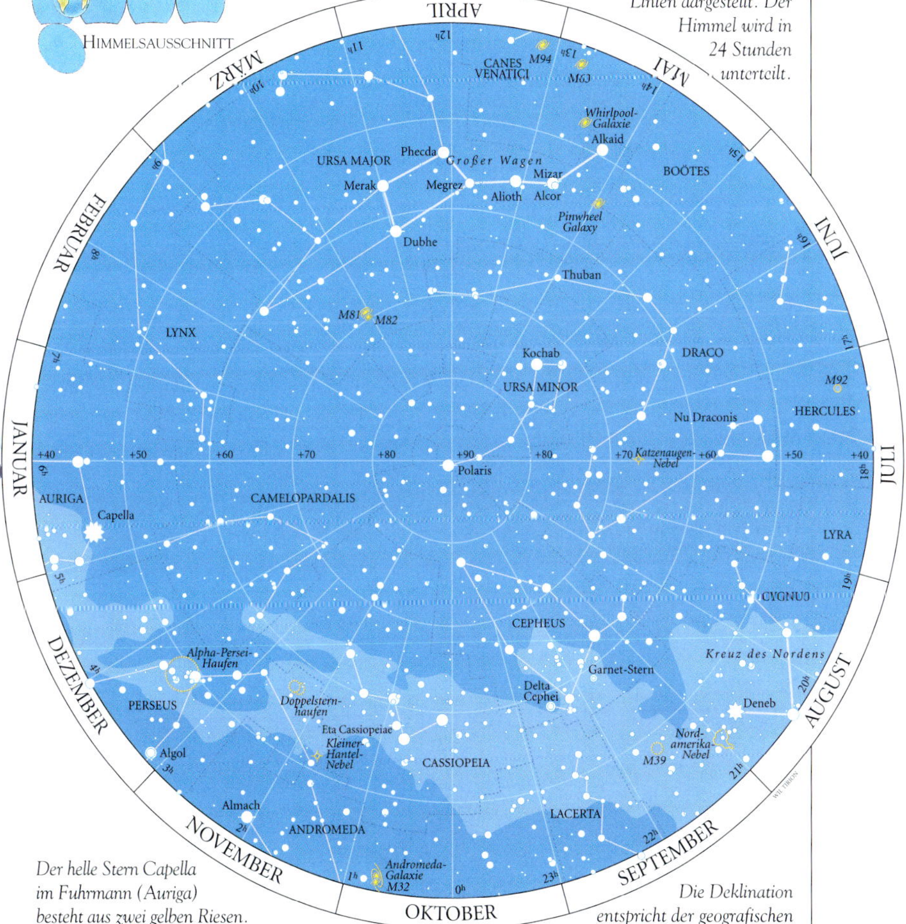


*Der helle Stern Capella im Fuhrmann (Auriga) besteht aus zwei gelben Riesen. Sie stehen so nahe zusammen, dass sie wie ein einziger Stern erscheinen.*

KARTE UM DEN HIMMELSNORDPOL

*Die Deklination entspricht der geografischen Breite, wird durch Kreislinien dargestellt und in Grad gemessen.*

*Crux ist zwar das kleinste Sternbild am Himmel, aber das bekannteste. Seine Hauptsterne sind auf den Flaggen Australiens und Neuseelands zu sehen.*

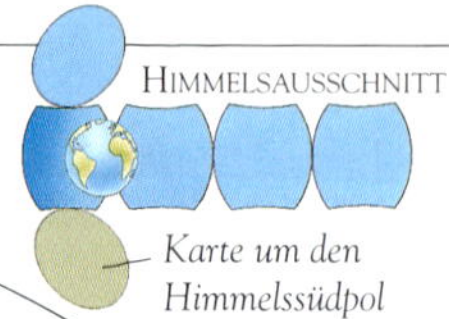


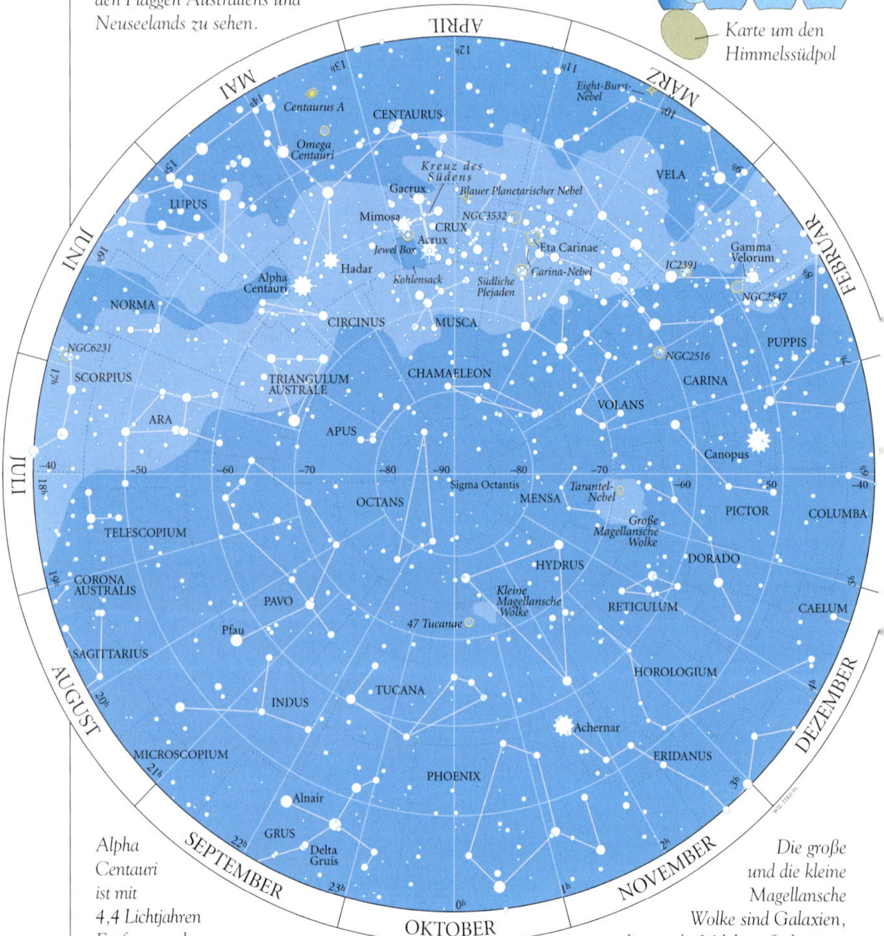


KARTE UM DEN HIMMELSSÜDPOL

*Alpha Centauri ist mit 4,4 Lichtjahren Entfernung der sonnennächste helle Stern.*

*Die große und die kleine Magellansche Wolke sind Galaxien, die um die Milchstraße kreisen.*

HÖHEPUNKTE

Das bekannteste Sternbild am Südhimmel ist das Kreuz des Südens (Crux), das aus fünf hellen Sternen besteht. Verlangert man die Linie von Gacrux nach Acrux, kommt man zum Himmelssüdpol in der Mitte der Karte. Die beiden hellen Sterne Alpha Centauri und Hadar zeigen auf das Kreuz des Südens.

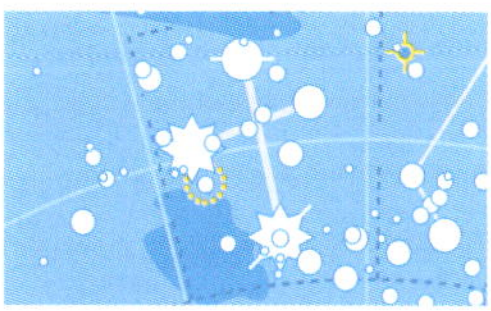

KREUZ DES SÜDENS

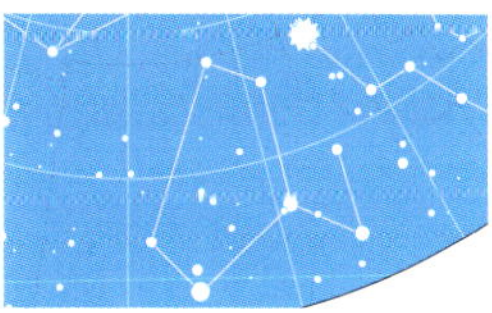

PHÖNIX

SÜDLICHE PLEJADEN

Der offene Sternhaufen IC2602 ist leicht mit bloßem Auge zu erkennen. Er wird bisweilen durch seine Ähnlichkeit mit dem Sternhaufen der Plejaden als „südliche Plejaden" bezeichnet. Er enthält etwa 30 Sterne, wobei acht heller als die 6. Größenklasse sind.

BENUTZUNG EINER DREHBAREN STERNKARTE

Eine drehbare Sternkarte besteht aus einer runden Sternkarte mit einer drehbaren Schablone, sodass nur der zu einem bestimmten Zeitpunkt sichtbare Himmelsausschnitt zu sehen ist.

PHÖNIX

Das Sternbild Phönix liegt am südlichen Ende von Eridanus in der Nähe des hellen Sterns Achernar. Es ist das größte der zwölf Sternbilder, die Ende des 16. Jahrhunderts erfunden wurden, und repräsentiert einen mythischen Vogel, der angeblich aus dem toten Körper seines Vorgängers wiedergeboren wird.

WINKELGRÖSSEN AM HIMMEL

Mit den Händen kann man Winkelgrößen am Himmel messen. Ein Vollkreis um dem Beobachter herum sind 360°. Ein Finger bei gestrecktem Arm entspricht 1° – das ist der doppelte Vollmonddurchmesser. Eine geschlossene Hand ist etwa 10° breit, gespreizte Finger decken 16–20° ab.

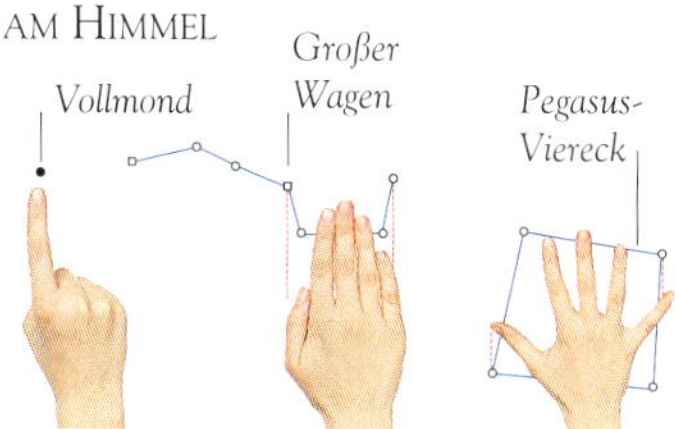


EIN FINGER GESCHLOSSEN GESPREIZT

# STERNE DES NORDHIMMELS VON JUNI BIS NOVEMBER

AUF DEN KARTEN des Nordhimmels sind die Sterne dargestellt, die ein Beobachter sieht, wenn er in Richtung Süden blickt. Wähle die Karte des jeweiligen Monats. Sie zeigt den Himmel um 22 Uhr (23 Uhr Sommerzeit). Weiter im Westen gelegene Sterne sind früher zu sehen, weiter östliche später. Der Himmel ist für 45° nördliche Breite dargestellt. Die Sterne ganz unten sind in nördlichen Breiten nicht sichtbar.

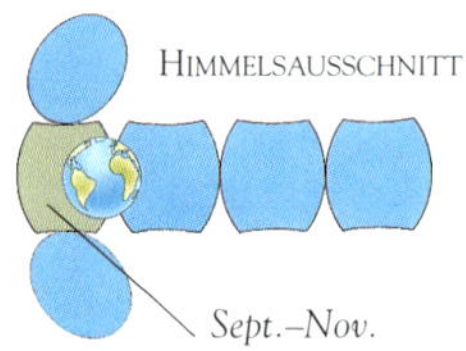

KUGELSTERNHAUFEN M15
Dieser Sternhaufen steht etwa 20° rechts von der Grundlinie des Pegasus-Vierecks. Im Fernglas erscheint M15 als verwaschenes Fleckchen.

HÖHEPUNKTE VON SEPTEMBER BIS NOVEMBER
Das Pegasus-Viereck bildet das Leitsternbild. An einer Ecke schließt sich Andromeda an. Der linke obere Eckstern, Alpheratz, gehört in Wirklichkeit zu Andromeda. Die rechte Seite deutet auf Fomalhaut hinab, die Diagonale weist auf das Sternbild Wassermann (Aquarius).

WICHTIGES ZU DEN STERNKARTEN

- Die Karten sind dazu ausgelegt, sich zu überschneiden. Sterne an den Rändern erscheinen auf der nächsten Seite wieder. Sterne ganz oben tauchen auch am äußersten Rand der nördlichen Himmelspolkarten auf, Sterne ganz unten auf den südlichen Himmelspolkarten.
- Die Rektaszension wird oben und unten in Stunden aufgeführt. Die Deklination steht in Form von Grad an den beiden Seiten.
- Die Andromeda-Galaxie ist das am weitesten entfernte Objekt, das noch mit bloßem Auge sichtbar ist. Du findest sie, indem du von Alpheratz aus nach Nordosten schaust.

ZEICHENERKLÄRUNG AUF S. 346

ZENIT
NOVEMBER
OKTOBER
SEPTEMBER
Algol
Almach
PERSEUS
Andromeda-Galaxie
M32
M39
Nord-amerika-Nebel
Deneb
LACERTA
61 Cygni
CYGNUS
TRIANGULUM
Triangulum-Galaxie
ANDROMEDA
ARIES
Alpheratz
Pegasus-Viereck
VULPECULA
Gamma Arietis
PEGASUS
DELPHINUS
PISCES
M15
Enif
CETUS
Circlet
EKLIPTIK
EQUULEUS
M77
Gefäß
M2
Mira
NGC246
Saturn-Nebel
AQUARIUS
ERIDANUS
Tau Ceti
CAPRICORNUS
Helix-Nebel
NGC253
FORNAX
Fomalhaut
SCULPTOR
PISCIS AUSTRINUS
NGC55
PHOENIX
GRUS
MICROSCOPIUM
Delta Gruis
ERIDANUS
Alnair
INDUS
OKTOBER
NOVEMBER
SEPTEMBER
OST
SÜDLICHER HORIZONT
WEST

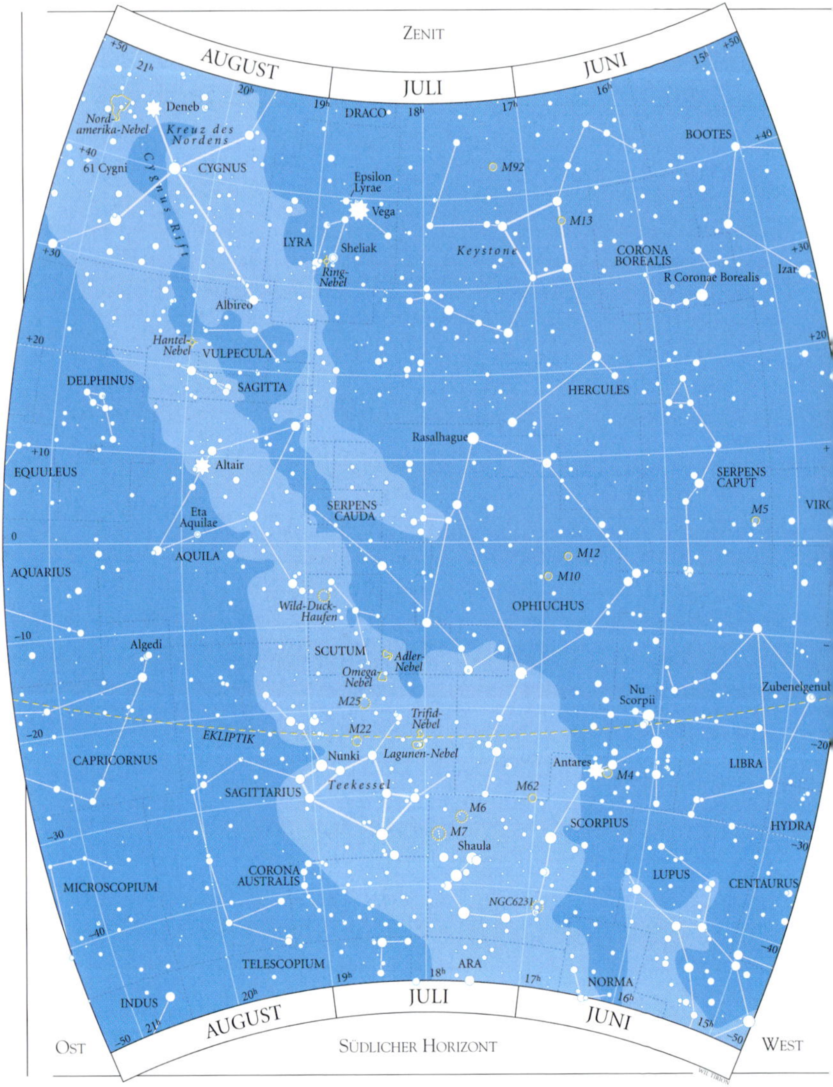
ZENIT
AUGUST
JULI
JUNI
DRACO
Deneb
Nord-amerika-Nebel
Kreuz des Nordens
Cygnus Rift
61 Cygni
CYGNUS
Epsilon Lyrae
Vega
LYRA
Sheliak
Ring-Nebel
M92
M13
Keystone
BOOTES
CORONA BOREALIS
R Coronae Borealis
Izar
Albireo
Hantel-Nebel
VULPECULA
SAGITTA
DELPHINUS
HERCULES
Rasalhague
Altair
EQUULEUS
SERPENS CAUDA
SERPENS CAPUT
M5
Eta Aquilae
AQUILA
AQUARIUS
M12
M10
Wild-Duck-Haufen
OPHIUCHUS
Algedi
SCUTUM
Adler-Nebel
Omega-Nebel
M25
Trifid-Nebel
M22
EKLIPTIK
Lagunen-Nebel
Nunki
Nu Scorpii
Zubenelgenubi
CAPRICORNUS
Antares
M4
LIBRA
Teekessel
SAGITTARIUS
M62
M6
M7
SCORPIUS
HYDRA
Shaula
CORONA AUSTRALIS
LUPUS
CENTAURUS
MICROSCOPIUM
NGC6231
TELESCOPIUM
ARA
NORMA
INDUS
AUGUST
JULI
JUNI
OST
SÜDLICHER HORIZONT
WEST
WIL TIRION

HÖHEPUNKT JUNI BIS AUGUST

Am auffälligsten sind die Milchstraße und das Sommerdreieck aus Deneb, Wega und Atair. Der Schwan (Cygnus) liegt mitten im Band der Milchstraße. Sehenswert sind die pfeilförmigen Sternbilder Pfeil (Sagitta) und Schild (Scutum), in deren Nähe ein helles Gebiet der Milchstraße liegt. Südlich davon liegen Skorpion (Scorpius) und Schütze (Sagittarius).

HANTEL-NEBEL

Unterhalb des Schwans (Cygnus) liegt ein schöner planetarischer Nebel. Er ist mit einem Fernglas zu sehen. Im Teleskop sehen seine hellsten Regionen hantelförmig aus.

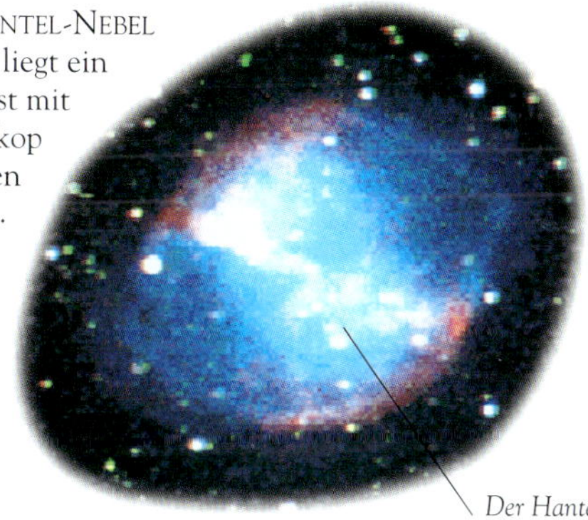

*Der Hantel-Nebel ist die abgestoßene Hülle eines Sterns, der vor tausenden Jahren starb.*

WILD-DUCK-HAUFEN

Dieser offene Sternhaufen im Sternbild Schild (Scutum) ist gerade noch mit bloßem Auge sichtbar. Im Fernglas erscheinen die Sterne V-förmig angeordnet und erinnern an einen fliegenden Entenschwarm.

ZEICHENERKLÄRUNG AUF S. 346

WICHTIGES ZU DEN STERNKARTEN

- Drei helle Sterne aus verschiedenen Sternbildern – Deneb in Cygnus, Vega in Lyra und Altair in Aquila – bilden das Sommerdreieck.
- Albireo ist ein Doppelstern, der den Kopf des Schwans (Cygnus) bildet. Durch ein starkes Teleskop sieht man, dass die beiden Sterne gelb und blau sind.
- Der Adler-Nebel kurz unterhalb von Serpens Cauda ist als verwaschener Lichtpunkt mit dem Fernglas sichtbar. Durch ein Teleskop sieht man einen dunklen Schatten im Nebel, der aussieht wie ein flügelschlagender Adler.

# STERNE DES NORDHIMMELS VON DEZEMBER BIS MAI

IM WINTER IST die Milchstraße lichtschwach und es dominieren daher Sternbilder wie der markante Orion und der hellste Stern am Himmel, Sirius. Die meisten sichtbaren Sterne gehören zum lokalen Arm unserer Galaxie. Hier gibt es auch einige Geburtsstätten von Sternen wie den Orion-Nebel und viele Sternhaufen. Im Frühjahr eröffnet sich der Blick auf den großen Virgo-Galaxienhaufen.

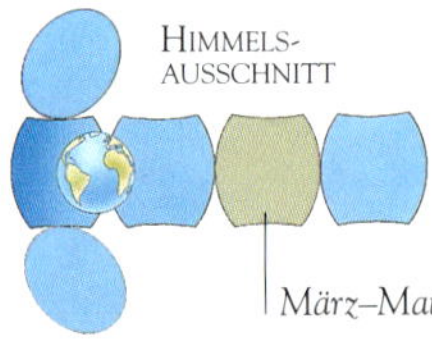

BLACK-EYE-GALAXIE
Die Black-Eye-Spiralgalaxie, die unterhalb von Coma Berenices liegt, hat nahe dem Zentrum einen dunklen Staubstreifen. In großen Teleskopen erscheint die Galaxie wie ein Auge, daher der Name.

ZEICHENERKLÄRUNG AUF S. 346

HÖHEPUNKTE MÄRZ BIS MAI
Der sitzende Löwe (Leo) ist leicht zu erkennen. Ein Bogen aus Sternen bildet den Kopf. Südöstlich vom Löwen liegt die Jungfrau (Virgo) und dazwischen der Virgo-Haufen mit über 2000 Galaxien. Unterhalb der Jungfrau ist das kleine Sternbild Rabe (Corvus). Mit seinen vier markanten Sternen ist er leicht aufzufinden.

WICHTIGES ZU DEN STERNKARTEN

- Arcturus in Bootes ist ein Roter Riese und der vierthellste Stern am Himmel.
- Die Galaxien M65 und M66 im Löwen sind leicht zu finden, denn sie sind sehr hell und liegen zwischen zwei ebenfalls sehr hellen Sternen. In einem Teleskop sehen sie wie winzige, verwaschene Spindeln aus.
- Porrima in der Jungfrau ist ein Doppelstern. 2005–2007 stehen die Sterne so eng zusammen, dass sie selbst in einem Teleskop wie ein Einzelstern aussehen. Das nächste Mal passiert dies wieder im Jahr 2174.

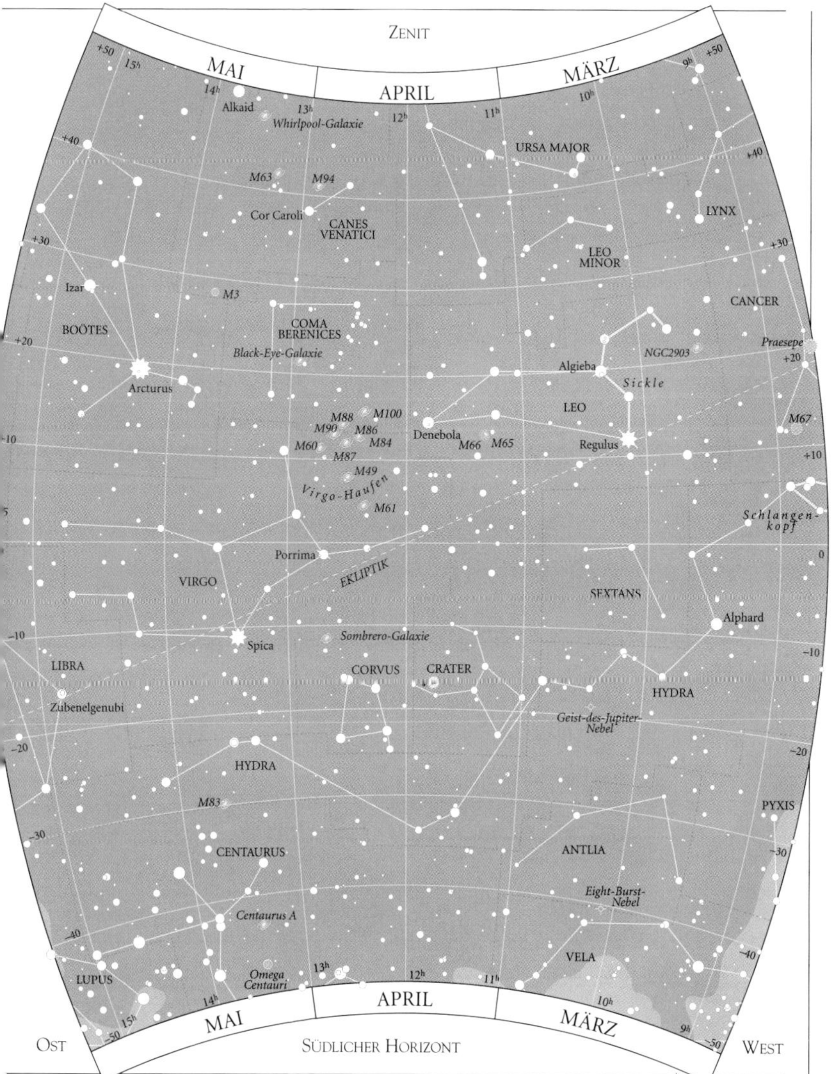

Zenit
MAI
APRIL
MÄRZ
Alkaid
Whirlpool-Galaxie
URSA MAJOR
M63
M94
Cor Caroli
CANES VENATICI
LYNX
LEO MINOR
Izar
M3
CANCER
BOÖTES
COMA BERENICES
Black-Eye-Galaxie
NGC2903
Praesepe
Algieba
Sickle
Arcturus
LEO
M88
M100
M90
M86
M84
M60
M87
Denebola
M66
M65
Regulus
M67
M49
Virgo-Haufen
M61
Schlangen-kopf
Porrima
EKLIPTIK
VIRGO
SEXTANS
Alphard
Spica
Sombrero-Galaxie
LIBRA
CORVUS
CRATER
HYDRA
Zubenelgenubi
Geist-des-Jupiter-Nebel
HYDRA
M83
PYXIS
CENTAURUS
ANTLIA
Eight-Burst-Nebel
Centaurus A
VELA
LUPUS
Omega Centauri
MAI
APRIL
MÄRZ
Ost
Südlicher Horizont
West
WIL TIRION

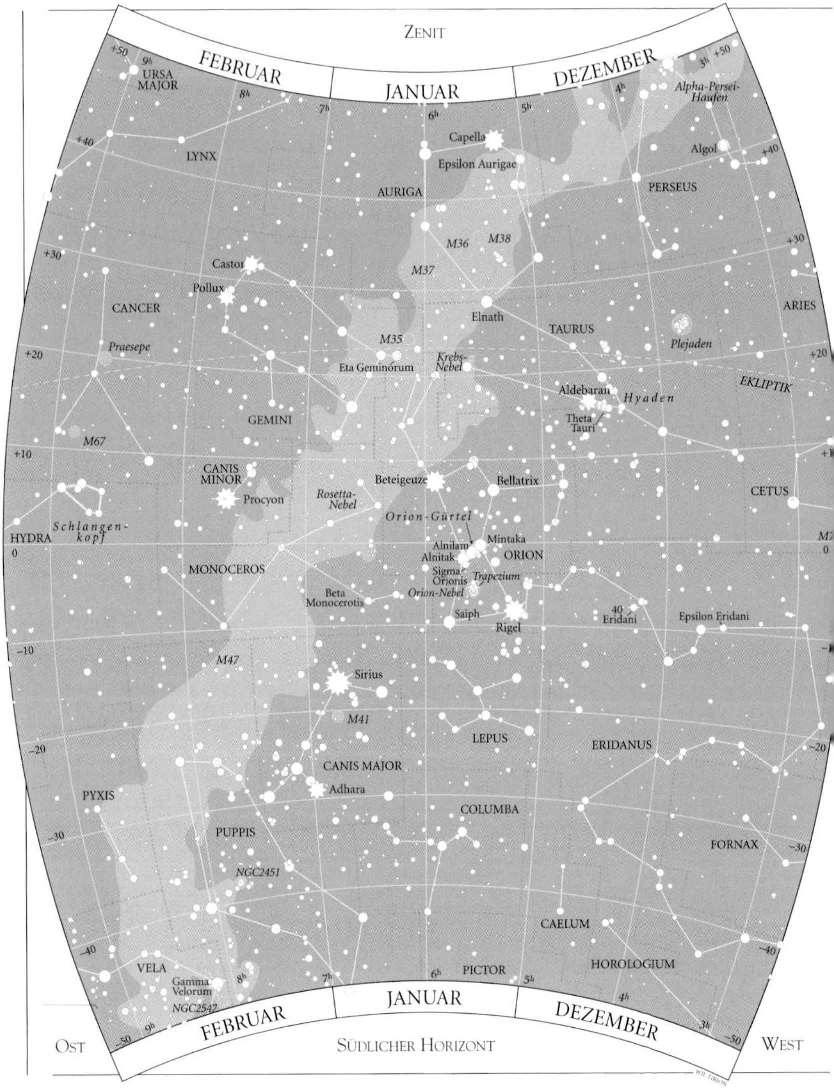
ZENIT
FEBRUAR
JANUAR
DEZEMBER
URSA MAJOR
LYNX
AURIGA
Capella
Epsilon Aurigae
PERSEUS
Alpha-Persei-Haufen
Algol
M36
M38
M37
Castor
Pollux
CANCER
Praesepe
Elnath
TAURUS
Plejaden
ARIES
M35
Eta Geminorum
Krebs-Nebel
Aldebaran
Hyaden
EKLIPTIK
Theta Tauri
GEMINI
M67
CANIS MINOR
Procyon
Rosetta-Nebel
Beteigeuze
Bellatrix
CETUS
Schlangenkopf
HYDRA
Orion-Gürtel
Alnilam
Mintaka
Alnitak
ORION
MONOCEROS
Sigma Orionis
Trapezium
Orion-Nebel
Beta Monocerotis
Saiph
Rigel
40 Eridani
Epsilon Eridani
M47
Sirius
M41
LEPUS
ERIDANUS
CANIS MAJOR
Adhara
PYXIS
COLUMBA
PUPPIS
FORNAX
NGC2451
CAELUM
VELA
Gamma Velorum
NGC2547
PICTOR
HOROLOGIUM
FEBRUAR
JANUAR
DEZEMBER
OST
SÜDLICHER HORIZONT
WEST
WIL TIRION

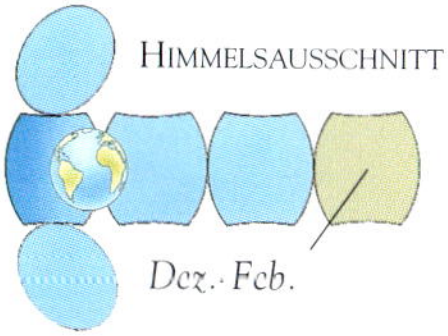


HÖHEPUNKTE DEZEMBER BIS FEBRUAR

Der Jäger Orion ist der beste Wegweiser am Himmel. Die Linie der drei Gürtelsterne weist hinauf zu Aldebaran im Stier (Taurus) und zu den Plejaden. Nach unten zeigt sie auf Sirius im Großen Hund (Canis Major). Um Beteigeuze kann man das berühmte Wintersechseck bilden mit den Eckpunkten: Sirius, Procyon, Pollux, Capella, Aldebaran und Rigel.

STERNHAUFEN M36 UND M38

M36 ist der hellere der beiden mit bloßem Auge sichtbaren, offenen Sternhaufen. Da sie relativ nah beieinander stehen, könnte man sie auf den ersten Blick für einen Kometen halten.

*M38 – ein großes Gebiet mit etwa 100 darin verteilten Sternen.*

*M36 ist ein kompakter Haufen aus ca. 60 Sternen.*

PRAESEPE

Der offene Haufen im Sternbild Krebs (Cancer) ist in dunklen, klaren Nächten mit bloßem Auge zu sehen. Im Fernglas bietet er einen prächtigen Anblick.

STERNHAUFEN M35

Dieser offene Sternhaufen nördlich von Eta Geminorum ist gerade noch mit bloßem Auge zu erkennen. Mit einem Fernglas kann man einige seiner hellsten Einzelsterne sehen.

WICHTIGES ZU DEN STERNKARTEN

- Der Orion-Nebel ist der hellste Nebel am Himmel. Mit bloßem Auge sieht er wie ein dunstiges Fleckchen aus. Mit einem kleinen Teleskop erkennt man vier Sterne – das Trapez – in seinem Zentrum.

ZEICHENERKLÄRUNG AUF S. 346

# Sterne des Südhimmels von September bis Februar

Die Karten des Südhimmels zeigen die Sterne beim Blick nach Norden. Wähle die Karte des jeweiligen Monats. Sie zeigt den Himmel um 22 Uhr (23 Uhr Sommerzeit). Weiter im Westen gelegene Sterne sind früher zu sehen, weiter östliche später. Die Sternbilder unten sind nahe am nördlichen Horizont, die oben fast im Zenit. Der Himmel ist für 45° südliche Breite dargestellt.

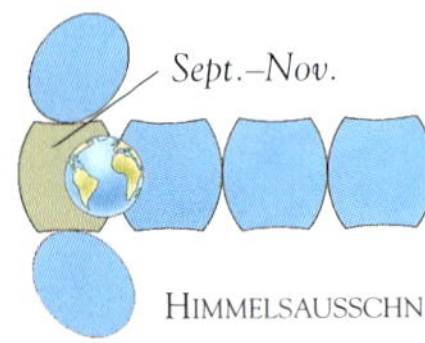


Himmelsausschnitt

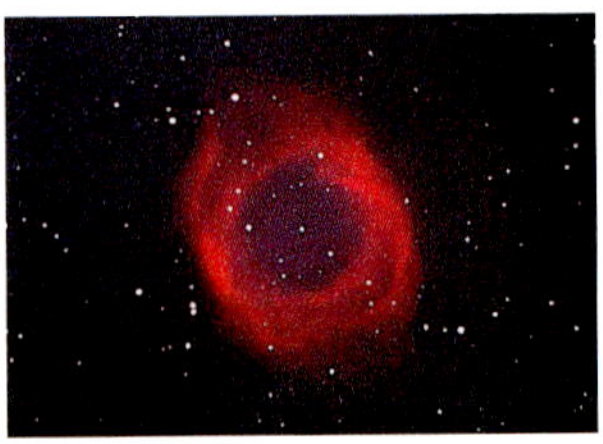

Helix-Nebel
Der größte und nächste planetarische Nebel ist der Helix-Nebel im Wassermann (Aquarius). Man findet ihn in sehr dunklen Nächten mit einem Fernglas oder Teleskop. Die rote Farbe sieht man nur auf Fotografien.

Zeichenerklärung auf S. 346

Höhepunkte September bis November
Der hellste Stern in diesem Himmelsabschnitt ist Fomalhaut im südlichen Fisch (Piscis Austrinus). Das Pegasus-Viereck steht am nördlichen Himmel. Mit der Hilfe der Seiten und Diagonalen des Vierecks findet man Andromeda, Aquarius, Pisces und Cetus.

Wichtiges zu den Sternkarten

- Die Karten sind dazu ausgelegt, sich zu überschneiden. Sterne an den Rändern erscheinen auf der nächsten Seite wieder. Sterne ganz oben tauchen auch am äußersten Rand der südlichen Himmelspolkarten auf, Sterne ganz unten auf den nördlichen Himmelspolkarten.
- Die Rektaszension wird oben und unten in Stunden aufgeführt. Die Deklination steht in Form von Grad an den beiden Seiten.
- Die Triangulum-Galaxie, ein dunstiges Fleckchen in Vollmondgröße, ist in einer dunklen Nacht mit einem Fernglas sichtbar.

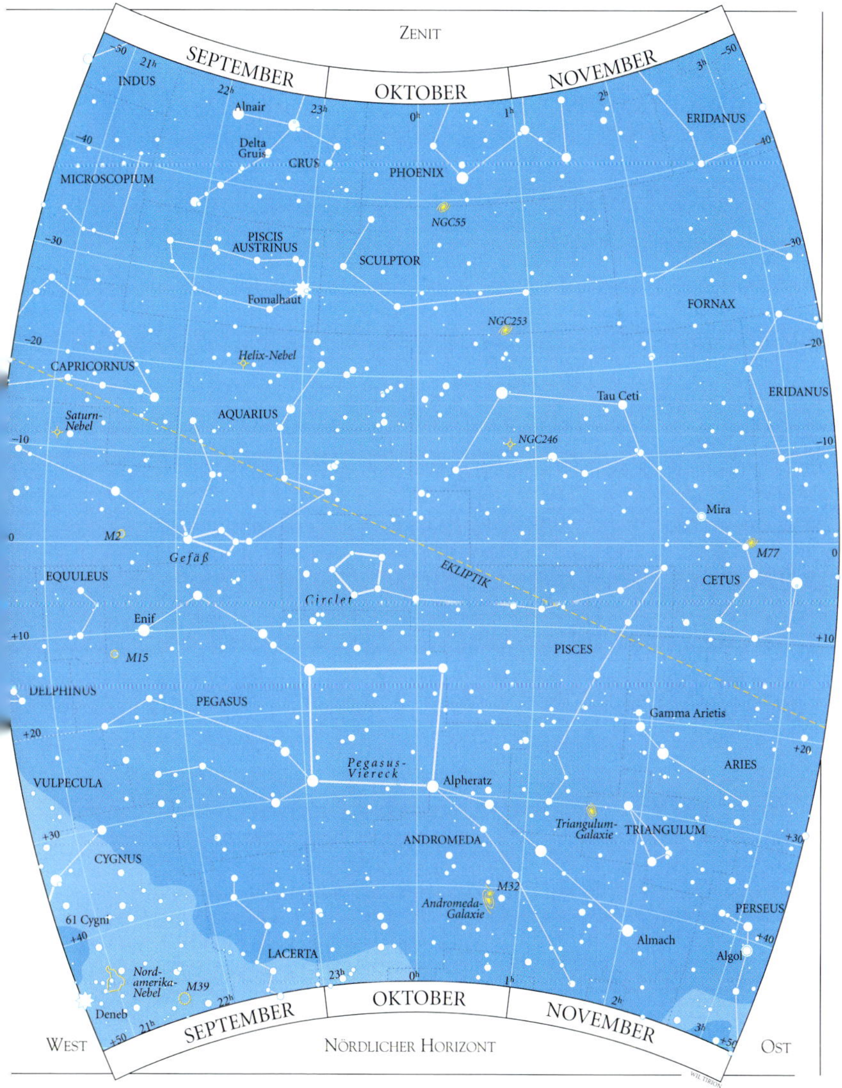
ZENIT
SEPTEMBER
OKTOBER
NOVEMBER
INDUS
Alnair
Delta Gruis
CRUS
MICROSCOPIUM
PHOENIX
ERIDANUS
NGC55
PISCIS AUSTRINUS
SCULPTOR
Fomalhaut
FORNAX
NGC253
Helix-Nebel
CAPRICORNUS
Tau Ceti
ERIDANUS
Saturn-Nebel
AQUARIUS
NGC246
Mira
M2
Gefäß
M77
EKLIPTIK
EQUULEUS
CETUS
Circlet
Enif
M15
PISCES
DELPHINUS
PEGASUS
Gamma Arietis
ARIES
Pegasus-Viereck
VULPECULA
Alpheratz
Triangulum-Galaxie
TRIANGULUM
ANDROMEDA
CYGNUS
M32
Andromeda-Galaxie
PERSEUS
61 Cygni
Almach
LACERTA
Algol
Nord-amerika-Nebel
M39
Deneb
OKTOBER
SEPTEMBER
NOVEMBER
WEST
NÖRDLICHER HORIZONT
OST
WIL TIRION

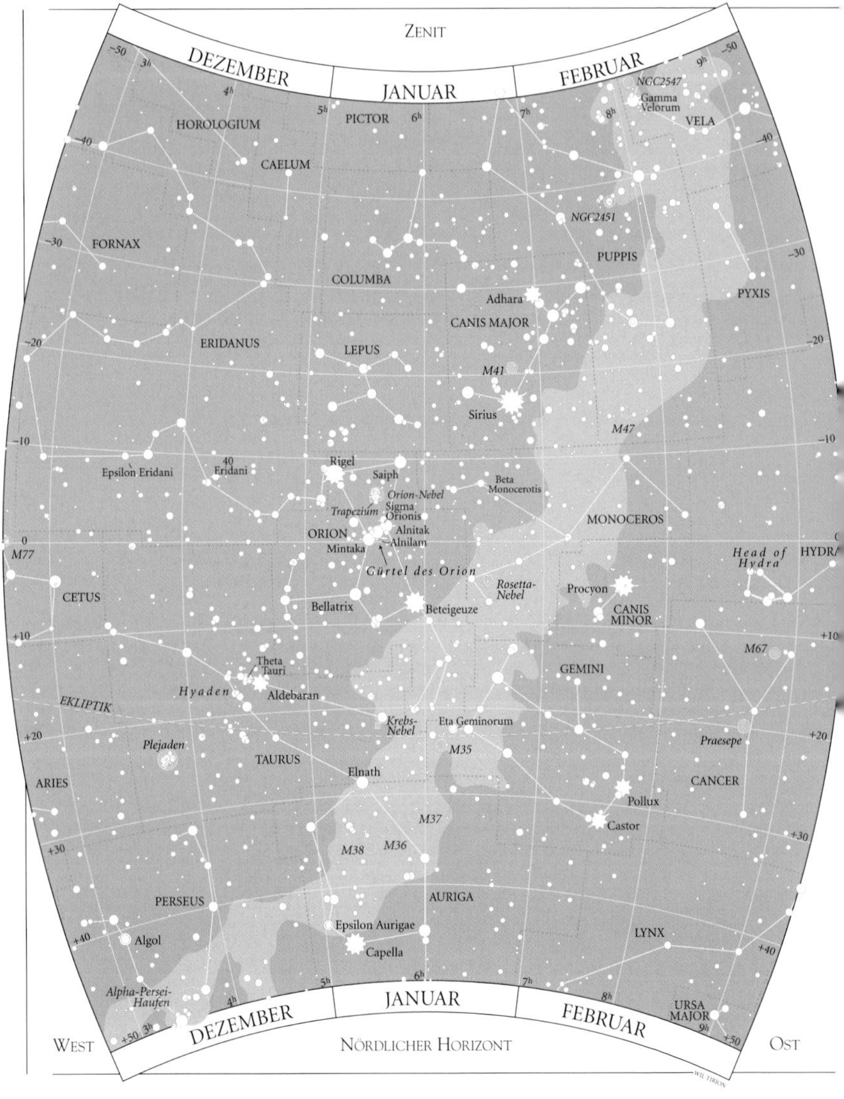
ZENIT
DEZEMBER
JANUAR
FEBRUAR
HOROLOGIUM
PICTOR
CAELUM
VELA
Gamma Velorum
NGC2547
FORNAX
COLUMBA
NGC2451
PUPPIS
PYXIS
Adhara
CANIS MAJOR
ERIDANUS
LEPUS
M41
Sirius
M47
Epsilon Eridani
40 Eridani
Rigel
Saiph
Orion-Nebel
Trapezium
Sigma Orionis
Alnitak
Alnilam
Beta Monocerotis
MONOCEROS
ORION
Mintaka
M77
Gürtel des Orion
Head of Hydra
HYDRA
CETUS
Bellatrix
Beteigeuze
Rosetta-Nebel
Procyon
CANIS MINOR
M67
Theta Tauri
GEMINI
Hyaden
Aldebaran
EKLIPTIK
Krebs-Nebel
Eta Geminorum
M35
Plejaden
Praesepe
TAURUS
ARIES
Elnath
CANCER
Pollux
M37
Castor
M38
M36
PERSEUS
AURIGA
Epsilon Aurigae
Algol
Capella
LYNX
Alpha-Persei-Haufen
URSA MAJOR
WEST
NÖRDLICHER HORIZONT
OST
WIL TIRION

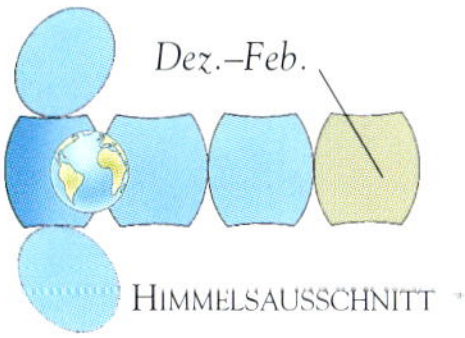


## HÖHEPUNKTE DEZEMBER BIS FEBRUAR

Orion stellt einen Wegweiser zu vielen anderen Sternbildern dar. Die drei Gürtelsterne zeigen nach Nordosten zu Sirius und dem Großen Hund (Canis Major) und nach Südwesten zu Aldebaran im Stier (Taurus). In der Nähe von Aldebaran steht der V-förmige Sternhaufen der Hyaden. Die Plejaden fallen weiter westlich ins Auge.

*M41 ist etwa 2300 Lichtjahre entfernt und enthält ca. 100 Sterne.*

*M41 beobachteten schon die alten Griechen. Er hat am Himmel etwa Vollmondgröße.*

### WICHTIGES ZU DEN STERNKARTEN

- Sirius ist der hellste und mit 8,6 Lichtjahren Entfernung auch einer der nächsten Sterne am Himmel. Er wird auch als „Hundsstern" bezeichnet, da er Hauptstern des Sternbilds Großer Hund (Canis Major) ist.
- Das Trapez ist ein Mehrfachstern im Orion-Nebel, direkt unterhalb der Gürtelsterne und als verwaschener Fleck mit bloßem Auge sichtbar. Im Teleskop sieht man vier Sterne in Trapezform angeordnet, die vor kurzem entstanden sind und den Nebel zum Leuchten anregen.
- Beteigeuze ist ein auffällig rötlicher Stern, während die meisten der anderen Sterne im Orion bläulich sind. Er ist ein Roter Riese und ändert leicht seine Helligkeit.
- Der Krebs-Nebel im Stier (Taurus) erhielt seinen Namen aufgrund seiner krebsähnlichen äußeren Struktur. Er ist der Überrest einer Supernova, die 1054 aufleuchtete.
- Capella ist 42 Lichtjahre entfernt und gilt als einer der berühmtesten Doppelsterne. Seine beiden Sterne sind nur 95 Millionen km voneinander entfernt und umkreisen sich in nur 104 Tagen.

## STERNHAUFEN M41

Südlich von Sirius liegt der offene Sternhaufen M41, den man gerade noch mit bloßem Auge sehen kann. Mit einem Fernglas sieht man hier viele kettenförmig angeordnete Sterne, die zufällig von der Erde aus betrachtet nebeneinander stehen.

ZEICHENERKLÄRUNG AUF S. 346

# STERNE DES SÜDHIMMELS VON MÄRZ BIS AUGUST

ANFANG DES JAHRES stehen viele Galaxien am Himmel. Der große Virgo-Galaxienhaufen liegt im rechten Winkel zur Milchstraßenebene, daher stört kein Staub von der Milchstraße den Blick dorthin. Im Mai tauchen tief im Osten die Sternwolken der Milchstraße auf und verlaufen im Winter als Bogen durch den Zenit. Entlang der Milchstraße findet man Nebel und Sternhaufen, wovon viele mit dem Fernglas zu sehen sind.

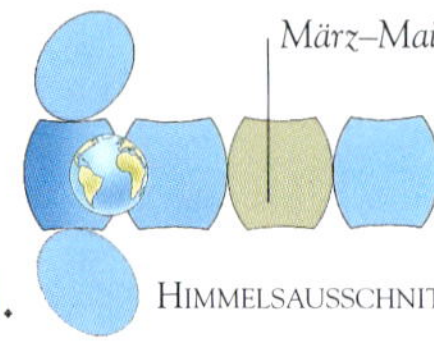


HIMMELSAUSSCHNITT

SOMBRERO-GALAXIE
Eine Spiralgalaxie in Virgo, die Sombrero-Galaxie, sieht wie ein mexikanischer Hut mit breiter Krempe aus. Die im Teleskop sichtbare dunkle Linie ist eine Staubschicht.

HÖHEPUNKTE MÄRZ BIS MAI
In dieser Himmelsregion findet man drei helle Sterne: Arcturus im Bootes, Regulus im Löwen (Leo) und Spica in der Jungfrau (Virgo). Es gibt dort etwa 2000 Galaxien. Zu dieser Zeit sind so wenig helle Sterne am Himmel, dass die Araber den Stern Alphard in der Hydra als „den einsamen Stern" bezeichnen.

WICHTIGES ZU DEN STERNKARTEN

- Das Zentrum des Sombreros sind Sterne, die sich in der Mitte der Galaxie konzentrieren; die Krempe bildet der Spiralarm.
- M83 ist eine Spiralgalaxie, die in kleinen Teleskopen als runder, verwaschener Fleck erscheint. In großen Teleskopen werden die Spiralarme sichtbar.
- Die elliptische Galaxie M87 liegt nahe beim Zentrum des Virgo-Haufens. Sie gehört zu den größten bekannten Galaxien, aber sie sieht wenig spektakulär aus, da sie 50 Millionen Lichtjahre weit entfernt ist.

ZEICHENERKLÄRUNG AUF S. 346

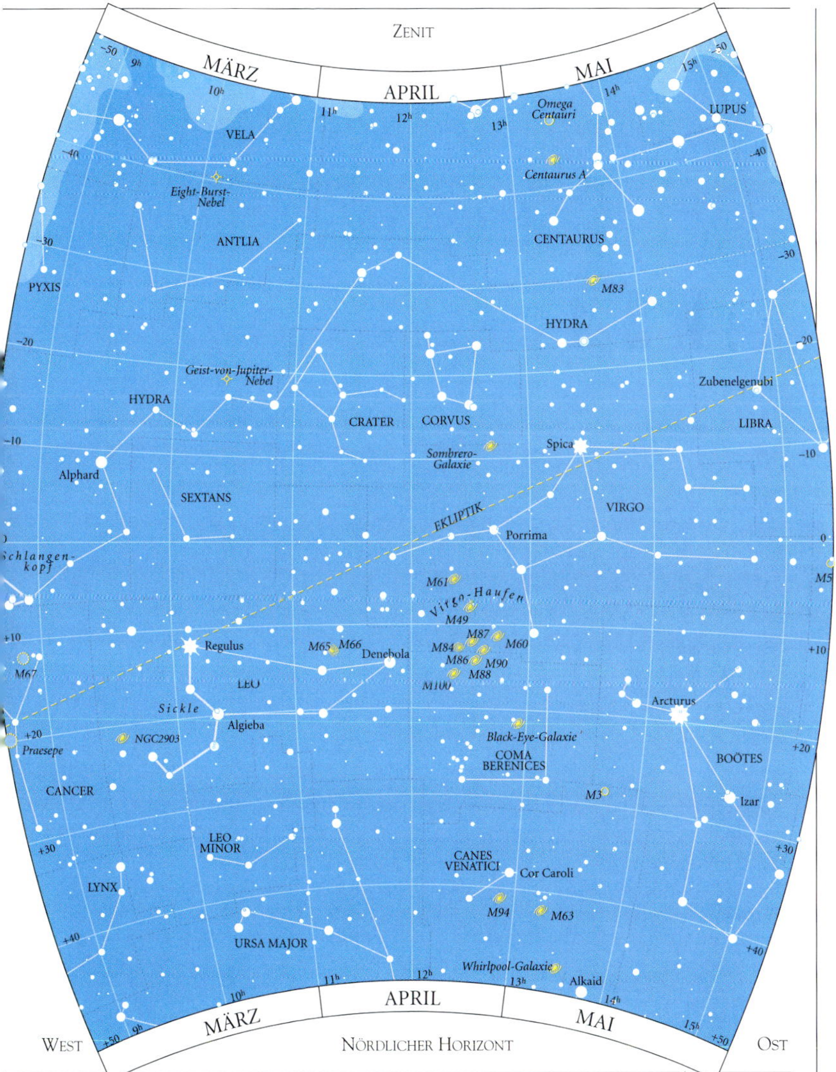
ZENIT
MÄRZ
APRIL
MAI
9h
10h
11h
12h
13h
14h
15h
-50
-40
-30
-20
-10
0
+10
+20
+30
+40
+50
VELA
Omega Centauri
LUPUS
Eight-Burst-Nebel
Centaurus A
ANTLIA
CENTAURUS
PYXIS
M83
HYDRA
Geist-von-Jupiter-Nebel
Zubenelgenubi
HYDRA
CRATER
CORVUS
LIBRA
Spica
Sombrero-Galaxie
Alphard
SEXTANS
VIRGO
EKLIPTIK
Porrima
Schlangenkopf
M61
Virgo-Haufen
M5
M49
M87
M65
M66
M84
M60
Regulus
Denebola
M86
M90
M67
M88
LEO
M100
Sickle
Arcturus
Algieba
NGC2903
Black-Eye-Galaxie
Praesepe
COMA BERENICES
BOÖTES
CANCER
M3
Izar
LEO MINOR
CANES VENATICI
Cor Caroli
LYNX
M94
M63
URSA MAJOR
Whirlpool-Galaxie
Alkaid
WEST
NÖRDLICHER HORIZONT
OST
WIL TIRION

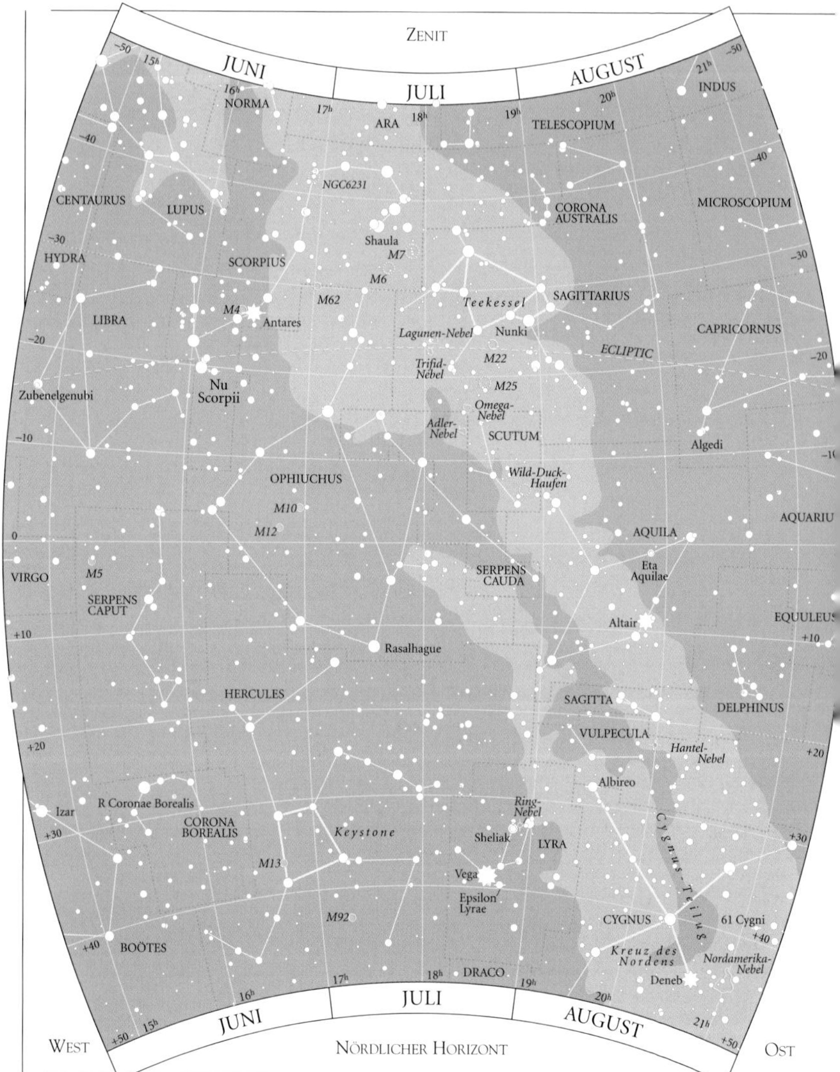
ZENIT
JUNI
JULI
AUGUST
NORMA
ARA
TELESCOPIUM
INDUS
NGC6231
CENTAURUS
LUPUS
CORONA AUSTRALIS
MICROSCOPIUM
Shaula
M7
HYDRA
SCORPIUS
M6
M62
Teekessel
SAGITTARIUS
M4
Antares
LIBRA
Lagunen-Nebel
Nunki
CAPRICORNUS
ECLIPTIC
Trifid-Nebel
M22
Zubenelgenubi
Nu Scorpii
M25
Omega-Nebel
Adler-Nebel
SCUTUM
Algedi
Wild-Duck-Haufen
OPHIUCHUS
M10
M12
AQUILA
AQUARIU
VIRGO
M5
SERPENS CAUDA
Eta Aquilae
SERPENS CAPUT
Altair
EQUULEUS
Rasalhague
HERCULES
SAGITTA
DELPHINUS
VULPECULA
Hantel-Nebel
Albireo
Izar
R Coronae Borealis
Ring-Nebel
CORONA BOREALIS
Keystone
Sheliak
LYRA
Cygnus-Teilung
M13
Vega
Epsilon Lyrae
M92
CYGNUS
61 Cygni
BOÖTES
Kreuz des Nordens
Nordamerika-Nebel
DRACO
Deneb
JUNI
JULI
AUGUST
WEST
NÖRDLICHER HORIZONT
OST
WIL TIRION

## Höhepunkte Juni bis August

Das Milchstraßenzentrum liegt in Richtung des Sternbilds Schütze (Sagittarius), jedoch können wir es wegen dichter Staubwolken nicht sehen. Einige Sterne im Schützen bilden die Form eines Teekessels – ein Teil der Milchstraße scheint wie Dampf daraus hervorzuquellen. Westlich davon liegt Scorpius mit dem roten Antares und einem „Schwanz" aus Sternen.

*Der Lagunen-Nebel im östlichen Teil des Schützen (Sagittarius) ist 5200 Lichtjahre weit entfernt.*

*Die gekrümmte Staubspur, die wie eine Lagune aussieht, gab dem Nebel seinen Namen*

### Wichtiges zu den Sternkarten

- Der offene Sternhaufen M7 ist mit bloßem Auge zu sehen. Er erscheint wie eine helle Region in der Milchstraße und ist etwa doppelt so groß wie der Vollmond. Mit Fernglas oder Teleskop sieht man viele Einzelsterne.
- Im Schützen (Sagittarius) liegen viele sehenswerte Objekte. Hier befindet sich nicht nur das Milchstraßenzentrum, sondern in dieser Region gibt es mehr helle Nebel und Sternhaufen als irgendwo sonst.
- Das dunkle Band in der Milchstraße, die Cygnus-Teilung, entsteht durch Staubwolken.
- Der Ring-Nebel liegt zwischen den beiden oberen Ecksternen in der Leier (Lyra) und sieht wie ein winziger Rauchring aus. Dieser planetarische Nebel ist relativ hell, aber sehr klein.

## Lagunen-Nebel

Einer der hellsten Nebel in der Milchstraße ist der mit bloßem Auge sichtbare Lagunen-Nebel. Seinen Namen bekam er, weil man mit einem Teleskop Dunkelwolken in ihm sehen kann, die einer Lagune ähneln.

Zeichenerklärung auf S. 346

# ASTRONOMISCHE ZEITTAFEL

**3000 V. CHR.** ASTRONOMIE DER STEINZEIT Stonehenge in Südengland ist ein riesiger astronomischer Kalender aus Steinen, die auf Sonne und Mond ausgerichtet sind. Auch von vielen anderen prähistorischen Stätten glaubt man, dass sie astronomische Bedeutung hatten, etwa die ägyptischen Pyramiden sowie Bauten in China, Mittel- und Südamerika (1. Jahrhundert n. Chr.).

**750 V. CHR.** MONDKREIS Babylonische Astronomen entdecken einen 18,6-jährigen Zyklus des Mondauf- und -untergangs und erstellen die ersten Jahrbücher (Tabellen über die Bewegungen von Sonne, Mond und Planeten). Im 6. Jahrhundert nutzen die Griechen dieses Wissen zur Vorhersage von Finsternissen.

**380 V. CHR.** GEOZENTRISCHES WELTBILD Der griechische Philosoph Platon gründet eine Denkschule, welche die nächsten zwei Jahrtausende beeinflusst. Nach seiner Theorie bewegt sich das gesamte Universum harmonisch: Sonne, Mond und Planeten bewegen sich auf idealen Kreisbahnen um die Erde. Das geozentrische Weltbild ist geboren.

**270 V. CHR.** HELIOZENTRISCHES WELTBILD Aristarch von Samos schlägt eine Alternative zum geozentrischen Weltbild vor: Sein heliozentrisches Modell stellt die Sonne in den Mittelpunkt und lässt die Erde als einen der Planeten um sie kreisen. Jedoch glauben nur wenige an diese Theorie, denn wenn sich die Erde bewegt, warum dann nicht auch die Sterne am Himmel?

**164 V. CHR.** KOMET HALLEY Die erste dokumentierte Beobachtung des Kometen Halley stammt von den Babyloniern. Ihre Aufzeichnungen ermöglichen präzise Vorhersagen über die Änderungen der Kometenbahn im Laufe der Jahrhunderte.

**150 V. CHR.** STERNKATALOG Ptolemäus erstellt einen Sternkatalog mit 48 Sternbildern und unterstützt das geozentrische Weltbild. Eineinhalb Jahrtausende wird seine Theorie nicht infrage gestellt. In seinem Werk *Der Almagest* wird sie den arabischen und europäischen Astronomen überliefert.

**928** ASTROLABIUM Die ersten erhaltenen Astrolabien stammen von islamischen Handwerkern. Sie zählen zu den höchstentwickelten Geräten ihrer Zeit. Durch genaue Positionsmessungen von Sternen und Planeten erstellen die arabischen Astronomen sehr detaillierte Jahrbücher und Sternatlanten.

**1054** SUPERNOVA Chinesische Astronomen registrieren das plötzliche Aufleuchten eines hellen Sterns. Felszeichnungen der amerikanischen Ureinwohner zeigen ebenfalls diesen hellen Stern: Es ist die Supernova im Taurus (Stier).

# 3000 V.CHR. – 1750

**1543** KOPERNIKANISCHES WELTBILD Nikolaus Kopernikus veröffentlicht seine Theorie, dass die Erde sich um die Sonne dreht. Jedoch bestehen noch Unstimmigkeiten in der Beobachtung, da er Platons ideal kreisförmige Umlaufbahnen beibehält.

**1577** KOMET TYCHO Tycho Brahe beobachtet einen hellen Kometen. Er beweist, dass sich dieser außerhalb der Erdatmosphäre bewegt. Es ist der erste Hinweis darauf, dass der Himmel veränderlich ist.

**1608** DAS ERSTE TELESKOP Der Holländer Hans Lippershey (ca. 1570–1619) erfindet das Linsenfernrohr. Die Erfindung verbreitet sich schnell über Europa, da die Wissenschaftler ihre eigenen Instrumente bauen. Damit beginnt eine Revolution in der Astronomie.

**1609** KEPLERSCHE GESETZE Johannes Kepler veröffentlicht seine *Neue Astronomie*. Er verkündet die drei Gesetze der Planetenbewegung und ersetzt dabei die Kreisbahnen der Planeten durch Ellipsen. Jahrbücher, die auf seinen Gesetzen basieren, erweisen sich als sehr präzise.

**1610** BEOBACHTUNGEN Galileo Galilei veröffentlicht seine durch Beobachtungen mit einem selbstgebauten Fernrohr gemachten Entdeckungen wie Sonnenflecken, Mondkrater und vier Jupitermonde. Er beweist, dass nicht alles um die Erde kreist. Das stützt das kopernikanische heliozentrische Weltbild.

**1663** SPIEGELTELESKOP Der schottische Astronom James Gregory (1638–75) baut einen Reflektor, bei dem er statt Linsen Spiegel verwendet. Dies ermöglicht größere Öffnungen und weniger Lichtverlust. Newton entwickelt diese Konstruktion innerhalb von fünf Jahren zum Newton-Teleskop weiter.

**1687** GRAVITATIONSTHEORIE Isaac Newton veröffentlicht seine *Principia Mathematica* und führt die Gravitationstheorie und die Bewegungsgesetze ein. Durch seine Erklärung der Keplerschen Gesetze versteht man nun die Kräfte, die zwischen der Sonne, den Planeten und ihren Monden wirken.

**1705** HALLEYSCHER KOMET Edmond Halley berechnet, dass es sich bei den Kometen, die man in Intervallen von 76 Jahren zwischen 1456 und 1682 beobachtet hatte, immer um denselben Kometen handelte. Er sagt dessen Wiederkehr für 1758 voraus. Als der Komet wie erwartet erscheint, wird er nach Halley benannt.

**1750** SÜDHIMMEL Der französische Astronom Nicolas de Lacaille (1713–62) segelt in die südlichen Ozeane und beginnt mit der Erstellung eines Katalogs von über 10.000 Sternen am Südhimmel. Es ist der erste brauchbare Atlas des Südhimmels.

# Astronomische Zeittafel

**1781** URANUS Der Amateurastronom Wilhelm Herschel entdeckt den Planeten Uranus, obwohl er ihn anfangs fälschlicherweise für einen Kometen hält. Uranus ist der erste Planet, der jenseits des Saturns (des fernsten seit der Antike bekannten Planeten) entdeckt wird.

**1784** MESSIER-KATALOG Charles Messier veröffentlicht seinen Katalog der Sternhaufen und Nebel. Er erstellt die Liste, damit diese Objekte nicht irrtümlich für Kometen gehalten werden. Sie wird bald zum Standardnachschlagewerk für Sternhaufen und Nebel, das auch heute noch verwendet wird.

**1800** INFRAROTSTRAHLUNG Wilhelm Herschel spaltet Sonnenlicht mit einem Prisma auf und misst mit einem Thermometer die von verschiedenen Farben abgegebene Energie; dies ist die erste Spektralanalyse eines Sterns. Er bemerkt einen unerwarteten Energieanstieg jenseits des roten Endes des Spektrums und findet damit die unsichtbare Infrarotstrahlung.

**1801** ASTEROIDEN Der italienische Astronom Giuseppe Piazzi (1746–1826) entdeckt einen Körper zwischen Mars- und Jupiterbahn und nennt ihn Ceres. Wilhelm Herschel zeigt, dass es sich um ein sehr kleines Objekt handelt. Seinen Berechnungen nach hat es nur 320 km Durchmesser und ist kein Planet. Er führt die Bezeichnung „Asteroid" ein und schon bald entdeckt man weitere ähnliche Körper. Heute wissen wir, dass Ceres 932 km Durchmesser hat.

**1814** FRAUNHOFERSCHE LINIEN Joseph von Fraunhofer baut das erste Spektrometer und untersucht damit das Sonnenspektrum. Mit ihm entdeckt er hunderte feiner, dunkler Linien und zeichnet diese auf. 1859 werden diese Linien chemischen Elementen in der Sonnenatmosphäre zugeordnet. Die Spektroskopie wird zum Standardverfahren zur Untersuchung des Aufbaus der Sterne.

**1838** STERNPARALLAXE Friedrich Bessel bestimmt mit der Methode der Sternparallaxe (ein Effekt der jährlichen Erdbewegung um die Sonne) die Entfernung von 61 Cygni, dem ersten Stern neben der Sonne, dessen Distanz gemessen wurde. Bessel war ein Pionier auf dem Gebiet der genauen Positionsbestimmung von Sternen. Die Parallaxenmethode schafft die Basis für die Bestimmung der Größe des Universums.

**1843** SONNENFLECKENZYKLUS Der deutsche Amateurastronom Heinrich Schwabe (1789–1875) veröffentlicht seine Entdeckung eines regelmäßigen Zyklus' der Zahl der Sonnenflecken – der erste Hinweis auf die Struktur des Sonneninneren.

**1845** GROSSTELESKOPE Der irische Astronom Earl of Rosse vollendet das erste Großteleskop der Erde

# 1781–1916

mit einem 180-cm-Spiegel. Er untersucht damit die Strukturen der Nebel und zeichnet sie auf.

**1845** ASTROFOTOGRAFIE Die französischen Physiker Jean Foucault (1819–68) und Armand Fizeau (1819–96) fotografieren erstmals die Sonnenoberfläche durch ein Teleskop. Bereits fünf Jahre später gelingen Astronomen detaillierte Mondaufnahmen. Die ersten Filme sind nicht lichtempfindlich genug, um Sterne abzubilden.

**1846** NEPTUN Der deutsche Astronom Johann Gottfried Galle (1812–1910) entdeckt einen neuen Planeten: Neptun. Er suchte an der von Urbain Leverrier vorhergesagten Position. Leverrier hatte die Größe und Position des Planeten aus den Störungen berechnet, die seine Schwerkraft in der Uranusbewegung hervorruft. Ein Jahr zuvor hatte der englische Mathematiker John Couch Adams (1819–92) bereits ähnliche Berechnungen gemacht.

**1868** AUFBAU DER SONNE Während einer Finsternis entdeckten Astronomen eine neue, helle Emissionslinie im Spektrum der Sonnenatmosphäre. Diese Linie wird von einem Element erzeugt, das – wie der britische Astronom Norman Lockyer (1836–1920) feststellt – auf der Erde unbekannt ist. Er nennt es nach dem griechischen Wort für Sonne „Helium". Fast 30 Jahre später findet man Helium auch auf der Erde.

**1872** STERNSPEKTREN Der Astronom Henry Draper (1837–82) fotografiert erstmals ein Sternspektrum (Wega). Die Absorptionslinien entsprechen der chemischen Zusammensetzung des Sterns. William Huggins misst über die Absorptionslinien die Rotverschiebung, was den ersten Hinweis auf die Eigenbewegung eines Sterns gibt.

**1901** SPEKTRENKATALOG Der umfangreiche Henry-Draper-Sternkatalog erscheint. Darin schlägt Annie Jump Cannon vor, die Sterne nach ihren Absorptionslinien im Spektrum zu klassifizieren, was auch heute noch so gemacht wird.

**1906** LEUCHTKRAFT DER STERNE Ejnar Hertzsprung führt die Standardmethode zur Messung der wahren Leuchtkraft (der absoluten Helligkeit) eines Sterns ein. Er zeigt, dass bei 90 % der Sterne der Milchstraße die Farbe und die absolute Helligkeit korrelieren. 1913 veröffentlicht Henry Russell ein Diagramm, das diese Abhängigkeit darstellt.

**1916** SCHWARZE LÖCHER Der deutsche Physiker Karl Schwarzschild (1873–1916) nimmt Einsteins Relativitätstheorie als Grundlage für die Theorie der Schwarzen Löcher. Er sagt, dass die Gravitationskraft eines Sterns, der unter einer bestimmten Größe in sich zusammenfällt, so groß wird, dass keinerlei Strahlung mehr entweichen kann.

# Astronomische Zeittafel

**1923** GALAXIEN Edwin Hubble entdeckt einen Cepheiden-veränderlichen im Andromeda-Nebel und zeigt, dass dieser und andere Nebel Galaxien außerhalb unserer eigenen Galaxis sind. 1925 erstellt er ein System zur Klassifizierung der Galaxien

**1929** HUBBLES GESETZ Edwin Hubble entdeckt, dass sich das Universum ausdehnt und dass sich eine Galaxie umso schneller von uns wegbewegt, je weiter entfernt sie ist. Zwei Jahre später vertritt Georges Lemaitre die Ansicht, dass diese Expansion auf einen „Urknall" zurückgeführt werden kann.

**1930** ZWERGSTERNE Aufgrund neuer Ideen in der Physik subatomarer Teilchen postuliert Subrahmanyan Chandrasekhar, dass sich die Atome in einem Weißen Zwerg von über 1,44 Sonnenmassen aufspalten und damit einen gewaltigen Kollaps des Sterns verursachen, der nach Berechnungen von Walter Baade und Fritz Zwicky zur Bildung eines Neutronensterns führt.

**1930** PLUTO Clyde Tombaugh entdeckt am Lowell Observatory den Planeten Pluto. Dieser ist so lichtschwach und bewegt sich so langsam, dass Tombaugh verschiedene Aufnahmen machen muss.

**1932** RADIOASTRONOMIE Der US-Amerikaner Karl Jansky entdeckt Radiowellen aus dem Weltall. 1942 empfängt man Radiowellen von der Sonne. 1949 identifizieren Astronomen erstmals ferne Quellen: den Krebs-Nebel und die Galaxien Centaurus A und M87.

**1938** ENERGIE VON STERNEN Der deutsche Physiker Hans Bethe erklärt die Energieerzeugung in Sternen: Durch Kernfusionsprozesse wird im Sterninneren Wasserstoff in Helium umgewandelt. Dabei werden enorme Energiemengen freigesetzt. Der Stern besitzt einen Wasserstoffvorrat, der ihn mehrere Milliarden Jahre leuchten lässt.

**1944** V-2-RAKETE Deutsche Wissenschaftler um Wernher von Braun entwickeln die V-2, das erste raketengetriebene ballistische Geschoss. Wissenschaftler und Ingenieure aus diesem Team werden am Ende des 2. Weltkriegs gefangen genommen und in amerikanische und sowjetische Raketenbauprogramme einbezogen.

**1948** HALE-TELESKOP In Kalifornien wird mit einem 5-m-Spiegel das größte Teleskop der Welt fertig gestellt. Damit sind die Grenzen der Technologie von Teleskopen aus einem einzigen Spiegel erreicht – größere Spiegel biegen sich unter ihrem Gewicht durch.

**1957** RAUMSCHIFF Die Sowjetunion läutet die Ära der Raumfahrt ein: Sputnik 1 wird der erste Satellit in der Umlaufbahn. Vier Monate später starten die USA Explorer 1.

# 1923–1969

**1959** MONDFÄHREN Die Sowjetunion und die USA starten Raumsonden zum Mond, jedoch scheitern die Pioneer-Sonden der NASA. Das sowjetische Luna-Programm ist erfolgreicher: Luna 2 schlägt im September hart auf der Mondoberfläche auf, Luna 3 funkt im Oktober die ersten Bilder der Mondrückseite.

**1961** MENSCHEN IM ALL Die Sowjetunion übernimmt wiederum die Führung im Rennen um den Weltraum, als Yuri Gagarin im April als erster Mensch in den Erdorbit fliegt. Einen Monat später ist der NASA-Astronaut Alan Shepard als erster Amerikaner zwar im All, jedoch nicht in einer Erdumlaufbahn.

**1962** PLANETENSONDEN Mariner 2 fliegt als erste Raumsonde zu einem anderen Planeten (Venus). Die NASA setzt dieses Projekt 1965 mit der erfolgreichen Mariner-4-Mission zum Mars fort. Sowohl die USA als auch die Sowjetunion starten Ende der 1960er- und in den 1970er-Jahren zahlreiche weitere Planetensonden.

**1963** QUASARE Der holländisch-amerikanische Astronom Maarten Schmidt (geb. 1929) vermisst Spektren von Quasaren, die 1960 entdeckt worden waren. Er stellt fest, dass Quasare aktive Galaxien sind und zu den am weitesten entfernten Objekten im Weltraum gehören.

**1965** URKNALL Arno Penzias und Robert Wilson entdecken schwache Radiowellen, die aus allen Richtungen kommen. Als man herausfindet, dass sie von einem Objekt mit einer Temperatur von -270°C abgegeben werden müssen, deutet man sie als Überbleibsel des Urknalls, durch den das Universum vor 13 Milliarden Jahren entstand.

**1966** MONDLANDUNGEN Im Januar gelingt die erste weiche Landung auf dem Mond mit der sowjetischen Lunar-9-Sonde. Die weitaus komplexere amerikanische Surveyor 1 landet im Mai auf dem Mond. Mit dem Surveyor-Programm sucht die NASA nach geeigneten Landeplätzen für bemannte Missionen.

**1967** PULSARE Jocelyn Bell Burnell und Antony Hewish entdecken den ersten Stern, der regelmäßige Pulse von Radiowellen aussendet. Man vermutet, dass Pulsare schnell rotierende Neutronensterne mit starken Magnetfeldern sind – die Überreste einer Supernova.

**1969** APOLLO 11 Die USA gewinnen das Rennen zum Mond, als Neil Armstrong am 21. Juli die Mondoberfläche betritt. Zusammen mit Buzz Aldrin verbringt er 21 Stunden auf dem Mond. Es folgen fünf weitere Mondlandungen, wobei dreimal auch das berühmte „Mondauto“ an Bord war.

# Astronomische Zeittafel

**1970** RÖNTGENASTRONOMIE Die NASA startet den Satelliten Uhuru, der den Himmel im Röntgenbereich kartografieren soll. Röntgenstrahlen von der Sonne und einigen Sternen wurden schon früher bei Raketenexperimenten entdeckt. Uhuru jedoch registriert über 300 Röntgenquellen, von denen einige möglicherweise auch Schwarze Löcher sind.

**1971** RAUMSTATIONEN Die Sowjetunion schießt die Saljut 1, die erste Raumstation, ins All. Nach weiteren Stationen folgt 1986 die Mir. Eine permanente Plattform in der Erdumlaufbahn ermöglicht umfangreiche Forschungen und die Kosmonauten können Rekorde an Langzeitaufenthalten im Weltraum aufstellen.

**1975** PLANETENBESUCH Die sowjetische Sonde Venera 9 landet auf der Venus und funkt die ersten Bilder. Sie übersteht nur eine Stunde in der unwirtlichen Atmosphäre.

**1977** VOYAGER Die NASA startet zwei Voyager-Sonden zu den äußeren Planeten. Sie senden Daten und Bilder von Jupiter und Saturn zur Erde. Voyager 2 ist die erste Sonde, die Uranus und Neptun besucht.

**1981** SPACESHUTTLE Die erste wiederverwendbare Raumfähre der NASA, die Columbia, startet zu ihrem Jungfernflug. Nach zehnjähriger Entwicklungszeit macht das Shuttle die Raumfahrt zur Routine und bahnt den Weg für die internationale Raumstation.

**1983** INFRAROTASTRONOMIE Der erste astronomische Infrarot-Satellit IRAS wird gestartet. Er muss mit flüssigem Helium auf extrem niedrige Temperaturen gekühlt werden und funktioniert nur 300 Tage lang, bis sein Heliumvorrat verbraucht ist. Er erstellt eine Infrarotkarte von 98 % des Himmels.

**1986** KOMETENSONDEN Fünf Raumsonden aus Russland, Japan und Europa fliegen zum Kometen Halley. Die europäische Raumfahrtbehörde ESA sendet die Raumsonde Giotto, die durch die Koma des Kometen fliegt und den Kern selbst fotografiert.

**1990** MAGELLAN Die NASA-Sonde Magellan fliegt zur Venus und kartografiert den Planeten drei Jahre lang mittels Radar. Magellan ist die erste Raumsonde einer neuen Generation – wie auch Galileo, die 1995 bei Jupiter ankommt und 2004 den Saturn erreicht.

**1990** WELTRAUMTELESKOP Das erste optische Teleskop im Weltraum, das Hubble Space Telescope, wird vom Spaceshuttle in eine Erdumlaufbahn gebracht. Aber bald merkt man, dass der Spiegel einen optischen Fehler hat. Nach einer aufwändigen Reparatur 1993 liefert es nun spektakuläre Bilder von fernen Sternen, Galaxien und Nebeln.

# 1970–2005

**1992** KOSMISCHE „RIPPLES“ Der Satellit Cosmic Background Explorer (COBE) erstellt eine Detailkarte der kosmischen Hintergrundstrahlung. Die Karte zeigt kosmische „Ripples“ (Wellen), verursacht durch winzige Dichteänderungen im frühen Universum – die Keimzellen der Galaxien und Galaxienhaufen.

**1992** KECK-TELESKOP Das 10-m-Keck-Teleskop am Mauna Kea auf Hawaii wird fertig gestellt. Es gehört zu einer neuen Generation von Teleskopen, deren Hauptspiegel aus 36 sechseckigen Segmenten besteht, die computergesteuert justiert werden. Bei solchen Teleskopen nutzt man auch die Interferometrie, bei der die Auflösung durch Zusammenschaltung einzelner Teleskope verbessert wird.

**1998** INTERNATIONALE RAUMSTATION (ISS) Der Aufbau einer großen Raumstation beginnt. Durch die Zusammenarbeit vieler Nationen wird nach der endgültigen Fertigstellung eine Raumstation von der Größe eines Fußballfeldes entstehen. Sie wird Platz für sieben Astronauten bieten und als Plattform für die Forschung unter Schwerelosigkeit, die Astronomie und weitere Erkundungen des Sonnensystems dienen.

**2004** ORBIT-MISSIONEN Die Raumsonde Cassini erreicht den Saturn. Sie soll ihn insgesamt 74-mal umrunden und dabei mehrfach an seinen Monden vorbeifliegen. An Bord von Cassini befand sich auch die Minisonde Huygens, die jetzt den Titan, Saturns größten Mond, erforscht.

**2004** MARSROVER Die planetarischen Landefähren Spirit und Opportunity landen auf dem Mars und beginnen, seine Oberfläche zu erforschen. Sie liefern zum einen nützliche Daten über Gestein und Bodenbeschaffenheit und zum anderen Beweise, dass es auf dem Mars einst flüssiges Wasser gegeben haben muss.

**2004** ROSETTA-KOMETENORBIT Die von der europäischen Raumfahrtbehörde gestartete Rosetta-Sonde wird die erste Sonde sein, die in den Orbit eines Kometen fliegt – eines der schwierigsten Flugmanöver überhaupt. Die Sonde soll den Kometen Churyumov-Gerasimenko drei Jahre lang erforschen. An Bord hat sie eine Landefähre, die auf der Oberfläche des Kometenkerns landen soll. Sie wird den Kometen 2014 erreichen.

**2005** MARS RECONNAISSANCE ORBITER (MRO) Der MRO, der im August 2005 in Cape Canaveral gestartet wurde, ist mit 2.100 kg das schwerste Raumschiff, das jemals zum Mars geflogen ist. Es ist ein Wetter-Satellit, der herausfinden soll, ob die globale Abkühlung, die einst auf dem Mars stattfand, auch auf der Erde passieren könnte. Seine Beobachtungen dienen auch als Basis zur Suche nach potenziellen Landeplätzen für zukünftige Marsmissionen.

# Biografien

## EDWIN (BUZZ) ALDRIN
geb. 1930

Der amerikanische Astronaut steuerte die Mondfähre von Apollo 11 und betrat am 21. Juli 1969 als zweiter Mensch den Mond. Aldrin war Ingenieur. Im November 1966 stellte er mit einem fünfstündigen Spaziergang im Weltraum einen neuen Rekord auf.

## ARISTARCH VON SAMOS
etwa 320–250 v. Chr.

Griechischer Astronom, der die Entfernung zwischen Sonne und Mond geometrisch bestimmte. Daraus errechnete er, dass die Sonne etwa 20-mal weiter entfernt ist als der Mond (in Wirklichkeit 400-mal). Er vermutete bereits damals, dass sich die Erde um die Sonne bewegen müsse, da diese immerhin siebenmal größer sei als die Erde (in Wirklichkeit 109-mal).

## NEIL ARMSTRONG
geb. 1930

Testpilot der amerikanischen Luftwaffe, der als Kommandant der Apollo 11 am 21. Juli 1969 als erster Mensch den Mond betrat. Dabei sagte er: „Dies ist ein kleiner Schritt für einen Menschen, aber ein großer Schritt für die Menschheit." 1971 verließ er die NASA.

## WALTER BAADE
1893–1960

1931 emigrierte er aus Deutschland in die USA. 1943 entdeckte er, dass es zwei Sternentypen gibt: sehr alte Sterne mit nur wenig Metall und jüngere, metallreichere Sterne. Dies gilt auch für die Cepheidenveränderlichen, deren Eigenschaften zur Berechnung der Größe des Universums dienen können. Man errechnete, dass es doppelt so groß ist wie zuvor angenommen.

## FRIEDRICH BESSEL
1784–1846

Der deutsche Astronom befasste sich mit der exakten Positionsbestimmung von Sternen. 1838 bemerkte er eine leichte Verschiebung des Sterns 61 Cygni. Er wusste, dass solche Differenzen entstehen, wenn sich die Erde zum Beobachtungszeitraum an entgegengesetzten Punkten ihrer Bahn befindet. Daraus berechnete er die Entfernung des Sterns.

## TYCHO BRAHE
1546–1601

Dänischer Astronom, der die Positionen von Sternen und Planeten genau berechnete. Zwischen 1572 und 1573 zeichnete er die Supernova in Cassiopeia auf und bewies so, dass der Himmel veränderlich ist. Er vermaß die Entfernung des großen Kometen von 1577 und bewies, dass er weiter weg war als der Mond. Sein Assistent Johannes Kepler nutzte seine Aufzeichnungen zur Berechnung von Planetenumlaufbahnen.

## WERNHER VON BRAUN
1912–1977

Wegen seiner Arbeit an Raketentriebwerken in den 30er-Jahren wurde von Braun zum technischen Direktor der Heeresversuchsanstalt in Peenemünde ernannt, wo er im 2. Weltkrieg die V-2-Rakete entwickelte. Zwischen 1942 und 1945 wurden mehr als 5000 V-2-Raketen gebaut. Nach dem Krieg betraute die US-Armee von Braun mit Projekten in New Mexico. Dort konstruierte er die Redstone-Rakete, mit der 1958 Explorer 1, der erste amerikanische Satellit, in eine Erdumlaufbahn gebracht wurde und 1961 Alan Shepard zur Mercury-Mission startete. 1960 arbeitete Wernher von Braun für das Marshall Space Flight Center in Alabama, wo er die Saturn-Raketen entwickelte, die beim Apollo-Programm für die bemannten Raumflüge eingesetzt wurden.

## JOCELYN BELL BURNELL
geb. 1943

Die britische Astronomin entdeckte als Doktorandin in Cambridge die Pulsare. Am 6. August 1967 fand sie bei der Beobachtung von Radioquellen und auf der Suche nach Quasaren ein ungewöhnliches Radiosignal, das aus einer schnellen Folge von Pulsen bestand, die exakt alle 1,337 Sekunden auftraten. Es zeigte sich, dass es sich um einen Pulsar handelte.

## ANNIE JUMP CANNON
1863–1941

Die amerikanische Astronomin klassifizierte Spektren von mehr als 300 000 Sternen nach ihrer Temperatur. 1896 wurde sie Mitarbeiterin am Harvard College Observatory. Sie blieb dort, bis sie 1940 in Rente ging. Ihre Arbeit bildete den Grundstein für den Katalog der Sternspektren von H. Draper.

## GIOVANNI CASSINI
1625–1712

Italienischer Astronom, der als Erster das Phänomen der Saturnringe verstand. Er vermutete, dass die Ringe nicht fest sind, sondern aus einzelnen Gesteinsbrocken gebildet werden. Er entdeckte auch vier der Saturnmonde und eine Lücke im Ring. Cassini wirkte am Aufbau der Pariser Sternwarte mit, wo er die Entfernung zwischen Mars und Erde berechnete.

## SUBRAHMANYAN CHANDRASEKHAR
1910–1995

Der Astrophysiker indischer Herkunft studierte Astronomie und ging 1936 in die USA. 1983 erhielt er den Nobelpreis für seine Arbeit über den Tod von Sternen. Er fand, dass bei einem Weißen Zwerg von mehr als 1,4-facher Sonnenmasse der Schrumpfungsprozess nicht mehr zum Stillstand kommen kann: Er wird zum Neutronenstern oder Schwarzen Loch.

## ARTHUR C. CLARKE
geb. 1917

1945 kam der britische Science-Fiction-Autor auf die Idee, dass sich ein Satellit in geostationärer Umlaufbahn – 35 800 km über der Erde – gut für Kommunikationszwecke eignen würde. Einen Satelliten über dem Atlantik könnte man für Fernsehübertragungen zwischen Europa und Nordamerika benutzen. Damals gab es jedoch noch nicht die notwendige Technologie.

## NIKOLAUS KOPERNIKUS
1473–1543

Polnischer Astronom, Arzt und Priester. Er postulierte, dass die Sonne und nicht die Erde im Zentrum unseres Planetensystems steht. Er studierte Mathematik und Geschichte in Polen sowie Jura und Astronomie in Italien. 1506 kehrte er nach Polen zurück und wurde Mitglied des Domkapitels zu Frauenburg. Um 1513 hatte er erkannt, dass die Erde weder im Mittelpunkt des Universums noch im Zentrum des Sonnensystems steht, sondern sich wie die anderen Planeten um die Sonne dreht. Die Erde war somit nur ein Planet unter anderen und besaß keine Sonderstellung mehr. Ihm war klar, dass seine Theorie im Widerspruch zu den kirchlichen Lehren stand. Sein Werk *De Revolutionibus Orbium Coelestium* wurde erst auf seinem Sterbebett veröffentlicht.

## FRANK DRAKE
geb. 1930

Der amerikanische Radioastronom suchte 1960 als Erster mit Radioteleskopen nach Signalen von außerirdischem Leben. 1974 wurde dieses Projekt mit dem Arecibo-Radioteleskop in Puerto Rico fortgesetzt.

## ARTHUR EDDINGTON
1882–1944

Englischer Astronom, der die physikalischen Eigenschaften des Sterninneren aus den Oberflächenmerkmalen errechnete. Er entwickelte ein Modell für das Innere eines Sterns, entdeckte die Beziehung zwischen Masse und Leuchtkraft von Sternen und vertrat die These, dass die Energie der Sterne durch Kernfusion gewonnen wird.

## ALBERT EINSTEIN
1879–1955

Deutscher theoretischer Physiker. Seine allgemeine Relativitätstheorie erklärt die Entstehung des expandierenden Universums. 1921 erhielt er den Nobelpreis für seine Hypothese, dass sich Licht in Energieeinheiten, den Quanten, ausbreitet. Weltberühmt wurde er aber wegen seiner Relativitätstheorie. Einstein fand heraus, dass Masse ($m$) äquivalent zur Energie ($E$) ist, gemäß seiner berühmten Formel $E = mc^2$.

## ERATOSTHENES VON KYRENE
etwa 273–192 v. Chr.

Der griechische Gelehrte berechnete als Erster den Erdumfang. Eratosthenes war Bibliothekar und Tutor des Sohnes von König Ptolemäus III. in Ägypten. Überdies war er ein begabter Geograf, der die Erdkrümmung berechnete. Er benutzte dazu die Messung der Länge des Schattenwurfs durch die Sonne an zwei 950 km voneinander entfernten Orten. Daraus errechnete er einen Erdumfang von 46 500 km. Tatsächlich beträgt er am Äquator 40 075 km.

## EUDOXOS VON KNIDUS
etwa 408–355 v. Chr.

Von diesem griechischen Astronomen und Mathematiker stammt ein Modell des geozentrischen Sonnensystems, bei dem die Planeten mithilfe durchsichtiger Sphären um die Erde kreisen. Die Sphären liegen so ineinander, dass die Achse jeder Sphäre an der Innenseite der nächstäußeren Sphäre angebracht ist. Mit diesem Modell konnte man aber nur die Bewegungen der Planeten erklären, wie sie von der Erde aus scheinen.

## JOHN FLAMSTEED
1646–1719

Als erster „Königlicher Astronom" Englands stand Flamsteed in Diensten der neuen königlichen Sternwarte von Greenwich. Er benutzte einen Mauerquadranten und einen Sextanten zusammen mit neuen, genauen, ein Jahr laufenden Uhren, um einen Katalog von 3000 Sternen zu erstellen. Die Genauigkeit der Sternpositionen war 15-mal höher als bei älteren Katalogen.

## JOSEPH VON FRAUNHOFER
1787–1826

Der bayerische Glaser und Optiker Fraunhofer entdeckte bei seinen Versuchen, dass das Sonnenspektrum von dunklen Linien unterbrochen wird. Er bestimmte die Wellenlängen von 324 der 574 Linien, die als Fraunhofersche Linien bekannt sind.

## YURI GAGARIN
1934–1968

Der russische Kosmonaut Gagarin flog als erster Mensch am 12. April 1961 in den Weltraum. Er umkreiste im Raumschiff Wostok 1 in 344 km Höhe einmal die Erde. Gagarin war 108 Minuten lang schwerelos im All, dann zündeten die Bremsraketen und er landete per Fallschirm auf dem Erdboden.

## GALILEO GALILEI
1564–1642

Italienischer Mathematiker, Physiker und Astronom. Er richtete erstmals ein Fernrohr zum Himmel und entdeckte, dass die Sonne in 25 Tagen einmal um ihre Achse rotiert, der Mond Gebirge aufweist, Jupiter vier Monde besitzt und die Venus wie der Mond Phasen zeigt. Die Venusbeobachtungen stützten die These, dass nicht die Erde, sondern die Sonne im Mittelpunkt des Sonnensystems steht. Diese revolutionären Gedanken zusammen mit seinem streitsüchtigen Charakter brachten ihn in Konflikt mit der Kirche.

## GEORGE GAMOW
1904–1968

Der ukrainische Physiker, der 1933 in die USA auswanderte, erklärte 1948 zusammen mit Ralph Alpher und Hans Bethe, wie beim Urknall aus Protonen und Neutronen Helium entstand und wie sich aus Helium und anderen Atomkernen die Elemente bildeten.

## JOHN GLENN
geb. 1921

John Glenn war der erste Amerikaner, der die Erde umkreiste. Während seines fünfstündigen Fluges umrundete er im Jahr 1962 dreimal die Erde. 1964 ging er in die Politik und wurde 1974 zum Senator von Ohio gewählt. 1998 nahm er als ältester Astronaut der Welt an einer Spaceshuttle-Mission teil.

## ROBERT GODDARD
1882–1945

Amerikanischer Erfinder und Raketeningenieur, der 1926 die erste mit Flüssigtreibstoff gefüllte Rakete startete. In den 1930er-Jahren startete er seine erste stabilisierte Rakete. Sie hatte einen Flüssigtreibstoffantrieb mit Benzin und flüssigem Sauerstoff.

## ALAN GUTH
geb. 1947

Amerikanischer Teilchenphysiker und Kosmologe. 1979 veröffentlichte er seine Inflationstheorie, derzufolge das Universum unmittelbar nach dem Urknall in einem Sekundenbruchteil von der Größe eines Protons auf die Größe einer Grapefruit expandierte. Dadurch sei ein in Raum und Zeit homogenes Universum entstanden.

## GEORGE HALE
1868–1938

Der amerikanische Astronom erfand den Spektroheliografen – ein Instrument, das Details auf der Sonnenoberfläche sichtbar macht. 1908 entdeckte er, dass Sonnenflecken Magnetfelder besitzen, deren Stärke er später bestimmte. Hale überwachte den Bau von mehreren Großteleskopen, wie dem 5-m-Teleskop am Mount Palomar.

## EDMOND HALLEY
1656–1742

Englischer Astronom und Mathematiker, der die Periodizität von Kometen entdeckte und die Wiederkehr des Kometen Halley voraussagte. Er war ein enger Freund von Isaac Newton und unterstützte ihn bei seinem Buch *Philosophiae Naturalis Principa Mathematica*. 1698 segelte er über den Atlantik. Dabei maß er die Abweichungen eines magnetischen Kompasses. Halley zeichnete die erste Karte des Südhimmels und entdeckte die Eigenbewegung der Sterne.

## JOHN HARRISON
1693–1776

Der britische Uhrmacher erfand ein Pendel, das keine temperaturabhängigen Längenänderungen aufweist. Anfang der 1730er-Jahre bekam er den Auftrag, eine Uhr zu bauen, die auch an Bord eines Schiffes auf dem Meer genau geht. Mit seinen letzten Präzisionsuhren konnte man die geografische Länge eines Schiffes auf hoher See bestimmen. Genaue Uhren sind in der Astronomie von großer Bedeutung für die Positionsbestimmung von Sternen am Himmel.

## STEPHEN HAWKING
geb. 1942

Der britische theoretische Physiker, der an einer Nervenkrankheit leidet, widmet sich ganz der Erforschung der Materie in der Nähe von Schwarzen Löchern. Entgegen der These, dass aus einem Schwarzen Loch nichts entweichen kann, zeigte Hawking, dass die Emission thermischer Strahlung möglich wäre. Sein Werk *Eine kurze Geschichte der Zeit* wurde zum wissenschaftlichen Bestseller.

## CAROLINE HERSCHEL
1750–1848

1772 ging Caroline Herschel zu ihrem Bruder Wilhelm nach England. Zwischen 1786 und 1797 entdeckte sie acht Kometen. 1787 gab ihr der englische König ein Gehalt, damit sie als Assistentin ihres Bruders weiterarbeiten konnte. Sie ist hauptsächlich wegen ihres Katalogs von 2500 Nebeln und Sternhaufen bekannt.

## WILHELM HERSCHEL
1738–1822

Deutschstämmiger Astronom, der Spiegelteleskope in hoher Qualität baute und 1781 den Uranus entdeckte. Außerdem entdeckte er hunderte von Nebeln und stellte fest, dass sich die Sonne in Richtung des Sternbilds Herkules bewegt.

## EJNAR HERTZSPRUNG
1873–1967

Der dänische Astronom definierte die Sternhelligkeit in 32,6 Lichtjahren Entfernung als absolute Helligkeit. 1906 stellte er fest, dass die absolute Helligkeit temperaturabhängig ist. Dies entdeckte 1913 auch Henry Russell. Die grafische Darstellung der absoluten Helligkeit in Relation zur Temperatur, das Hertzsprung-Russell-Diagramm, ist ein wichtiges Hilfsmittel bei der Erforschung der Sternentwicklung.

## ANTONY HEWISH
geb. 1924

Der englische Radioastronom erforschte Radioquellen und suchte nach Möglichkeiten, die Signale von zwei Radioteleskopen zu kombinieren. 1967 entdeckte er zusammen mit seiner Studentin Jocelyn Bell Burnell die Pulsare. 1974 erhielt er mit Martin Ryle den Physiknobelpreis.

## HIPPARCH
etwa 190–120 v. Chr.

Der griechische Astronom ist berühmt für seine Weiterentwicklung eines Theodoliten, mit dem er 850 Sternpositionen vermaß. Er erstellte damit einen Katalog, der 18 Jahrhunderte später noch immer benutzt wurde. Zudem klassifizierte er die Sterne entsprechend ihrer scheinbaren Helligkeit am Himmel. Dieses Prinzip bildet die Grundlage für das heutige System der Größenklassen der Sterne. Die Erdachse bewegt sich wie ein taumelnder Kreisel und Hipparch maß die Änderung der Stellung der Achse sowie die Veränderung der Entfernung zwischen Erde und Sonne im Laufe des Jahres.

## FRED HOYLE
1915–2001

Englischer Astrophysiker. Er arbeitete am Hale Observatory mit William Fowler zusammen. 1957 wiesen sie nach, wie im Sterninneren Lithium, Kohlenstoff, Sauerstoff und Eisen gebildet werden können. Explodiert ein großer Stern in einer Supernova, werden diese Elemente in den Weltraum verteilt und von der nächsten Sterngeneration wiederverwendet. 1948 stellte er zusammen mit Thomas Gold und Hermann Bondi die Steady-State-Theorie des Universums auf. Sie verlor nach der Entdeckung der Hintergrundstrahlung als Relikt des Urknalls 1965 jedoch an Bedeutung.

## EDWIN HUBBLE
1889–1953

Amerikanischer Astronom, der nachwies, dass es im Universum eine Vielzahl von Galaxien gibt, die sich von der Milchstraße entfernen. Am Mount Wilson Observatory in Kalifornien beobachtete er Nebel mit einem 2,5-m-Teleskop. Er identifizierte zwei Typen: Nebel innerhalb und außerhalb der Milchstraße. 1924 erkannte er, dass die entfernten Nebel eigenständige Galaxien sind. Auch stellte er fest, dass sich eine Galaxie umso schneller von unserer eigenen Galaxis weg bewegt, je lichtschwächer und entfernter sie ist. Er klassifizierte auch die verschiedenen Galaxientypen.

## WILLIAM HUGGINS
1824–1910

Englischer Astronom, der den Tuchwarenhandel seiner Familie verkaufte, um sich ganz der Himmelsbeobachtung zu widmen. 1863 wies er nach, dass das Universum aus den gleichen Elementen aufgebaut ist, die auch auf der Erde vorkommen. 1868 maß er als Erster mit einem Spektroskop die Geschwindigkeit, mit der sich Sterne von der Erde entfernen.

## CHRISTIAAN HUYGENS
1629–1695

Dänischer Wissenschaftler, der 1655 einen großen Satelliten des Saturn entdeckte: Titan. Später bemerkte er, dass der Planet von einem Ring umgeben ist. Er baute das beste Teleskop seiner Zeit. Außerdem erfand Huygens die Pendeluhr und vermutete, dass Licht sich wellenförmig ausbreitet wie Schall oder Wasser.

## KARL JANSKY
1905–1950

Der amerikanische Radiotechniker und Begründer der Radioastronomie wollte die Ursache für Interferenzen bei den Radiosignalen, die man in der Seefahrt verwendet, herausfinden. 1932 baute er eine rotierende Radioantenne und einen Empfänger. Bald stellte er fest, dass die Interferenz aus dem Sternbild Sagittarius (Schütze) kam, dem sternreichsten Teil der Milchstraße.

## JOHANNES KEPLER
1571–1630

Deutscher Astronom, der die drei Gesetze zur Planetenbewegung aus Daten des dänischen Astronomen Tycho Brahe aufstellte. 1609 hatte Kepler herausgefunden, dass die Bahnen keine Kreise, sondern Ellipsen sind und dass die Bahngeschwindigkeit eines Planeten umso langsamer ist, je weiter er von der Sonne entfernt ist.

## SERGEI KOROLJOW
1906–1966

Russischer Ingenieur und Gründungsmitglied der Moskauer Gesellschaft zur Erforschung des Raketenantriebs. Er war für die Produktion der ersten russischen Interkontinentalrakete verantwortlich und entwickelte den Sputnik sowie die Raumschiffe Wostok, Woschod und Sojus.

## PIERRE SIMON DE LAPLACE
1749–1827

Der französische Mathematiker und Astronom war Professor an der Ecole Militaire in Paris. Von 1773 an bemühte er sich 13 Jahre lang, Bahnstörungen bei Jupiter und Saturn mit den Newtonschen Gesetzen der Schwerkraft zu erklären. 1796 stellte er die These auf, dass die Sonne und das Sonnensystem aus einer Gaswolke entstanden waren, die zunehmend schneller rotierte, sich zusammenzog und Materieringe abstieß. Daraus hätten sich die Planeten gebildet.

## HENRIETTA LEAVITT
1868–1921

Amerikanische Astronomin, die Cepheidenveränderliche untersuchte und dabei deren Korrelation mit der Helligkeit entdeckte. Sie erkannte 1912, dass ein Stern umso heller ist, je länger sein Lichtwechsel dauert. Daraus resultierte die Entdeckung, dass die Magellanschen Wolken aus eigenen kleinen Galaxien bestehen.

## GEORGES LEMAÎTRE
1894–1966

Der belgische Physiker stellte 1931 die Theorie auf, dass das Universum einst in einem Uratom von 30-facher Sonnengröße Platz gefunden hatte. Dieses sei explodiert und dabei habe sich die Materie im All verteilt. Danach sei sie kondensiert und Sterne und Galaxien entstanden. Diese These wurde später zur Urknalltheorie weiterentwickelt.

## BERNARD LOVELL
geb. 1913

Der Engländer Lovell entwickelte im 2. Weltkrieg ein Flugradar für sichtunabhängige Luftangriffe. Nach dem Krieg beschäftigte er sich mit der Radarbeobachtung von Meteoren. 1949 gründete er eine Stiftung für ein 76-m-Radioteleskop in Jodrell Bank. Es wurde gerade rechtzeitig fertig gestellt, um den russischen Satelliten Sputnik zu verfolgen.

## PERCIVAL LOWELL
1855–1916

Amerikanischer Astronom, der in Flagstaff (Arizona) ein Observatorium baute. Er beobachtete und fotografierte den Mars und war überzeugt davon, dass es auf dem Planeten ein Kanalsystem gibt. 1905 berechnete er die Position von einem Planeten „X" falsch. Dies führte jedoch 1930 zu der Entdeckung des Planeten Pluto durch Clyde Tombaugh.

## CHARLES MESSIER
1730–1817

Der französische Astronom suchte als Erster systematisch nach neuen Kometen, beginnend mit dem Kometen Halley, dessen Wiederkehr für 1758/59 vorhergesagt war. Messier entdeckte über 15 neue Kometen. Außerdem erstellte er eine Liste mit 103 Nebeln, Sternhaufen und Galaxien.

## ISAAC NEWTON
1642–1727

Englischer Naturwissenschaftler, der erklärte, wie die Gravitation die Planeten auf ihren Bahnen hält. Er erfand auch das Spiegelfernrohr. Mit 26 Jahren wurde er Professor für Mathematik in Cambridge. Er revolutionierte die Vorstellung von der Gravitation und vereinte in einer Theorie die Keplerschen Gesetze der Planetenbewegungen mit Galileis Fallgesetzen. Er postulierte, dass die Gravitation im gesamten Universum wirkt. In den 1660er- Jahren hatte er begonnen, die Natur des Lichts zu erforschen. Er fand heraus, dass weißes Licht aus einem Spektrum von Farben besteht. Dies kann man sehen, wenn man Licht durch ein Prisma oder eine Linse fallen lässt. 1668 konstruierte er ein Spiegelfernrohr. Sein 1687 erschienenes Hauptwerk, *Philosophiae Naturalis Principa Mathematica*, gehört zu den bedeutendsten naturwissenschaftlichen Werken.

## HERMANN OBERTH
1894–1989

Oberth gehört zu den Begründern der Raumfahrt. Seine Bücher *Die Rakete zu den Planetenräumen* (1923) und *Die Wege zur Raumschifffahrt* (1929) sind heute Klassiker. Er experimentierte mit Raketentriebwerken und entwickelte die V-2-Rakete. Ende der 1950er- Jahre ging er in die USA und baute Raketen für Satelliten.

## JAN OORT
1900–1992

Holländischer Astrophysiker, der die Milchstraße im Radiowellenbereich untersuchte. Er entdeckte, dass die Sonne in 200 Millionen Jahren einmal um das Sonnensystem kreist und dass die Galaxienmasse 100 Milliarden Sonnenmassen beträgt. Außerdem postulierte er, dass das Sonnensystem von einem riesigen Kometenreservoir umgeben ist.

## ERNST ÖPIK
1893–1985

Der estnische Astronom ging 1948 nach Nordirland. 1932 postulierte er, dass das Sonnensystem von einer Kometenwolke umgeben ist, die heute nach Jan Oort benannt ist. Öpiks Arbeit über das Verglühen von Staubteilchen beim Eintritt in die Erdatmosphäre war hilfreich bei der Konstruktion von Hitzeschutzvorrichtungen für Raumschiffe.

## CECILIA PAYNE-GAPOSCHKIN
1900–1979

Britische Astronomin, die postulierte, dass das Universum hauptsächlich aus Wasserstoff und Helium besteht. 1923 verließ sie England und ging nach Harvard. Sie erkannte einen Zusammenhang zwischen der Temperatur eines Sterns und dessen Spektraltyp und stellte die These auf, dass Hauptreihensterne fast ausschließlich aus Wasserstoff und Helium bestehen. 1934 heiratete sie Sergej Gaposchkin. Gemeinsam identifizierten sie veränderliche Sterne. Zudem erforschte sie sehr leuchtkräftige Sterne, die man heute zur Entfernungsmessung ferner Galaxien benutzt. 1956 wurde sie zur ersten Professorin der Universität Harvard ernannt.

## ARNO PENZIAS
geb. 1933

Der in München geborene Penzias kam als Kind in die USA. Er wurde Radioingenieur und ging 1961 zu den Bell Telephone Laboratories. Beim Versuch, eine Quelle von Radiointerferenzen zu orten, entdeckten Penzias und Robert Wilson 1965 Radiowellen, die aus allen Richtungen auf der Erde eintrafen. Die Quelle hatte eine Temperatur von -270°C und war ein Relikt der heißen Strahlung, die beim Urknall erzeugt worden war.

## VALERI POLIAKOV
geb. 1942

Der russische Kosmonaut hält zwei Weltrekorde: Er verbrachte die meiste Zeit im Weltraum und er war am längsten allein im All. Er flog am 29. August 1988 zur Raumstation Mir und blieb dort 241 Tage. Am 8. Januar 1994 flog er noch einmal zur Mir. Diesmal blieb er 438 Tage und stellte sich für ein ungewöhnliches medizinisches Experiment zur Verfügung: Vor der Mission entnahm man ihm eine Knochenmarkprobe, um sie mit einer zweiten Probe nach monatelanger Schwerelosigkeit zu vergleichen.

## PTOLEMÄUS
etwa 90–168 N. CHR.

Ägyptischer Astronom, dessen Werk die Naturwissenschaft bis ins 17. Jahrhundert beherrschte. Er hielt die Erde für eine perfekte Kugel im Mittelpunkt des Universums, die von sieben durchsichtigen Sphären umgeben ist, wobei jede ein sich bewegendes Objekt trägt. Entsprechend der Geschwindigkeit am Himmel sind dies von innen nach außen: Mond, Merkur, Venus, Sonne, Mars, Jupiter und Saturn. Eine achte Sphäre trägt die Sterne. Er konstruierte ein mathematisches Modell zur Berechnung der Planetenbewegungen und bestimmte auch die geografische Breite und Länge vieler Orte auf der Erde. Seine Landkarten waren so genau, dass Christoph Kolumbus sie noch benutzte.

## MARTIN REES
geb. 1942

Englands 15. Königlicher Astronom arbeitet in Cambridge. Er befasst sich überwiegend mit dem Studium der Zentren von aktiven Galaxien und mit der Frage, wie sich Gas-Jets aus diesen Galaxien in dem sie umgebenden interstellaren Medium verhalten. Rees hat außerdem umfangreiche Arbeiten über Kosmologie und die dunkle Materie verfasst. Er ist ein enthusiastischer Botschafter der Wissenschaft in der Öffentlichkeit.

## HENRY RUSSELL
1877–1957

Der Amerikaner Russell, seit 1905 Professor für Astronomie in Princeton, untersuchte Mehrfachsternsysteme und die Abhängigkeit ihrer Bahnen von der Masse. Er zeigte, dass sich die Sterne in einer „Hauptreihe“ anordnen lassen, wenn man die Helligkeit und ihre Oberflächentemperatur grafisch darstellt. Dies ist das berühmte Hertzsprung-Russell-Diagramm. Ejnar Hertzsprung entwickelte 1906 ein ähnliches Diagramm. Russell vermutete irrtümlich, dass sich die Sterne im Laufe ihrer Entwicklung auf dieser Reihe entweder auf- oder abbewegen. 1929 stellte er die Hypothese auf, dass Sterne vorwiegend aus Wasserstoff bestehen.

## MARTIN RYLE
1918–1984

Britischer Pionier der Radioastronomie, der einen Katalog von 5000 Radioquellen erstellte. Er optimierte die Technik zur Kombination der Signale verschiedener beweglicher Radioteleskope, um ein hochaufgelöstes Bild einer Radioquelle zu erhalten. Ryle erstellte eine Karte der Gebiete auf der Sonne, die Radiowellen aussenden, und entdeckte, dass ferne Galaxien Radiowellen emittieren. 1974 bekamen Ryle und Antony Hewish den Physiknobelpreis.

## CARL SAGAN
1934–1996

Der amerikanische Astronom beschäftigte sich vorwiegend mit den Planetenatmosphären. In den 1960ern errechnete er, dass die Venusoberfläche aufgrund eines ungebremsten Treibhauseffekts sehr heiß ist. Er erforschte auch die frühe Erdatmosphäre. Sagans Fernsehserie *Unser Kosmos* sahen in den 1980er-Jahren Millionen Menschen.

## ALLAN SANDAGE
geb. 1926

Der amerikanische Astronom arbeitete ursprünglich als Assistent von E. Hubble. 1960 identifizierte er mit Tom Matthews als Erster einen Quasar im optischen Bereich. 1965 entdeckte er die ersten Quasare, die keine Radiostrahlung aussenden.

## GIOVANNI SCHIAPARELLI
1835–1910

1860–1900 war der italienische Astronom am Brera-Observatorium in Mailand tätig. 1862 fand er heraus, dass der Meteorstrom der Perseiden vom Zerfall des Kometen Swift-Tuttle herrührte und beide die gleiche Umlaufbahn besitzen. Aufgrund seiner Marsbeobachtung kam er zur Überzeugung, dass es auf der Oberfläche Kanäle (Canali) gibt, die sich teilweise aufspalten.

## BERNHARD SCHMIDT
1879–1935

Der in Estland geborene Schmidt kam 1926 nach Hamburg. Da große Spiegelteleskope nur ein sehr kleines Gesichtsfeld haben, konstruierte er ein Fernrohr, bei dem eine dünne Korrekturplatte vor einen sphärischen Spiegel gesetzt wird. So wurde ein sehr scharfes Bild bei einem großen Gesichtsfeld erzeugt. Viele Schmidt-Teleskope dienten zur Kartografierung des Himmels.

## HARLOW SHAPLEY
1885–1972

Der Amerikaner hatte als Journalist begonnen, sich dann aber der Astronomie zugewandt. Als er am Mount Wilson Observatory arbeitete, schätzte er mittels Cepheidenveränderlicher die Entfernung von Kugelsternhaufen. So stellte er grafisch Form und Größe der Milchstraße dar. 1921 ging Shapley nach Harvard und wurde berühmt wegen seines Disputs mit dem Direktor des Allegheny Observatory. Dabei ging es um die Frage, ob das Universum aus einer Vielzahl von Galaxien besteht.

## ALAN SHEPARD
1923–1998

Der Testpilot der US-Marine war der erste Amerikaner im Weltraum. Sein Kurzflug am 5. Mai 1961 brachte ihn in seiner Mercury-Kapsel auf eine Höhe von 180 km, bevor er 485 km von der Startrampe in Cape Canaveral (Florida) entfernt im Atlantik landete. Anfang 1971 kehrte er als Kommandant der Apollo-14-Mondmission noch einmal ins All zurück.

## JOSSIF SCHKLOWSKI
1916–1985

Der ukrainische Astronom gründete 1953 die radioastronomische Abteilung des Russischen Astronomischen Instituts. Er postulierte als einer der Ersten, dass Elektronen, die sich auf spiralförmigen Bahnen in einem Magnetfeld befinden, Radiostrahlung emittieren.

## JILL TARTER
geb. 1944

Die amerikanische Astrophysikerin war Anfang der 1970er-Jahre die erste Radioastronomin, die sich ausschließlich mit der Suche nach außerirdischer Intelligenz befasste. Dazu benutzte sie auf der Suche nach Botschaften einen Mehrkanalanalysator, der Signale großer Radioteleskope empfängt und gleichzeitig mehrere Frequenzen abhören kann.

## VALENTINA TERESCHKOWA
geb. 1937

Die russische Kosmonautin war die erste Frau im Weltraum. Im Juni 1963 umkreiste sie im Raumschiff Wostok 6 in einem 71-stündigen Flug 48-mal die Erde. Erst 19 Jahre später flog wieder eine Frau ins All. Tereschkowa heiratete 1963 Andrian Nikolajew, der ebenfalls Kosmonaut war, und setzte nach der Geburt eines Kindes ihre Ausbildung zur Kosmonautin fort. Später wurde Tereschkowa zu einem wichtigen Mitglied der kommunistischen Partei und eine Repräsentantin der Sowjetregierung.

## CLYDE TOMBAUGH
1906–1997

Der Astronom aus Illinois konnte sich eine Hochschulausbildung nicht leisten. Deshalb ging er 1929 als Assistent an das Lowell Observatory in Flagstaff. Um den von Percival Lowell 1905 vorhergesagten Planeten „X" zu finden, baute Tombaugh ein Gerät, mit dem man zwei Fotoplatten vergleichen kann, die das gleiche, im Abstand von einigen Stunden aufgenommene, Himmelsareal zeigen. So werden Bewegungen vor dem fixen Sternhintergrund sichtbar. Am 18. Februar 1930 fand er Pluto. Da er nicht sicher war, dass Pluto groß genug war, um die Uranusbahn zu stören, setzte er seine Suche nach einem weiteren Planeten fort, jedoch ohne Erfolg.

## KONSTANTIN ZIOLKOWSKI
1857–1935

Russischer Pionier der Raumfahrttheorie. Der Start von Sputnik I erfolgte zum Gedenken an seinen hundertsten Geburtstag. Er entwickelte zwar Raketentheorien, verfügte aber nicht über die finanziellen Mittel, eine Rakete zu bauen. Sein Buch *Eroberung des Weltraums mittels Reaktionsapparaten* (1905) enthält Pläne für die Konstruktion von Flüssigwasserstoff-Sauerstoff-Raketen, die den modernen Typen sehr ähnlich sind.

## URBAIN LE VERRIER
1811–1877

Der französische Astronom bewies, dass die Planetenbahnen stabil sind. 1845 interessierte ihn, wie die Planetenbahnen durch die Schwerkraft benachbarter Planeten gestört werden. Er sagte die Position eines Planeten voraus, der Uranus beeinflusst und bat den deutschen Astronom Galle, nach ihm zu suchen. 1846 fand Galle Neptun.

## FRED WHIPPLE
1906–2004

Amerikanischer Astronom, der sechs neue Kometen entdeckte und 1951 die These aufstellte, dass der Kometenkern ein Körper aus Schnee und Staub ist, dessen Oberfläche durch Aufheizung im inneren Sonnensystem verdampft. Whipple untersuchte auch die Bahnen von Meteoren und Raumsonden.

## ROBERT WILSON
geb. 1936

Amerikanischer Physiker, der 1963 zu den Bell Telephone Laboratories ging. Er arbeitete zusammen mit Arno Penzias an der Reduzierung des Rauschens bei einer trichterförmigen Radioantenne. Dabei entdeckte er 1965 Radiowellen, die aus allen Richtungen mit einer Temperatur von -270°C eintrafen – Relikte des Urknalls. Wilson und Penzias erhielten 1978 für ihre Arbeit den Physiknobelpreis.

## JOHN YOUNG
geb. 1930

Der amerikansiche Astronaut flog 1965 mit Gemini 3 bei der ersten amerikanischen Zwei-Mann-Weltraummission mit. Nach dem Mitflug bei Gemini 10 umrundete er 1969 den Mond 31-mal mit Apollo 10, der Generalprobe für die erste Mondlandung. 1972 war er Kommandant der Apollo 16 und unternahm drei Mondspaziergänge. Im April 1981 war er Kommandant des ersten Spaceshuttle-Fluges.

## FRITZ ZWICKY
1898–1974

Der schweizer Astrophysiker ging 1927 nach Kalifornien. 1934 entdeckte er, dass bei Supernovae wesentlich mehr Energie frei gesetzt wird als bei Novae. Er stellte die These auf, dass dabei ein Großteil des Sterns zerstört wird und nur der Kern in Gestalt eines Neutronensterns übrig bleibt. Er glaubte aber, dass pro Galaxie nur alle 400 Jahre eine aufleuchten würde.

# GLOSSAR

*Kursiv* gedruckte Wörter sind separat im Glossar aufgeführt.

**Absorptionslinie** Dunkle Linie im *Spektrum*, erzeugt von *Atomen*, die *Strahlung* einer bestimmten *Wellenlänge* absorbieren.

**Akkreditionsscheibe** Diskusförmige Materie.

**Antimaterie** besteht aus *subatomaren* Teilchen, welche gleiche und entgegengesetzte Eigenschaften normaler Materie besitzen.

**Aphel** Sonnenfernster Punkt der Umlaufbahn eines Körpers.

**Apogäum** Erdfernster Punkt, den der Mond oder ein *Satellit* auf ihren Bahnen erreichen.

**Arm, lokaler** Auch Orion-Arm genannt – der Spiralarm der *Milchstraße*, in dem die Sonne liegt.

**Atom** Kleinster Baustein eines *Elements*.

**Atomkern** Der innere Teil eines *Atoms*, in dem fast seine ganze *Masse* vereint ist. Besteht aus Protonen und Neutronen.

**Auflösungsvermögen** Maß für die Fähigkeit eines Teleskops, feine Details zu erkennen.

**Aurora** Grünes und rotes Leuchten, das man in der Nähe der Pole nachts am Himmel sehen kann. Es entsteht, wenn Partikel des *Sonnenwindes* mit Gasen in der Erdatmosphöre kollidieren.

**Balkenspirale** *Galaxie*, deren Spiralarme über einen Balken aus Sternen und Gas mit einer zentralen Verdickung verbunden sind.

**Blende** Durchmesser der Hauptlinse oder des Hauptspiegels eines Teleskops.

**Blauverschiebung** Verschiebung der *Spektrallinien* zum blauen Ende des *Spektrums*.

**Blazar** *Aktive Galaxie*, die unter einem solchen Winkel erscheint, dass wir die *Strahlung* direkt aus dem Kern sehen.

**Bogensekunde** Astronomische Einheit zur Bestimmung der Größe oder des Abstandes von Himmelsobjekten. Eine Bogensekunde beträgt 1/3.600 Grad.

**Cepheidenveränderliche** Typ *veränderlicher Sterne*, die in Helligkeit und Größe variieren. Man nutzt sie zur Entfernungsbestimmung im Weltraum.

**Doppelstern** Zwei einander umkreisende Sterne.

**Doppler-Effekt** *Frequenz*änderung einer Welle (Schallwelle oder *elektromagnetische Strahlung*), die ein Beobachter registriert, wenn sich die Quelle bewegt.

**Einheit, astronomische (AE)** Mittlere Entfernung zwischen Erde und Sonne: 149,6 Mio. km.

**Ekliptik** Gedachte Linie am Himmel, an der sich die Sonne im Laufe des Jahres bewegt.

**Element** Reinstoff in der Natur, der mit chemischen Reaktionen nicht weiter aufgespalten werden kann.

**Emissionslinie** Helle Linie im *Spektrum*, erzeugt von *Atomen*, die Energie in einer bestimmten *Wellenlänge* aussenden.

**Erdorbit, niedriger** Umlaufbahn in einer Höhe von ca. 200 km. Dort fliegen das Spaceshuttle, Raumstationen und viele *Satelliten*.

**Extrasolar** Nicht zur Sonne gehörend.

**Extraterrestrisch** Nicht zur Erde gehörend.

**Filament** Langgestreckte Anordnung von *Superhaufen*, die sich über riesige Bereiche im Weltall erstrecken.

**Finsternis** Effekt, der von einem Himmelskörper hervorgerufen wird, wenn er einen Schatten auf einen anderen wirft.

**Fluchtgeschwindigkeit** Geschwindigkeit, mit der sich ein Körper bewegen muss, um der Schwerkraft eines anderen zu entfliehen.

**Frequenz** Anzahl der Wellen einer *elektromagnetischen Strahlung*, die einen Punkt in einer Sekunde passieren.

**Galaxie** Gebilde aus Millionen Sternen, Gas und *Staub*, das von der Schwerkraft zusammengehalten wird.

**Galaxie, aktive** *Galaxie*, in deren Zentrum ein *Schwarzes Loch* riesige Energiemengen erzeugt.

**Galaxie, elliptische** *Galaxie* von ovaler oder runder Gestalt ohne Spiralarme.

**Galaxie, irreguläre** Eine *Galaxie* ohne typische Form.

**Galaxienhaufen** Von der Schwerkraft zusammengehaltene Gruppe von *Galaxien*.

**Gammastrahlen** *Elektromagnetische Strahlung* sehr kurzer *Wellenlänge*. Sie wird von den energiereichsten Objekten ausgesandt.

**Gasriese** Großer Planet, der überwiegend aus einer sehr dichten Gasatmosphäre besteht.

**Gravitationssenke** Durch die Schwerkraft eines massereichen Objekts hervorgerufene Raum- und Zeitkrümmung.

**Gravitation** Anziehende Kraft zwischen allen Körpern, die eine *Masse* besitzen.

**Gruppe, lokale** Haufen aus ca. 30 *Galaxien*, zu denen auch die *Milchstraße* gehört.

**Hauptreihe** Der Teil des *Hertzsprung-Russell-Diagramms*, in dem die meisten Sterne liegen.

**Helligkeit** Die Helligkeit eines Objekts gemäß einer Skala. Die scheinbare Helligkeit ist die Helligkeit von der Erde aus gesehen, die absolute Helligkeit ist ein Maß der *Leuchtkraft*.

**Hertzsprung-Russell-Diagramm** Diagramm zur Darstellung des Zusammenhangs zwischen Farbe und Helligkeit eines Sterns.

**Himmelssphäre** Scheinbare Sphäre am Himmel, welche die Erde umgibt und auf der die Himmelskörper zu liegen scheinen.

**Hintergrundstrahlung** Aus allen Himmelsrichtungen eintreffendes Radiosignal; Überrest der *Strahlung* beim *Urknall*.

**Inflation** Zeitraum der schnellen Expansion weniger als eine Sekunde nach dem *Urknall*.

**Infrarot** Wärmestrahlung, *elektromagnetische Strahlung* mit etwas größeren *Wellenlängen* als sichtbares *Licht*.

**Intergalaktisch** Zwischen *Galaxien*.

**Interstellar** Zwischen Sternen.

**Ionosphäre** Elektrisch geladene Region der Erdatmosphäre in 50–600 km Höhe.

**Kernfusion** Verschmelzung von *Atomkernen* zu schwereren *Atomen* unter sehr hohen Temperaturen und Druck.

**Konjunktion** Stellung eines Planeten bei seinem Umlauf um die Sonne, bei der dieser – von der Erde aus gesehen – in Richtung zur Sonne steht.

**Kuiper-Gürtel** Region im *Sonnensystem* mit Millionen von eisigen, kometenähnlichen Körpern.

**Leuchtkraft** Energiemenge, die ein Stern in Form von *Strahlung* pro Sekunde abgibt.

**Licht** *Elektromagnetische Strahlung* mit *Wellenlängen*, die für das menschliche Auge sichtbar sind.

**Lichtgeschwindigkeit** Die Geschwindigkeit, mit der sich ein Lichtstrahl pro Sekunde fortbewegt – fast 300.000 km. Nichts bewegt sich schneller.

**Lichtjahr** Standardeinheit der Entfernungsmessung in der Astronomie: die Entfernung, die das Licht in einem Jahr zurücklegt (9,5 Billionen km).

**Loch, Schwarzes** Kollabierter Körper mit solch enormer Schwerkraft, dass nicht einmal *Licht* von ihm entweichen kann

**Magnetfeld** Der Magnetismus, der von einem Planeten, Stern oder einer *Galaxie* ausgeht.

**Magnetosphäre** Umgebung eines Planeten, innerhalb derer das Magnetfeld stark genug ist, um *Sonnenwind* abzuhalten.

**Materie, dunkle** Unsichtbare Materie, die ca. 97 % der *Masse* des Universums ausmacht.

**Materie, interstellare** *Atome* und Moleküle im Raum zwischen den Sternen.

**Mare** Große dunkle Erscheinungen auf der Mondoberfläche.

**Masse** Maß der Materiemenge, die ein Objekt enthält.

**Mehrfachstern** Mindestens drei Sterne, die einander aufgrund der Schwerkraft umkreisen.

**Mikrogravitation** Sehr geringe Schwerkraft, z.B. im *Orbit*.

**Milchstraße** Der Name unserer Galaxie.

**Molekülwolke** Aus Molekülen wie Wasserstoff und Kohlenmonoxid bestehende *interstellare* Wolke.

**Nebel** Wolke aus Gas und *Staub* im Weltraum, die sichtbar ist, wenn sie leuchtet oder dahinter liegendes Licht absorbiert.

**Nebel, planetarischer** Gashülle, die ein roter *Riesenstern* abstößt, bevor er zum *Weißen Zwerg* wird.

**Neutrino** *Subatomares* Teilchen, das bei der *Kernfusion* in Sternen entsteht.

**Neutronenstern** Kollabierter, überwiegend aus Neutronen bestehender Stern.

**Nova** Explosion auf der Oberfläche eines *Weißen Zwergs*, der von seinem Begleitstern in einem *Doppelsternsystem* Materie abgezogen hat.

**Nullpunkt, absoluter** Niedrigstmögliche Temperatur: -273,15°C.

**Okular** Kleine Linse, die an dem Ende eines Teleskops sitzt, in das man hineinblickt.

**Orbit** Bahn eines Körpers um einen anderen massereichen Körper im All; Umlaufbahn.

**Orbit, elliptischer** Umlaufbahn in Form einer Ellipse.

**Orbit, geostationärer** Eine Umlaufbahn 36.000 km über dem Äquator.

**Orbit, polarer** Satellitenbahn, die über oder nahe den Polen verläuft.

**Parallaxe** Positionsverschiebung eines nahen Objekts gegenüber dem entfernten Hintergrund bei Betrachtung von zwei verschiedenen Orten aus.

**Parsec** Entfernung, bei der ein Stern oder ein anderer Körper eine *Parallaxe* von einer *Bogensekunde* zeigt; eine Einheit entspricht 3,26 *Lichtjahren*.

**Penumbra** Äußerer, heller Teil eines Sonnenflecks sowie hellster Teil des Mondschattens bei einer Finsternis.

**Phase** Größe des – von der Erde aus gesehen – beleuchteten Teils eines Planeten oder Mondes.

**Photosphäre** Sichtbare Oberfläche eines Sterns, wo die Atmosphäre durchsichtig wird.

**Polarstern** Hauptstern im Sternbild Kleiner Bär, um den sich der Nordhimmel zu drehen scheint.

**Protostern** Junger Stern, in dessen Inneren die *Kernfusion* noch nicht begonnen hat.

**Pulsar** Rotierender *Neutronenstern*, der *elektromagnetische Strahlung* gebündelt aussendet.

**Quasar** Ferne *aktive Galaxie*, die aus einer kleinen Zentralregion große Energiemengen abstrahlt.

**Radar** Technik zur Entfernungsbestimmung eines Objekts mittels *Radiowellen*.

**Radiogalaxie** *Aktive Galaxie*, die im *Radiowellenbereich* leuchtet.

**Radiowellen** *Elektromagnetische Strahlung* mit sehr langen *Wellenlängen*.

**Riesenstern** In den Endphasen seiner Entwicklung angekommener Stern. Er hat an Größe und Leuchtkraft zugenommen und seine Farbe geändert.

**Röntgenstrahlen** *Strahlung* mit extrem kurzer *Wellenlänge*.

**Rotverschiebung** Verschiebung der *Spektrallinien* zum roten Ende des *Spektrums* hin.

**Satellit** Körper, der aufgrund der Schwerkraft um einen anderen Körper kreist, z.B. Monde und Raumsonden um Planeten.

**Seyfert-Galaxie** *Spiralgalaxie* mit ungewöhnlich hellem Zentrum.

**Sonnenflare** Riesige Explosion auf der Sonnenoberfläche, verursacht durch das Zusammentreffen zweier Schleifen des solaren *Magnetfelds*.

**Sonnensystem** Alles, was unter dem Einfluss der Sonnengravitation steht.

**Sonnenwind** Strom aus hochbeschleunigten Teilchen, die von der Sonne wegfliegen.

**Spektralanalyse** Auswertung von *Spektrallinien*, um die Zusammensetzung eines Stern herauszufinden oder seine *Rotverschiebung* zu ermitteln.

**Spektrallinien** Helle oder dunkle Linien im *Spektrum* eines Körpers, der *Strahlung* aussendet.

**Spektraltyp** Methode zur Klassifizierung der Sterne nach ihrer Farbe und Oberflächentemperatur.

**Spektroskop** Gerät zur Zerlegung des *Lichts* in sein *Spektrum*.

**Spektrum** In verschiedene *Wellenlänge* aufgespaltenes Strahlungsbündel.

**Spiralgalaxie** *Galaxie* mit Spiralarmen, die aus dem Zentrum hervorgehen.

**Starburst-Galaxie** Galaxie, in der es plötzlich zu Sternentstehungsprozessen kommt.

**Staub** Mikroskopisch kleine Partikel im Weltall, die von kühlen Sternen stammen und Sternenlicht absorbieren.

**Sternhaufen** Durch die Schwerkraft zusammengehaltene Sterngruppe.

**Strahlung** Energiefreisetzung eines Körpers in Form von *elektromagnetischer Strahlung*.

**Strahlung, elektromagnetische** Energiewellen in Gestalt von Photonen, von *Gammastrahlen* (kürzeste *Wellenlänge*) bis zu *Radiowellen* (größte *Wellenlänge*), die sich mit *Lichtgeschwindigkeit* ausbreiten.

**Strahlung, kosmische** Sich schnell bewegende, elektrisch geladene *Teilchen* aus dem All.

**Superhaufen** Durch die *Gravitation* zusammengehaltene Gruppen von *Galaxienhaufen*.

**Supernova** Enorme Sternexplosion. Dazu kommt es, wenn bei einem Überriesen die Energie zur Neige geht oder ein *Weißer Zwerg* explodiert.

**Teilchen, subatomare** Teilchen, die kleiner sind als ein *Atom*, z.B. Elektronen.

**Treibhauseffekt** Temperaturanstieg aufgrund von Gasen wie Kohlendioxid und *Methan*, welche die Wärme festhalten, die sonst ins All strahlt.

**Umbra** Innere, dunkle Region eines Sonnenflecks. Dunkelster Teil des Mondschattens bei einer *Finsternis*.

**Umlaufzeit** Zeit, die ein Körper für den Umlauf um einen anderen benötigt.

**Ultraviolett** *Elektromagnetische Strahlung*, deren *Wellenlänge* knapp kürzer ist als sichtbares Licht.

**Van-Allen-Gürtel** Strahlungsregion um die Erde, in der das Erdmagnetfeld Partikel des *Sonnenwinds* festhält.

**Veränderlicher** Ein Stern, der seine Helligkeit ändert.

**Vorbeiflug** Flug einer Sonde an einem Planeten, Kometen oder Asteroiden vorbei, ohne darauf zu landen.

**Wellenlänge** Abstand zwischen den Wellenbergen bzw. -tälern *elektromagnetischer Strahlung*.

**Wolke, Oortsche** Kugelförmige Wolke um die Sonne, die Millionen von Kometen enthält.

**Zirkumpolarsterne** Alle Sterne, die für einen Beobachter an einem bestimmten Ort nie untergehen.

**Zwerg, Brauner** Körper, kleiner als ein Stern, aber größer als ein Planet. Er erzeugt Wärme, jedoch kein *Licht*.

**Zwerg, Weißer** Kollabierter Kern eines sonnenähnlichen Sterns, der keine Energie mehr produziert.

**Erklärung der Symbole des griechischen Alphabets**

| | |
|---|---|
| α Alpha | ν Ny |
| β Beta | ξ Xi |
| γ Gamma | ο Omickon |
| ∂ Delta | π Pi |
| ε Epsilon | ρ Rho |
| ζ Zeta | σ Sigma |
| η Eta | τ Tau |
| θ Theta | υ Ypsilon |
| ι Iota | φ Phi |
| κ Kappa | χ Chi |
| λ Lambda | ψ Psi |
| μ My | ω Omega |

# Register

## N O



## P Q

# DANK

Dorling Kindersley dankt Julie Ferris und Hoa Luc für die redaktionelle Unterstützung, Lynn Bresler für das Register und bei Christine Heilman für die Amerikanisierung.

Bildnachweise

Der Verlag dankt folgenden Personen und Institutionen für die Überlassung von Bildmaterial:

Abkürzungen: o-oben, u-unten, r-rechts, l-links, m-Mitte

Anglo-Australisches Observatorium: 19 (mru), 144–145, 154 (ul), 161 (ul), 166–167, 189 (or), 191 (ol), 203 (om), 205 (or), 261 (or) David Malin 17 (mru), 183 (mlo), 202 (ul), Malin/Pasachoff 193 (ol), Royal Observatory Edinburgh 167 (mro), 188–189, 204–205; akg-images: 376 (ur), 377 (ur), 378 (ml), Erich Lessing 376 (ml), 384 (m); Bryan And Cherry Alexander Photography: 123 (mul); Associated press: 253 (or); www.bridgeman.co.uk: 381 (ul), Cambridge University Library: 219 (m); Central Press Photos Ltd: 382 (ml); Ciel et Espace: 218 (ul), 218–219, 219 (or), Serge Brunier 6 (um); Colorific!: 116 (ul); Corbis: 5 (ur), 50–51 (u), 68–69 (o), 102 (or), 263 (mru), 267 (ul), 272 (ul), Bettmann 286 (mr), Europäische Südsternwarte 223 (ol), Hulton-Deutsch Collection 287 (ml), Kipa 309 (mru), Roger Ressmeyer 46 (ur), 219 (ur), 307 (ol), William Taufic 143 (ur); Dr. Thomas Dame: Centre for Astrophysics/Smithsonian Institution 187 (or); Empics Ltd: Fiona Hanson 376 (om); Europäische Raumfahrtbehörde: 245 (m, ul), 296 (mlu), 302 (mr), 303 (ul, mr), B. Paris 256 (mu), CNES 257 (ol, m), CNES/CSG 257 (r), D. Ducros 102 (o), 253 (ol), ESTEC 270–271 (m), 271 (om), NES/CSG 256 (or); Europäische Südsternwarte: 133 (or), 146 (ml), 158–159, Meylan 5, 228 (or), 277 (ol); Mary Evans Picture Library: 375 (mr), 378 (ur), 379 (or); Vivian Fifield,: 378 (ul); Galaxy Picture Library: 62 (o), 64 (ur), 81 (mr), 85 (ml), 87 (or), 91 (mr), 117 (mru), 135 (moh, ml, mr), 140 (mr), 147 (mr), 154 (ur), 159 (um), 189 (ur), 191 (mr), 209 (ur), 211 (ol, om), 254 (ml), 325 (mru), 347 (m), 348 (m), 349 (m, mlu, mlo), 353 (ml, mr), 354 (ml), 357 (mu, mlo, mlu), 358 (ml), 361 (mroh), 362 (mlu), 365 (m), Eric Hutton 335 (om), Gordon Garradd 79 (ol), 326 (ur), 327 (ol), 332 (mro), 334 (ml), 341 (ur); M. Stecker 2 (ul), 191 (mru), 324 (or), 327 (ur), 331 (or) 335 (ur, ol), 337 (ul, ol, mr), 341 (ol), Nick Szyanex & Ian King 331 (ul) 342 (ur) 345 (ur), R. Scagell 126 (mru), 329 (ol), 330 (ml), 336 (ur), 340 (mru), 343 (ur), 345 (ol), Terry Platt 345 (om), Trevor Searle & Phil Hodgins 345 (ul); 2005 Garmin Ltd. oder Filialen: Foto von Garmin: 267 (or); Gemini Observatory/Association of Universities for Research in Astronomy: 214 (ul); Genesis Space Photo Library: 229 (or), 251 (mr); Getty Images: 383 (ml), 385 (om), Evening Standard Collection 379 (ur), Hulton Archive 375 (ol), 376 (mr), 382 (mr); Harvard University Art Museums: 383 (or); Hencoup Enterprises: 43 (m), 240 (or), 384 (or), 386 (mr), Royer 199 (ur); Hughes Space & Communications: 251 (or); FLPA – Images of Nature: 212 (or); Ernest Orlando Lawrence: Berkeley National Laboratory 41 (or); Courtesy of Lockheed Martin Aeronautics Company, Palmdale: 250 (mro, mr); Lunar and Planetary Institute: 82 (m); Lund Observatory: 185 (ol); Mullard Radio Astronomy Observatory. University of Cambridge 148 (ul); NASA: 5 (mlu), 13 (or), 14 (m), 45 (or), 48 (mr, ul), 62 (m), 63 (mru), 64 (m), 79 (ml), 90–91, 95 (mu), 103 (mlu, mul), 107 (or), 108–109, 117 (mu), 122 (ul), 125 (mr), 126 (ml), 167 (om), 184 (or), 223 (ur), 227 (mr), 228 (o), 237 (mr), 244 (or, m), 245 (o), 273 (or, mr), 276 (o), 286 (mro), 287 (mr), 290 (ml, or, ol), 292 (ul, ur), 293 (mlo, mlu), 296 (ur), 297 (ur), 299 (ur, or), 300 (mr, or), 301 (ur, ml, or), 303 (ol), 305 (mlu, mr, ol), 306 (mr) 307 (ur), Brad Whitmore/STScI 178–179, Egret 183 (ul), Ford/Ferraresa 170 (ul), GSFC 237 (ur, gur), JPL 22 (ul), 38 (or), 69 (ol), 82 (mu), 98 (um), 130 (or), 176 (or), 177 (ol), 229 (ur), 247 (ml), 274 (or), 276 (or), KSC 249 (ur), 252 (mlu), Palomar Observatory 227 (mlo), W.M. Keck Observatory 227 (or); NOAA: 269 (mu); NSSDC/GSFC/NASA: 65 (om, m, u), 74 (ul), 76 (m), 77 (um),

83 (mr); Orbital Sciences Corporation: 250 (ul); Patrick Air Force Base: 251 (mo, ul); Max-Planck-Institut für Radioaastronomie: 234 (ml), 239 (ml, ur), 241 (om), ROSAT 204 (ul); planetary.org: 99 (mr); popperfoto.com: 273 (ul); Royal Astronomical Society: 281 (or), 381 (ur); Royal Greenwich Observatory: 224–225, 235 (ml), Dr. Seth Shostak 235 (ol), Simon Tulloch 224 (mlu); Royal Observatory Edinburgh: 233 (ol), David Malin/Anglo-Australisches Observatorium 154–155, 191 (or), 193 (mr) 374 (ur); Satellitenvisualisierungs-Software von Geometry Center, University of Minnesota: 265 (mr). Science & Society Picture Library: 380 (ur). Science Photo Library: 29 (or), 41 (m), 42 (ur), 43 (or), 44 (m), 55 (m), 60, 79 (ur), 262 (o), 380 (or), 387 (om), A. Barrington Brown 380, Alex Bartel 216 (or), Celestial Image Co. 205 (ur), Chris Butler 71 (or), CNES 1987 Distribution Spot Image 271 (um), D. Golimowski, S. Durrance & M. Clampin 71 (ur), D.L. DePoy & N.A. Sharp/NOAO 197 (ur), Damien Lovegrove 263 (or), David A. Hardy 112 (ur), 220–221, David Ducros 298 (mu), David Nunuk 5 (om), 44–45, 47 (ur), David P.Anderson SMU/NASA 83 (mu), David Parker 126 (ur), Dennis Milon 120 (ul), Dr. Leon Golub 45 (mu), Dr. Michael J. Ledlow 74–75 (o), Dr. John C. Good 179 (ul), Dr. Luke Dodd 198 (ul), Dr. Seth Shostak 272–273, Earth Satellite Corporation 271(mr), ESA/CE/Eurocontrol 266 (ul), 266–267, Europäische Raumfahrtbehörde 115 (ml), F. Yusef-Zadeh/NRAO/AUI/NSF 197 (mlo), Francois Gohier 234 (or), Fred Espenak 77 (or), 187 (ul), 209 (o), Hank Morgan 383 (ur), Hasler & Pierce NASA GSFC 269 (ol), Joe Tucciarone 124 (um), John Chumack 233 (mr), 343 (ol), John Sanford 63 (or), 150 (or), Julian Baum 280 (ul), 282 (mr), 309 (ol), Luke Dodd 148–149, McDonnell Douglas Aerospace 304 (or), NASA 2 (mlo), 44 (or), 61 (ul), 78 (ol, mru, um), 81 (ol), 83 (or), 90 (or), 92 (mu, ul), 94 (mr), 94–95 (x2), 95 (ol, or), 99 (ol), 102–103, 103 (ur), 106 (um), 229 (ml), 237 (or), 248 (m), 268 (mr), 268–269, 269 (ur), 270 (ml), 280–281, 281(ur), 282–283, 283 (or), 287 (ul, or), 291(ol, u), 297 (ul), 299 (mro), 374 (ol), NASA/ESA/STScI 5 (ur), 93 (ur), 162–163, 189 (m), NASA/JPL 233 (mr), NOAO 114 (or), 199 (ol), Novosti 0 (ul), 286 (mu), NRAO/AUI/NSF 179 (mr), 193 (ul), 197 (or, mlu), Pekka Parviainen 116–117, 213 (ol), Phillippe Plailly/Eurelios 267 (mr), Royal Observatory Edinburgh 195 (ul), Royal Observatory Edinburgh/AATB 152 (or), 198–199, Starlight 208 (or), STARSEM 246 (or), Tony Hallas 202 (or, ml), US Geological Survey 84 (ul), 86 (ul), 87 (mr); SETI Institute/Seth Shostak: 386 (ul); spaceimage.com: 270 (um); Carole Stott: 121 (or); Stsci/aura/nasa: 26 (ur), 97 (ol), 159 (or), 168 (ur), 178 (ul), 183 (ol, mlu), 261 (ur), Association of Universities for Research in Astronomy Inc. 25 (or), Hubble Space Telescope 134 (o), J. Hester & P. Scowen (Arizona State University) 27 (ul), W.N. Colley und E. Turner (Princeton University)/J.A. Tyson (Bell Laboratories, Lucent Technologies) 26 (o); Institute for Cosmic Ray Research, University of Tokyo: 221 (or); University of California: HCO/Lick Observatory 144 (ml).
Cover vorne und Buchrücken: NASA

Alle anderen Abbildungen © Dorling Kindersley.
Weitere Informationen: www.dkimages.com